Jetzt helfe ich mir selbst

Start-Schwierigkeiten

Dieser Wegweiser soll Ihnen helfen, bei streikendem Motor schnell den Fehler einzukreisen. In Frage kommen bei Anlaß-Schwierigkeiten fast immer nur diese beiden Störungsquellen: Zündsystem (elektrische Anlage) oder Kraftstoffanlage. Am aussichtsreichsten ist folgender Weg: Von beiden Gruppen zunächst die Anfangsfrage beantworten und dann mit der Fehlersuche beim Zündsy-

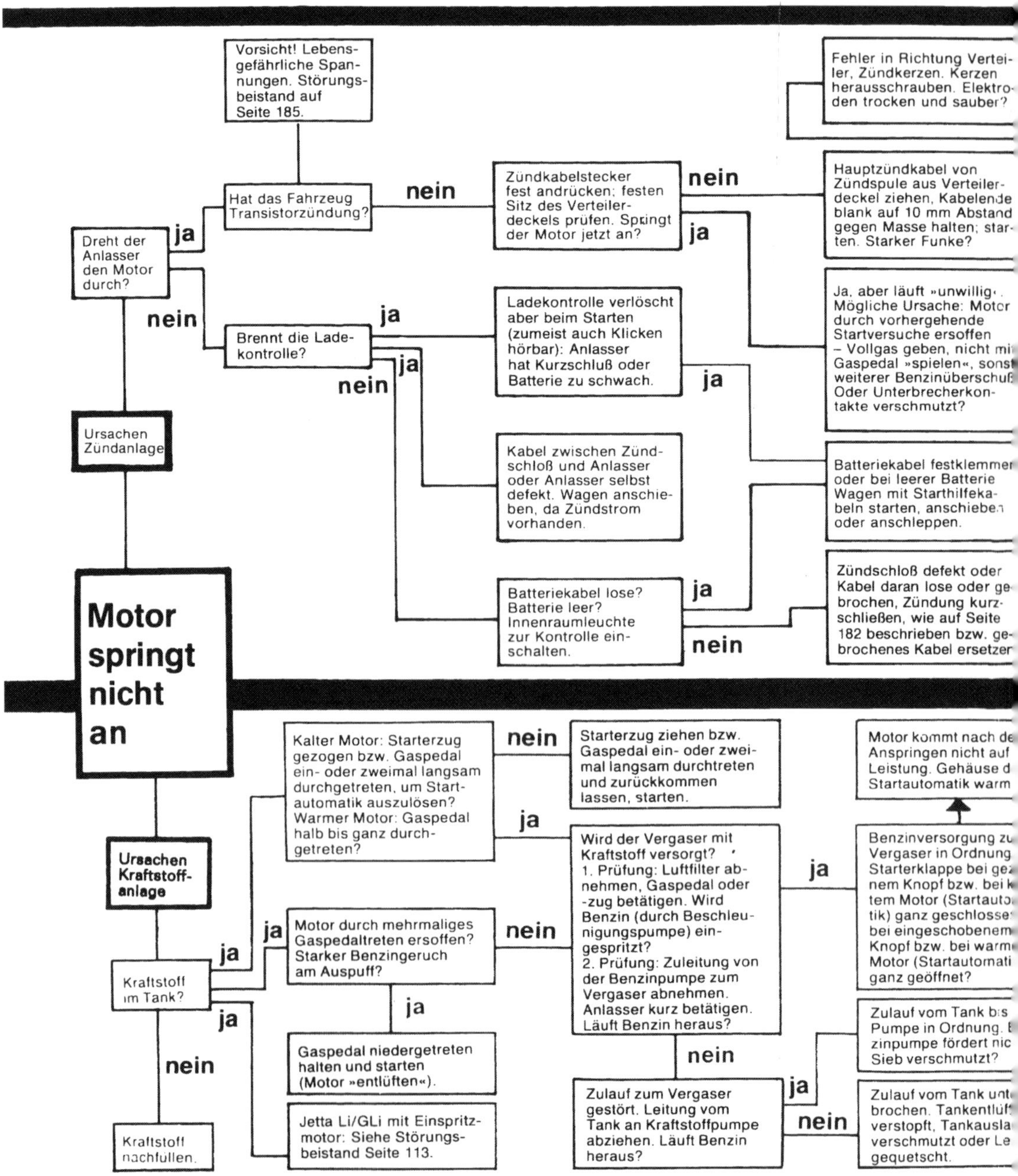

stem beginnen. Das Schema gilt sinngemäß auch für die meisten anderen Automobilfabrikate. Entsprechend unserer Tabelle läßt sich der Motor auch bei Störungen während der Fahrt durchprüfen. Weitere Hinweise zur allgemeinen Pannenhilfe: Siehe Kasten unten rechts und die einzelnen Sachkapitel dieses Buches.

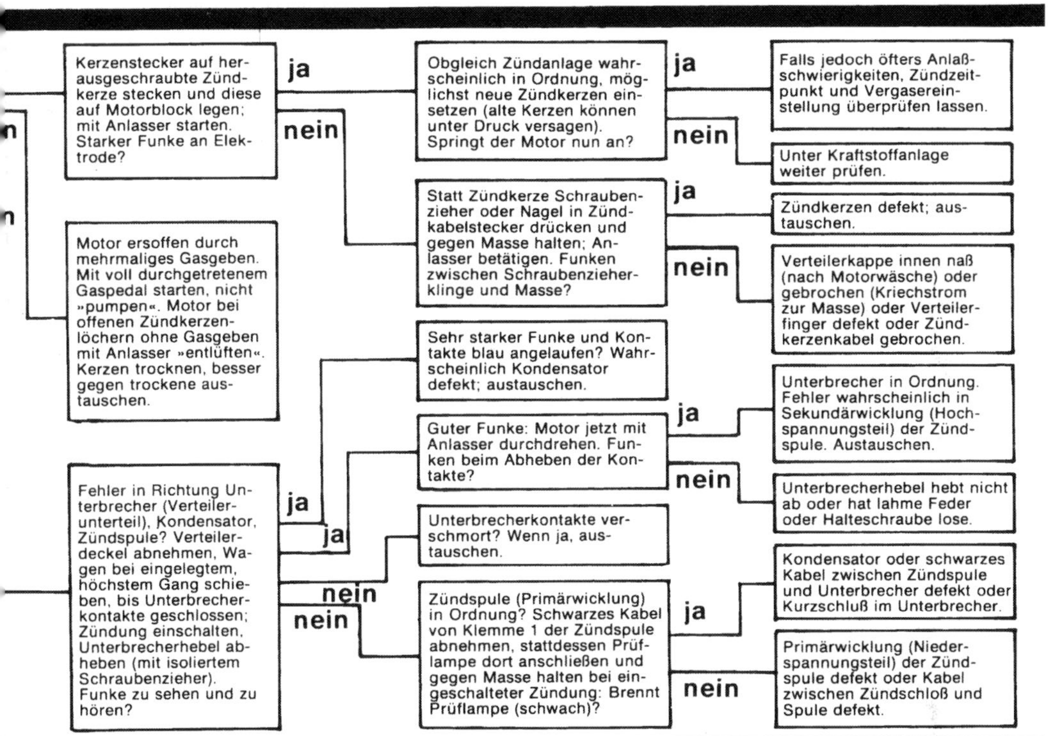

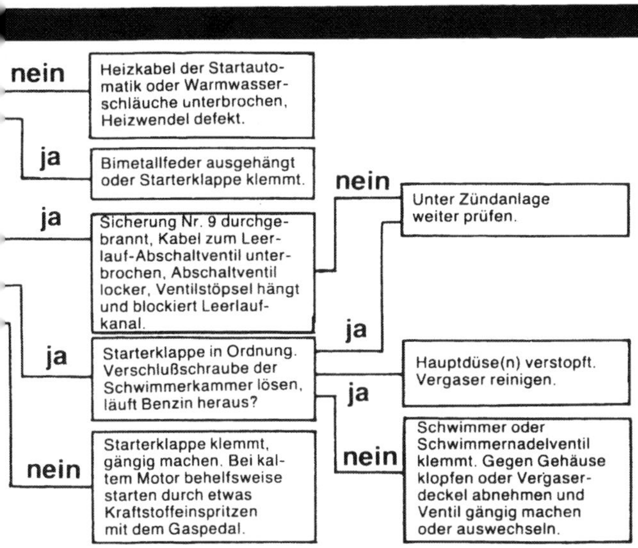

Eingehende Störungshinweise finden Sie auf den Seiten

30 Hoher Ölverbrauch
57 Zylinderkopfdichtung
76 Kühlsystem und Heizung
79 Hoher Benzinverbrauch
87 Kraftstoffpumpe
88 Elektrische Benzinpumpe
105 Vergaser
113 K-Jetronic
120 Kupplung
123 Getriebeautomatik
128 Stoßdämpfer
141 Bremsen
161 Batterie und Lichtmaschine
163 Anlasser
185 Transistorzündanlage
204 Blink- und Warnblinkanlage
206 Hupe
212 Öldruckkontrolle
217 Relais

Dieter Korp

VW Jetta

alle Modelle
ohne Diesel

Jetzt helfe ich mir selbst

Unter Mitarbeit von
Thomas Haeberle und
Thomas Lautenschlager

Motorbuch Verlag Stuttgart

Umschlagentwurf und Buchgestaltung: Peter Werner/Siegfried Horn.
Titelbild: Thomas Haeberle.

ISBN 3-87943-786-6

Auflage Nr. 101284

Idee und Gestaltung des Störungsfahrplans in der vorderen Buchklappe: Verfasser.
Manuskriptbearbeitung: Redaktion Dipl.-Ing. Dieter Korp, Zeisigweg 1, 7250 Leonberg 7.
Fotos: autopress 1; Haeberle 88; Lautenschlager 49; Thaer 4; VW 6.
Zeichnungen: Ford 1; Lautenschlager 4; Pierburg 6; Pirelli 1; VW 19.
Stromlaufpläne: VW 6.
Satz und Druck: Verlagsdruckerei Carle, 7143 Vaihingen/Enz.
Buchbinderische Verarbeitung: Verlagsbuchbinderei Wilhelm Nething, 7315 Weilheim.
Printed in Germany.

Sie finden in diesem Buch

Die elektrische Anlage

Die Karosserie

Und ferner

Das Stichwortverzeichnis finden Sie in der hinteren Buchklappe

Vorwort

So bleibt Ihr Auto mobil

Wer sich mit seinem Wagen befaßt, kann zweierlei sparen: Kosten und Zeit. Reparaturen in Eigenhilfe ausgeführt, stellen eine beträchtliche Sparmöglichkeit dar. Denn gerade die Arbeitslöhne machen den Löwenanteil der Werkstattrechnung aus. Und beim Beschäftigen mit dem Auto läßt sich mancher Defekt rechtzeitig erkennen, bevor er eine umfangreiche Instandsetzung nach sich zieht. Da zahlt sich die aufgewendete Freizeit in barer Münze aus. Nicht zu übersehen ist das erworbene Wissen, das dann von Nutzen ist, wenn Sie einmal eine Werkstatt in Anspruch nehmen müssen. Sie brauchen sich nicht mehr blind auf die Ausführungen des dortigen Personals zu verlassen, sondern können sich Ihre eigene Meinung bilden.

Wer selbst Hand anlegen kann, ist auch für eine Panne unterwegs besser gewappnet. Was tun, wenn während der Fahrt die Temperaturanzeige in den roten Bereich klettert? Den nächsten Pannendienst rufen und derweilen hilflos warten? Wer dieses Buch studiert hat, weiß Rat, siehe unseren Störungsbestand auf der Seite 76. Selbsthilfe in diesem Fall bedeutet gesparte Zeit – und natürlich auch Geld.

Für diese und andere Fälle will Ihnen unser »Sparbuch« als Leitfaden zur Seite stehen. Dabei haben wir den Inhalt so zusammengestellt, daß sowohl der interessierte Laie als auch der versierte Selbstpfleger auf seine Kosten kommt. Wollen Sie aber vielleicht kein Werkzeug in die Hand nehmen, so informiert Sie dieses Buch mit zahlreichen, leicht verständlichen Erklärungen über Ihren Wagen. Andererseits stehen dem engagierten Selbstpfleger zum intensiven Arbeiten am Auto Reparaturanleitungen, Störungsbeistände und mehrere Stromlaufpläne zur Fehlersuche in der Elektrik zur Verfügung.

Damit das Buch auch unterwegs seinen Zweck erfüllen kann, gehört es ins Handschuhfach, nicht zu Hause in den Bücherschrank.

Den vielen hilfsbereiten und verständnisvollen Menschen, die uns bei der Abfassung des Manuskripts mit Rat* und Tat zur Seite gestanden haben, wollen wir an dieser Stelle noch herzlich danken.

Die Verfasser

---

* Falls Sie übrigens noch spezielle Erfahrungen mit Ihrem Jetta gesammelt haben oder einen ergänzenden Hinweis wissen, können Sie sich schriftlich direkt an uns wenden. Unsere Redaktionsadresse finden Sie im Impressum auf Seite 4.

Das eigene Auto zu pflegen wird häufig als eine vergnügliche Tätigkeit empfunden, wie in diesem Bild Heer und Hund augenscheinlich machen. Doch für dieses Buch haben wir Eimer und Schwamm aus der Hand gelegt. Anstatt uns mit dem Äußeren aufzuhalten, geht unser Blick unter das Blech. Dort ist Pflege und Wartung nämlich viel wichtiger, und Sie können durch den rechten Griff zur rechten Zeit viel Geld sparen.

Sollten Sie sich aber auch ausführlich über Wäsche, Lackpflege, Ausbessern von Blechschäden und Lackieren informieren wollen, dann haben wir für Sie den Band 45 mit dem Titel »Die Auto-Karosserie« parat. Darin finden Sie diese Themen bis ins kleinste Detail behandelt.

Scharfer Blick

Machen wir es wie der Onkel Doktor – erst schauen wir uns den Patienten einmal genau an, bevor wir die entsprechende Therapie verordnen. Nachdem wir unseren Patienten persönlich kennen, brauchen wir kein Blatt aus der Patientenkartei, sondern nur Schreibzeug und Papier, um die diversen Leiden festzuhalten.

Prüfen im Stand

■ Lackschäden? Die erkennen Sie am besten bei einer gründlichen Hand-Wagenwäsche. Abgeplatzter Lack durch Steinschlag oder Kratzer durch »Feinberührung« etwa auf einem Parkplatz? Solche Schäden dürfen Sie nicht auf sich beruhen lassen, denn das freiliegende Blech rostet unaufhörlich. Da sich aber die Behandlung von Rostschäden im Lack nicht mit ein paar Sätzen beschreiben läßt, haben wir hierfür ein spezielles Buch herausgebracht. Im Band 45 dieser Handbuchreihe mit dem Titel »Die Autokarosserie« finden Sie in aller Ausführlichkeit beschrieben, wie Schrammen, Beulen, Unter- und Durchrostungen repariert werden.

■ Unter der Motorhaube: Motorölstand (Seite 28)? Stand der Kühlflüssigkeit (Seite 67)? Bremsflüssigkeit (Seite 133)? Scheibenwaschwasserbehälter gefüllt?

■ Alle Scheinwerfer und Leuchten in Ordnung? Lampengläser beschädigt oder beschlagen? Reflektoren angerostet?

■ Sind alle Reifen einschließlich des Reserverads richtig aufgepumpt (Luftdrucktabelle auf Seite 147)? Da der Reifendruck bei kalten Reifen gemessen werden soll, empfiehlt sich der Kauf eines Luftdruckprüfers. Wenn Sie auch im Besitz einer kleinen Fußluftpumpe sind, können Sie gleich am kalten Reifen Luft nachpumpen. Übrigens: Sind alle Ventilkappen vorhanden? Diese scheinbar nutzlosen Dinger schützen das Reifenventil vor Schmutz. Fehlen die Kappen, wird das Ventil früher oder später undicht.

■ Reicht das Reifenprofil noch aus? Reifen ungleichmäßig abgefahren (Seite 147)?

Die folgenden Punkte können Sie leichter kontrollieren, wenn der Jetta aufgebockt ist – etwa zum Ölwechsel bei der Tankstelle.

■ Rost an der Unterseite, insbesondere an Bremsleitungen?

■ Motor oder Getriebe ölfeucht? Dunkle Öl/Schmutz-Krusten weisen auf Undichtigkeiten hin. Ein wenig ist kein Grund zur Beunruhigung, der Motor »schwitzt« gern ein wenig Öl aus, vor allem vorn rechts an der Kurbelwellen-Keilriemenscheibe.

■ Bremsleitungen an den Anschlußstellen feucht? Erheblicher Ölverlust an den Stoßdämpfern (in den Federbeinen) sichtbar?

■ Schleifgeräusche durch die Trommelbremsen beim Durchdrehen der Hinterräder? Geräusche in den Radlagern (siehe Seite 127)? Räder schwergängig beim Durchdrehen von Hand? Bei dieser Prüfung ist allerdings eine Eigenart der Schwimmsattelbremsen (siehe ab Seite 135) zu beachten: Diese Bremsen lösen sich nur durch die Drehung des Rads und nicht schon beim Loslassen des Bremspedals. Bremsen Sie deshalb den Wagen beim Befahren der Hebebühne nur mit der Handbremse (die auf die hinteren Trommelbremsen wirkt), sonst haben Sie bei hochgebocktem Fahrzeug den Eindruck, die Vorderräder liefen nicht frei.

■ Auspuffanlage beschädigt oder durchgerostet? Ein zusammengequetschtes Auspuffrohr hemmt die Abgasströmung und mindert die Motorleistung. Sind Auspuff-Halteschlaufen ausgehängt oder gerissen, kann es zu stärkeren Schwingungen der Auspuffanlage und möglicherweise zu Bruchstellen kommen.

Probefahrt

Werkstätten haben heutzutage oft nicht mehr die Zeit für eine Probefahrt, oder der Versuchsfahrer wird durch dichten Verkehr behindert. Da man sich an allmähliche Veränderungen beim eigenen Auto leicht gewöhnt, sollten Sie entweder einen Bekannten einmal eine Probefahrt mit Ihrem Jetta machen lassen oder selbst ganz konzentriert auf die nachfolgend genannten Punkte achten. So können Sie manchen sich ankündigenden Schaden rechtzeitig erkennen und beheben (lassen). Andererseits muß aber nicht jedes neuartige Geräusch ein Hinweis darauf sein, daß Ihr Auto demnächst zusammenbrechen wird.

■ Sprang der Motor willig an. Mangelnde Startfreudigkeit kann an der Zündanlage (ab Seite 179 beschrieben) oder am Vergaser (ab Seite 90) bzw. der Einspritzanlage (ab Seite 108) liegen.

■ Ist der Leerlauf bei warmgefahrenem Motor gleichmäßig? Unrunder Leerlauf kann von verbrauchten Zündkerzen (Seite 195) kommen oder durch falsche Zündeinstellung oder verstellten Vergaser bzw. defekte oder verstellte Einspritzanlage.

■ Dreht der Motor sauber und ohne Verzögerung hoch, beschleunigt er ruckfrei? Sonst ist ebenfalls die Zündeinstellung oder die Kraftstoffanlage zu prüfen.

■ Sind ungewöhnliche Motorgeräusche zu hören? Konstruktionsbedingt ist beim 1,1- und 1,3-Liter-Motor das Pfeifen des Zahnriemens direkt nach dem Kaltstart. Ein schnatterndes Rasseln kann auf zu großes Ventilspiel (Seite 51) hinweisen. Ein zischelndes oder leicht pfeifendes Geräusch kann von Wasserpumpe, Lichtmaschine oder vom Keilriemen ausgehen.

■ Dröhnt es im Innenraum bei bestimmten Drehzahlen, oder vibriert das Armaturenbrett bei eingelegter Automatik-Fahrstufe und getretener Fußbremse? Dann sitzt wahrscheinlich der Antriebsblock (Motor und Getriebe) verspannt in seinen Gummi-Metall-Lagern. Das muß die Werkstatt beheben.

■ Hören Sie beim Beschleunigen oder Bergauffahren (Seitenfenster geöffnet) dumpfes Grollen von der Wagenunterseite her? Dann ist meist der Auspuff irgendwo durchgerostet und entläßt den Schall teilweise ungedämpft. Patscht der Auspuff beim Gaswegnehmen? Dann ist er undicht.

■ Trennt die Kupplung einwandfrei beim Schalten (kein Kratzen im Getriebe beim Einlegen des ersten Gangs)? Rutscht die Kupplung bei scharfem Gasgeben im vierten Gang durch? Beide Mängel betreffen vor allem das Kupplungsspiel, siehe Seite 117. Treten beide Effekte gemeinsam auf (Kupplung rutscht, trennt aber trotzdem nicht), ist die Kupplungsdruckplatte defekt (Seite 115).

■ Hören Sie ein Pfeifen, Mahlen oder Rauschen, wenn das Kupplungspedal durchgetreten wird? Das ist gewöhnlich das Zeichen für ein abgenutztes Ausrücklager (siehe Seite 115, 120 und 122).

■ Mahlende oder singende bis heulende Geräusche in manchen Gängen? Das deutet auf abgenutzte Zahnräder. Treten diese Geräusche in allen Gängen auf, ist der Achsantrieb verschlissen.

■ Ein klackendes Geräusch oder ein leichter Schlag beim Gaswegnehmen weist darauf hin, daß die Zahnräder im Achsantrieb oder daß eine oder beide Gelenkwellen zu viel Spiel haben.

■ Ist die Schaltung leichtgängig? Sie läßt sich nachstellen.

■ Schaltet das automatische Getriebe ohne zu schleifen in den nächsthöheren Gang? Sonst fehlt es an Getriebeflüssigkeit (siehe Seite 36), oder die Bremsbänder der Automatik sind schadhaft. Beim Durchtreten des Gaspedals bis zum Anschlag (Kickdown) muß das Getriebe bei Geschwindigkeiten unterhalb von 100 km/h zurückschalten (siehe Tabelle Seite 123).

■ Einseitige Bremswirkung? Voraussetzung für diese Prüfung ist eine völlig ebene Straße. Dann bei losgelassenem Lenkrad (aber griffbereiten Händen) aus mäßiger Geschwindigkeit scharf bremsen bis zum Stillstand. Zieht der Jetta dabei etwa nach links, ist gewöhnlich eine der rechten Radbremsen nicht in Ordnung. Dabei ist allerdings zu beachten, daß die Lenkung ungleiche Wirkung der Vorderradbremsen bis zu einem gewissen Maß von selbst ausgleicht (durch den »spurstabilisierenden Lenkrollradius«, siehe Seite 125). Geringe unterschiedliche Bremswirkung erkennen Sie dann leichter an ungleich langen Bremsspuren. Die Ursachen für ungleichmäßiges Ziehen der Bremsen haben wir im Störungsbeistand auf Seite 141 zusammengestellt.

■ Ist der Bremspedalweg auffallend länger als sonst, sind die hinteren Bremsbeläge abgenutzt. Sie müssen in der Werkstatt gewechselt werden.

■ Federt das Bremspedal beim Treten oder kann man es ohne Verstärkung der Bremswirkung tiefer durchtreten und wird durch »Pumpen« der Pedalweg kürzer, dann ist Luft in der Bremsanlage. In diesem Fall muß das gesamte System sorgfältig überprüft und anschließend entlüftet (Seite 139) werden.

■ Zieht die Handbremse gleichmäßig?

■ Lassen Sie den Wagen ein schwaches Gefälle im Leerlauf hinunterrollen, um festzustellen, ob die Räder freigängig sind. Nach der Probefahrt machen Sie die Handprobe: Ist eine Felge auf der einen Wagenseite wärmer als auf der anderen Seite? Ursachen können sein ein verklemmter Bremssattel, schwergängige hintere Trommelbremsen oder zu stramm eingestellte bzw. schadhafte Radlager.

■ Ist die Lenkung leichtgängig und stellt sie sich nach Kurvenfahrt von selbst wieder geradeaus? Fährt der Jetta auf ebener Fahrbahn auch bei losgelassener Lenkung sauber geradeaus? Mängel an der Lenkung deuten auf schwere Fahrwerksfehler (Lenkgeometrie) oder auf ungleichmäßige Kraftverteilung im einseitig gehemmten Ausgleichsgetriebe bzw. Achsantrieb hin.

■ Spüren Sie bei bestimmten Geschwindigkeiten Vibrationen im Lenkrad? Besonders kritisch ist der Bereich zwischen 80 und 120 km/h. Hierfür sind meist schlecht ausgewuchtete Reifen (Seite 148) verantwortlich, manchmal auch defekte Stoßdämpfer (siehe Seite 128). Oder eine Antriebswelle ist schadhaft und dadurch unwuchtig geworden.

Fingerzeig: *Selten hat man eine völlig ebene und zudem noch unbefahrene Straße für die Probefahrt zur Verfügung, wo man auch keine anderen Verkehrsteilnehmer etwa durch plötzliche Bremsmanöver in Bedrängnis bringt. Sicherer ist ein am Wochenende verwaister großer Parkplatz im Industriegebiet, wo Sie in Ruhe Ihre Runden drehen können und niemanden durch quietschende Reifen aus seiner Wochenendruhe reißen.*

Wissen ist Macht

Da sich unser Buch nicht nur an die ganz eingefleischten Selbsthelfer wendet, die einfach alles selber machen, sondern auch an die »gemäßigten« Bastler, die nur einen Teil der Reparaturen selbst ausführen, sei hier noch einiges zum Thema Werkstatt gesagt. Auch auf welche Weisen die TÜV-Hürde genommen werden kann, ist hier angesprochen. Womit das Kapitel auch für die Super-Bastler lesenswert wird.

Fingerzeig: *Für dringende Reparaturen am Wochenende stehen im Bundesgebiet und in Westberlin Notdienste bereit. Über die Wolfsburger Rufnummer (05361) 925050 erfährt man samstags, sonntags und an Feiertagen von 9 bis 17 Uhr die nächstgelegene, einsatzbereite V.A.G.-Werkstatt. Die entsprechende Werkstatt hat samstags Dienstbereitschaft von 9 bis 15 Uhr sowie sonn- und feiertags von 9 bis 13 Uhr.*

Die Vertragswerkstatt

Als VW-Fahrer fühlen Sie sich vermutlich zuerst zu jenen Werkstätten hingezogen, die das V.A.G.-Zeichen im Schilde führen. Dort ist man mit dem Jetta naturgemäß gut vertraut, hat alle wichtigen Ersatzteile am Lager und ist auch über die neuesten Einstelldaten informiert, so daß die Reparatur bald und zur Zufriedenheit des Besitzers ausgeführt sein kann.

Spezialisten bieten sich an

Es muß aber gar nicht immer die Vertragswerkstatt sein. Es gibt zahlreiche Spezialwerkstätten, die sich mit einem Sonderteil der Autoreparatur befassen und meist nicht so anonym und überlaufen sind wie die Vertragswerkstätten. Auf ihrem Gebiet sind solche Werkstätten mit jedem Automodell vertraut, und Spezialwünsche lassen sich dort zumeist leichter erfüllen. Schließlich schicken auch viele Vertragswerkstätten die Wagen ihrer Kunden ohne viel Aufhebens in solche Spezialbetriebe – diesen Weg können Sie abkürzen und gleich selbst hinfahren.

Autoelektrik, Einspritzung, Vergaser und Instrumente

Zahlenmäßig an der Spitze der Spezialwerkstätten stehen die Autoelektrik-Betriebe, von denen die meisten die Firma Bosch vertreten, die auch die wesentlichsten Elektroteile zu unserem Jetta geliefert hat. In gut ausgerüsteten Bosch-Diensten beschränkt man sich keinesfalls nur auf Batterie, Zündung und Scheinwerfer, sondern ist z. B. auch in der Lage, die Vergasereinstellung zu kontrollieren. Nicht zuletzt kann auch die Einspritzanlage des Jetta Li/GLi (K-Jetronic) von Bosch-Werkstätten betreut werden. Allerdings ist nicht jeder Bosch-Dienst darauf eingerichtet. Es empfiehlt sich also, vorher nachzufragen, ob die nächstgelegene Bosch-Werkstatt auch die K-Jetronic versorgen kann. Im Telefonbuch sind die umliegenden Bosch-Dienste verzeichnet, ein komplettes Verzeichnis erhält man auf Anfrage von der Kundendienstabteilung der Robert Bosch GmbH, Postfach 50, 7000 Stuttgart 1.

Vergaser-Spezialwerkstätten sind hierzulande mit der Pierburg GmbH & Co. KG (früher Deutsche Vergaser-Gesellschaft) vertraglich verbunden, die die Vergaser für unsere VW-Modelle liefert. Solche Vergaserdienste sind vorwiegend in größeren Städten zu finden; die Anschriften erhalten Sie von der Kundendienstabteilung der Pierburg GmbH & Co. KG, Postfach 838, 4040 Neuss 13.
Die Instrumente des Jetta stammen entweder von Moto Meter oder von VDO. Ist ein Moto-Meter-Gerät ausgefallen, können Sie es selbst ausbauen und direkt an die Moto Meter AG, Postfach 346, 7250 Leonberg 1, schicken. Von dort erhalten Sie dann zu einem Reparaturpreis ein neues Instrument im Austausch, wobei z. B. im Tachometer auch der bisherige km-Stand eingestellt wurde.
Für VDO-Instrumente und -Geräte sind die VDO-Tachometerdienste zuständig. Deren Anschriften können Sie von der Kundendienstabteilung der VDO Adolf Schindling AG, Postfach 6140, 6231 Schwalbach, bekommen.

Karosserie, Lack und Innenausstattung

Schäden an Lack und Karosserie kann man auch selbst wieder ausbügeln (das ist z. B. ganz ausführlich im Sonderband Nr. 45 dieser Buchreihe beschrieben), wenn aber an der Karosserie geschweißt werden muß oder eine große Fläche einwandfrei lackiert werden soll, geht es kaum ohne Spezialwerkstatt. Karosserieblechnerei und Lackiererei sind oft unter einem Dach vereint; die Anschriften finden Sie im (Branchen-) Telefonbuch. Karosserie- und Lackarbeiten sind nahezu die letzten handwerklichen Kunstfertigkeiten bei der Autoreparatur, und es lohnt sich daher, einmal umherzufragen, in welcher Karosseriewerkstatt oder Lackiererei ein in Fachkreisen besonders anerkannter Mann arbeitet (nicht immer ist das der Werkstattinhaber) und im Bedarfsfall diesen Mann aufsuchen.
Auto-Sattlereien sind heutzutage leider eine Seltenheit geworden. Wenn Sie aber eine finden, werden Sie erstaunt sein, wie preiswert die Reparatur eines verschlissenen Sitzpolsters ausgeführt wird. Dazu haben Sie eine interessante Polsterstoffauswahl oder können den entsprechenden Stoff gleich mitbringen. Auch für sonstige Arbeiten im Autoinnenraum sind Sie in der Autosattlerei am besten aufgehoben: Neue Bodenteppiche verlegen, schadhafte Deckenbespannung (»Himmel«) ersetzen usw.

Reifen

Daß sich um die Reifen spezielle Reifendienste bemühen, dürfte allgemein bekannt sein. Man hat dort in der Regel mehr Auswahl als bei der Vertragswerkstatt, und da der Umgang mit Reifen dort einzige Beschäftigung ist, kann man damit rechnen, daß das Reifenauswuchten sorgfältiger vorgenommen wird.

Motor

Auf Motorreparaturen haben sich einige Betriebe spezialisiert, und dort werden auch komplette Austauschmotoren angeboten. Die Preisunterschiede zum Original-VW-Motor liegen zwischen 15 und 20%. Auf diese Motoren geben die Instandsetzer die gleiche Jahresgarantie wie das Volkswagenwerk. Wie gut die Arbeit ausgeführt wurde, läßt sich bei einem Motor erst einige Zeit nach Ablauf der Garantiefrist feststellen. Vertrauenswürdige Reparateure haben sich im Verband der Motoreninstandsetzungsbetriebe e. V., Goldene Pforte 1, 5800 Hagen zusammengeschlossen. Von dort kann man auch ein Anschriftenverzeichnis erhalten. Allerdings sind manche Firmen auf bestimmte Marken spezialisiert, so daß der nächstgelegene Instandsetzer vielleicht nicht helfen kann.

Auch Tankstellen können helfen

Suchen Sie sich eine gut geführte Stamm-Tankstelle, wo man noch Zeit für den Kunden hat. Das ist im Zeitalter der Selbstbedienungs-Tankstellen nicht mehr so ganz einfach, aber beispielsweise für kleine Hilfeleistungen wichtig, die man an einer gut geführten Tankstelle erwarten kann.

Tankstellen, die sich für Instandsetzungsarbeiten an Ihrem VW anbieten, sind mit Vorsicht zu genießen. Wenn der Chef kein Kraftfahrzeugmeister ist und mit seinem Betrieb demgemäß auch nicht der Kfz-Handwerksinnung angehört, reichen seine Haftpflicht- und Betriebsversicherung nicht für Reparaturen an Motor, Bremsen, Lenkung, Fahrwerk usw. Auch liegen dort nicht die neuesten Wartungs- und Reparaturhinweise des V.A.G.-Kundendienstes vor. Das kann teurer Pfusch werden, und ein vernünftiger Tankstellenhalter wird daher von sich aus solche Reparaturen ablehnen.

Pannen- und andere Kurse

Es spart Geld, wenn man sich der Werkstatt gegenüber nicht völlig ahnungslos zeigt. Der Ermessensspielraum der Werkstatt für das, was nötig ist oder nicht, ist verhältnismäßig groß. Zu etwas mehr Sachwissen soll ja auch dieses Buch verhelfen. Erkundigen Sie sich auch nach Pannen- und ähnlichen Kursen (z. B. über Autoclubs oder Volkshochschulen), durch die manches Wissenswerte hängenbleibt. Eine Adresse im Frankfurter Raum: »Private Schulungsstätte für Kfz-Technik«. Dipl.-Ing. A. Möller, Bonameserstraße 5, 6000 Frankfurt/M 50, Telefon (06 11) 52 25 25.

Umgang mit der Werkstatt

Im Umgang mit der Werkstatt gibt es bisweilen Differenzen, die sich durch Nachdenken vermeiden lassen. Die nachstehenden Punkte sollen das Zusammenleben erleichtern und Sie über Ihre Rechte informieren:

- Kündigen Sie vorhersehbare Reparaturen oder Wartungsarbeiten möglichst frühzeitig persönlich oder telefonisch an, und vereinbaren Sie einen festen Termin mit Uhrzeit. Zur Voranmeldung sollten Sie nicht frühmorgens an der Reparaturannahme auftauchen, nach 10 Uhr und vor 15 Uhr ist es dort wesentlich ruhiger, und man hat für spezielle Fragen oder Sonderwünsche offenere Ohren als im Morgentrubel oder kurz vor Feierabend.
- Bei einer kurzfristig fällig gewordenen Reparatur sollten Sie wirklich nur den betreffenden Schaden instandetzen lassen. Strapazieren Sie die Mechaniker nicht noch mit dieser und jener Kleinreparatur, denn deren weitere Arbeiten sind zuvor schon eingeteilt worden.
- Mit einer vorbereiteten Liste (dazu dient der Notizblick im »Bordbuch«) können Sie einen ganz genauen Reparaturauftrag geben. Wollen Sie nicht, daß bei einem Regel-Service etwa die Zündkerzen und das Öl gewechselt wird – was sonst automatisch geschieht –, müssen Sie das bei der Auftragsannahme schriftlich festhalten lassen.
- Lassen Sie die Telefonnummer, unter der Sie tagsüber zu erreichen sind, auf den Reparaturauftrag schreiben mit der Anweisung, daß man Sie anrufen muß, wenn sich zusätzliche Reparaturen empfehlen.
- Setzen Sie eine Preisgrenze nach oben für eventuell notwendige Zusatzarbeiten.
- Vor dem Werkstattaufenthalt sollten Sie Ablagefächer, Handschuhfach und Kofferraum ausräumen einschließlich Werkzeug, Reservekanister und Abschleppseil. Die Werkstatt übernimmt keine Haftung, wenn Ihnen derartige Dinge abhanden kommen.
- Es erhöht nicht gerade die Arbeitsfreude des Mechanikers, wenn er das Auto unter dicken Schmutzkrusten erst freilegen muß. Gönnen Sie dem VW je nach der fälligen Reparatur eine Wäsche oben, im Motorraum oder an der Unterseite.
- Am besten das Fahrzeug am Vorabend des Reparaturtags zur Werkstatt bringen, damit am nächsten Morgen gleich damit begonnen werden kann. Andernfalls das Auto frühmorgens bringen.
- Vereinbaren Sie schriftlich den Abholungstermin. Wird dieser Zeitpunkt um

mehr als 24 Stunden überschritten, muß die Werkstatt ein gleichwertiges Ersatzfahrzeug stellen oder 80% der Mietwagenkosten tragen.

■ Den reparierten Wagen sollten Sie möglichst während der Geschäftszeit abholen, damit Sie noch vor »Ladenschluß« auf dem Werkstatthof möglichst viele Funktionen Ihres Wagens prüfen (wenn es geht, zusammen mit dem Kundendienstberater) und erforderlichenfalls notwendige Beanstandungen unverzüglich anbringen können. An einem der folgenden Tage kann sich der Werkstattmann auf den Standpunkt stellen, der Grund Ihrer Unzufriedenheit sei erst nach Verlassen der Werkstatt eingetreten.

■ Nicht nur die Kraftfahrzeughersteller müssen auf ihre neuen Wagen Garantie geben, sondern auch die Autowerkstätten müssen für mangelhafte Reparaturen geradestehen: 6 Monate Garantie ohne Kilometerbegrenzung; nur bei Firmenfahrzeugen ist die Laufzeit auf 10000 km begrenzt. Diese Reparaturgarantie gilt selbstverständlich unabhängig vom Fahrzeugalter. Wußten Sie das? Zum späteren Nachweis einer eventuell notwendigen Mängelhaftung (Garantie) müssen Sie deshalb Reparaturrechnungen nicht nur äußerst sorgfältig aufbewahren, sondern auch darauf achten, daß auf der Rechnung die Reparatur genau beschrieben und das Datum der Fahrzeugaushändigung eingetragen ist. Bei der Nachreparatur haben Sie übrigens allenfalls das zu bezahlen, was sich als zusätzlich erforderliche Instandsetzung herausstellt.

■ Bei grober Fahrlässigkeit der Werkstatt haben Sie sogar Anspruch auf Schadenersatz und ein Ersatzfahrzeug bzw. 80% der Mietwagenkosten, falls sich etwa eine nachlässig montierte Bremsleitung löst und dadurch ein Unfall passiert.

■ Reklamationen an der Rechnung sollten Sie so schnell als möglich anbringen, aber sie sind noch bis zu vier Wochen nach der Reparatur möglich. Wenn Sie Ihren VW zu einem kompletten »Regel-Service« in die V.A.G.-Werkstatt geben, sollten Sie anschließend auch kontrollieren, ob Inspektionsarbeiten nicht doppelt berechnet wurden. Im Pauschalpreis etwa für den »Regel-Service« bei km-Stand 45000 sind sämtliche Arbeiten enthalten, die im »Serviceplan« des Bordbuchs aufgeführt sind.

■ Wenn Sie einmal anderer Meinung als die Leute von der Werkstatt sind, hilft ein sachliches Gespräch mit dem Werkstattleiter mehr als Schimpfen an der Kasse. Lassen Sie sich seine Gründe so erklären, daß Sie sie auch als Laie verstehen können. Und wenn die Meinungsverschiedenheiten über Arbeitsausführung oder Höhe des Rechnungsbetrags unüberwindbar sind, kann man sich – kostenlos an die nächstgelegene Schiedsstelle wenden. Deren Sitz erfährt man von der Kfz-Innung, den Handwerkskammern, den Automobilclubs oder vom TÜV. Sagen Sie es der Werkstatt, daß Sie zur Schiedsstelle gehen. Vielleicht kommt man Ihnen doch noch entgegen.

Die Frage nach den Kosten

Lassen Sie sich bei der Auftragserteilung nichts Unverständliches erklären, um dann einen Blankoauftrag mit den Worten »alles Nötige reparieren« zu geben. Es gibt »geschäftstüchtige« Werkstätten, die dann den halben Wagen erneuern. Weisen Sie auch ruhig eifrig angebotene Arbeiten ab, die Sie ohne Schwierigkeiten selbst erledigen wollen und können – so sparen Sie manche Mark.

Kostenvoranschlag

Vor größeren Reparaturen sollten Sie sich unbedingt einen schriftlichen Kostenvoranschlag (er ist für die Werkstatt 3 Wochen lang verbindlich) geben lassen, denn der Betrag, den der Meister über den Daumen gepeilt hat, kann auf der Rechnung wesentlich höher ausfallen. Es genügt beispielsweise schon, wenn neben die Arbeiten im Auftragszettel die entsprechenden Preise eingesetzt werden. Das ist bei Montagearbeiten kein Problem. Dabei darf nach Brauch der Branche ein solcher Kostenvoranschlag bei Aufträgen bis 500 DM höchstens 20% und ab 500 DM um nicht mehr als 15% überschritten werden (wohlgemerkt plus Mehrwertsteuer), ohne daß die Werkstatt vorher Ihre Zustimmung einholen muß. Was darüber liegt, darf nur nach Rückfrage ausgeführt werden und hinterher auf der Rechnung stehen. Deshalb ist die Angabe Ihrer Telefonnummer so wichtig.

Wurde der Jetta jedoch mit zerknautschtem Blech zur Werkstatt gebracht, ist ein Kostenvoranschlag schwerer anzufertigen, denn die Karosserie kann durch den Unfall verzogen sein, was sich meist erst beim Zerlegen und Vermessen herausstellt. In diesem Fall werden beispielsweise zusätzliche Reparaturen erforderlich, die Sie aus Gründen der Verkehrssicherheit nicht ablehnen können. (Sie müssen trotzdem vorher gefragt werden.)

Berechnung nach »Zeiteinheiten«

Für die V.A.G.-Werkstatt ist es kein Problem, den Preis für eine Arbeitsleistung herauszusuchen, denn sie besitzt ein umfangreiches Buch, in dem die Kosten für alle vorkommenden Reparatur- und Wartungsarbeiten verzeichnet sind. Diese Endpreise wurden aber nicht vom Volkswagenwerk festgelegt, sondern in Wolfsburg hat man zu allen Arbeiten nur den notwendigen Zeitaufwand ermittelt, den eine mittelgroße, gut ausgestattete V.A.G.-Werkstatt dazu benötigt. Der Zeitaufwand wurde in sogenannte Zeiteinheiten (ZE) festgelegt, wobei 100 Zeiteinheiten einer Stunde entsprechen. Daran sind alle V.A.G.-Werkstätten gebunden, aber den Preis, den sie für je 100 Zeiteinheiten fordern, müssen sie selbst kalkulieren.

Dieser Stundenarbeitspreis enthält aber nicht nur den Stundenlohn für den an Ihrem Wagen beschäftigten Monteur, sondern auch einen entsprechenden Anteil der Unkosten des Werkstattinhabers, z. B. Angestelltengehälter, Gebäude- und Geräteabschreibung, Steuern, Versicherung, sonstige allgemeine Kosten und nicht zuletzt auch noch etwas Unternehmergewinn. Den selbst kalkulierten Stundenarbeitspreis hat nun jede V.A.G.-Werkstatt je 100 Zeiteinheiten gleichgesetzt.

Für jede Arbeit hat eine Werkstatt ihre eigenen Festpreise, von denen vierzig in der Reparaturannahme ausgehängt sind. Sie können somit die Kosten für die gleiche Arbeit (z. B. Motor-Aus- und Einbau) in den verschiedenen V.A.G.-Werkstätten miteinander vergleichen und die günstigste aussuchen. Das lohnt sich besonders bei größeren Instandsetzungen.

Ersatz- oder Austauschteile

Nicht in jedem Fall müssen Neuteile bei der Reparatur in den Jetta eingebaut werden. Denn für Fahrzeugteile, die erfahrungsgemäß nicht ein ganzes Autoleben aushalten, aber vom Werk wieder aufbereitet werden können, hat das Volkswagenwerk ein spezielles Austauschteile-Programm:

- Achsantrieb für Getriebeautomatik
- Anlasser
- Bremsbacken für Trommelbremsen
- Gelenkwellen
- Getriebe
- Kraftstoffpumpe
- Kupplungsdruckplatte
- Kupplungs-Mitnehmerscheibe
- Kurbelwelle mit Lagern
- Lichtmaschine
- Motor komplett
- Planetengetriebe für Getriebeautomatik
- Scheibenbremssättel
- Scheibenwischermotor
- Schwungrad
- Teilmotor
- Vergaser
- Wandler für Getriebeautomatik
- Wasserpumpe
- Zylinderblock mit Kolben
- Zylinderkopf

Verschleißteile

Ölfilter, Luftfilter, Glühlampen, Zündkerzen, Unterbrecherkontakte, Auspuffanlagen, Bremsbeläge und Stoßdämpfer für die Federbeine kann man auch im Zubehörhandel, Großmarkt und Waren- oder Versandhaus erwerben, wobei die Preise bis zu 50% unter dem jeweiligen Werkstattpreis liegen können. Falls Sie günstige Einkaufsquellen nutzen wollen, dann mit Einschränkungen: 1. Nur Bremsbeläge aus der Vertragswerkstatt sind entsprechend getestet worden und versprechen bestmögliche Bremsverzögerung; Eigenversuche mit Billigware können lebensgefährlich werden. 2. Preisgünstige Stoßdämpfer sollten Sie auch nur von bekannten Herstellern kaufen, wobei allerdings die großen Versand- und Warenhäuser auch unter eigenem Namen Markenfabrikate vertreiben. 3. Billige Auspuffanlagen passen bisweilen nicht so exakt wie Originalteile, auch kann es mit der Lebensdauer Enttäuschungen geben.
Innerhalb der Garantiezeit des Jetta sollten Sie allerdings grundsätzlich nur Original-VW-Ersatzteile verwenden, denn auch ein unschuldiges Fremdteil kann bei einem Garantiefall zu Ihren Ungunsten entscheidend mitwirken.

Alle 2 Jahre: Der Weg zum TÜV

Zur Hauptuntersuchung, wie die Überprüfung beim TÜV offiziell heißt, können Sie Ihren Jetta in die Werkstatt stellen mit den Worten: »Ich muß zum TÜV. Bitte schauen Sie doch nach, ob alles in Ordnung ist.« Sie können die Werkstatt auch beauftragen, gleich mit Ihrem Wagen beim TÜV vorzufahren.
In manche V.A.G.-Werkstätten kommt ein Sachverständiger des Deutschen Kraftfahrzeug-Überwachungsvereins (Dekra), der dort die angemeldeten Fahrzeuge untersucht. Allerdings ist die Prüfungsgebühr beim Dekra einiges teurer als beim TÜV. Außerdem müssen Sie nach einem Jahr zu einer Zwischenuntersuchung vorfahren, obwohl die vom Dekra ausgegebene Plakette ebenfalls zwei Jahre Gültigkeit hat.
Ob TÜV- oder Dekra-Untersuchung, in beiden genannten Fällen wird der Jetta von der Werkstatt erst einmal durchgeprüft und eingestellt. Es kann Werkstätten geben, die einen Auftrag zur Vorbereitung für die Untersuchung als Freibrief betrachten, der übel ausgenutzt wird, wenn sie beim Autofahrer gänzliche Unerfahrenheit vermuten.
Nach unseren Erfahrungen gelingt es der Werkstatt auch bei gewissen Mängeln, den Wagen mit neuer Plakette versehen zu lassen, weil sich der Werkstattmann verpflichtet, die beanstandeten Punkte umgehend auszumerzen. Privatleuten setzen die Prüfer derartiges Vertrauen selten entgegen, sondern lassen sie gewöhnlich noch einmal vorfahren.
Von den Kosten her gesehen ist es natürlich billiger, wenn Sie selbst, ein Familienmitglied oder ein Bekannter Ihren Jetta beim TÜV vorfährt. Bevor der Wagen auf die Prüfbahn gefahren wird, überprüfen Sie erst einmal selbst alle Funktionen und Teile Ihres Wagens, soweit sie für die Verkehrssicherheit von Bedeutung sind. Dabei sollten Sie sich an die Absätze »Prüfen im Stand« und »Probefahrt« auf den Seiten 9 bis 11 halten. Fehler, die Sie dabei entdecken und nicht selbst reparieren können, lassen Sie von der Werkstatt beheben, keinesfalls mehr!
Dann wird der Wagen noch gewaschen, wobei vor allem die Unterseite und der Motor samt Getriebe sauber sein sollten.
Lassen Sie es nun ruhig darauf ankommen, daß der TÜV-Prüfer doch noch etwas Beanstandenswertes findet, was Ihnen nicht ohne weiteres aufgefallen war. Das ist kein Unglück; der Prüfer kreuzt das auf seinem Berichtsbogen an, und genau diese Punkte läßt man dann in der Werkstatt gezielt beheben (oder behebt sie selbst) und fährt halt nochmal zum TÜV. Solch eine Nachkontrolle kostet nur noch einen Bruchteil der ersten Gebühr (je nach Umfang der Nachprüfung).

Schlüssel-Erlebnis

So wie schlechte Matratzen die Freude am Schlafen verderben, ein schlechter Wagen die Freude am Fahren nimmt, und ein schlechter Kugelschreiber den Spaß am Schreiben vergällt, so ärgert Sie zweitklassiges Werkzeug beim Autobasteln. Und da wir letztere Beschäftigung zu unserem Hobby machen wollen, sollten wir uns dabei möglichst wenig aufregen. Also lieber weniger, aber dafür gutes Werkzeug anschaffen!

Empfehlenswerte Grundausstattung

In der nachfolgenden Liste haben wir zusammengestellt, was uns als vielseitig verwendbare Grundausstattung empfehlenswert erscheint. Davon brauchen Sie nicht gleich alles zu kaufen (oder manches haben Sie vielleicht schon in Ihrer Heim-Werkstatt); bei den Arbeitsbeschreibungen in diesem Handbuch ist vielfach erwähnt, welches Werkzeug dabei benötigt wird, und nur wenn Sie diese oder jene Arbeit auch selbst erledigen wollen, sollten Sie das entsprechende Handwerkszeug anschaffen.

4 Doppel-Gabelschlüssel, 6×7, 8×10, 13×15, 17×19;
2 Gabel-/Ringschlüssel kurz, SW 10 bzw. 13 beidseitig;
2 Ringschlüssel gekröpft, 10×13 und 17×19;
1 Steckschlüssel 8×10;
3 Innensechskantschlüssel, SW 6, 7 und SW 17;
1 Zündkerzenschlüssel, SW 20,8, ausziehbar;
1 Radschraubenschlüssel, SW 17;
3 Schraubenzieher für Querschlitzschrauben, 3, 6 und 8 mm breit;
2 Schraubenzieher für Kreuzschlitzschrauben, verschiedene Größen;
1 Schraubenzieher für Querschlitzschrauben, kurz mit kräftigem Griff;
2 Winkelschraubenzieher für Kreuzschlitze und Querschlitze;
1 Kombizange;
1 Rohrzange, 240 mm lang;

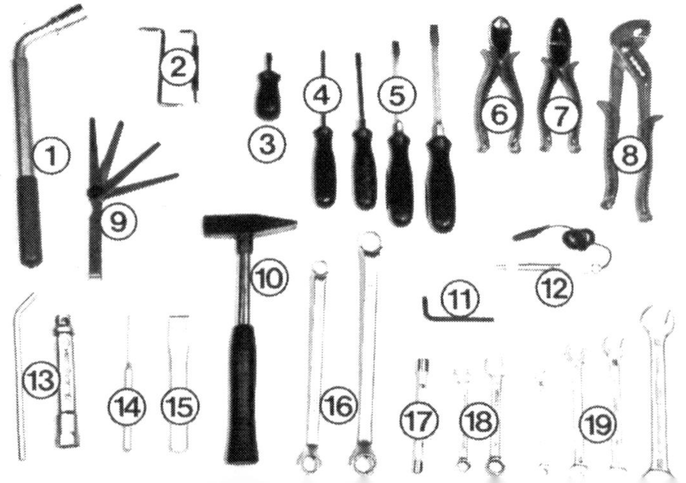

Mit dem hier gezeigten »Grund-Operationsbesteck« können Sie schon die meisten der in diesem Handbuch beschriebenen Arbeiten bewerkstelligen: 1 – ausziehbarer Radschraubenschlüssel; 2 – Winkelschraubenzieher für Querschlitze und Kreuzschlitze; 3 – kurzer Querschlitzschraubenzieher; 4 – Kreuzschlitzschraubenzieher; 5 – Querschlitzschraubenzieher; 6 – Seitenschneider; 7 – Kombizange; 8 – Rohrzange; 9 – Fühlerblattlehren; 10 – Hammer; 11 – Innensechskantschlüssel; 12– Elektrik-Prüflampe; 13 – Zündkerzenschlüssel (Hazet 2501-1); 14 – Durchschlag; 15 – Flachmeißel; 16 – Ringschlüssel, hoch gekröpft; 17 – Steckschlüssel; 18 – Gabel-/Ringschlüssel; 19 – Gabelschlüssel.

1 Seitenschneider;
1 Schlosserhammer, 300 g schwer;
1 Satz Fühlerblattlehren, 0,05–0,7 mm;
1 Flachmeißel;
1 Durchschlag, 3 mm Durchmesser;
1 Elektrik-Prüflampe.

Was die Größenangaben bedeuten

Werkzeuge und Maschinenteile werden in den meisten Ländern nach dem metrischen Maßsystem (in Millimeter oder Zentimeter) gemessen.
Bei Schraubenmuttern mißt man den Abstand der einander gegenüberliegenden Flanken und schreibt auf den jeweils dafür passenden Schraubenschlüssel die entsprechende Schlüsselweite (Kurzbezeichnung: SW). Ein Doppelgabelschlüssel (man nennt den Gabelschlüssel vielfach auch Maulschlüssel) mit der Bezeichnung 10×13 hat also eine Gabel oder ein Maul für eine 13 mm breite und auf der anderen Seite für eine 10 mm breite Schraube.

Weitere Werkzeuge

Zum eigentlichen Werkzeug der Grundausstattung kann sich der Selbsthelfer je nach Bedarf noch zusätzliche Hilfsgeräte anschaffen. Im Bild unten haben wir einige davon zusammengestellt:

- Batteriesäureprüfer; wozu er gebraucht wird, steht auf Seite 152.
- Frostschutzprüfer; wie er angewandt wird, steht auf Seite 67.
- Schlagschrauber; er hilft, Quer- und Kreuzschlitz-Schrauben zu lösen, wenn alle anderen Mittel versagen. Wie man ihn richtig einsetzt, steht im nächsten Absatz.
- Drehmomentschlüssel; unerläßlich zur Zylinderkopfmontage, aber auch wichtig bei anderen Schrauben, die mit dem richtigen Drehmoment angezogen werden sollen (Drehmomentwerte finden Sie, wo nötig, hier im Buch).
- Kleiner Rätschenkasten; ein praktisches Werkzeug, wenn mit kleinen Schrauben gearbeitet wird. Manche Kästen haben noch zusätzlich Einsätze für Schlitz- und Kreuzschlitzschrauben. Die allerbeste Qualität braucht dabei nicht gekauft zu werden, denn die kleinen Schrauben zieht man ja nicht mit aller Kraft an.
- Für größere Schlüsselweiten oder einfach zum schnelleren Arbeiten empfehlen sich »Stecknüsse« mit den dazugehörigen Verlängerungsstücken und den Betätigungswerkzeugen, wie Knarre und Hebel. Einen kompletten Kasten brauchen Sie dabei nicht zu kaufen. Die wirklich benötigten Schlüsselweiten reichen vollkommen. Wir ziehen die Sechskant- den Zwölfkantnüssen vor, da zwölfkantige Nüsse leichter auf einer beschädigten Schraube weiterrutschen können.

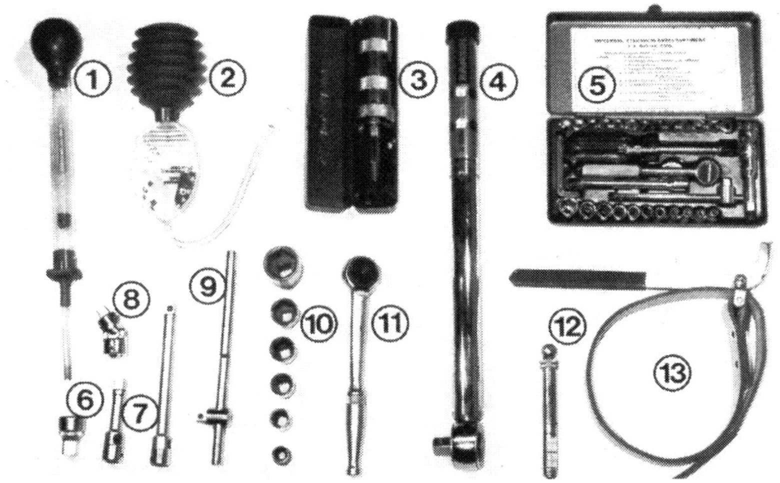

Als Ergänzung würden wir – je nach Bedarf – folgende Werkzeuge vorschlagen: 1 – Batteriesäuremesser; 2 – Frostschutzprüfer; 3 – Schlagschrauber; 4 – Drehmomentschlüssel; 5 – kleiner Stecknußkasten mit 1/4"Antrieb; 6 – Adapterstück für 3/8"-Vierkant auf 1/2"-Vierkant; 7 – Verlängerungen 3/8"; 8 – Gelenkstück; 9 – Hebel 3/8"; 10 – Stecknüsse SW 10, SW 13, SW 15, SW 17, SW 19 jeweils mit 3/8"-Antrieb und eine Stecknuß SW 24 mit 1/2"-Antrieb; 11 – Rätsche (Knarre) für 3/8"-Antrieb; 12 – Luftdruckprüfer; 13 – Spannbandschlüssel

Zum Einstecken des Betätigungswerkzeugs haben die Steckeinsätze ein Vierkantloch mit 1/2" (Zoll) oder 3/8" Kantenlänge. Günstiger finden wir die 3/8"-Ausführung, die handlicher beim Autobasteln und trotzdem stabil ist. Für Stecknüsse ab SW 24, die es nur mit 3/8"-Vierkant gibt, kann man ein Adapterstück kaufen, das den 3/8"-Vierkant auf 1/2" vergrößert.

■ Reifendruckprüfer; welche Vorteile ein eigener Reifendruckprüfer hat, steht auf Seite 147.

■ Spannbandschlüssel zum Lösen der Ölfilterpatrone; diese Schlüssel sind heute so preisgünstig zu haben, daß sich die Anschaffung durchaus lohnt, wenn der Ölwechsel mit Filterwechsel öfters selbst gemacht wird.

■ Wer sich der Elektrik widmen will und dieses oder jenes Zusatzgerät einbauen möchte, ist mit einer der preiswerten Spezialquetschzangen gut bedient.

Schrauben lösen

Schon nach relativ kurzer Zeit können Schrauben so fest sitzen, daß sie sich nicht einfach mit einem Schraubenzieher herausdrehen lassen. Bei Kreuzschlitzschrauben kommt erschwerend hinzu, daß sich der Schraubenzieher auch bei starkem Druck auf den Schaft aus dem gekreuzten Schlitz herausdreht. Nach wenigen erfolglosen Versuchen ist der Kreuzschlitz »vermurkst«.

Wenn sich eine Schraube nicht gleich losdrehen läßt, sollten Sie einen passenden, stabilen Schraubenzieher ansetzen und dem Griffende einen trockenen Hammerschlag versetzen. Das bricht normalerweise die mit ihrem Kopf leicht festkorrodierte Schraube los, sie läßt sich nun ganz normal herausdrehen.

Hilft das nichts, brauchen Sie einen Schlagschrauber. Bei jedem Hammerschlag auf das Griffende des Schlagschraubers dreht dieser den Schraubeneinsatz unter Druck ein klein wenig weiter. Das löst praktisch jede Schraube.

Ist in einem Schraubenkopf kein Werkzeug mehr einzusetzen, hilft gewöhnlich nur noch Ausbohren. Erst wird mit einem entsprechend großen Bohrer der Schraubenkopf entfernt (notfalls mit einem kleineren Durchmesser vorbohren). Das Gewindeteil einer Blechschraube läßt sich manchmal nun durchstoßen oder mit einer Zange von der Rückseite her abnehmen. Andernfalls mit einem dünnen Bohrer das Gewindeteil ausbohren. Wenn Sie hierfür einen zu großen Bohrerdurchmesser wählen, wird entweder das Gegengewinde beschädigt oder das Loch für eine Blechschraube so vergrößert, daß später nur eine stärkere Schraube hält.

Flüssige Hilfen

Rostlöser und Isolierspray

Als Rostlöser für festgerostete Schrauben haben sich beispielsweise »Caramba Rasant«, »LM Liqui Multi« von Liqui Moly, »Multigliss« von Molykote oder »mo-Schnellrostlöser« von Teroson sehr bewährt. Man muß nur ein wenig Geduld haben und die Flüssigkeiten lange genug einwirken lassen.

Mit diesen Rostlösern verwandt durch ihre außerordentliche Kriechfähigkeit sind die »Isoliersprays«. Vielfach sind die Rostlöser (z. B. alle oben genannten) zugleich solche Isoliersprays, die bei Feuchtigkeit in der Autoelektrik den feinen Wasserfilm unterwandern und dadurch verhindern, daß Batteriestrom über den leitenden Wasserfilm als Kurzschluß oder »Kriechstrom« abgeleitet wird. Zu den bereits genannten Rostlösern wären als Spezial-Isoliersprays beispielsweise zu nennen »Aral Intact« oder »4×Silikon-Spray« von Molykote.

Die Vielseitigkeit dieser Sprays erweist sich auch an den Türschlössern des Autos: Sie halten das Schloß als Schmiermittel leichtgängig und verhindern im Winter durch ihre Feuchtigkeitsverdrängung das Einfrieren.

Kaltreiniger und Motorschutzlack

Der Motorraum des Jetta ist leider schon nach kurzer Zeit vom Straßendreck gezeichnet. Auch können die Motorteile im Lauf der Zeit ölverschmiert sein. Dage-

gen helfen sogenannte Kaltreiniger (etwa der »Spezialreiniger« von Aral). Damit werden die Teile eingestrichen oder eingesprüht, nach einigen Minuten kann man mit einem Pinsel den Schmutz abwaschen und anschließend mit Wasser abspritzen.
Beim fabrikneuen Jetta ist der Motorraum zum Schutz gegen Korrosion mit einem Konservierungswachs eingesprüht (auf den ersten Kilometern mit dem neuen Wagen riechen die Wageninsassen deutlich, wenn dieses Wachs etwa auf dem Auspuffkrümmer verbrennt). Nach einer Motorwäsche ist das Konservierungsmittel allerdings auch abgewaschen. Damit es im Triebwerksabteil trotzdem nicht zu Korrosionserscheinungen kommt, sollten anschließend sowohl der Motorraum als auch die Aggregate mit einem Motorschutzlack (z. B. »Plastglanz« von Teroson) eingesprüht werden. Damit ein wirklich ausreichender Schutz erreicht wird, empfiehlt VW hierzu mindestens 600 g Sprühmaterial (gewöhnlich 2 Sprühdosen). Solcher Motorschutzlack übersteht auch mehrere Motorwäschen.

Spezial-Schmierstoffe

■ Haushaltsöl in kleinen Spritzkännchen ist dünnflüssiges Universalöl, das man überall verwenden kann, wo keine besonderen Schmieransprüche gestellt werden. Aber es hält Motorwärme aus, ist also beispielsweise zur Schmierung des Motorhaubenschlosses geeignet.
■ Graphitöl enthält den »Festschmierstoff« Graphit, der die Schmierkraft des Öls erhöht. Besonders gut ist die Graphitöl-Sprühdose von BP, die einen meterweiten nadelfeinen Ölstrahl versprüht und dadurch vor allem für schwer erreichbare Schmierstellen sehr geeignet ist.
■ Schmierstoff-Suspensionen liegen an der Grenze zwischen Öl und Fett und sind für seltener beanspruchte Gleitflächen (z. B. Sitzschienen, Heizungshebel) sehr vorteilhaft. Nach dem Auftragen bilden sie auf der behandelten Gleitfläche einen wachsähnlichen Schmierfilm, der auch gegen Rost schützt und erst bei Druckbeanspruchung flüssig wird (z. B. »MO-Gleitspray« von Teroson, »Paste U-n« von Molykote oder »LM Schmierfix« von Liqui Moly).
■ Heiß-Schrauben-Compound möchten wir nicht mehr missen, denn eine einmal damit eingeriebene Verschraubung rostet nie mehr und läßt sich auch nach Jahren wieder ohne weiteres lösen. Das gilt vor allem für Auspuffrohr-Verschraubungen und Federbeinhalterungen. Diese Spezialpaste gibt es in kleinen Tuben als »HSC-Paste« von Molykote, »Molykote 1000« und als »ASC-Paste« von Liqui Moly. Die Paste ist hitzefest bis über 1000° C!
■ Säureschutzfett, auch Polfett genannt, ist ein gegen elektrische Ströme, Säure und Feuchtigkeit isolierender Spezialschmierstoff, der vor allem die Batteriepole sauber hält. Konkurrenzlos ist hierbei das Säureschutzfett »Ft 40 v 1« von Bosch.

Hilfsmittel unterwegs

Mit folgenden Dingen sind Sie auch unterwegs gut gerüstet:

■ Abschleppseil oder -stange
■ Alleskleber (z. B. Uhu-plus)
■ Arbeitshandschuhe
■ 2 m Autoelektrikkabel 1,5 mm² (keinesfalls Haushaltskabel!)
■ 1 m kräftigen Draht
■ Ersatzglühlampen (Seite 197)
■ Handwaschmittel
■ Keilriemen (Seite 159)
■ Klebeband
■ Lappen
■ Reservekanister
■ Sicherungen
■ Starthilfekabel (Querschnitt der Metallseele mindestens 10 mm²!)
■ Taschenlampe
■ 1 m Zündkabel
■ Zündkerzen (Seite 196)

Klappe auf!

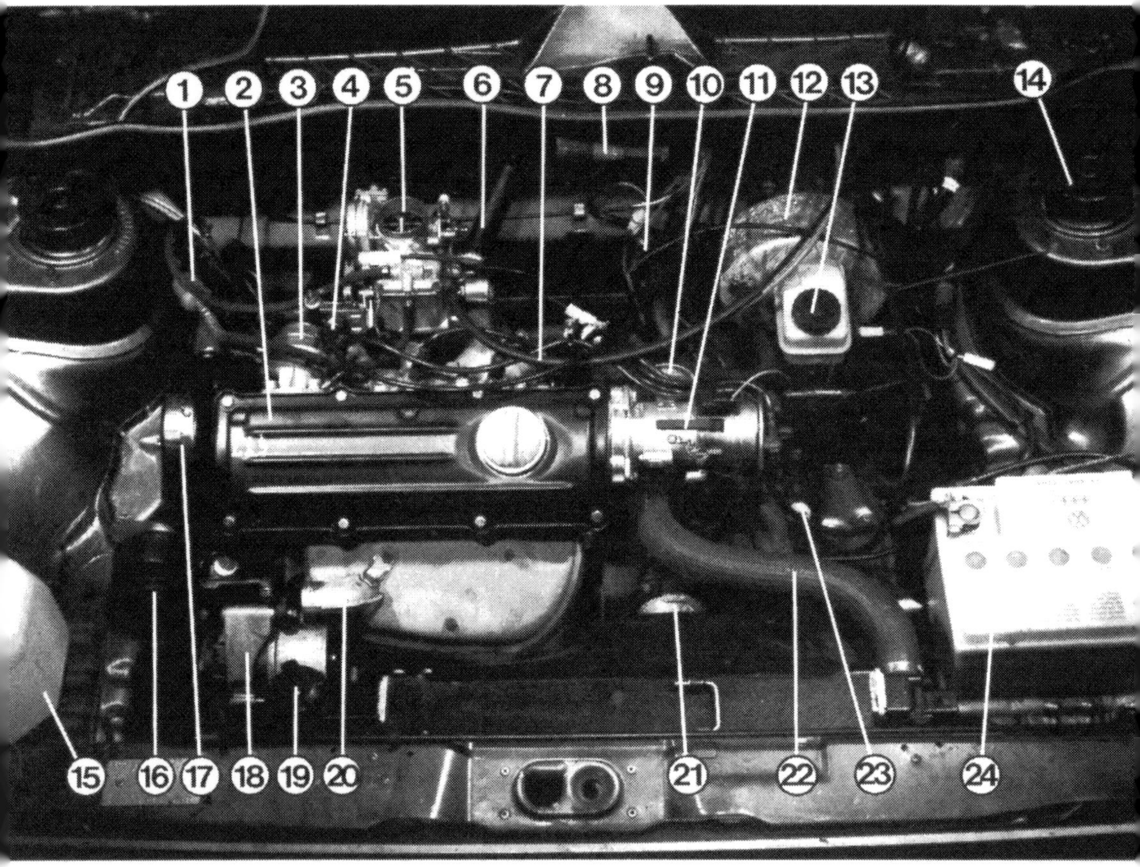

Auf diesen beiden Seiten wollen wir einmal unter die Haube sehen. Dazu haben wir hier oben den Motorraum eines 1300ers aufgeklappt. Die einzelnen Ziffern kennzeichnen folgende Teile: 1 – Kraftstoffilter; 2 – Zylinderkopfhaube; 3 – Benzinpumpe; 4 – Gaszug; 5 – Vergaser; 6 – Schlauch der Kurbelgehäuse-Entlüftung; 7 – Starterzug; 8 – Zündspule; 9 – Heizventil; 10 – Unterdruckdose am Zündverteiler (11); 12 – Bremskraftverstärker; 13 – Bremsflüssigkeitsbehälter; 14 – linkes Federbein; 15 – Behälter der Scheibenwaschanlage; 16 – Motoraufhängung vorn rechts; 17 – Zahnriemenschutz; 18 – Drehstrom-Lichtmaschine; 19 – Kühlerverschlußdeckel; 20 – Anschlußstutzen des Warmluftsammelblechs über dem Auspuffkrümmer; 21 – Kühlerventilator; 22 – Heißwasserzulauf in den Kühler; 23 – Kupplungszug; 24 – Batterie.

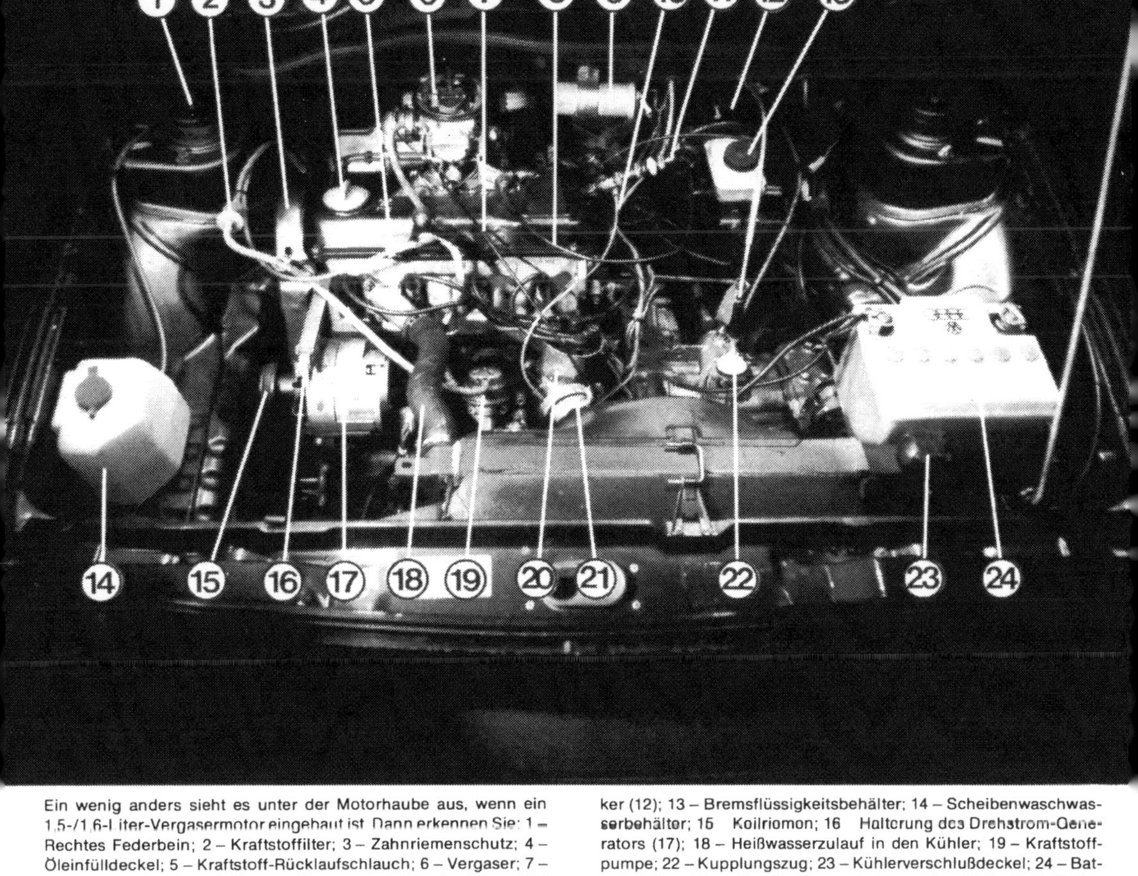

Ein wenig anders sieht es unter der Motorhaube aus, wenn ein 1,5-/1,6-Liter-Vergasermotor eingebaut ist. Dann erkennen Sie: 1 – Rechtes Federbein; 2 – Kraftstoffilter; 3 – Zahnriemenschutz; 4 – Öleinfülldeckel; 5 – Kraftstoff-Rücklaufschlauch; 6 – Vergaser; 7 – Unterdruckleitung zur Frühverstellung an der Unterdruckdose (21) am Zündverteiler (20); 8 – Gaszug; 9 – Zündspule; 10 – Unterdruckleitung zur Spätverstellung der Zündverteiler-Unterdruckdose; 11 – Unterdruckschlauch vom Ansaugkrümmer zum Bremskraftverstärker (12); 13 – Bremsflüssigkeitsbehälter; 14 – Scheibenwaschwasserbehälter; 15 Koilriomon; 16 Haltcrung dcs Drchstrom-Oenerators (17); 18 – Heißwasserzulauf in den Kühler; 19 – Kraftstoffpumpe; 22 – Kupplungszug; 23 – Kühlerverschlußdeckel; 24 – Batterie. Eine nähere Beschreibung der hier aufgezählten Teile finden Sie im Buch, wenn Sie das Stichwortverzeichnis in der hinteren Buchklappe aufschlagen.

Dienstanweisung

Wartungsfreie Autos gibt es nicht! Wer dennoch glaubt, ein solches zu fahren, wird eines Tages mit »verröcheltem« Motor am Straßenrand stehen, weil etwa die Zündkerzen überhaupt keine Elektroden mehr haben. Aber Wartung heißt andererseits nicht, daß alle 14 Tage der Wagen bis zur letzten Schraube zerlegt und wieder zusammengebaut werden muß.

»Regel-Service« und Wartungspakete

Im Bordbuch mit dem Serviceplan ist genau festgehalten, was wann und wo am Jetta gewartet werden soll. Dabei gilt als Richtschnur ein 15000-km-Intervall für jeden großen »Regel-Service«. Wer wenig fährt, soll spätestens ein Jahr nach dem letzten umfangreichen Regel-Service die Werkstatt anlaufen, denn auch ein nicht benutzter Wagen altert. Zwischengeschoben ist ein kleiner Service alle 7500 km oder 6 Monate, der vor allem den Ölwechsel beinhaltet.
Neben den im Regel-Service zusammengefaßten Kontroll- und Wartungsarbeiten bieten die V.A.G.-Werkstätten noch eine Reihe von Einzelleistungspaketen an, die der Kunde bei Bedarf in Anspruch nehmen kann: Als Instandhaltungs-Pakete einen Unterboden-Service, einen Hohlraum-, Winter-, Frühjahrs-, Urlaubs- und Motortest-Service; als Instandsetzungs-Pakete je einen Service für Auspuff, Bremsen, Fahrwerk, Karosserie, Lack, Motor und Getriebe, Reifen, Stoßdämpfer, Vergaser und Zündung sowie spezielle Leistungsangebote für die TÜV-Untersuchung und Zubehöreinbau.
Allen Arbeiten geht eine gezielte Diagnose voraus. Der Mechaniker prüft innerhalb des betreffenden Wartungspakets alle möglichen Fehler, nicht aber sämtliche Fahrzeugfunktionen.

Wartungsplan für den Selbsthelfer

Am Anfang steht der vom Werk empfohlene »Regel-Service«, der alle 6 Monate oder spätestens 7500 km nach dem letzten 15000-km-Service durchgeführt werden soll. Weiter haben wir noch jene Wartungsarbeiten eingefügt, die ohnehin öfter als nur einmal im Jahr durchgeführt werden sollten.
Lassen Sie sich durch unsere nachfolgende Liste und die Aufzählung im sogenannten Serviceplan nicht erschrecken – wir haben unsere Liste übrigens etwas anders aufgeteilt als das Werk –, denn bei näherer Betrachtung sehen Sie schnell, daß man viele Punkte ohne Schwierigkeiten selbst erledigen kann. Sparsame VW-Besitzer führen daher die einfacheren Arbeiten alle selbst aus und geben nur für solche Wartungspunkte der Werkstatt einen gezielten Auftrag, die dem Selbstpfleger etwa mangels speziellem Werkzeug nicht möglich sind. Wir denken hier z. B. an die Vermessung der Vorderachse. Scheuen Sie sich nicht, nur bestimmte Wartungsarbeiten in Auftrag zu geben. Davon ist die Werkstatt zwar kaum begeistert, aber für Sie bedeutet es manche gesparte Mark. Solange Ihr Fahrzeug allerdings noch jünger als ein Jahr ist, verlangt das Werk, daß die Wartungsarbeiten termingerecht in einer V. A. G.-Werkstatt erledigt werden, wenn Garantieansprüche anerkannt werden sollen.

Wartung alle 7500 km oder halbjährlich

			Nähere Hinweise Seite
S	1.	Stand der Kühlflüssigkeit und Frostschutz prüfen	67
S	2.	Scheibenwaschwasser auffüllen	218
S	3.	Bremsflüssigkeitsstand prüfen	133
S	4.	Batteriesäurestand kontrollieren	151
S	5.	Keilriemenspannung prüfen	73, 157
S	6.	Zündkerzen kontrollieren	195
S	7.	Kupplungsseilzug fetten	38
S	8.	Motorhauben-Bowdenzug, Scharniere, Schlösser und Türfeststeller pflegen	38
S/T	9.	Motoröl wechseln (ohne Filterwechsel)	34
S	10.	Sichtprüfung des Motors	47
S	11.	Sichtprüfung des Getriebes	35
S	12.	Aufhängung und Zustand der Auspuffanlage kontrollieren	61
S/W	13.	Bremsanlage auf Dichtheit und Beschädigungen prüfen	134
S/W	14.	Belagstärke der Scheibenbremsen messen	135
S/W	15.	Zustand der Bremsscheiben kontrollieren	136
S/T	16.	Reifendruck prüfen	146
S/T	17.	Reifenzustand kontrollieren	147
S/T/W	18.	Festen Sitz der Radschrauben kontrollieren	148
S/W	19.	Lenkungsspiel prüfen	130
S/W	20.	Fußbremswirkung kontrollieren	11
S/W	21.	Handbremse prüfen	139
S	22.	Kickdown-Schalter kontrollieren	123
S	23.	Heizung, Belüftung und Gebläse kontrollieren	74
S	24.	Beleuchtungsanlage prüfen	197
S	25.	Blink- und Warnblinkanlage kontrollieren	204
S	26.	Bremsleuchten prüfen	205
S	27.	Hupe prüfen	205
S	28.	Lichthupe kontrollieren	207
S	29.	Kontrollinstrumente und- leuchten prüfen	208
S	30.	Scheibenwischer und -wascher prüfen	218
S/T/W	31.	ATF-Stand im automatischen Getriebe kontrollieren	36

Zusätzlich alle 15000 km oder einmal im Jahr

S/W	32.	Kühlsystem auf Dichtheit prüfen	68
S/W	33.	Überdruckventil im Kühlsystem-Verschlußdeckel prüfen	70
S	34.	Keilriemenzustand prüfen	158
S	35.	Zündverteiler kontrollieren	189
S/W	36.	Unterbrecherkontakte prüfen	190
S	37.	Zündverteiler schmieren	38
S/W	38.	Unterbrecher-Schließwinkel messen	191
S/W	39.	Zündzeitpunkt prüfen	192
S/T	40.	Luftfiltereinsatz ausblasen	90, 113
S	41.	Ansaugluftvorwärmung kontrollieren	92
S	42.	Filtersieb der Benzinpumpe reinigen	87
S/W	43.	Ventilspiel prüfen (nur 1100/1300)	52
S/W	44.	Zylinderkopfhaubendichtung ersetzen (nur 1100/1300)	52
S/T/W	45.	Ladezustand der Batterie prüfen	152
S/W	46.	Kompressionsdruck messen	50
W	47.	Leerlauf einstellen	99
W	48.	Abgastest	101
W	49.	Spannungsregler prüfen	156
S/T	50.	Ölfilter wechseln (bei Motorölwechsel)	35
S/W	51.	Belagstärke der hinteren Trommelbremsen kontrollieren	138
S/W	52.	Spiel der Radlager prüfen	127
S	53.	Manschetten der Antriebswellen auf Dichtheit prüfen	124
S	54.	Manschetten der Lenkzahnstange auf Dichtheit prüfen	130
S	55.	Staubkappen und Spiel der Spurstangenköpfe prüfen	130
S	56.	Staubkappen der Achsgelenke kontrollieren	126
S	57.	Wasserablauflöcher reinigen	233
S/W	58.	Unterbodenschutz kontrollieren	232
W	59.	Vorderachseinstellung messen	126
S	60.	Kupplungspedalspiel messen	117
S	61.	Bremspedalweg prüfen	138
S	62.	Bremskraftverstärker prüfen	140
S/W	63.	Bremskraftregler prüfen	140
S/T/W	64.	Scheinwerfereinstellung kontrollieren	199
S	65.	Heizbare Heckscheibe kontrollieren	217

Zusätzlich alle 30000 km oder alle 2 Jahre

W	66. Bremsflüssigkeit wechseln	140
S	67. Luftfiltereinsatz wechseln	91, 113
S	68. Kraftstoffilter ersetzen	89
S	69. Keilriemen erneuern	158
S/W	70. Ventilspiel nachprüfen (1500/1600)	52
S	71. Zylinderkopfhaubendichtung ersetzen (1500/1600)	52
S/W	72. Schalter der Bremswarnleuchte prüfen	210
W	73. Druckprüfung des Bremskraftreglers	140

Zusätzlich alle 45000 km

W	74. ATF im automatischen Getriebe wechseln	37
W	75. Einstellung der Transistorzündung prüfen	194

Was kann man selbst machen?

Vor jeder einzelnen Wartungsarbeit unserer Liste finden Sie Kennbuchstaben, die Ihnen andeuten sollen, was Sie selbst machen können, was die Tankstelle erledigen kann und was der Werkstatt überlassen bleiben soll. Es bedeuten:

S – Selbstmachen ohne besonderes Werkzeug und ohne spezielle Fachkenntnisse möglich, wenn man den erläuternden Abschnitt auf der jeweils ganz rechts in der Tabelle angegebenen Stelle gelesen hat.

S/T – Selbstmachen oder Tankstelle, ebenfalls ohne spezielle Fachkenntnisse, aber vielleicht fehlt es am notwendigen Gerät, und die Tankstelle hat es.

S/W – Selbstmachen oder Werkstatt. Erfahrung und gute Fachkenntnisse, die aber auch dieses Buch vermittelt, sind Voraussetzung, andernfalls überläßt man die Arbeit besser der Werkstatt.

S/T/W – Selbstmachen lohnt sich in diesem Fall nur, wenn Sie das entsprechende Gerät verfügbar haben. Andernfalls werden diese Arbeiten schnell und für wenig Geld an der Tankstelle oder in der Werkstatt erledigt.

W – Werkstatt. Diese Arbeiten erfordern spezielle Fachkenntnisse, aufwendige Meß- und Arbeitsgeräte, die nur die Fachwerkstatt besitzt. Nur in Notfällen und bei besonderer Fachkenntnis sollte man sich selbst damit befassen. Trotzdem sind auch diese Arbeiten im Buch beschrieben, damit Sie wissen, was die Werkstatt macht.

Der Pflegeplatz

Falls Sie glücklicher Besitzer einer Garage sind, die ausreichend breit und gut beleuchtet ist, gibt es kaum Probleme. Oft ist ein freier Platz mit festem Boden günstiger, wo auch ohne Hand- oder Taschenlampe die Fahrzeugunterseite gut

Eine gute aber nicht vollkommene Abstützung ist solch ein verstellbarer Dreibock (in Kauf- und Versandhäusern zu haben). Bei ungeschickter Handhabung kann er allerdings von dem auf der anderen Wagenseite angesetzten Wagenheber umgeschoben werden. Damit der Dreibock keine Dellen in den Türschweller drückt, muß ein lastverteilendes Holzstück zwischengelegt werden (schwarzer Pfeil). Der weiße Pfeil zeigt auf den Aufnahmetopf vorn, wo der Tankstellen- oder ein Rangier-Wagenheber angesetzt werden muß, hinten wird der Wagen dort angehoben, wo auch der Bordwagenheber anzusetzen ist (die Markierung im Blech sehen Sie im Bild rechts oben). Wird der Jetta an anderen Stellen angehoben, kann es entweder Beulen im Längsholm geben, oder falls ein Rangierwagenheber falsch angesetzt wird – etwa an der Motorölwanne oder am Getriebe – kann das kostspielige Schäden nach sich ziehen.
Der hier angesetzte Wagenheber älterer Bauart ist übrigens wesentlich leichter zu handhaben. Falls Sie diesen Hebertyp noch von einem früheren Golf, Scirocco, Passat oder Audi 80 haben, behalten Sie ihn. Er ist stabiler und leichter zu kurbeln.

Bei dieser Aufbockmethode mit Hohlblocksteinen muß man darauf achten, daß das Wagengewicht den senkrecht nach unten stehenden Blechfalz unter dem Türschweller (so nennt sich der Längsholm unter der Tür) nicht wegdrückt, deshalb den Stein besser am Wagenboden ansetzen. Um den Auflagedruck zu verteilen, haben wir noch ein Brett zwischengelegt (Pfeile links). Der Pfeil rechts zeigt auf den verstärkten Blechfalz, wo der Wagenheber angesetzt werden soll. Darüber sehen Sie eine Markierungskerbe im Karosserieblech, die auf diese Verstärkung hinweist.

einzusehen ist. Vorsicht mit Benzin und Öl auf Asphaltboden, er wird von diesen Flüssigkeiten angegriffen. Auf der grünen Wiese sind montierende Heimwerker nicht gern gesehen, vor allem deshalb, wenn dort auch mit Öl hantiert wird. Es ist aber überdies auch nicht sinnvoll, auf unebenem oder gar grasbewachsenem Boden zu arbeiten, da dort Kleinteile unwiederbringlich verlorengehen. Besser ist da eine Do-it-yourself-Werkstatt, die sich vielleicht in der Nähe Ihres Wohnorts befindet.

Hochgebockten Wagen sichern!

Wenn Sie an der Unterseite Ihres Jetta arbeiten wollen und keine Hebebühne zur Verfügung steht, muß das Fahrzeug stabil und sicher aufgebockt werden. Hüten Sie sich, unter ein Auto zu kriechen, das nur vom Wagenheber einseitig hochgehalten wird und dessen Räder nicht gegen Abrollen gesichert sind. Beim Rütteln am Wagen, etwa beim Lösen einer Schraube, kann der Wagenheber leicht abgleiten oder verrutschen. Das ist also lebensgefährlich, vor allem, weil ein vom Heber kippendes Fahrzeug zusätzlich noch durchfedert!
Nach unseren Erfahrungen haben sich Hohlblocksteine zum Aufbocken noch am besten bewährt. Sie dürfen aber nicht feucht sein oder gar Risse zeigen, dann könnten sie nämlich in sich zusammenbrechen. Das Brett zwischen Stein und Wagenbauch darf nicht vergessen werden, es soll die Last gleichmäßig über den ganzen Stein verteilen. Der Hohlblockstein muß auch selbst auf ebenem Boden gut aufliegen, z. B. auf Beton oder Asphalt, aber nicht auf weichem Boden oder Rasen. Zwei Hohlblocksteine übereinander sind ein zu hoher wackeliger Stapel und praktisch auch nicht notwendig. Notfalls nehmen wir noch eine Lage Backsteine mit lastverteilendem zwischengelegtem Brett.

Schmiergelder richtig angelegt

»Ölen und salben hilft allenthalben« besagt ein altes Sprichwort. Bei allen Teilen, die sich gegeneinander bewegen, ist die Schmierstoff-Verabreichung aber nicht nur eine Hilfe – sie ist lebensnotwendig, sonst fressen die Teile fest. Doch muß es für die betreffende Stelle auch das richtige Schmiermittel sein. Wer irgendein Öl z. B. in den Motor füllt, kann sein goldgelbes Wunder erleben. Deshalb wollen wir Sie zuerst mit etwas Ölwissen versehen.

Aufgaben des Motoröls

Allgemein bekannt ist die reibungsvermindernde Wirkung des Motoröls, damit Kolben und Zylinder nebst Kurbelwellenlagern, Ventiltrieb und sonstige Lagerstellen mit möglichst geringem Verschleiß über die Runden kommen. Das Motoröl muß aber auch abdichten: Zwischen Kolben und Zylinderwand bleibt trotz der Kolbenringe noch ein gewisser, nur tausendstel Millimeter breiter Spalt. Das Öl muß hier die Feinabdichtung schaffen zwischen Kolben, Kolbenringen und Zylinderlaufflächen. Nur so kann der durch die Verbrennung entstehende hohe Druck weitestgehend ohne Verluste auf den Kolbenboden übertragen und in Bewegungsenergie umgesetzt, der Motor also »voll in Schwung gebracht« werden.

Weiter wird das Öl zur Kühlung herangezogen. Bei der Verbrennung des Kraftstoffs kann nur ein Viertel der anfallenden Energie für die Fortbewegung nutzbar gemacht werden, ein Teil verläßt den Motor als Wärme durch den Auspuff, und ein weiteres Teil Wärmeenergie muß über das Kühlwasser und Öl abgeführt werden. So kann z. B. ein Kolben nur durch das Motoröl gekühlt werden. Zum einen wird die Wärme vom Kolben über die Kolbenringe und das abdichtende Öl an die Zylinderlaufflächen und weiter an das Kühlmittel geleitet, und zum andern kühlt das im Kurbelgehäuse umherspritzende Öl den Kolben direkt. Aber auch jedes einzelne Lager von Kurbelwelle, Nockenwelle usw. wird durch das Öl gekühlt. Die vom Motoröl aufgenommene Wärme wird über die Ölwanne an den Fahrtwind abgeleitet.

Die Motorenbauer haben noch spezielle Wünsche an das Öl: Es soll bei den hohen Temperaturen, wie sie an den Zylinderlaufbahnen auftreten, nicht verdampfen. Es darf bei diesen ungünstigen Bedingungen den Schmierfilm nicht abreißen lassen. Wenn es verbrennt, soll dies ohne Rückstände geschehen – Ölverbrauch bedeutet im Grund genommen, daß das Öl verbrannt wird. Das Öl soll Ruß und Schmutz binden, damit sie sich nicht im Motor ablagern. Es soll alterungsbeständig sein und noch einiges mehr.

Motorölstand prüfen

Zum Ölpeilstab – in Fahrtrichtung hinten rechts beim 1100/1300 bzw. vorn in der Motormitte beim 1500/1600 – sollten Sie etwa alle 500 bis 700 km greifen, vor allem, wenn der Motor schon älter ist. Zur Kontrolle den Meßstab herausziehen und mit einem sauberen Lappen – keine Putzwolle oder Watte nehmen – abwischen, wieder bis zum Anschlag einschieben, kurz warten und noch einmal herausziehen. Die Peilstabspitze muß mindestens bis zur unteren Kerbe mit Öl benetzt sein. Reicht die Ölfüllung nur noch bis zur unteren Markierung, ist es an der Zeit, frisches Öl nachzugießen. Die Ölmenge zwischen oberer und unterer Marke beträgt **1 Liter**, aber 0,5 Liter Nachfüllmenge genügen durchaus (siehe nächsten Abschnitt). Wenn Sie den Ölverbrauch auf den Hundertstel-Liter genau messen wollen, muß der Wagen jeweils auf einer absolut waagrechten Stelle stehen und der Motor mindestens fünf Minuten stillstehen. Am einfachsten geht das vor dem ersten Start. Dann wird der Ölstand ganz genau angezeigt, und Sie müssen nicht einmal den Peilstab abwischen, da über Nacht alles Öl in die Ölwanne zurückgesickert ist.

Fingerzeig: *Lassen Sie sich nicht verunsichern: Hochwertiges Motoröl wird schon nach kurzer Laufzeit dunkel. Das beweist nur, daß es richtig »arbeitet« und den anfallenden Schmutz in der Schwebe hält. Es ist jedoch kein Zeichen dafür, daß das Öl gewechselt werden müßte.*

Öl nachfüllen

Falls der Ölstand einmal bis 0,25 Liter unter die Minimum-Marke gefallen ist, droht dem Motor noch kein Unheil. Fehlt mehr Öl und pflegt der Fahrer einen flotten Fahrstil mit Kavalierstarts und Kurvenumrundung in den höchstmöglichen Geschwindigkeiten, kann es zu Lagerschäden kommen, weil der Schnorchel der Ölpumpe Luft ansaugt und der Öldruck stark abfällt. Dabei braucht die Ölwarnlampe noch nicht einmal aufzuleuchten.

Steht das Ölniveau an der unteren Peilstabkerbe, reichen im Normalfall 0,5 Liter Nachfüllmenge. Nur wenn der Jetta häufig voll belastet wird (Autobahn-Dauervollgas, Hochgebirgs-Paßfahrten), sollte der Ölstand im oberen Peilstabdrittel gehalten werden. Das Mehr an Öl kann die Kühlungsaufgaben besser erfüllen. Andererseits tun Sie dem Motor aber keinen Gefallen, wenn Sie über die obere Peilstabmarke hinaus Öl einfüllen. Die Kurbelwelle »planscht« dann vermehrt im Öl, was spürbar Leistung verzehrt. Wenn das Öl dabei schaumig geschlagen wird, kann sogar die Motorschmierung beeinträchtigt werden. Außerdem gelangt zu viel Öl bei hohen Drehzahlen über die Kurbelgehäuse-Entlüftung ins Luftfilter und verschmutzt und verstopft den Papierfiltereinsatz.

Wenn Sie unterwegs Motoröl nachfüllen müssen, nehmen Sie am besten das Öl jener Marke, die Sie zum Ölwechsel gewählt haben. Sie haben dann das beruhigende Gefühl, bei einem überraschenden Motorschaden bei der treu beanspruchten Ölfirma anklopfen zu können, um feststellen zu lassen, ob vielleicht mit der Motorschmierung oder gar dem Öl irgend etwas nicht stimmte (Quittung aufheben!). Das ist allerdings nur wirklich sehr selten der Fall, und in diesen seltenen Fällen zeigen die Mineralölfirmen auch zweifellos Kulanz. Diese Vorsorge für den Ausnahmefall ist der einzige Grund, weshalb man eine Mischung verschiedener Ölsorten vermeiden sollte.

Darf man Öle mischen?

Gelegentlich hört man, daß sich verschiedene Ölsorten nicht miteinander vertragen würden und es sogar zu Motorschäden kommen könne. Das trifft nur für manche synthetische Öle (siehe Seite 33) und speziell legierte Rennöle zu. Ansonsten lassen sich die Ölsorten aller Marken fröhlich durcheinandermischen. Diese Mischbarkeit ohne schädliche chemische oder sonstige Folgen ist nämlich eine Grundforderung der internationalen Öl-Normen.

Die spezifischen Eigenschaften eines Öls können zwar durch Mischung ein bißchen abgewandelt werden, aber Schaden gibt es nicht. So bremst man die Mehrbereichsfähigkeit eines Mehrbereichsöls, wenn man Einbereichsöl zufüllt, aber die überwiegende Viskosität ist immer noch gegeben.

Das Nachfüllen mit einer anderen Ölsorte ist sogar zu empfehlen, wenn bei Frost noch »Sommeröl« SAE 30 im Motor ist, aber eigentlich schon SAE 20 W/20 am Platze wäre. Dann wird am besten kein SAE 30, sondern Einbereichsöl SAE 20 W/20, das »erweiterte« Einbereichsöl SAE 20 W/30 oder ein Mehrbereichsöl SAE 10 W –.. bzw. SAE 15 W –.. nachgefüllt. Und im Sommer kann man umgekehrt verfahren. Mehrbereichsöl erhält man dadurch zwar nicht, aber die Ölfüllung ist besser den Starttemperaturen angepaßt.

Ölverbrauch

Da bei der Schmiertätigkeit ein Teil des Öls verbrannt wird, ist Ölverbrauch ganz natürlich. Wieviel Öl Ihr Fahrzeug braucht, hängt von folgenden Umständen ab:

- Wer zu viel Öl nachfüllt, hat mehr Ölverbrauch, denn die Kurbelgehäuse-Entlüftung bläst die Überfüllung wieder zum Motor hinaus.
- Dünnflüssiges Öl verbrennt schneller als dickflüssiges. Wenn das Einbereichsöl sehr heiß wird, fließt es »dünn wie Wasser«. Mehrbereichsöl bleibt dagegen dickflüssiger und kann so vor allem bei Langstreckenfahrern den Verbrauch senken.
- Motoröl (vor allem Mehrbereichsöl), das zu lange im Motor bleibt, hat einen höheren Nachfüllbedarf.
- Scharfe Fahrweise treibt nicht nur den Kraftstoffkonsum in die Höhe. Nach unseren Erfahrungen hängt der Ölverbrauch bei unserem Jetta stark von der Fahrweise ab. Wer die Motorleistung gleich auf den ersten Kilometern voll ausgenutzt hat, sollte sich später nicht über sein öldurstiges Auto wundern; darauf reagiert der Motor recht empfindlich. Im Werk hält man einen **Ölverbrauch von 1,5 Litern auf 1000 km** für die Alarmgrenze, gut eingefahrene Motoren kommen dagegen mit 0,2 Litern aus.
- Weitere Ursachen für erhöhten Ölverbrauch: Einlaufvorgang noch nicht abgeschlossen (mindestens 5000 km), Abdichtkappen der Ventilschäfte schadhaft (ein relativ häufiger Schaden bei den wassergekühlten VW-Motoren. Test: Heißgefahrenen Motor abstellen. Zeigt sich nach 10 Minuten Wartezeit beim Starten eine Ölwolke, sind ziemlich sicher die Ventilschaftabdichtungen schadhaft), Kolbenfresser, Kolbenringe falsch eingebaut, verschlissen oder gebrochen, Laufspiel zwischen Ventilschaft und Ventilführung zu groß. Bei zunehmendem Öldurst des Motors sollten Sie den Kompressionsdruck der Zylinder messen lassen (siehe Seite 50). Wenn der Druck auf allen Zylindern gleichmäßig ist, kann man sich Motor-Reparatur oder -Tausch noch sparen – Nachfüllöl ist billiger.

Bevor Sie dem Motor zu hohen Ölverbrauch anlasten, muß sicher sein, daß der Schmiersaft nicht durch undichte Stellen verlorengeht. Folgende Stellen sollten Sie kontrollieren: Zylinderkopfhaube, Ölfilterflansch, Ölfiltergehäuse, Öldruckschalter, vordere Abdichtung von Kurbelwelle, Zwischenwelle und Nockenwelle (von der Zahnriemen-Schutzhaube verdeckt vorn rechts in Fahrtrichtung); nur beim 1500/1600 außerdem die Verschlußstopfen im Zylinderkopf (sogenannte Halbrunddichtung) und die Dichtung für den Zündverteilerfuß. Man kann diese möglichen Leck-Stellen selbst im Auge behalten, wobei die betreffenden Motorpartien vorher am besten mit Kaltreiniger gesäubert werden.

Die richtige Ölsorte

Für den Jetta schreibt das Volkswagenwerk ein Marken-HD-Öl vor, das nach dem API-System mit SE oder SF bezeichnet wird. Damit Sie aus diesen Kennzeichnungen etwas herauslesen können, wollen wir zunächst auf die Ölspezifikationen eingehen.

Ende der 40er-Jahre wurden vom **A**merikanischen **P**etroleum-**I**nstitut (API) Motoröle erstmals nach ihren Eigenschaften eingeteilt. Heute noch bekannt sind die Bezeichnungen »Regular« für unlegiertes Öl, das aber höchstens noch für die Schmierölkanne taugt, und »Heavy Duty« (HD) für legiertes Öl. Unter Legierung versteht man den Zusatz chemischer Wirkstoffe – Additive – die z. B. das Öl alterungsbeständig halten, anfallende Säuren neutralisieren, Verbrennungsrückstände in der Schwebe halten und die Motorenteile vor Korrosion schützen. Die vermehrten Aufgaben in einem modernen Motor schafft ein einfaches HD-Öl nicht mehr, es muß weitergehende Anforderungen erfüllen. Die nachfolgend genannten Spezifikationen stammen vom Amerikanischen Petroleum-Institut (eingeführt 1970), dem Committee of Common Market Automobile Constructors, dem US-Militär, von Ford und von General Motors. Motoröl für den VW sollte eine der nachfolgenden Angaben tragen:

- API SF (derzeit höchste Qualität) oder SE;
- API CC (an sich für Dieselmotoren bestimmt, kann aber problemlos auch in den Benzinmotoren verwendet werden);
- CCMC;
- Ford SSM-2C-9001-AA;
- GM-6136 M;
- MIL-L-46 152;
- MIL-L-2104 B (entspricht API CC).

Bei solcherart gekennzeichnetem Öl können Sie unbesorgt zugreifen, auch wenn es wesentlich billiger ist als ein gleichartiges bekanntes Markenöl. Dagegen sind Hinweise wie »Erfüllt alle Anforderungen der Motorenhersteller« oder »Von allen großen Autowerken anerkannt« für sich allein kein Qualitätsbeweis. Auch Öle mit den geringerwertigen API-Spezifikationen »SA, SB, SC, SD, CA« oder »CB« genügen nicht für die Jetta-Motoren.

Die speziellen Öle für Dieselmotoren mit den Spezifikationen »API CC« oder »MIL-L 2104 B« können unbesorgt im VW-Motor verwendet werden, während von den schärfer legierten Ölen mit den Spezifikationen »API CD« oder »MIL-L-2104 C« nur wenige sich auch für Benzinmotoren eignen (sie sind in einer speziellen Liste von Daimler-Benz zusammengestellt, aber als VW-Fahrer wird man diese Liste kaum in einer Daimler-Werkstatt einsehen können). Die Mehrzahl der letztgenannten Öle haben eine besonders starke Reinigungswirkung, wie sie etwa für Baumaschinen gefragt ist, und können in Benzinmotoren die Kolbenringnuten so auswaschen, daß der Kompressionsdruck nachläßt.

Zähflüssigkeit des Öls

Damit der Anlasser den kalten Motor durchdrehen kann, darf das Öl keinen großen Widerstand dagegen setzen, außerdem soll es schnellstmöglich an die Schmierstellen gelangen; dazu muß es dünnflüssig sein. Bei hohen Temperaturen und Drehzahlen muß der Schmiersaft dagegen ausreichend zäh sein, damit der Schmierfilm nicht abreißt. Das Mineralöl ist leider umgekehrt veranlagt. Bei Kälte ist es zäh wie Honig, mit zunehmender Erwärmung dagegen leichtflüssig. Das Öl und die vorherrschenden Betriebstemperaturen des Motors müssen daher genau aufeinander abgestimmt werden. Es gibt Öle, die bei Zimmertemperatur dick wie Sirup oder dünn wie Saft sind. Das Fließverhalten, also die Dick- oder Dünnflüssigkeit, wird durch die Viskositätsklasse angegeben.

Die entsprechenden Klassen wurden von der amerikanischen **S**ociety of **A**utomotive **E**ngineers (SAE) festgelegt. Die Viskositätsklassen reichen von den **W**interölen SAE 5 W, 10 W, 15 W über die Übergangsstufe SAE 20 W/20 zu den Sommerölen SAE 30, 40 und 50.

Einbereichs- und Mehrbereichsöle

Motoröl einer einzigen Viskositätsklasse nennt man Einbereichsöl. Damit läßt sich natürlich nicht das ganze Jahr über fahren, sondern im Frühjahr muß dickes und im Herbst dünneres Öl in den Motor gefüllt werden. Wenn nun aber im Früh-

In dieser Tabelle ist zusammengestellt, welche Ölviskositäten bei welchen Temperaturen im Jetta-Motor gefahren werden dürfen. Dabei fällt auf, daß die Mehrbereichsöle durchweg doch nicht den gesamten Bereich ihrer SAE-Bezeichnung im Vergleich zu den entsprechenden Einbereichsölen auf Dauer abdecken.
Die Ursache liegt in der mangelhaften »Scherstabilität« mancher Mehrbereichsöle, d. h. mit der Zeit werden die zähflüssigen Anteile des Öls »kleingehackt«, das Öl wird zu dünnflüssig. Deshalb taugen Mehrbereichsöle nach VW-Meinung nicht für die Tropen.

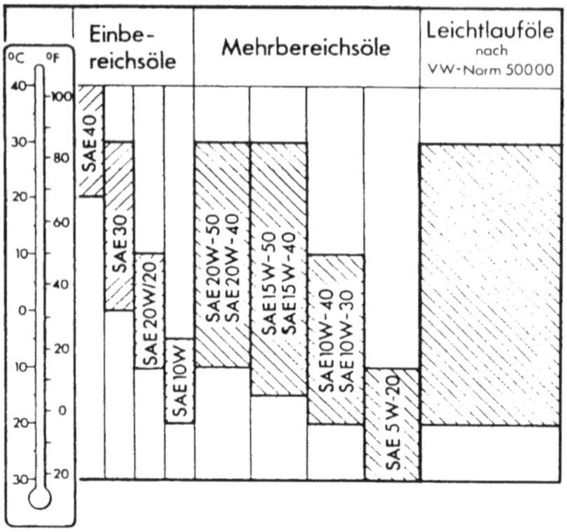

ling noch einmal Nachtfröste kommen oder im Oktober das Thermometer ein letztes Mal in sommerliche Höhen klettert? Da droht dem Motor noch keine Gefahr, aber ein Öl mit größerer »Bandbreite« im Viskositätsverhalten wäre natürlich besser. Hierfür gibt es seit einiger Zeit sogenanntes erweitertes Einbereichsöl SAE 20 W/30, das in unseren Jetta-Motoren die kalte und warme Jahreszeit überdeckt. Wesentlich aufwendiger ist das Mehrbereichsöl: In ein dünnes Grundöl wurden neben den üblichen Additiven noch Viskositäts-(VI-) Verbesserer gemischt. Das sind lange Molekülketten, die beim Erhitzen quellen und bei Abkühlung schrumpfen. Das Öl paßt sich den Temperaturen elastisch an und kann mehrere Viskositätsklassen überspannen. Ein Öl 15 W-50 liegt dann z. B. bei –18° C in der Klasse SAE 15 W und bei 100° C in der SAE-Klasse 50. Problematisch ist bei den Mehrbereichsölen, daß die Molekülketten der Viskositäts-Verbesserer im Motor regelrecht kleingehackt werden können, so daß von einem Öl SAE 10 W-40 nach entsprechend langer Laufzeit nur noch die Zähflüssigkeit 10 W-20 übrigbleibt. Das ist der Grund, weshalb das Werk im Sommer Mehrbereichsöle SAE 10 W-30 und 10 W-40 nicht freigibt. Ein »geschrumpftes« Mehrbereichsöl macht sich übrigens durch höheren Ölverbrauch bemerkbar. Das inzwischen nur noch selten zu findende Öl SAE 10 W-50 soll keinesfalls im Jetta verwendet werden. Diese breite Viskositätsklasse enthält Additive, die nicht ohne Rückstände verbrennen.
Bei welchen Temperaturen der VW-Benzinmotor welche Öl-Zähflüssigkeit verlangt, zeigt die Tabelle oben.

Welches Öl ist das beste?

Motoröl gibt es ab 2,50 DM je Liter im Supermarkt bis zu einem Literpreis von knapp 20 Mark für synthetische Öle. Auch das billigste verfügbare Öl kann für den Jetta-Motor voll ausreichen. Viele Motoröle mit unbekannten Namen stammen vom selben Hersteller wie die aufwendiger verpackten Markenöle der großen Mineralölfirmen. Lassen Sie sich nicht vom Preis irreleiten, sondern achten Sie auf die richtige Ölspezifikation, die bei Billigölen weit häufiger angegeben ist als bei den allseits bekannten Firmen. Die Frage, ob man das teurere Mehrbereichsöl nehmen müsse oder auch mit dem preiswerteren Einbereichsöl auskommen kann, läßt sich nach unseren Erfahrungen so beantworten: Wer seinen Jetta im Sommerhalbjahr zügig, aber ohne sportliche Ambitionen fährt, kommt ohne weiteres mit dem Einbereichsöl SAE 30 aus. Es ist beim Start durch die Außentemperatur nicht zu zäh und bei der richtigen Betriebstemperatur besteht auch kein Grund zur Sorge. Mehrbereichsöl ist dagegen bei starken Temperaturdifferenzen günstiger. Ein mit SAE 10 W oder 15 W beginnendes Öl setzt dem

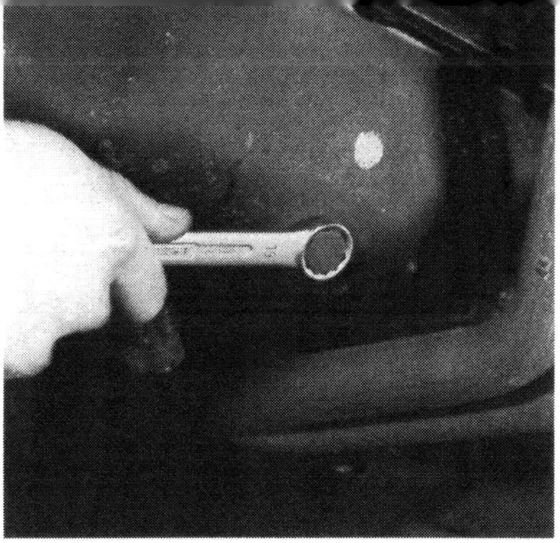

Die Ölablaßschraube sitzt beim 1100 und beim 1300 vorn und bei den übrigen Motoren hinten unten an der Motorölwanne – jeweils in Fahrtrichtung gesehen. Zum Herausdrehen empfehlen wir unbedingt einen Ringschlüssel, damit bestimmt die Kanten der Ablaßschraube nicht »verwürgt« werden.

Anlasser weniger Widerstand entgegen als das Winter-Einbereichsöl SAE 20 W/20 oder das erweiterte Einbereichsöl SAE 20 W/30. Das Mehrbereichsöl ist auch im Frühjahr vorteilhaft, wenn das Thermometer doch noch einmal unter den Gefrierpunkt sinkt. Damit ist der Kaltstart sicherer gewährleistet als mit dem vielleicht schon eingefüllten Sommeröl SAE 30. In der warmen Jahreszeit genügt das Einbereichsöl dagegen durchaus.
Zu den Mehrbereichsölen zählen noch die synthetischen Öle. Sie bestehen zwar noch aus Erdöl, doch sind ihre Kohlenwasserstoff-Molyküle (die Grundbausteine des Rohöls) im Labor zertrennt und neu zusammengesetzt worden. Der synthetische Aufbau macht Viskositäts-Verbesserer überflüssig. Solches Motoröl ist völlig scherstabil, behält seine oberste Zähflüssigkeitsklasse also immer bei, und hat sehr gute Schmiereigenschaften. Doch im Alltagsgebrauch machen sich diese Vorteile nicht so stark bemerkbar, daß der ausgesprochen hohe Preis gerechtfertigt wird. Auch die Verwendung eines sogenannten Leichtlauföls bringt unter dem Strich keine wirkliche Kostenersparnis, denn der etwas geringere Benzinverbrauch wird durch die beachtlichen Öl-Literpreise wieder aufgewogen.

Ölzusätze verwenden?

Es gibt zwei grundsätzlich unterschiedliche Ölzusatz-Sorten, die man einfach zum frischen Öl in den Motor kippen kann: Öllösliche Chemikalien und ölunlösliche »Festschmierstoffe«.
Vorsicht vor öllöslichen Mitteln! Sie greifen in die Öl-Legierung ein und verändern so unkontrollierbar die Eigenschaften des vom Hersteller sorgfältig abgestimmten Motoröls. Vielfach erhöhen solche Zusätze auch nur die Viskosität, worunter die Schmierung gleich nach dem Kaltstart leiden kann.
Anders ist es mit den ölunlöslichen Zusätzen, dem »Festschmierstoff« Molybdändisulfid (Liqui Moly und Molykote). Das ganz fein pulverisierte MoS_2 stört die Ölzusammensetzung nicht, aber es kann bei Ölmangel oder Überbeanspruchung des Öls bis zu 450°C noch einen Gleitfilm bilden, wenn Öl schon längst verbrannt oder verkokt ist. Allerdings können wir uns nicht für das eigene Beimischen des Konzentrats erwärmen – besser ist da schon die bereits werksseitig vorgenommene Mischung von Liqui Moly oder Molykote.

Wie oft Öl wechseln?

Wenn Sie mit Ihrem Jetta hauptsächlich Langstrecken fahren, brauchen Sie die 7500-km-Ölwechselintervalle nicht so kilometergenau zu nehmen. Da dürfen auch einmal 10000 km zusammenkommen, zumal beim laufenden Nachfüllbedarf der Ölwanneninhalt ohnehin »aufgefrischt« wird. Dagegen können kürzere

Am leichtesten läßt sich das Ölfilter (1) – hier beim 1,5-/1,6-Liter-Motor von vorn unterhalb des Wagens gesehen – mit einem sogenannten Bandschlüssel (2) lösen. Der Schlüssel kostet nicht viel, aber erspart eine Menge Ärger, denn die Wegwerffilter sitzen nach einiger Zeit ordentlich fest und lassen sich kaum noch von Hand losdrehen. Wer die geringen Kosten für den Bandschlüssel scheut, kann sich auch mit einem Keilriemen und einer Rohrzange behelfen. Der Keilriemen wird dabei eng um das Filter geschlungen, mit der Rohrzange faßt man nun die beiden Riemenenden nahe am Filter, und Sie können dann die Zange als Hebel benutzen, um das Filter loszudrehen. Hilft das alles nicht, können Sie von der folgenden Rabiat-Methode Gebrauch machen: Mit einem kräftigen Schraubenzieher oder Nagel durchstoßen Sie das Blechgehäuse des Filters (Vorsicht, es läuft heißes Öl aus). Das überstehende Ende verwenden Sie als Hebel und drehen daran.

Wechselabstände angebracht sein, falls der Wagen ausschließlich im Kurzstrekkenbetrieb (z. B. Einkaufs- und Besorgungsfahrten in der Großstadt) gefahren wird. Wenn der Motor wegen der nur kurzen Fahrtstrecken nicht auf volle Betriebstemperatur kommt, ist der Anfall von Verbrennungsrückständen und Kraftstoffkondensaten höher – speziell im Winter.
Der »jahreszeitliche« Ölwechsel – vor und nach den Wintermonaten – hat vor allem für Autofahrer Bedeutung, die ein preiswertes Einbereichsöl im Motor haben, das für die bevorstehende Jahreszeit in seiner Zähflüssigkeit nicht paßt.

Motoröl wechseln

Wartungspunkt Nr. 9

Den Motorölwechsel kann man in der V.A.G.-Werkstatt und an der Tankstelle machen lassen oder zu Hause das Öl selbst wechseln. Wir ziehen für den Ölwechsel die Tankstelle vor, denn

■ das Motoröl soll warm gewechselt werden, damit aller Schmutz gut ausläuft. In Werkstätten muß der Wagen oft lange warten, bis er drankommt. Inzwischen ist das Motoröl kalt geworden und schwemmt nicht allen Schmutz heraus. An Tankstellen hat man dagegen oft schon nach wenigen Minuten Zeit für diese Arbeit. Und auch wer das Öl während der Garantiezeit bei der Tankstelle wechseln und dies bestätigen läßt, verliert seine Garantieansprüche nicht.

■ Wenn Sie Motoröl nicht im Zubehörhandel, Großmarkt, Warenhaus oder durch gute Beziehungen billiger kaufen können, sondern es von der Tankstelle beziehen, ist in deren Verkaufspreis die Ölwechselarbeit durch den Tankwart eingeschlossen. Ausnahme: »Öle zum Mitnehmen«.

■ Das beim Ölwechsel anfallende Altöl dürfen Sie nicht in die Wiese versickern lassen oder in die Kanalisation schütten; das Grundwasser würde zu tausenden von Litern verseucht. Bei einer Strafanzeige müssen Sie mit 10000 DM Bußgeld rechnen. Bei der Tankstelle ist das Altöl besser aufgehoben. In vielen Städten gibt es auch Altölsammelstellen, wo das verbrauchte Öl kostenlos abgegeben werden kann. Die entsprechenden Adressen erfahren Sie von der Gemeindeverwaltung, der örtlichen Polizei oder auch von der nächsten ADAC-Geschäftsstelle.

■ Wirbt Ihre Stammtankstelle mit Ölwechsel zur Selbstbedienung mit einem Ölabsauggerät und verkauft sie dazu preisgünstiges »Öl zum Mitnehmen«, so ist das eine preiswerte Ölwechselmöglichkeit. Den beim kleinen »Regel-Service« fälligen Ölwechsel können Sie unbesorgt so ausführen. Wenn jedoch alle 15000 km auch das Ölfilter gewechselt werden muß, darf nur dann das verbrauchte Öl abgesaugt werden, wenn gleichzeitig auch das Ölfilter im Motorraum gewechselt wird. Das ist von oben her mit einigen Verrenkungen möglich.

Öl selbst wechseln

Wer unbedingt den Ehrgeiz zum Selbermachen besitzt, braucht:

- **3 Liter** Motoröl – wenn auch das Ölfilter gewechselt wird, benötigen Sie ½ Liter mehr;
- Ölfilter – nur alle 15000 km, siehe nächsten Abschnitt;
- Ringschraubenschlüssel SW 19 für die Ölablaßschraube.

Fahrzeug aufbocken, Wanne oder sonstiges Gefäß zum Auffangen des Altöls unterschieben, Ablaßschraube öffnen und Öl auslaufen lassen. Da das Öl nur dann restlos auslaufen kann, wenn der Wagen gerade steht, muß man den Wagen eventuell vor dem Wiedereinschrauben der Ablaßschraube noch einmal abbokken. Wenn das Öl restlos ausgelaufen ist, wird die Ablaßschraube wieder eingesetzt, aber nicht mit Gewalt festgezogen, da ihr Gewinde aus Sicherungsgründen leicht konisch ist.

Ölfilter wechseln

Wartungspunkt Nr. 50

Gleichzeitig mit jedem zweiten Ölwechsel schreibt das Werk den Wechsel des Ölfilters vor. Da das Ölfilter im Ölhauptstrom des Motors liegt und das gesamte Motoröl ständig hindurchfließen muß, darf seine Durchflußfähigkeit nicht durch Ablagerungen gestört sein. Notfalls wird zwar ein verschmutztes Ölfilter durch ein Kurzschlußventil umgangen, wodurch jedoch ungefiltertes Öl an die Schmierstellen gelangt. Da kann man sich den Filtertausch nur mit schlechtem Gewissen ersparen. Bei Langstreckenfahrern sind allerdings durchaus auch 20000 km »drin«.

Das sogenannte Wegwerffilter wird lediglich abgeschraubt, in die Altölwanne ausgeleert und dann weggeworfen. Es sitzt in Fahrtrichung vorn in Motormitte. Das Filter sitzt nach längerer Fahrzeit sehr fest am Motor, so daß man in der Regel nur mit einem speziellen Bandschlüssel (siehe Seite 20) lösen kann. Am neuen Filter wird der neue Dichtring leicht mit Fett eingestrichen – nicht mit Öl, wie VW empfiehlt, weil man dann nach dem Festdrehen nicht feststellen kann, ob das Filter öldicht sitzt – und das Filter mit der Hand festgedreht. Tatsächlich darf das Filter nur mit der Hand und auf keinen Fall mit einem Werkzeug angedreht werden, es läßt sich sonst nicht mehr lösen.

Folgende Wegwerffilter beispielweise, die bei einer V.A.G.-Werkstatt unter der Teilenummer 056 115 561 G oder im Autozubehörhandel erhältlich sind, passen für sämtliche Jetta-Motoren: Bosch 0 451 103 033; Mann W 719/5; Knecht AW 29/9 oder AW 29; Purolator PC 252.

Getriebe auf Dichtheit prüfen

Wartungspunkt Nr. 11

Aus dem völlig geschlossenen Getriebegehäuse kann das Schmiermittel nur an undichten Stellen ins Freie gelangen. Sie sollten daher nur nachsehen, ob das Getriebegehäuse keine öldurchtränkte Schmutzkruste zeigt. Wenn nicht, ist

Beim 1,1-/1,3-Liter-Motor befindet sich die Getriebeöl-Kontrollschraube Innensechskant SW 17 (Pfeil) links – in Fahrtrichtung – hinter der Achswelle. Falls beim Herausschrauben bereits etwas Öl herausläuft, ist diese Kontrolle bereits erledigt, andernfalls muß man mit einem hineingesteckten Finger fühlen, ob der Getriebeölstand bis an die Einfüllöffnung reicht.

Die Ölkontrollschraube des Schaltgetriebes beim 1500/1600 sitzt im Getriebegehäuse – in Fahrtrichtung gesehen – links vor der Achswelle. Inbusschraube SW 17 (Pfeil) herausdrehen: Läuft ein wenig Getriebeöl an der Schraubenöffnung heraus oder spürt man am hineingesteckten Finger, daß das Öl bis dicht unter die Öffnung reicht (der Wagen muß natürlich waagrecht aufgebockt sein), ist alles in Ordnung. Fehlt mehr Getriebeöl, darf nur die vorgeschriebene Ölsorte (siehe Text unten) nachgefüllt werden, nachdem die Ursache für den Ölverlust behoben wurde.

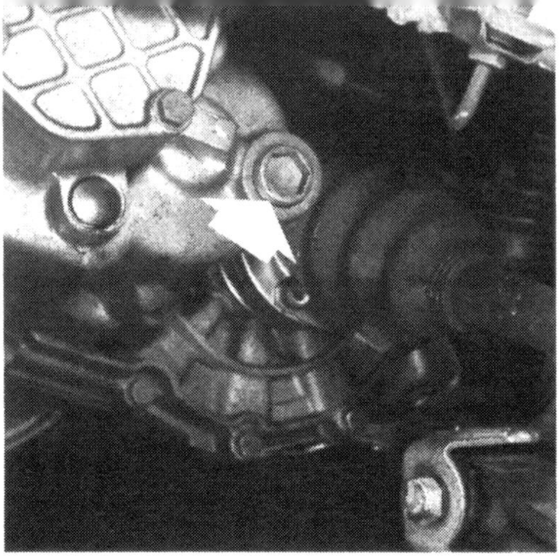

dieser Wartungspunkt schon erledigt. Andernfalls muß jedoch der Ölstand geprüft werden (siehe Bild oben sowie Vorseite unten).
An einen Getriebeölwechsel brauchen Sie nicht mehr zu denken, denn der Jetta bekommt bereits im Werk eine Dauerfüllung, die das ganze Autoleben ausreicht. Geringfügiger Metallabrieb an den Zahnrädern, der die Ölfüllung verschmutzen könnte, wird durch Dauermagnete aus dem Schmiermittel gefischt.

Die richtige Getriebeölsorte

Für das Schaltgetriebe und den Achsantrieb, die in einem Gehäuse sitzen, ist ein Getriebeöl der Viskosität SAE 80 oder SAE 80 W–90 vorgeschrieben, das der amerikanischen Militär-Spezifikation MIL-L-2105 entspricht – manche Mineralölfirmen setzen noch ein »A« dahinter, also MIL-L-2105 A. Die entsprechende API-Spezifikation lautet »GL 4«. Hierbei handelt es sich um ein Hypoid-Getriebeöl mit 4% Schwefelphosphorzusatz. Aber ein solches Getriebeöl kann man weder unter der Bezeichnung MIL-L-2105, noch unter GL 4 kaufen. Da auch derzeit die Begriffe für Hypoid-Getriebeöle bei den Mineralölfirmen verwirrend durcheinander laufen, finden sich nicht einmal alle Tankstellen und Werkstätten zurecht, denn die gleichartige Sorte wird hier als »Hypoid-Getriebeöl«, dort als »Mehrzweck-Getriebeöl« oder als »Getriebeöl EP« (EP = Extreme Pressure = Höchstdruck) verkauft. Da ein falsches Getriebeöl erheblichen Schaden anrichten kann, haben wir nachfolgend einige Getriebeölmarken zusammengestellt, die in Frage kommen:

- Agip F 1 Rotra Hypoid SAE 80
- Aral Getriebeöl EP 80
- Esso GP 80
- Shell Hypoid-Getriebeöl Spirax EP 80
- Texaco Universal Gear Lubricant EP 80
- Veedol Multigear SAE 80

ATF-Stand im automatischen Getriebe kontrollieren

Wartungspunkt Nr. 31

Die Getriebeautomatik ist mit einer synthetischen Flüssigkeit gefüllt, die bei verschiedenen Temperaturen gleich dünnflüssig bleibt, »Automatic Transmission Fluid« (= ATF) heißt und den Prüfbedingungen »Dexron B« (mit einer nachfolgenden Kontrollzahl) entsprechen muß.
VW empfiehlt die ATF-Kontrolle nach dem Prüfen des Motorölstands. Das ist nicht so ganz praxisgerecht, denn zur Motorölkontrolle muß die Maschine einige Minuten gestanden haben, bei der ATF-Messung dagegen im Leerlauf drehen und die Spezialflüssigkeit handwarm sein (den Jetta etwa 5 bis 10 Minuten warmfahren). Gemessen wird in Wählhebelstellung »N« (Handbremse anziehen!) auf waagrechtem Boden. Der ATF-Peilstab – links am Automatikgetriebe in Fahrtrichtung – darf nur mit einem völlig sauberen und fusselfreien Tuch abgewischt werden.

Der Peilstab muß zwischen seinen beiden Markierungen mit klarer ATF benetzt sein. Ist die Flüssigkeit dunkelbraun oder schwarz, liegt ein größerer Getriebeschaden vor. Reicht der ATF-Stand nur an die untere Kerbmarke, darf nicht nur Flüssigkeit nachgefüllt werden, sondern die Werkstatt muß nach der Ursache für den Verlust forschen. Die Flüssigkeitsmenge zwischen oberer und unterer Peilstabmarke beträgt etwa **0,4 Liter**. Steht die ATF über die obere Peilmarke hinaus, hat sich wahrscheinlich Hypoid-Getriebeöl vom Achsantrieb in das Planetengetriebe durchgedrückt. Fehlt im Achsantrieb tatsächlich Öl, muß die ATF vorzeitig gewechselt werden.
Zuviel eingefüllte ATF darf auf keinen Fall im Getriebe bleiben, sondern muß abgesaugt werden, sonst kann es Getriebe-Totalschaden geben. Der Getriebesatz läßt die Flüssigkeit schäumen. Die Getriebeölpumpe muß stärker arbeiten, um das aufschäumende Öl in die Kanäle der hydraulischen Steuerung zu drücken. Temperatur und Druck im Getriebe steigen, dadurch verschieben sich die Schaltpunkte. Dies wiederum bewirkt, daß die Bremsbänder länger schleifen als normal und verbrennen können.

Achsantrieb des automatischen Getriebes

Im Achsantrieb der Getriebeautomatik wird ein anderes Öl gebraucht als im Schaltgetriebe: Hier muß es ein Hypoid-Getriebeöl SAE 90 mit der Spezifikation MIL-L-2105 B sein bzw. mit der Kennzeichnung API GL 5. Dieses Getriebeöl hat einen höheren Schwefelphosphor-Zusatz (5,6%) und ist außerdem dickflüssiger; es muß ebenfalls nicht gewechselt werden.
Auch eine regelmäßige Ölstandskontrolle ist nicht vorgesehen. Sie wird fällig, wenn das Getriebegehäuse undicht zu sein scheint. In diesem Fall muß, ähnlich wie beim normalen Schaltgetriebe, eine Kontrollschraube (Innensechskant SW 17) herausgedreht werden. Es kann nicht nur vorkommen, daß das Getriebeöl im Achsantrieb unterhalb der Kontrollöffnung steht (dann nachfüllen lassen), sondern es ist auch ein höherer Ölstand möglich. Dann hat sich ATF vom Planetengetriebe durch die Dichtungen in den Achsantrieb gedrückt. Diese unbrauchbare Ölmischung muß unbedingt gewechselt werden (Werkstattsache).

ATF im automatischen Getriebe wechseln

Wartungspunkt Nr. 74

Bei normalem Fahrbetrieb sieht der Wartungsplan alle 45 000 km den Wechsel der ATF vor. Wenn der Jetta hauptsächlich im Kurzstreckenverkehr oder viel mit Anhänger oder im Gebirge gefahren wird, soll schon nach 30 000 km neue ATF in die Getriebeautomatik gefüllt werden. Bei diesem Wartungspunkt wird nicht nur die alte ATF abgesaugt (eine Ablaßschraube ist nicht vorhanden), sondern auch die Ölwanne abgeschraubt und Wanne und Ölsieb müssen gereinigt werden – also auch Werkstattsache.

Hier sehen Sie, was es am Zündverteiler des 1,1-/1,3-Liter-Motors zu schmieren gibt. Die vierkantige Nockenbahn (1) auf der Zündverteilerwelle und der vordere kleine Winkel zwischen dem Gleitstück des Unterbrecherhebels (2) und dem Hebel werden leicht eingefettet; es muß ein hitzebeständiges Spezialfett sein. Ebenfalls etwas Schmierung braucht die Lagerwelle des Unterbrecherhammers (3); hierzu genügt ein Tropfen Motoröl.

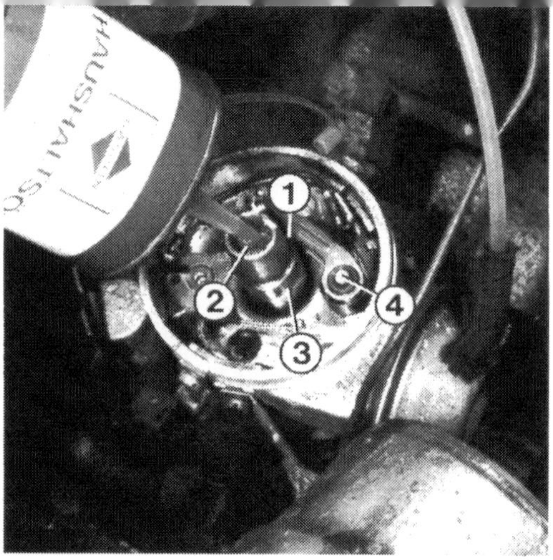

Nach Abnahme des Verteilerdeckels, des Verteilerläufers sowie des Kondenswasser-Schutzdeckels wird bei den 1,5-/1,6-Liter-Motoren die hohlgebohrte Verteilerwelle (2) sichtbar, in der sich ein kleiner Schmierfilz befindet. Er soll alle 15000 km etwa zwei Tropfen Öl erhalten. Nur ein Tropfen genügt für die Lagerwelle (4) des Unterbrecherhammers. Die vierkantige Nockenbahn (3) der Zündverteilerwelle und der vordere kleine Winkel zwischen dem Gleitstück (1) des Unterbrecherhebels und dem Hebel werden hauchdünn mit dem Bosch-Spezialfett Ft 1 v 4 eingefettet. Aber Vorsicht beim Schmieren: Falls etwas Fett oder Öl zwischen die Unterbrecherkontakte gerät, kann das zu schwer erkennbaren Zündstörungen führen.

Zündverteiler schmieren
Wartungspunkt Nr. 37

Auch der Zündverteiler braucht ein wenig Schmierung (siehe Bild oben und auf der Vorseite unten): Bei Fahrzeugen mit herkömmlicher Zündanlage an der Nockenbahn und der Lagerwelle des Unterbrecherhebels sowie bei allen 1500/1600 an der Bohrung in der Verteilerwelle. Beim 1100/1300 wird die Verteilerwelle durch Spritzöl aus dem Motorölkreislauf mit geschmiert.

Kupplungsseilzug fetten
Wartungspunkt Nr. 7

Damit der Kupplungszug gut leichtgängig bleibt, soll er ab und zu geschmiert werden. Kupplungshebel von Hand etwas anziehen, so daß das Endstück des Seilzugs locker an der Hebelnase hängt. In den Zwischenraum etwas Fett eindrücken oder Öl tropfen. Außerdem um den Seilzug direkt unter der Seilzugumhüllung etwas Fett streichen und durch mehrmaliges Kupplungspedaltreten in die Seilzugumhüllung ziehen. Wenn eine Öl-Spraydose mit dünnem Sprühschlauch zur Hand ist, kann man auch etwas dünnflüssiges Öl von unten in die Seilzugumhüllung sprühen.

Motorhauben-Bowdenzug, Scharniere, Schlösser und Türfeststeller pflegen
Wartungspunkt Nr. 8

Überall, wo sich zwei Teile in einem Gelenk oder Scharnier, in einer Führungshülse oder -öse aneinander reiben, soll von Zeit zu Zeit mit einigen Tropfen Öl, einer Fingerspitze Fett oder einem Sprüher Schmierspray geschmiert werden. Der Seilzug zum Entriegeln der Motorraumhaube wird von einem Helfer durch den Zughebel seitlich links am Fußraum des Fahrers bewegt, während man dort, wo der Seilzug aus der Umhüllung austritt, etwas Öl oder weiches Fett anstreicht und durch Hebelbewegung in die Seilzugumhüllung zieht.

Es gibt am Jetta eine ganze Anzahl kleinerer Schmierstellen, wie hier das Haubenschloß, die bald quietschen, schwergängig werden oder klemmen, wenn sie nicht gelegentlich gepflegt werden. VW empfiehlt dazu ein dickflüssiges Motoröl SAE 30. Aber es kommt nicht so genau darauf an, denn das sind – wie der Schließzapfen im Bild rechts oben – anspruchslose Schmierstellen, die man schnell mit dem versorgen kann was gerade da ist. Wichtig ist an diesen Schmierstellen jedoch, daß vorher mit einem kleinen Lappen die anhaftende Schmutzkruste weggeputzt wird, bevor man frischen Schmierstoff zugibt.

Der Schließzapfen der Motorraumhaube läßt sich sowohl mit einem Tropfen Motoröl – sparsame Leute ziehen dazu den Ölpeilstab und benutzen den daran hängenden Öltropfen –, mit ein wenig Fett oder mit einem Schmierspray warten, solche Schmierstellen sind anspruchslos.

Die Türscharniere werden offiziell nicht mehr geschmiert, aber einen Sprüher Öl werden sie doch gelegentlich dankbar entgegennehmen. Zum Schmieren der versteckt liegenden Haubenscharniere eignet sich ebenfalls eine Ölsprühdose.
Die Schließzylinder der Türen und des Kofferraumdeckels sollen nach VW-Empfehlung mit dem in Graphitpulver getauchten Schlüssel geschmiert werden. Das ist kein guter Rat, denn mit dem schwarzen Graphit kann man sich die Bekleidung gehörig verschmutzen. Normales Öl ist auch nicht gut, es gibt Fettflecken. Besser ist nach unseren Erfahrungen ein Rostlöser-Isolierspray, das den Schließzylinder schmiert, gegen Rost schützt und Feuchtigkeit verdrängt, so daß das Schloß im Winter auch nicht einfrieren kann. Geeignet sind z. B. »4× Silikon-Spray« von Molykote oder »Caramba Super«.
Für die Türschlösser und das Kofferraumschloß, die vielleicht einmal mit Kleidungsstücken in Berührung kommen, hat sich Silikonpaste sehr bewährt – z. B. »MS 4 silicone compound« von Dow Corning/Molykote. Dieser Schmierstoff ist wirklich universell anwendbar, schmiert ohne zu schmutzen, ist hitzefest und stößt Feuchtigkeit vollkommen ab.
Der Schließzapfen der Motorraumhaube und das eigentliche Motorhaubenschloß erhalten etwas Fett oder Schmierspray. Um am Motorhauben-Schloßzapfen die richtige Stelle zu schmieren, muß man den Kunststoff-Federteller auf dem Zapfen zurückdrücken und mit einem breiten Schraubenzieher spreizen. So kann die Zapfenstange, auf welcher der Federteller gleitet, gut geschmiert werden.
Die Türhaltebänder (von VW Türfeststeller genannt), die die Türen gegen zu weites Aufschlagen sichern, bleiben quietschfrei, wenn man eine dünne Fettschicht aufstreicht.

Gasbetätigung schmieren

Obwohl im Wartungsplan nicht ausdrücklich vorgesehen, ist auch an dieser Stelle etwas Schmierung angebracht. Lassen Sie einen Helfer auf das Gaspedal treten – natürlich bei ausgeschaltetem Motor – während Sie beobachten, was sich da alles bewegt. Alle Lager und Gelenke von einer eventuell anhaftenden Schmutzkruste säubern und anschließend mit etwas Öl (z. B. BP Graphitöl) ansprühen, während der Helfer einige Male das Gaspedal durchtritt.
Nicht geschmiert werden sollen dagegen die Wellen und Lagerungen am Vergaser.

Kurz und gut

Fast unvorstellbar sind die Kräfte, die im Innern des Motors in Gang kommen. In jedem Zylinder des Jetta-Motors werden bei Vollast zirka 50 bar (atü) erreicht. Das ist, bezogen auf eine Kolbenoberfläche von 49,5 cm² (beim 1,5-Liter-Motor), eine Gaskraft von gut 2,5 Tonnen auf den Kolben. Bei 3000/min wird jeder Kolben im oberen Totpunkt – seiner höchsten Stellung – bei seiner Umkehr mit der 500fachen Erdbeschleunigung in die entgegengesetzte Richtung bewegt. Dazu ist eine maximale Kraft von 200 kg erforderlich. Steigt die Drehzahl auf 6000 Umdrehungen pro Minute, was ja durchaus realistisch ist, so greift die 2000fache Erdbeschleunigung am Kolben an, wobei die Umlenkkräfte 840 kg betragen.

Motor-Steckbrief

Zwei unterschiedliche Motorkonstruktionen sind unter der VW-Jetta-Motorhaube zu finden:

■ Der »kleine« 1,1- bzw. 1,3-Liter-Motor der Baureihe 801 mit Schlepphebel-Ventilbetätigung (siehe Seite 42), zahnriemengetriebener Wasserpumpe und direktem Verteilerantrieb über die Nockenwelle.

■ Die 1,5- und 1,6-Liter-Motoren mit Ventilantrieb über Tassenstößel und Zwischenwelle für den Antrieb von Ölpumpe, Verteiler und Benzinpumpe (bei den Vergasermotoren) gehören der Bauserie 827 an.

Die Hubraum-Varianten

Das Arbeitsvolumen eines Motors nennt man Hubraum. Er setzt sich zusammen aus Zylinderdurchmesser (= Bohrung) und dem Kolbenweg aus der untersten in die höchste Stellung (= Hub). Das ganze mal 4, denn der Motor hat vier Zylinder.

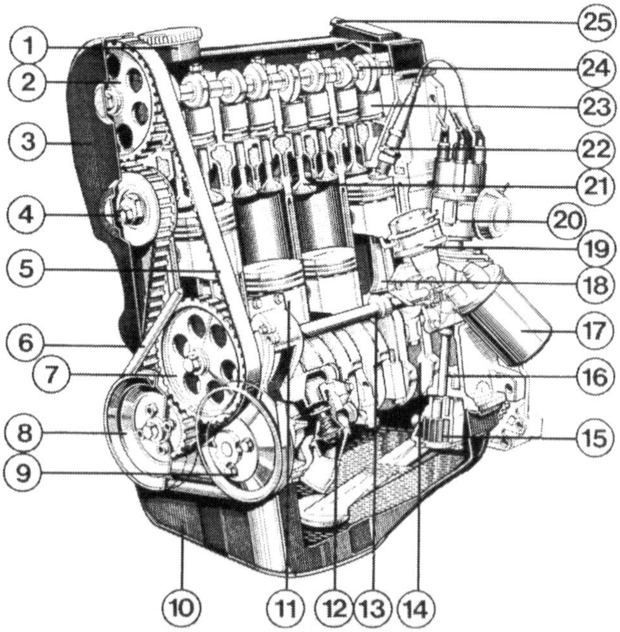

Auf dieser Zeichnung des 1500/1600ers fehlt sozusagen die Außenhaut der Motorvorderseite, um einen Blick ins Motorinnere werfen zu können. Es bedeuten: 1 – Öleinfüllstutzen; 2 – Nockenwellenrad; 3 – Zahnriemen-Schutzhaube; 4 – Zahnriemenspanner; 5 – Zahnriemen; 6 – Keilriemen; 7 – Zwischenwellenrad; 8 – Kurbelwellen-Keilriemenscheibe; 9 – Wasserpumpen-Keilriemenscheibe; 10 – Ölwanne; 11 – Kolben; 12 – Thermostat; 13 – Zwischenwelle; 14 – Kurbelwelle mit Gegengewichten; 15 – Ölpumpe; 16 – Antriebswelle der Ölpumpe (nach unten) und des Verteilers (nach oben); 17 – Ölfilter; 18 – Pleuel; 19 – Kraftstoffpumpe; 20 – Verteiler mit Unterdruckdose (rechts); 21 – Einlaßventil des 3. Zylinders; 22 – Zündkerze; 23 – Tassenstößel mit Ventilfedern; 24 – Nockenwelle; 25 – Kurbelgehäuse-Entlüftung.

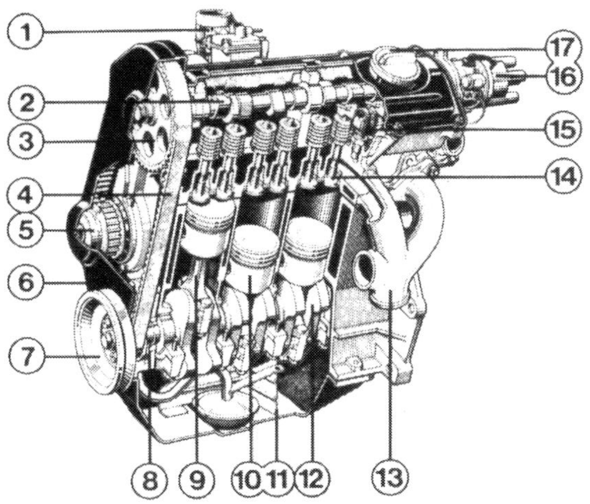

In dieser Abbildung hat der Zeichner gewissermaßen die Vorderseite des 1,1-/1,3-Liter-Motors weggelassen, damit Sie einen Blick in das Innenleben werfen können. Die Zahlen bedeuten:
1 – Vergaser; 2 – Nockenwelle; 3 – Nockenwellenrad; 4 – Zahnriemen; 5 – Wasserpumpe; 6 – Zahnriemenschutzhaube; 7 – Kurbelwellen-Keilriemenscheibe; 8 – Ölpumpe; 9 – Pleuel; 10 – Kolben; 11 – Ölwanne mit Schlingerblech; 12 – Kurbelwelle mit Gegengewichten; 13 – Auspuffkrümmer, 14 – Auslaßventil des 3. Zylinders; 15 – Schlepphebel mit Haltefeder; 16 – Zündverteiler; 17 – Öleinfüllstutzen.

■ 69,5 mm Bohrung und 72 mm Hub ergeben 1093 cm³ für den hochverdichteten 1,1-Liter-Motor des Formel-E-Jetta mit 37 kW/50 PS.

■ Der 44-kW-/60-PS-Motor schöpft seine Kraft aus 1272 cm³ Hubraum bei 75 mm Bohrung und ebenfalls 72 mm Hub.

■ Beim Triebwerk mit 51 kW/70 PS betragen Bohrung und Hub 79,5 bzw. 73,5 mm, was 1457 cm³ Gesamthubraum ergibt.

■ Der stärkste Vergasermotor leistet 63 kW/85 PS aus 1588 cm³ Arbeitsvolumen, die Bohrung beträgt 79,5 mm, der Hub 80 mm.

■ In Verbindung mit der Benzineinspritzung, höherer Verdichtung (siehe Seite 77) und geänderter Nockenwelle leistet der 1,6-Liter-Motor 81 kW/110 PS.

■ Für die »Fütterung« der Motoren sind unterschiedliche Vergaser bzw. die schon erwähnte Benzineinspritzanlage zuständig. Darauf gehen wir im Vergaser-Kapitel ab Seite 90 bzw. im Einspritz-Kapitel ab Seite 108 ein.

■ Die Abgase verlassen die Verbrennungsräume bei allen Motoren durch einen Doppelrohr-Auspuffkrümmer. Zwei nacheinander zündende Zylinder feuern nicht ins gleiche Krümmerrohr, wodurch sich die Gase sonst behindern könnten, sondern fließen zuerst in getrennte Rohre.

■ Ihre Höchstleistung erreichen alle Vergasermotoren bei 5600/min. Dagegen muß der 81-kW-/110-PS-Einspritzmotor für seine höchste Leistung auf 6100/min hochgedreht werden. Hierbei handelt es sich um die sogenannten Nenndrehzahlen, bei denen die Motoren ihre jeweilige Höchstleistung abgeben.

■ Zur Unterscheidung tragen die verschiedenen Motoren Kennbuchstaben. Auf der in Fahrtrichtung linken Motorstirnseite unterhalb des Zündverteilers und Thermostatgehäuses finden Sie beim 1100 »GG« und beim 1300 »GF«. Bei den anderen Motoren stehen die Kennbuchstaben in Fahrtrichtung vorn auf der Zylinderblockfläche unterhalb des Zündkerzen-Einschraubgewindes des 3. Zylinders (der 1. Zylinder ist der in Fahrtrichtung ganz rechte): »JB« beim 1500, »FR« beim 1600 mit Vergaser und »EG« beim Einspritzmotor. Nach diesen Buchstaben folgt jeweils die eigentliche Motornummer.

Blick unter die Motorhaube

Die leichteren Motoren mit 1100 und 1300 cm³ sind um 15° nach vorn geneigt eingebaut, so daß die Vorderachse ausreichend belastet wird. Damit bei den größeren Motoren das Fahrzeug nicht zu kopflastig wird, ist der Motor um 20° nach hinten geneigt. Der von Motor und Getriebe gebildete Triebwerksblock ist an vier Punkten mit der Karosserie verbunden – in der Mitte der Front über die

Die Ventilbetätigung am 1100/1300:
Beim Öffnen eines Ventils (4) drückt der Nocken auf der Nockenwelle (5) auf den Schlepphebel (6), wodurch das Ventil betätigt wird. Nachdem der Nocken über den Schlepphebel weggelaufen ist, drückt die Ventilfeder (3) das Ventil wieder zu. Im Zylinderkopf ist der Schlepphebel mit einer Haltefeder (7) und einer Kugelschraube (8) befestigt, die ihrerseits in einer Hülsenschraube (9) sitzt. Zum Einstellen des Ventilspiels, das übrigens zwischen Nockenbahn und Schlepphebel gemessen werden muß, verdreht man die Kugelschraube Innensechskant SW 7.

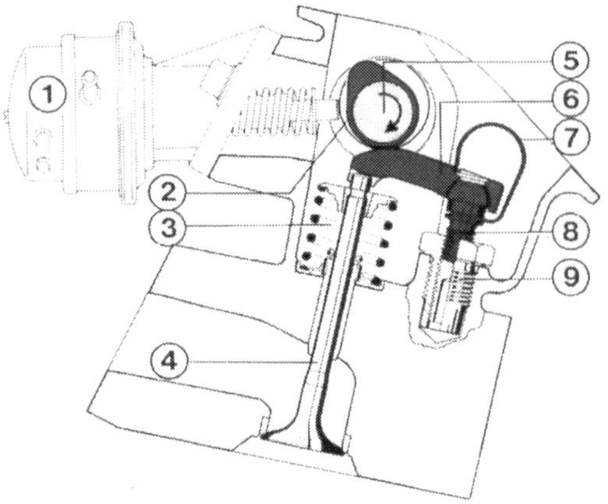

sogenannte Drehmomentstütze, in Fahrtrichtung rechts über ein Motorlager sowie links und in Höhe des Schalthebels über je ein Getriebelager.

Zylinderkopf und Nockenwelle

Wegen der besseren Wärmeleitfähigkeit ist der Zylinderkopf aus Leichtmetall gegossen. Er gibt die aufgenommene Verbrennungswärme schneller an das Kühlwasser ab. Allerdings kann er sich auch bei unsachgemäßer Reparatur leichter verziehen als ein Graugußkopf. Die Ventilsitze werden bei erhitztem Zylinderkopf eingesetzt, nach dem Abkühlen sitzen sie fest »eingeschrumpft«. Die Zündkerzen sind jeweils direkt in eingeschnittene Gewinde im Zylinderkopf eingeschraubt. Dadurch ist Vorsicht beim Zündkerzenwechsel geboten – werden die Kerzen falsch angesetzt und mit Gewalt festgedreht, beschädigt man das Gewinde.

Ganz oben im Zylinderkopf sitzt die Nockenwelle. Mit ihren eiförmigen Nocken veranlaßt sie die Ventile zum Öffnen und Schließen bei bestimmten Kolbenstellungen. Sie bestimmt damit die sogenannten Ventilsteuerzeiten. Durch die Einbaulage der Nockenwelle werden die Ventile auf kürzestem Übertragungsweg gesteuert; allerdings auf unterschiedliche Weise bei den 1100/1300ern und den 1500/1600ern, daher wollen wir sie auch getrennt beschreiben.

Die Nocken oder Exzenter der Welle drücken beim 1100/1300 auf eine Art Zwischenlager – die Schlepphebel –, welche dann wieder die Ventile gegen die Kraft der Ventilfedern nach unten drücken. So wird ein Spalt zwischen Ventilteller und Ventilsitz frei, das Ventil öffnet. In Fahrtrichtung vorn sitzen die Schlepphebel auf Kugelschrauben im Zylinderkopf. Vom Nockenwellenrad aus gesehen hängen die Einlaß- und Auslaßventile abwechselnd nebeneinander im Zylinderkopf. Das Benzin/Luft-Gemisch gelangt von der hinten liegenden Motorseite in die Verbrennungsräume und verläßt sie nach der Zündung über den Auspuffkrüm-

Beim 1500/1600 wurde über das Ventil (1) mit seinen beiden Ventilfedern (7 und 8) ein Tassenstößel (4; wie eine auf den Kopf gestellte Tasse) gestülpt. Bei direkter Einwirkung des oval geformten Nockens der Nockenwelle (2) würde andernfalls der Ventilschaft verbogen. Das Ventilspiel wird durch Einlegen von Distanzplättchen (3) in die Aussparung im Boden des Tassenstößels eingestellt. Die übrigen Zahlen bedeuten: 1 – Zylinderkopfhaube; 5 – Ventilkegelstück; 6 – oberer Ventilfederteller; 9 – Ventilschaftabdichtung; 10 – unterer Ventilfederteller.

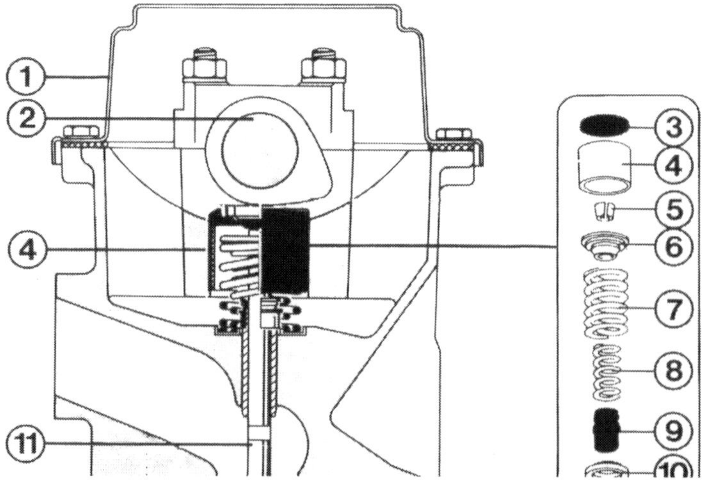

mer vorn am Motor. Einlaß- und Auslaßseite liegen sich gegenüber, man spricht in diesem Fall von einem »Querstromkopf«. Der Gasstrom wird am wenigsten umgelenkt, die Zylinder können schnell gefüllt und wieder geleert werden.
Der Antrieb der Nockenwelle erfolgt von der Kurbelwelle über einen Zahnriemen (siehe übernächsten Absatz). Den Zündverteiler treibt die Nockenwelle direkt über einen Mitnehmer an, die Benzinpumpe über einen Exzenter, den Sie in der Zeichnung links oben unter Position 2 sehen.
Bei den 1500/1600ern erfolgt die Ventilsteuerung über sogenannte Tassenstößel. Der Tassenstößel ist – wie eine auf den Kopf gestellte Tasse – über das Ventil mit seinen beiden Ventilfedern gestülpt. Die Nocken berühren die Tassenstößel nicht genau in der Mitte, sondern leicht versetzt. Dadurch wird erreicht, daß sich die Ventile bei jedem Niederdrücken ein kleines Stückchen um ihre eigene Achse drehen. Das verhindert, daß sie sich ungleichmäßig einschlagen und mit der Zeit undicht werden. Aus Gründen der Wärmeverteilung liegen die zusätzlich mit Hartmetallauflage (Stellit) »gepanzerten« Auslaßventile zu den Motoraußenseiten hin. Die hubraumgrößeren Triebwerke besitzen keinen Querstromkopf, die Einlaß- und Auslaßkanäle finden Sie in Fahrtrichtung hinten am Motor.
Den Nockenwellenantrieb besorgt wieder die Kurbelwelle über einen Zahnriemen, der außerdem eine Zwischenwelle bewegt. Diese treibt über einen Nocken die Kraftstoffpumpe und über ein Zahnrad Zündverteiler und Ölpumpe an.

Fingerzeig: *Damit kein Öl an den Ventilschäften entlang in die Brennräume sickert, sind bei sämtlichen Motorvarianten die Ventilschäfte durch Gummikappen an der Ventilführung abgedichtet. Wenn der VW beim Gasgeben etwa nach Gefällefahrt mit schiebendem Motor deutliche Ölwölkchen ausstößt, liegt es häufig an versprödeten Ventilschaftabdichtungen. Sie können in der V.A.G.-Werkstatt bei eingebautem Zylinderkopf ausgetauscht werden; siehe aber auch Seite 59.*

Die Ventilsteuerzeiten

Fürs Ansaugen der Frischgase und Ausschieben der Altgase bleibt dem ventilgesteuerten Verbrennungsmotor nur wenig Zeit. Einem mit 5400/min oder 90 Umdrehungen pro Sekunde schon nahe an Nenndrehzahl und Höchstleistung laufenden Motor steht für den Ansaugvorgang nur eine 180-Grad- (lies halbe) Kurbelwellenumdrehung zur Verfügung: $1/180$ Sekunde – zu wenig, denn die Nockenwelle kann die Ventile ebensowenig schlagartig öffnen, wie die Ventilfedern sie zu schließen vermögen. Das Problem wird gelöst, indem die Nockenspitze der Nockenwelle eine Idee runder gegossen wird. Das Einlaßventil öffnet nun schon gegen Ende des Auslaßtakts – das bringt rund 3° Kurbelwinkel (KW) –

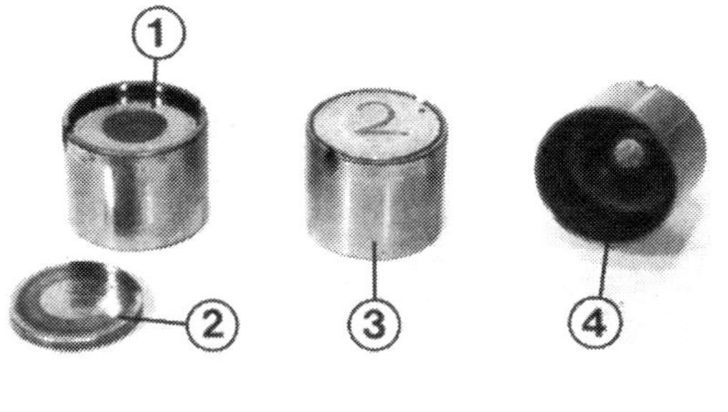

Die ausgebauten Tassenstößel zeigen sich hier in Großaufnahme von allen Seiten: 1 – Tassenstößel mit herausgenommener Einstellscheibe. Die Einstellscheibe (2) liegt daneben; 3 – Tassenstößel, komplett, von oben; 4– Unterseite eines Tassenstößels.

und schließt erst, nachdem der Kolben den Ansaughub (= 180°) beendet hat und verdichtend aufwärtsstrebt. Das sind im Schnitt 42° KW, macht zusammen 45° Zeitgewinn; Öffnungsdauer also 180° +45° = 225° KW oder 1/144 Sekunde – weniger als die Belichtungszeit für ein Urlaubsfoto. Und da das Auslaßventil ebenfalls schon gegen Ende des Arbeitstakts (44–48,5° KW vor UT) öffnet und erst schließt, wenn der Kolben ansaugend abwärtsschießt (bis 7° KW nach OT), sind beide Ventile einen Augenblick lang gleichzeitig geöffnet.
Diese Zeitspanne, in der sich der Kolben im oberen Totpunkt (OT) vom Ausstoßen zum Ansaugen umkehrt, wird mit Ventilüberschneidung bezeichnet.

Der Zahnriemen

Als geräuscharmes Antriebselement für die obenliegende Nockenwelle dient ein Zahnriemen. Der gezähnte Gummiriemen mit Stahldrahteinlage arbeitet an sich verschleißfrei, zumal die Gummimischung des Zahnriemens überdies für eine Trockenschmierung der Riemenseiten sorgt.
Im 1100/1300 bewegt der gezähnte Riemen neben der Nockenwelle auch die Wasserpumpe. Letztere ist schwenkbar gelagert und kann so gleichzeitig die Funktion einer Spannvorrichtung übernehmen. Die 1500/1600er, bei denen der Zahnriemen neben der Nockenwelle noch die bereits erwähnte Zwischenwelle antreibt, haben einen zusätzlichen mechanischen Spanner.
Unter ungünstigen Umständen kann der Zahnriemen überspringen, wenn etwa Bruchstücke eines gerissenen Keilriemens zwischen den gezähnten Riemen und ein Wellenrad gelangen. Ist der Zahnriemen um einen oder mehrere Zähne versetzt, verändern sich die Ventilsteuerzeiten, der Motor zeigt schlechte Leistung oder stirbt ab und läßt sich nicht mehr zum Laufen bringen. Deshalb ist der Riementrieb bei den 1,5- und 1,6-Liter-Motoren mit einer Schutzkapselung umgeben.

Die Zylinderkopfdichtung

Die Dichtung zwischen dem Motorblock und dem Zylinderkopf hat einen schweren Stand, denn sie hat dafür zu sorgen, daß die Verbrennungsräume und die Kanäle für Kühlmittel und Öl voneinander getrennt bleiben. Dabei muß sie enormen Temperatur- und Druckschwankungen widerstehen.

Kolben und Zylinder

Die Kolben sind aus Leichtmetall gegossen. Da sich solche Kolben bei Erwärmung jedoch stärker dehnen als der Grauguß des Zylinderblocks, erhielten sie eine Stahleinlage für geringere Wärmedehnung. Im oberen Drittel jedes Kolbens sind drei Kolbenringe elastisch in entsprechende Nuten am Kolben eingebettet. Sie drücken federnd gegen die Zylinderwand, wobei die beiden oberen dem Gasgemisch den Weg aus dem Verbrennungsraum nach unten ins Kurbelgehäuse verwehren. Der unterste Ring ist ein sogenannter Ölabstreifring; er verhindert, daß allzuviel Schmiermittel vom Kurbelgehäuse in den Brennraum gelangt.
Die Kolben des 1,1-Liter-Formel-E-Motors und die des 1300ers besitzen einen flachen Boden. Die großen Motoren sind mit sogenannten Muldenkolben ausgestattet. Diese Vertiefung im Kolbenboden mißt beim 1,5-Liter-Motor 5,4 mm, beim 1600-Vergasermotor 6,3 mm und beim Einspritzmotor 7,5 mm. Durch die tiefen Mulden beim 81-kW-/110-PS-Motor ist der Kolben gleichzeitig ein Teil des Verbrennungsraums, man spricht in diesem Fall auch von »Heron«-Brennräumen.
Die Zylinder, in denen die Kolben auf- und ablaufen, sind in das Graugußmaterial des Motorblocks eingearbeitet. Beim 1100, 1300 und 1500 laufen zwischen den Zylindern und um die Zylinder Kühlwasserkanäle. Bei den 1,6-Liter-Triebwerken finden wir dagegen sogenannte Siamesen. Hier ist die Reihe der Röhren, in de-

nen die Kolben flitzen, nicht getrennt, sondern die Zylinder stehen gewissermaßen Wange an Wange im Kühlwasserkasten. Obwohl bei solchen siamesischen Vierlingen die Kühlwasserkanäle nicht rund um die Zylinder gelegt sind, gibt es keine thermischen Probleme. Im übrigen wird der Zylinderblock sogar noch steifer.
Die vier Zylinderbohrungen im Motorblock sind so glatt wie möglich ausgeschliffen, sie sind »gehont«, wie der Fachmann sagt. In ihrem Durchmesser wurden sie dabei genau auf den Kolbendurchmesser abgestimmt. Das Grundmaß der Kolben beträgt dabei ab Werk je nach Toleranz 69,48–69,50 mm (1100), 74,98–75,00 mm (1300), 76,48–76,50 mm (1500) bzw. 79,48–79,50 mm (1600). Die darauf abgestimmten Zylinder haben eine jeweils um 0,03 mm größere Weite. Für Motorüberholungen gibt es außerdem eine 1., 2. und 3. Reparaturstufe. Entsprechend den im Durchmesser bis zu 1 mm größeren Kolben werden dann die Zylinder ausgeschliffen.

Der Kurbeltrieb

Aufgabe der Kurbelwelle ist es, die geradlinige Bewegung der in den Zylindern auf- und ablaufenden Kolben in eine Drehbewegung umzusetzen. Die zu den Kolben führenden Stangen – die Pleuel – wirken deshalb, wie bei einer Andrehkurbel, versetzt zur Mittelachse auf die Kurbelwelle. Durch die zueinander versetzte Anordnung der einzelnen »Kurbeln« kann immer eine der vier Pleuelstangen die Kraft der Verbrennung oberhalb des Kolbens zur Kurbelwelle weiterleiten. Um ein Durchbiegen der Kurbelwelle im Betrieb zu vermeiden – schließlich drücken und zerren die Kolben ja ganz ordentlich an der Welle – ist sie an fünf Stellen im Motorblock gelagert. Jede »Kurbel«, auf der eine Pleuelstange sitzt, ist also rechts und links durch ein Motorlager gestützt. Die Kurbelwelle ist beim 1100 und 1300 gegossen und bei den übrigen Motoren geschmiedet. Um einen vibrationsarmen Lauf zu erzielen, sind jeweils an der gegenüberliegenden Seite der Kurbelzapfen insgesamt acht Gegengewichte angebracht.

Das Schmiersystem

Welches Öl Sie in welcher Menge in den Motor Ihres Jetta schütten müssen, haben Sie sicher schon ab Seite 30 nachgelesen. Durch welche dunklen Kanäle es nunmehr im Motor fließt, soll in diesem Abschnitt zur Sprache kommen.
Im Motor verlangen eine ganze Reihe von Lagerstellen und Reibpartnern nach Schmierung. Das Motoröl läuft jedoch an die meisten dieser Stellen nicht von selbst; es muß dorthin gepumpt werden. Diese Arbeit übernimmt beim 1100/1300 eine Sichelpumpe, die direkt von der Kurbelwelle angetrieben wird. Die Arbeitsweise der Pumpe finden Sie in der Zeichnung unten beschrieben.

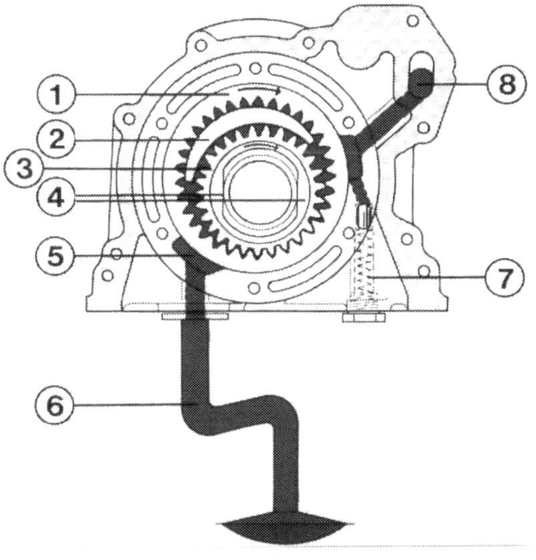

Im 1100/1300-Motor bringt eine Sichelzahnradpumpe den Ölkreislauf in Schwung. Diese Pumpe – übrigens besitzt auch der Zwölfzylinder-Jaguar solch eine Ölpumpe – wurde gewissermaßen um die Kurbelwelle gewickelt. Ein kleineres Zahnrad (3) sitzt direkt auf der Kurbelwelle und wird von einem größeren innenverzahnten Rad (1) umhüllt. Zwischen beiden finden wir ein halbmondförmiges Trennstück, die Sichel (2), die Kammern veränderlicher Größe entstehen läßt. Beim Umlauf der miteinander kämmenden Zahnräder kann dadurch das Öl unter Druck gesetzt werden.
Die übrigen Zahlen in der Abbildung bedeuten:
4 – Mitnehmerflächen für die Kurbelwelle; 5 – Saugseite der Pumpe; 6 – Ansaugrohr; 7 – Druckseite; 8 – Ölüberdruckventil.

Beim 1,5-/1,6-Liter fördert eine Zahnrad-Ölpumpe den kostbaren Schmiersaft aus der Ölwanne, wobei die bereits erwähnte Zwischenwelle über die nach unten verlängerte Zündverteilerwelle den Antrieb liefert. Die beiden ineinandergreifenden Zahnrädchen der Pumpe schaufeln dabei einfach das Öl von der Saugseite zur Druckseite. Ca. 30 Liter Schmierstoff pro Minute werden auf diese Weise bei Vollgas durch den Motor gepumpt.
Von der Ölpumpe wird das Öl in das Hauptstromfilter gedrückt. Ist das Filterpapier von Schmutz zugesetzt, weil das Filter nicht rechtzeitig gewechselt wurde, sorgt ein Sicherheitsventil durch Umgehung des Filters dafür, daß die Ölversorgung dennoch sichergestellt ist. Das ungefilterte Öl kann natürlich erhöhten Verschleiß an den Lagerstellen des Motors verursachen. Vom Filter aus gelangt das schmierfähige Naß über Bohrungen im Zylinderblock zu den Schmierstellen der Kurbelwelle, der Zwischenwelle (nur 1500/1600) und des Zylinderkopfes mit der Nockenwelle. In die Leitung zu den Nockenwellenlagern ist der Öldruckschalter eingesetzt. Da wir hier am Ende des Drucksystems angelangt sind, zeigt sich zu niedriger Öldruck an dieser Stelle zuerst. Das Öl gelangt zurück in die Ölwanne, wird dort vom Fahrtwind abgekühlt und kann nun für den nächsten Durchlauf durch ein filterndes Sieb von der Ölpumpe erneut angesaugt werden.
Beim Jetta mit Einspritzmotor ist für zusätzliche Ölkühlung durch einen separaten Ölkühler gesorgt, der vorn im Motorraum rechts neben dem Wasserkühler sitzt. Bei kaltem Motor ist allerdings noch keine Ölkühlung notwendig. Erst ab 110° C Öltemperatur gibt ein Thermostat im Ölfilterflansch die Leitung zum Kühler frei. Übrigens stammt der Ölkühler aus dem luftgekühlten 1,6-Liter-VW-Motor (Käfer und Bus).
Bei 2000/min soll der Öldruck bei mindestens 2 bar liegen (gemessen bei Betriebstemperatur von 80° C und mit Einbereichsöl SAE 20W/20). Das kann man aber leider an keinem Instrument ablesen, und der Öldruckschalter (siehe Seite 211) schließt bereits bei 0,15 bis 0,45 bar seine Kontakte und bringt damit die Kontrollampe im Armaturenbrett zum Verlöschen. Wenn Sie den Öldruck Ihres Motors messen wollen, muß der Öldruckschalter herausgeschraubt und stattdessen ein Manometer angeschlossen werden.
Aber zu hoch darf der Öldruck auch nicht sein. Ein Überdruckventil in der Leitung zum Ölfilter öffnet den Weg zur Saugseite zurück, wenn der Druck durch kaltes und sehr zähflüssiges Öl zu hoch ansteigt.

Die Kurbelgehäuse-Entlüftung

Selbst die besten Kolbenringe können nicht verhindern, daß ein kleiner Teil der unter hohem Druck stehenden Verbrennungsgase zwischen Kolben und Zylinderwänden vorbei ins Kurbelgehäuse gelangt.

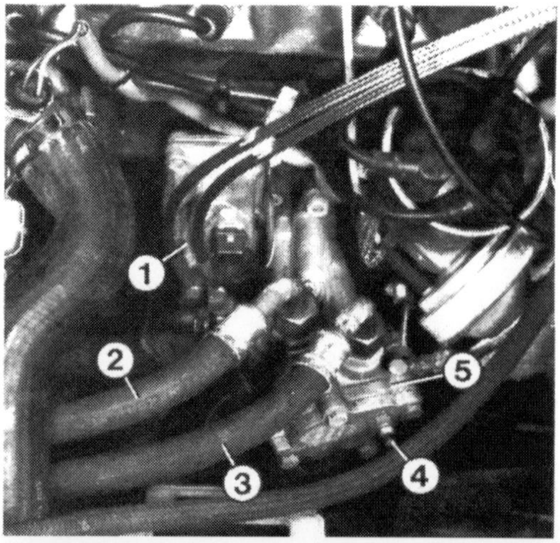

Der Ölfilterflansch (5) sieht beim Einspritzmotor anders aus als bei den Vergasermotoren, denn er beinhaltet zusätzlich den Öltemperatur-Regler. Dieser läßt ab 110° C Öltemperatur das heiße Motoröl über die Ölschläuche (2 und 3) durch den Ölkühler fließen. Der Geber für die Öltemperaturanzeige (4) ist bei Einspritz-Jetta ohne Funktion. Wer allerdings den Original-Ölthermometer einbauen will, kann ihn an diesem Geber anschließen. Weiter im Bild zu sehen ist der Warmlaufgeber (1) der Bosch K-Jetronic.

Dieser Druck muß aus dem Motor entweichen können. Das geschieht über die Kurbelgehäuse-Entlüftung. Die giftigen Gase aus dem Bauch der Maschine dürfen jedoch nach gesetzlicher Vorschrift nicht einfach ins Freie münden. Deshalb führt der von der Erhöhung des Ventildeckels ausgehende Schlauch der Kurbelgehäuse-Entlüftung zurück in das Luftfiltergehäuse und beim Einspritzmotor auch zum Ansaugstutzen. Von dort aus werden die Gase zur vollständigen Verbrennung wieder in die Brennräume geleitet.
Gelegentlich sollten Sie kontrollieren, ob sich Ölrückstände im Schlauch der Kurbelgehäuse-Entlüftung gebildet haben. Sie lassen sich mit Benzin auswaschen.

Sichtprüfung des Motors

Wartungspunkt Nr. 10

Zu diesem Wartungspunkt sollten Sie den Motor von allen Seiten betrachten und kontrollieren, ob an irgendeiner Stelle Öl austritt. Zu kritisch darf man dabei allerdings auch nicht sein, denn es ist normal, daß Motoren kleine Mengen Öl »ausschwitzen«. Richtiggehende Öltränen, sichtbar durch hell glänzende Stellen oder durch schwarze Schmutzkrusten, geben da schon eher Anlaß zu Besorgnis.
Wo der Motor seinen Schmiersaft verliert, können Sie leicht herausfinden: Verdächtige Stellen mit Motorreiniger abwaschen und nach einigen Kilometern Fahrt nachsehen, ob sich erneut Ölverlust zeigt. Auf welche Teile sie dabei Ihr Augenmerk besonders richten sollten, haben wir unter »Ölverbrauch« auf Seite 30 beschrieben.
Bei Undichtigkeiten am Ventildeckel oder an der Ölwanne hilft oft schon gleichmäßiges Nachziehen der Schrauben. Dabei hat es jedoch keinen Sinn, die Schrauben einfach »anzuknallen«, sonst könnte sich der Deckel bzw. die Ölwanne verziehen und so erst recht undicht werden. Vorgeschriebenes Drehmoment: Schrauben des Zylinderkopfdeckels 10 Nm; Schrauben der Ölwanne 20 Nm.

Fingerzeig: *Der nach unten völlig offene Motorraum verschmutzt außerordentlich schnell. Besonders im Winter ist das störend, denn das aufgewirbelte Salz sorgt sofort für Rost und Korrosion. Regelmäßiges Waschen des Motorraums und anschließendes Einsprühen mit Motorschutzlack (siehe Seite 20) ist also, nicht zuletzt im Interesse eines guten Wiederverkaufswerts, anzuraten.*

Den neuen Motor einfahren?

Eigentlich müßte ein neuer Motor oder ein Tauschmotor gar nicht mehr eingefahren werden, denn die Gleit- und Wälzlager, Kolbenbolzen, Nocken und Ventilschäfte lassen sich mit solch hochwertigen Oberflächen herstellen, daß eine zusätzliche Glättung kaum mehr möglich ist.
Anders ist es jedoch mit den Zylinderwänden, Kolben und den dazugehörigen Kolbenringen. Deren Oberflächen weisen immer noch eine mikroskopische Rauhigkeit auf. Erst der Einlaufprozeß kann diese kleinen Unebenheiten beseitigen, so daß die Teile gut gegeneinander abdichten können (ein ganz neuer Motor braucht deshalb mehr Öl als ein eingelaufener). Zu flotte Gangart in der Einlaufzeit kann zu winzigen Freßstellen führen, die unter Umständen in einen fatalen Kolbenfresser ausarten. Wir tun also im Hinblick auf die Motorlebensdauer gut daran, die Einfahrempfehlung des VW-Werks ernst zu nehmen. Unter 4200/min, so schreibt es die Betriebsanleitung vor, muß die Motordrehzahl während der ersten 1000 km auf jeden Fall bleiben.
Auf Landstraßen fühlt sich unser Jetta-Motor während der Einfahrzeit am wohlsten. Da muß fleißig geschaltet werden, man fährt ständig mit wechselnden Geschwindigkeiten und wird selbst bei strikter Beachtung der anfänglichen

Höchstdrehzahlen nicht zum Verkehrshindernis. Da die Modelle mit 37 kW/50 PS, 44 kW/60 PS und 51 kW/70 PS serienmäßig keinen Drehzahlmesser haben, halten wir uns bei ihnen an die folgenden Geschwindigkeiten (in km/h):

Typ	1100 Formel E	1300	1500	1500 4+E
1. Gang	32	30	33	33
2. Gang	62	51	59	59
3. Gang	105	77	89	89
4. Gang	136	108	126[1])	126[1])
5. Gang	–	–	–	161[2])

[1]) bis 7/80: 118 km/h [2]) bis 7/80: 151 km/h

Im Laufe der folgenden 500 km können Sie die Geschwindigkeiten in den einzelnen Gängen langsam steigern. Sofort nach Erreichen der 1500-km-Marke voll aufs Gaspedal zu steigen, wäre jedoch grundverkehrt.

Als Fahrer eines Wagens mit Getriebeautomatik brauchen Sie sich zum Einfahren keine großen Gedanken zu machen. Einzige Regel: Vermeiden der Vollgas- und der Kick-Down-Stellung des Gaspedals während der ersten 2000 km.

Diese Einfahrvorschriften wollen übrigens nicht nur beim nagelneuen Jetta angewandt werden. Selbstverständlich gelten sie auch für Austauschmotoren und überholte Triebwerke, die noch empfindlicher als neue Motoren sind.

Die Lebensdauer des Motors

Die Lebensdauer Ihres Motors können Sie durch Ihre Fahr- und Pflegegewohnheiten entscheidend mitbestimmen. So wirkt sich das Hochdrehen des noch kalten Motors nicht eben lebensverlängernd aus. Selbst wenn die Kühlmittelanzeige schon anspricht, ist das noch kein Zeichen dafür, daß jetzt voll aufs Gaspedal getreten werden kann. Erst nach etwa 8 bis 10 Minuten Fahrt ist das Motoröl warm und dünnflüssig genug, einen sicheren Schmierfilm aufzubauen und so zu starken Verschleiß zu verhindern.

Eine weitere Möglichkeit, dem Motor den Garaus zu machen, ist, nach wochenlangem Kurzstreckenverkehr sofort Dauervollgas auf der Autobahn zu fahren. Bei den langen Leerlaufzeiten im Stadtverkehr bilden sich nämlich in den Brennräumen und an den Ventilen Ablagerungen, die bei voller Betriebstemperatur und zügiger (jedoch nicht scharfer) Fahrt langsam abgebrannt werden sollen.

Nicht zuletzt wirkt sich die Pflege des Motors auf seine Lebensdauer aus. Ausgelassene Öl- bzw. Filterwechsel oder vergessenes Ventileinstellen erhöhen den Verschleiß und verkürzen das Motorleben.

Die nachstehenden Kilometerleistungen stellen eine ziemlich weite Spanne dar. Je nach Pflege und Fahrweise werden Sie den unteren oder den oberen Wert erreichen; es sind aber auch wesentlich mehr – bis zu 160 000 km – möglich.

- 1100/1300er-Motoren: 90 000 bis 120 000 km.
- 1500/1600er-Motoren: 100 000 bis 130 000 km.

Etwas über Drehzahlen

Ein Verbrennungsmotor gibt seine höchste Leistung bei einer bestimmten Drehzahl ab: der Nenndrehzahl. Über diese Drehzahl hinauszudrehen bringt also keine höhere Leistung, sondern, bedingt durch die höhere Motordrehzahl, nur eine höhere Drehzahl der Räder und somit unter günstigen Umständen eine höhere Geschwindigkeit. Vorteilhaft kann also hohes Ausdrehen nur zum besseren Anschließen in den nächsten Gang sein.

Bei den Jetta-Motoren werden die Ventile über die Schlepphebel bzw. die Tassenstößel direkt von der obenliegenden Nockenwelle gesteuert. Das hat den Vorteil, daß zum Antrieb der Ventile nur geringe Massen in Bewegung gesetzt werden, was hohe Drehzahlen ohne Gefahr für den Motor gestattet.

Als höchstzulässige Drehzahl gelten etwa 6400/min. Hierbei handelt es sich um die sogenannte Betriebsdrehzahl, die selbst über längere Zeit für den Motor noch nicht gefährlich ist. Was darüber liegt, bezeichnet man als Überdrehzahlen. Der Motor brummt dann unüberhörbar, verursacht durch Schwingungen der Kurbelwelle in ihren Lagern. Die absolute Drehzahl-Höchstgrenze liegt bei etwa 7200/min. Spätestens ab dieser Tourenzahl geraten die Ventilfedern so stark ins Schwingen, daß ein einwandfreies Öffnen und Schließen der Ventile nicht mehr möglich ist. Die Ventilfedern können brechen, was zur Folge hat, daß das betreffende Ventil auf den Kolben schlägt. Das ist dann »Ventil- und Kolbensalat«, also ein kapitaler Motorschaden.
Auf ebener Strecke und im 4. bzw. 5. oder E-Gang kann der Motor nicht überdreht werden, wohl aber in den niedrigen Gängen und auf Gefällstrecken. Als Warngerät gibt es hierfür den Drehzahlmesser (je nach Ausstattung serienmäßig). Ein solches Instrument hat allerdings eine gewisse Voreilung: Bei Nenndrehzahl bis zu 5%. 6000/min auf dem Tourenzähler sind demzufolge oft nur echte 5800/min.

Der Drehzahlbegrenzer

Um Motorschäden durch Überdrehzahlen zu vermeiden, ist in den Verteilerfinger des Einspritzmotors ein Drehzahlbegrenzer eingebaut. Eine Fliehkraft-Einrichtung unterbricht dazu bei etwa 6900/min Kurbelwellendrehzahl den Zündstrom. Da sich Nockenwelle und Verteiler bekanntlich nur halb so schnell drehen wie die Kurbelwelle, ist der Begrenzer also auch nur auf die halbe Drehzahl – also auf 3450/min – eingestellt, um dann bei 6900/min (Toleranz ± 200/min) abzuregeln.
Falls Sie sich also über Zündaussetzer in sehr hohen Drehzahlen gewundert haben sollten, ist das keine Störung, sondern der eingebaute Selbstschutz des Motors. Wer den Drehzahlbegrenzer ausschaltet, etwa durch einen Klebebandstreifen am Fliehgewicht, riskiert den völligen Verlust der Garantie und eventueller Kulanzleistungen. Durch Überdrehzahlen entstandene Motorschäden können einwandfrei nachgewiesen werden.

Lagerschäden

Schäden an den Lagern von Kurbelwelle und Pleueln sind häufig die Folge von Ölmangel, Überbeanspruchung und hohem Motoralter. Dauerndes Ausdrehen des Motors, hauptsächlich in den unteren Gängen kann ebenfalls Ursache für einen Lagerschaden sein. Ein weiterer, sogar häufiger Grund: Durch eine defekte Zylinderkopfdichtung kann unter Umständen Kühlwasser in den Ölkreislauf geraten. Das so verdünnte Öl hat dann natürlich keine ausreichende Schmierwirkung mehr, und so kann es leicht vorkommen, daß sich ein Lager festfrißt.
Rechtzeitiges Erkennen des Defekts spart Ihnen hier manche Mark. Oft geht es dann mit einer Teilüberholung des Motors nochmal glimpflich ab. Hat jedoch auch die Kurbelwelle Schaden genommen, ist eine Totalrevision der Maschine unumgänglich, zumal wenn sie schon jenseits der 100000 km ist. Ob Sie dann lieber gleich einen Teilemotor einbauen lassen, sollten Sie nach einem Preisvergleich entscheiden. Sprechen Sie in einem solchen Fall am besten mit mehreren Werkstätten und Motorüberholungsfirmen!
Ein Lagerschaden kündigt sich mit wärmer werdendem Motor – wobei das Öl dünnflüssiger wird – durch Klopfgeräusche an, die immer lauter werden. Beim Gasgeben wird das Klopfen lauter, ohne Gas geringer oder fast unhörbar. Ob überhaupt ein Lager defekt ist (meist ein Pleuellager) und um welches es sich handelt, stellen wir folgendermaßen fest: Motor im Leerlauf drehen lassen, nacheinander die Zündkerzenstecker abziehen und wieder aufstecken. Läßt das

Klopfgeräusch bei einem der abgezogenen Stecker nach, ist dort das Lager defekt. **Vorsicht:** Beim Jetta mit TSZ dürfen die Kerzenstecker nicht bei laufendem Motor abgezogen werden, dort kann lebensgefährlich hohe Spannung anliegen (siehe Fingerzeige Seite 180). Zum Abziehen und Aufstecken der Zündkerzenstecker muß hier jeweils der Motor abgeschaltet werden!
Auch mit einem schadhaften Lager kann man bei äußerst schonender Fahrweise noch die rettende Werkstatt anlaufen. Vorsorglich wird die Zündkerze des betreffenden Zylinders herausgeschraubt, damit er nicht mehr mitarbeiten muß und die weitere Beanspruchung des Lagers durch den verdichtenden Kolben fortfällt. Die am Zündkerzenloch vom Kolben angesaugte und herausgedrückte Luft verursacht bei Motorlauf ein pfeifend-knallendes Geräusch, das Sie aber nicht zu beunruhigen braucht. Zuerst muß vor der Weiterfahrt aber der Ölpeilstab gezogen werden. Ist der Schmiersaft daran milchig trüb oder von Wassertröpfchen durchsetzt, muß das Motoröl und möglichst auch das Ölfilter gewechselt werden. Mit den verbliebenen 3 Zylindern können Sie natürlich nicht im gewohnten Tempo losfahren. Der Motor soll höchstens bis in mittlere Drehzahlbereiche hochgedreht werden, im 4. Gang sind das rund 80 km/h.

Kompressionsdruck messen

Wartungspunkt Nr. 46

Die Messung des Kompressionsdrucks in den Motorzylindern gibt Aufschluß darüber, ob Ventile und Kolbenringe noch gut abdichten. Leistung, Kaltstartverhalten sowie Öl- und Kraftstoffverbrauch unseres Motors hängen davon ab.
Vor der Messung wird der Motor warmgefahren, die Kolbenringe dichten dann besser ab. Dann werden die Zündkerzen herausgeschraubt. Nacheinander wird der Kompressionsdruckprüfer auf jedes Zündkerzenloch gedrückt oder hineingeschraubt. Ein Helfer tritt das Gaspedal ganz durch, damit die Zylinder ihre größte Füllung erhalten. Nun läßt man den Motor vom Anlasser etwa 5 Sekunden durchdrehen. Druckschreiber mit eingelegten Meßkärtchen zeichnen für jeden Zylinder eine flache Kurve auf das Spezialpapier, aus der sich der jeweilige Kompressionsdruck ablesen läßt.
Ein guter Motor muß auf allen Zylindern einen Kompressionsdruck von **8–10 bar (1300)**, **9–11 bar (1100 Formel E)** bzw. **10–13 bar (1500/1600)** aufweisen können; unter **6 bzw. 7,5 bar** sollten die Werte selbst bei einem älteren Motor nicht fallen. Wesentlich wichtiger als die absolute Höhe des Drucks ist seine Gleichmäßigkeit bei allen Zylindern. Mehr als **2 bar** sollten die Werte nicht auseinanderliegen.
Zu niedriger Druck kann bedeuten: Kolben- und Kolbenringverschleiß oder festsitzende Kolbenringe durch Rückstandsbildung, unrunde Zylinder als Folgeerscheinung von Kolbenklemmern, Ablagerungen an den Ventilschäften oder -sitzen durch Verbrennungs- oder Schmierölrückstände, eingeschlagene Ventile oder verbrannte Auslaßventile durch zu knappes Ventilspiel. In den meisten Fällen sind undichte Ventile die Ursache für mangelnden Kompressionsdruck und damit auch geringere Motorleistung. Abhilfe bringt entweder Einschleifen der Ventile oder die Überholung des Zylinderkopfes.
Um bei zu niedrigem Kompressionsdruck den Fehler lokalisieren zu können, wendet man folgenden Trick an: Ins Zündkerzenloch etwas zähflüssiges Öl träufeln und den Kompressionsdruck nochmals messen. Sind die Werte weiterhin schlecht, liegt es an den Ventilen; erhalten Sie höhere Druckwerte, liegt es an den Kolbenringen oder vielleicht auch an den Zylindern. Das Öl dichtet kurzfristig Kolben und Zylinderwände besser ab, das komprimierte Gas sucht sich entweder seinen Weg an den undichten Ventilen vorbei oder kann nicht mehr entweichen.
Falls Sie Meßkärtchen bekommen, sollte man sie – mit Datum und Kilometerstand versehen – im Bordbuch zu Vergleichszwecken aufheben.

Fingerzeige: *Zur Kompressionsdruckmessung bei einem Jetta mit Transistorzündung muß das dicke Hochspannungskabel aus der Mitte des Verteilerdeckels herausgezogen und mit »Masse« (Motorblockmetall o. ä.) verbunden werden. Andernfalls kann das Schaltgerät der elektronischen Zündanlage Schaden erleiden.*
Der Kompressionsdruck ist übrigens nicht mit dem Verdichtungsverhältnis gleichzusetzen, das etwa beim 1,3-Liter-Motor 8,2:1 beträgt. Bei einwandfreiem Motorzustand sollen dagegen 8–10 bar Kompressionsdruck erreicht werden. Das Verdichtungsverhältnis ist bei der Konstruktion festgelegt durch die Ausformung des Kolbenbodens und die Abmessungen der Verbrennungsräume, während sich der vom Konstrukteur berechnete Kompressions- oder Verdichtungsdruck nur bei einwandfreiem Motorzustand einstellen kann.

Druckverlusttest

Neben der Kompressionsdruckprüfung gibt es noch den sogenannten Druckverlusttest. Hierzu muß der Motor ebenfalls betriebswarm sein, das Ventilspiel korrekt eingestellt und im zu messenden Zylinder muß der Kolben in seiner höchsten Stellung – im oberen Totpunkt – stehen. Die Zündkerzen werden herausgeschraubt. Der Druckverlusttester besteht aus zwei Kammern, wovon eine unter gleichbleibendem Druck steht. Die zweite Kammer ist durch die Zündkerzenbohrung mit dem Verbrennungsraum, durch eine Düse mit der ersten Kammer sowie mit einer Anzeigeskala verbunden. Verliert der geprüfte Brennraum Druck, wird dies vom Manometer angezeigt.
Bei einer größeren Leckstelle läßt sich diese durch Abhorchen feststellen: Druckluft, die am Vergaser ausströmt, läßt auf ein defektes Einlaßventil schließen, Blasgeräusche am Auspuffrohr deuten auf Undichtigkeiten am Auslaßventil. Bei einer defekten Zylinderkopfdichtung (siehe auch Störungsbeistand auf Seite 57) oder einem Riß im Zylinderkopf gelangt die Druckluft durch das benachbarte Zündkerzenloch ins Freie (sämtliche Zündkerzen müssen herausgeschraubt sein). Verschlissene Zylinderwände und Kolbenmäntel oder festsitzende Kolbenringe lassen Druckluft ins Kurbelgehäuse strömen, die am Anschlußstutzen der Kurbelgehäuseentlüftung, am Öleinfüllstutzen oder am Rohr für den Ölpeilstab herausbläst.

Das Ventilspiel

Durch die Erwärmung des Motors dehnen und längen sich die einzelnen Teile des Ventiltriebs. Deshalb muß – damit auch bei warmem Motor die Ventile trotz ihrer etwas länger gewordenen Schäfte richtig abdichten – etwas »Luft« oder »Spiel« zwischen der Nockenwelle und den Schlepphebeln bzw. den Tassenstößeln vorhanden sein. Das Prüfen dieses Spiels gehört demzufolge zu den wichtigsten Wartungsarbeiten am Motor. Was sind die Folgen von verstelltem Ventilspiel?
Zu kleines Ventilspiel: Die Ventile liegen nicht satt auf den Ventilsitzringen, und vor allem die sehr heiß werdenden Auslaßventile können dadurch ihre Wärme nicht mehr an die Sitzringe abgeben. Dann verbrennen die Ventile und ihre Sitze, weil an den Ventilsitzen laufend heiße Verbrennungsgase vorbeistreichen. In leichteren Fällen verziehen sich die Ventile, darunter leidet die Abdichtung, und in der Folge brennt auch bald der Sitz ab. Die Kompression sinkt, der Motor verliert an Leistung, springt schlechter an und verbraucht mehr Kraftstoff.
Zu großes Ventilspiel: Die Ventile öffnen etwas später als normal, die Zylinder werden schlechter gefüllt und der Motor kommt nicht auf volle Leistung. Der Verschleiß an der Nockenwelle und an den Schlepphebeln bzw. den oben in die Tassenstößel eingelegten Einstellplättchen wird größer. Das wird durch lauteres Ventilgeräusch hörbar.

Die Ventile hängen beim 1100/1300 nebeneinander senkrecht zu den Zylinderachsen im Zylinderkopf. Die Buchstaben E und A kennzeichnen die Lage der Ein- und Auslaßventile. Die Zylinder erhalten ihr Frischgas von der in Fahrtrichtung hinteren Motorseite, die Abgase strömen vorn aus.

Ventilspiel prüfen, Zylinderkopfhaubendichtung ersetzen

Wartungspunkte Nr. 43 und 44 bzw. 70 und 71

Alle 15000 km, so sieht es der Wartungsplan vor, soll beim 1100/1300 dem Ventilspiel Aufmerksamkeit geschenkt werden, beim 1500/1600 wird es dagegen nur alle 30000 km geprüft.

An den 1,1- und 1,3-Liter Motoren stellt man das Ventilspiel an der Kugelschraube ein, auf welcher der Schlepphebel sitzt (diese Kugelschraube sitzt ihrerseits auf einer im Zylinderkopf befestigten Hülsenschraube – siehe Zeichnung Seite 42 oben).

Beim 1500/1600 wird das Ventilspiel, sehr zum Leidwesen des Heimwerkers, durch Einlegen von Distanzplättchen in die Tassenstößel eingestellt. Dazu hat die V.A.G.-Werkstatt 26 verschieden starke Distanzplättchen, einen Niederhalter für die Tassenstößel und eine Spezialzange zum Herausheben der Einstellplättchen. Ohne dieses Werkzeug ist die Ventileinstellung eine arge Fummelei. Außerdem brauchen Sie unbedingt die passenden Distanzplättchen, die es von 3,00 bis 4,25 mm Stärke mit je 0,05 mm Dickenunterschied gibt. Sie können zwar das Ventilspiel ohne Schwierigkeiten prüfen, aber die lediglich alle 30000 km fällige Einstellung sollten Sie ruhig der Werkstatt überlassen.

Zur Ventilspielkontrolle soll der Motor mindestens handwarm sein, das entspricht etwa 5 Minuten Leerlauf des kalten Motors. Beim Wiederaufsetzen des Ventildeckels soll eine neue Zylinderkopfdeckeldichtung verwendet werden.

Luftfiltergehäuse abnehmen (siehe Seite 91). Befestigungsmuttern des Zylinderkopfdeckels lösen. Achten Sie bei der Demontage darauf, daß die Unterlegbleche nicht verlorengehen, sie sorgen für gleichmäßigen Anpreßdruck und sollen Undichtigkeiten verhindern helfen. Schlauch der Kurbelgehäuse-Entlüftung

Die Reihenfolge der Einlaß-(E) und Auslaßventile (A) lautet beim 1500/1600 A-E-A-E-E-A-E-A. Aus Gründen der Wärmeverteilung liegen bei diesen Motoren die Auslaßventile jeweils an den Motoraußenseiten.

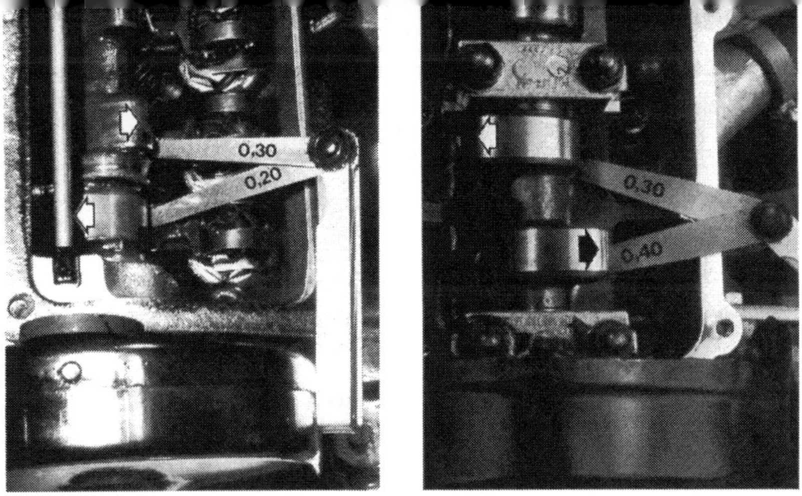

Die beiden Bilder zeigen die am 1. Zylinder eingesteckte Fühlerblattlehre zum Messen des Ventilspiels.
Dazu müssen die beiden Nocken der Nockenwelle für den jeweiligen Zylinder spiegelbildlich nach außen zeigen, wie die Pfeile dies andeuten. Auf dem linken Bild wird am 1100/1300 gemessen. Das rechts in Fahrtrichtung liegende Einlaßventil braucht 0,20 mm Spiel, beim Auslaßventil muß es mehr sein, nämlich 0,30 mm.
Beim 1500/1600 (rechtes Bild) darf am ganz rechts sitzenden Auslaßventil das Spiel nicht mehr unter die gemessenen 0,40 mm absinken, während das Einlaßventil daneben mit 0,30 mm noch für weitere 30 000 km ausreichendes Spiel aufweist.

abnehmen. Beim 1500/1600 den Schlauch zwischen Benzinpumpe und Vergaser abziehen, Benzinschlauch mit einer passenden Schraube verschließen. An den 1,5- und 1,6-Liter-Motoren muß weiterhin die Innensechskant-Haltemutter der oberen Zahnriemenabdeckung gelöst werden, Abdeckung etwas anheben. Beim Einspritzmotor muß zusätzlich der Gaszug an seinem Widerlager ausgehängt werden. Einstellen siehe Seite 113. Zylinderkopfdeckel vorsichtig abheben. Eine festsitzende Haube durch leichte Schläge mit dem Hammerstiel lösen.
Das Ventilspiel wird zuerst am Zylinder 1 geprüft. Der Schaltgetriebe-Jetta wird wie zu einem Radwechsel vorn einseitig aufgebockt, 4. Gang einlegen und das frei hängende Vorderrad durchdrehen, wodurch der Motor bewegt wird. Ist genügend Platz vorhanden, können Sie auch bei eingelegtem 4. Gang den Wagen hin- und herschieben. Bei Getriebeautomatik zum Motordrehen einen 19er-Schlüssel an der Kurbelwellen-Keilriemenscheibe ansetzen. Keinesfalls darf an der Befestigungsschraube für das Nockenwellenrad gedreht werden.
Um den Motor nicht unnötig drehen zu müssen, geht man in der Zündfolge der Zylinder (1–3–4–2) vor, hierbei wird der Motor jeweils eine halbe Umdrehung weitergedreht. Verteilerdeckel abnehmen (siehe Seite 184) und die Kurbelwelle so weit drehen, bis der Verteilerfinger auf die Einkerbung im Verteilergehäuserand deutet. Jetzt steht der Zylinder 1 (der in Fahrtrichtung ganz rechte) auf Zündzeitpunkt. Damit sind beide Ventile geschlossen und man kann das Ventilspiel messen:

Motor	Einlaßventile	Auslaßventile
1100/1300 1500/1600	0,20 mm 0,20–0,30 mm	0,30 mm 0,40–0,50 mm

Die Auslaßventile brauchen das größere Ventilspiel, weil sie nicht vom angesaugten Frischgas gekühlt werden. Sie werden also heißer und die Ventilschäfte längen sich stärker. Zwischen Nockenwelle und Schlepphebel bzw. Tassenstößel wird nun das entsprechende Lehrenblatt eingeschoben. Es soll sich mit leichtem Widerstand durchziehen lassen. Erfahrungsgemäß wird das Ventilspiel durch das Einschlagen der Ventile und Ventilsitze geringer.

Einstellen am 1100/1300

Zum Korrigieren des Ventilspiels wird die bereits erwähnte Kugelschraube – sie ist selbstsichernd und dadurch relativ schwergängig – mit dem Inbusschlüssel SW 7 verstellt. Durch Drehen im Uhrzeigersinn wird das Spiel größer, im Gegenuhrzeigersinn gedreht verkleinert sich das Ventilspiel. Am besten eignet sich

Wenn am 1100/1300 das Ventilspiel nachgestellt werden muß, dreht man mit dem Inbusschlüssel SW 7 die Kugelschraube innerhalb der Haltefeder hinein (Spiel wird größer) oder heraus (Spiel wird kleiner). Beim Drehen muß man einen kräftigen Widerstand überwinden. Bei einem gewöhnlichen abgewinkelten Inbusschlüssel ist der Hebel zu kurz, man muß ihn entweder verlängern oder besser gleich einen Steckschlüssel nehmen.

zum Einstellen ein Steckeinsatz mit SW-7-Innensechskant-Gelenkschlüssel. Haben Sie nur einen abgewinkelten Inbusschlüssel zur Hand, so sollten Sie ihn mit einem passenden Stück Rohr verlängern, dann läßt sich die selbstsichernde Schraube durch den längeren Hebelarm gefühlvoller verstellen.
Achten Sie darauf, daß das Fühlerblatt beim Nachstellen nicht eingesteckt bleibt, denn es wird bei häufigem Einspannen wellig und dadurch ungenau. Nach jedem Nachstellen muß natürlich nochmals kontrolliert werden; zu leicht darf sich das Lehrenblatt nicht durchschieben lassen.

1,5- und 1,6-Liter

Ist das Spiel kleiner, als es der untere Toleranzwert von 0,20 mm für die Einlaßventile bzw. 0,40 mm für die Auslaßventile zuläßt, muß ein dünneres Einstellplättchen eingesetzt werden. Liegen die gemessenen Werte innerhalb der Toleranz, so braucht nichts verändert zu werden. Am besten schreiben Sie die Meßwerte auf zum Vergleich.

Fingerzeige: *Bei den 1,5- und 1,6-Liter-Motoren gibt es unterschiedliche Dichtungen für den Zylinderkopfdeckel. Die sogenannten Stehbolzen für die Befestigung des Deckels können unten einen »Bund« haben – das sieht aus wie ein Stehkragen. Entsprechend hat die zugehörige Dichtung größere Lochbohrungen. Eine derartige Dichtung dürfen Sie nicht an einem Motor verwenden, der Stehbolzen ohne Bund besitzt, sonst drückt Öl hervor.*
Die neue Korkdichtung und der Zylinderkopfdeckel müssen sehr sorgfältig aufgesetzt werden, und die Unterlegbleche unter die Haltemuttern des Deckels dürfen Sie nicht vergessen, andernfalls könnte Motoröl herausdrücken.

Zahnriemenzustand prüfen

Die Nockenwelle wird von der Kurbelwelle über einen Zahnriemen angetrieben. Dieser besitzt eine Stahleinlage, die verhindert, daß sich der Riemen im Lauf der Zeit längt. Man kann mit einer Lebensdauer von rund 100 000 km für den Riemen rechnen, wenn er nicht durch äußere Einflüsse beschädigt wird. Aber selbst für den ziemlich unwahrscheinlichen Fall, daß der Zahnriemen reißt, ist konstruktiv vorgesorgt. Auch in seiner höchsten Stellung kann ein Kolben nicht gegen ein geöffnetes Ventil stoßen (Ausnahme: 1,1 Liter Formel E und Einspritzer). Dennoch ist eine regelmäßige Kontrolle des Zahnriemenzustands angebracht.
Um des Zahnriemens ansichtig zu werden, Keilriemenspannschraube der Lichtmaschine lösen und Keilriemen abnehmen (Seite 156). Zahnriemenabdeckung losschrauben. Das ist bei den 1,5-/1,6-Liter-Motoren eine größere Aktion, da zum Ausbau der unteren Zahnriemen-Verkleidung auch die Keilriemenschei-

ben von Kurbelwelle und Wasserpumpe abgenommen werden müssen. Die obere Abdeckung hält eine Innensechskant-Bundmutter, unten ist es eine Innensechskantschraube und eine Mutter SW 10.
Sie haben nun freien Blick auf den Zahnriemen. Er darf nicht rissig oder verölt sein. Auch müssen die Flanken der Verzahnung intakt sein und dürfen keine Abnutzungserscheinungen zeigen. Damit Sie den Riemen auf seiner ganzen Länge begutachten können, wird der Motor durchgedreht, indem der Wagen bei eingelegtem höchstem Gang geschoben wird. Keinesfalls darf der Motor an der zentralen Befestigungsschraube des Zahnriemenrads auf der Nockenwelle durchgedreht werden, der Riemen kann sonst überspringen. Bei einem Jetta mit Getriebeautomatik wird an der Halteschraube der Kurbelwellen-Keilriemenscheibe gedreht.
Falls der Zahnriemen Schäden zeigt, muß er unbedingt ersetzt werden!

Zahnriemenspannung kontrollieren

Für diese Arbeit, die zusammen mit der Zustandsprüfung des Zahnriemens ausgeführt werden soll, muß ebenfalls die Zahnriemenabdeckung abgenommen sein. Wenn Sie von vorn rechts in den Motorraum sehen, erkennen Sie beim 1100/1300 oben das Nockenwellenrad, links darunter die zum Spannen des Zahnriemens schwenkbare Wasserpumpe und unter ihr das Kurbelwellenrad mit der davorgeschraubten Keilriemenscheibe. Die 1,5-/1,6-Liter haben links unter dem Nockenwellenrad eine Spannrolle und rechts über dem Kurbelwellenrad mit der Keilriemenscheibe das Rad der Zwischenwelle.
Wenn die Riemenspannung stimmt, muß sich der kalte Zahnriemen in der Mitte zwischen Nockenwellen- und Kurbelwellenrad (1100/1300) bzw. zwischen Nokkenwellen- und Zwischenwellenrad (1,5-/1,6-Liter) nur mit dem Daumen und Zeigefinger gerade um 90° (= rechter Winkel) in sich verdrehen lassen. Zur Korrektur werden beim 1100/1300 die 3 Befestigungsschrauben SW 13 der Wasserpumpe gelockert. Die Pumpe besitzt an ihrem Außenrand bogenförmige Langlöcher, innerhalb derer sie gedreht werden kann. Drehen im Uhrzeigersinn lokkert den Zahnriemen, durch Drehung im Gegenuhrzeigersinn wird er gespannt (Drehmoment für die Befestigungsschrauben: 10 Nm). Am 1,5-/1,6-Liter hält man die große Sechskantschraube der Spannrolle mit einem Gabelschlüssel gegen, während mit einem Schraubenschlüssel SW 11 der Zahnriemen durch Drehen im Uhrzeigersinn gespannt und durch gegenläufige Drehrichtung entspannt wird.

Zahnriemen auswechseln

Wurde der Zahnriemen ersetzt oder der Zylinderkopf aus- und wieder eingebaut, so müssen die Steuerzeiten – das Öffnen und Schließen der Ventile bei der ent-

Zur Prüfung der Zahnriemenspannung am 1500/1600 Keilriemen demontieren und Zahnriemen-Schutzhaube abschrauben. Der Zahnriemen (8) ist richtig gespannt, wenn er sich in kaltem Zustand in der Mitte zwischen Nockenwellenrad (1) und Zwischenwellenrad (3) mit Daumen und Zeigefinger um 90° in sich verdrehen läßt. Zur Korrektur vordere Klemmschraube der Spannrolle (2) mit einem Ringschlüssel SW 11 lockern, die dahinter liegende große Sechskantschraube mit einem Gabelschlüssel nach rechts verdrehen, um den Zahnriemen stärker zu spannen. Zuletzt Klemmschraube wieder anziehen. Weiter bedeuten: 4 – Kurbelwellen-Keilriemenscheibe; 5 – Wasserpumpen-Keilriemenscheibe; 6 – Riemenscheibe der Lichtmaschine; 7 – Lichtmaschinen-Schwenklager.

Zur Einstellung der Steuerzeiten am 1500/1600 muß die Körnermarkierung (2) an der Rückseite des Nockenwellenrads (1) in Fahrtrichtung vorn mit der Dichtung (3) des Zylinderkopfdeckels (5) auf gleicher Höhe stehen. Die Kurbelwellen-Keilriemenscheibe (7) und die Zwischenwelle werden so gedreht, daß die Kerbe (6) auf der Keilriemenscheibe mit der Körnermarkierung (8) auf dem Zwischenwellenrad (9) fluchtet. In dieser Stellung muß der Zündverteilerfinger auf die Kerbe im Gehäuserand zeigen (Zündstellung Zylinder 1). Sie können sich die Montage übrigens erleichtern, wenn Sie vor dem Auflegen des Zahnriemens (4) die Keilriemenscheibe der Wasserpumpe abschrauben.

sprechenden Kolbenstellung – neu eingestellt werden. Bei dieser Arbeit ist äußerste Sorgfalt vonnöten, da bei falscher Einstellung die Ventilöffnungs- und -schließzeiten nicht stimmen und der Motor nicht mehr auf seine volle Leistung kommt.

Vor dem Abnehmen des Zahnriemens sollten Sie bereits den Kolben im Zylinder 1 auf OT stellen. Beim 1100/1300 muß die Kurbelwellen-Keilriemenscheibe so weit gedreht werden, daß ihre Kerbe rechts in Stellung »O« (siehe Seite 192) des Zündzeitpunkt-Markierungsblechs zu stehen kommt. Beim 1500/1600 muß im Schauloch der Getriebeglocke die Markierung auf der Schwungscheibe der Gußnase am Gehäuse gegenüber stehen (siehe Bild unten). Der Verteilerfinger muß gleichzeitig auf die Kerbe im Verteilergehäuserand zeigen (siehe Bild Seite 194). Keilriemen und Zahnriemenabdeckung abbauen, Zahnriemen entspannen, siehe vorangegangenen Abschnitt.

Beim Auflegen des Zahnriemens ist zu beachten, daß beim 1100/1300 das Nockenwellenrad so gedreht wird, daß die Körnermarkierung an seiner Vorderseite mit dem Markierungsblech unterhalb des Nockenwellenrads übereinstimmt.

Zur Einstellung am 1500/1600 (siehe Abbildungen oben) gilt noch folgende Ergänzung: Die Kurbelwellen-Keilriemenscheibe wird provisorisch mit einer Schraube befestigt, dann die Zahnriemenräder entsprechend drehen, Riemen auflegen und spannen. Nun wird der Motor zweimal durchgedreht und die Einstellung nochmals überprüft. Keilriemenscheibe wieder abnehmen, dann Zahnriemenschutz und die restlichen Teile montieren.

Bei herausgeschraubter Kunststoff-Abdeckung (mit Rohrzange vorsichtig losdrehen) wird beim 1500/1600 das Schauloch in der Kupplungsglocke frei. Der Kolben im ersten Zylinder steht in seinem höchsten Punkt – dem oberen Totpunkt (OT)), wenn in diesem Schauloch das eingegossene »O« auf der Schwungscheibe der Gußnase (1) in der Kupplungsglocke gegenübersteht. Die Kerbmarkierung (2) dient der Zündeinstellung, siehe Seite 192.

Störungsbeistand
Zylinderkopfdichtung

Eine durchgebrannte Zylinderkopfdichtung können Sie an folgenden Symptomen erkennen:

■ Bei geöffnetem Verschlußdeckel steigen bei laufendem Motor Luftblasen im Kühler oder Ausgleichsbehälter auf, oder eine größere Menge Kühlmittel sprudelt schon beim Öffnen heraus – aus der Einfüllöffnung riecht es nach Abgasen.

■ Eine weitere Möglichkeit: Der Flüssigkeitsstand sinkt und der warmgefahrene Motor zieht einen weißen Auspuffgasschleier hinter sich her. In diesen Fällen ist die Zylinderkopfdichtung zwischen Verbrennungsraum und den Kühlwasserkanälen durchgebrannt, Verbrennungsgase werden in die Kühlwasserkanäle gedrückt und bilden Blasen im Kühlsystem, oder aber die Kühlflüssigkeit dringt in den Verbrennungsraum ein, verdampft dort und entweicht als weiße Fahne zum Auspuff hinaus.

■ Ein sicheres Zeichen für eine schadhafte Zylinderkopfdichtung ist Öl im Kühlmittel und (oder) Wasser im Schmieröl. Zeigt sich am herausgezogenen Ölpeilstab nicht mehr der gewohnte Schmiersaft, sondern eine gräulich aussehende Emulsion oder ist das Öl von kleinen Wasserbläschen durchsetzt, darf unter keinen Umständen weitergefahren werden. Ein Lagerschaden wäre sonst unvermeidlich. Besteht keine Möglichkeit, den Jetta abzuschleppen, müssen vor der Weiterfahrt unbedingt Öl und Ölfilter gewechselt und Kühlwasser nachgefüllt werden. Die Fahrt sollte dann aber auf dem schnellsten Weg in die Werkstatt führen.

Wenn Sie am Außenrand der Zylinderkopfdichtung verdächtige Spuren entdekken, sollten Sie das Triebwerk mit Kaltreiniger abwaschen. Dann nach einer Probefahrt kontrollieren, ob die Flüssigkeit wirklich an der Zylinderkopfdichtung oder (im Reparaturfall billiger) am Ventildeckel, der Kurbelgehäuse-Entlüftung bzw. einem Kühlmittelschlauch austritt.

Zylinderkopf ausbauen
Vergasermotoren

Minuskabel der Batterie abklemmen, Kühlflüssigkeit ablassen und auffangen, Keilriemen abnehmen (siehe entsprechende Kapitel). Wasserschläuche am Zylinderkopf lösen. Hauptzündkabel am Verteiler (1100/1300) bzw. Zündkerzenstecker (1500/1600) abziehen. Gas- und Starterzug abklemmen, elektrische Anschlüsse und Benzinleitungen am Vergaser abziehen. Unterdruckschläuche abnehmen. Die Kabel und Unterdruckleitungen am Vergaser sollten Sie vor dem Abnehmen verwechslungssicher kennzeichnen. Auspuffrohr vom Auspuffkrümmer losschrauben. Zahnriemenschutz abbauen (siehe Seite 54), Zahnriemen entspannen und abnehmen. Zylinderkopfdeckel losschrauben. Wenn der Motor abgekühlt ist – ein warmer Zylinderkopf kann sich nach dem Abbau verziehen –, werden nun die Zylinderkopfschrauben entgegengesetzt der im Bild auf der nächsten Seite gezeigten Anzugsreihenfolge geöffnet. Es handelt sich dabei um Innenvielzahnschrauben SW 12. Der Zylinderkopf kann jetzt mit dem Ansaug- und Auspuffkrümmer sowie – beim 1100/1300 – dem Verteiler abgenommen werden. Löst er sich nicht gleich, helfen leichte Schläge mit dem Kunststoff(!)-Hammer. Die alte Kopfdichtung wird ebenfalls abgenommen.

Vor dem Wiedereinbau muß der Zylinderkopf, vornehmlich bei einer durch Übertemperatur defekt gewordenen Zylinderkopfdichtung, auf Verzug geprüft werden. Dazu wird ein langes Metallineal oder ein garantiert gerader Metallwinkel längs über die gereinigte Dichtfläche des Zylinderkopfes gelegt. Mit einer Fühlerlehre wird nun geprüft, ob der Durchhang an irgendeiner Stelle größer als 0,1 mm ist. In diesem Fall muß der Kopf plangeschliffen werden.

Im übrigen erfolgt der Zusammenbau sinngemäß umgekehrt wie der Ausbau. Zu beachten sind folgende Punkte: Beide Dichtflächen am Motor müssen vor Montage der neuen Kopfdichtung absolut sauber und frei von alten Dichtungsresten sein. Dabei nicht mit hartem Werkzeug auf der weichen Zylinderkopf-Dichtfläche herumkratzen. Riefen bilden den Grundstock für den nächsten Dichtungsschaden!

Die Dichtung kann eigentlich nicht verkehrt aufgesetzt werden. Überzeugen Sie sich trotzdem von der richtigen Lage. Die Gewinde an den Zylinderkopfschrauben und in den Schraubenlöchern im Zylinderblock müssen sauber und intakt sein, sonst stimmt das Drehmoment beim Anziehen der Schrauben nicht. In den Schraubenlöchern darf kein Öl oder Wasser stehen, der Block könnte sonst im Bereich der Gewindelöcher reißen.

Nachdem der Zylinderkopf aufgesetzt wurde, drehen Sie zuerst die Schrauben Nr. 8 und 10 (siehe Bild) ein zur Zentrierung des Kopfes – aber noch nicht festziehen! Übrige Schrauben eindrehen und in der gezeigten Reihenfolge zuerst mit einem Drehmomentschlüssel anziehen. 1. Stufe: **40 Nm**, 2. Stufe: **60 Nm**, 3. Stufe: **75 Nm**. Anschließend **mit einem starren Schlüssel** in derselben Reihenfolge die **Schrauben um eine Viertelumdrehung** (= 90°) **ohne abzusetzen weiterdrehen**.

Damit sind die Innenvielzahnschrauben endgültig angezogen. Sie dürfen keinesfalls nachgezogen werden!

Als nächstes Steuerzeiten einstellen, Zahnriemen auflegen und spannen, wie bereits beschrieben, Schläuche, Leitungen usw. montieren.

Zusätzliche Arbeiten beim Einspritzmotor

Das Abbauen des Einspritz-Zylinderkopfes läuft im Prinzip identisch wie bei den 1500/1600-Vergasermotoren ab. Deshalb sind hier nur die Schritte beschrieben, die speziell den Jetta mit Einspritzmotor betreffen. Die allgemein gültigen Schritte entnehmen Sie bitte der vorangegangenen Arbeitsbeschreibung.

Am Einspritzmotor bleiben alle Kraftstoffschläuche angeschlossen. Deshalb Einspritzdüsen mit Zange herausziehen, Schläuche angeschraubt lassen. Gleiches gilt für das Kaltstartventil: Nur Kabelstecker abziehen und Befestigungsschrauben herausdrehen! Luftschlauch zwischen Drosselklappenstutzen und Luftmengenmesser abbauen. Gaszug (er ist bei diesem Motor mit seinem Gewindestück am Zylinderkopfdeckel befestigt) abmontieren. Unterdruckschläuche am Drosselklappenstutzen kennzeichnen und abziehen. Kabelstecker am Thermozeitschalter abziehen (er sitzt auf dem Kühlwasser-Schlauchstutzen ganz vorn am Motor).

Ventile einschleifen

Haben Kompressionsdruckprüfung und Druckverlusttest ergeben, daß die Ventile nicht mehr genügend abdichten, kann man diesem Mangel zumeist relativ preiswert abhelfen. Wenn die kegelige Ventilsitzfläche nicht zu große Ver-

Damit der Zylinderkopf absolut plan und gleichmäßig aufliegt, müssen die zehn Zylinderkopfschrauben in der hier gezeigten Reihenfolge und mit den oben im Text angegebenen Drehmomenten angezogen werden.

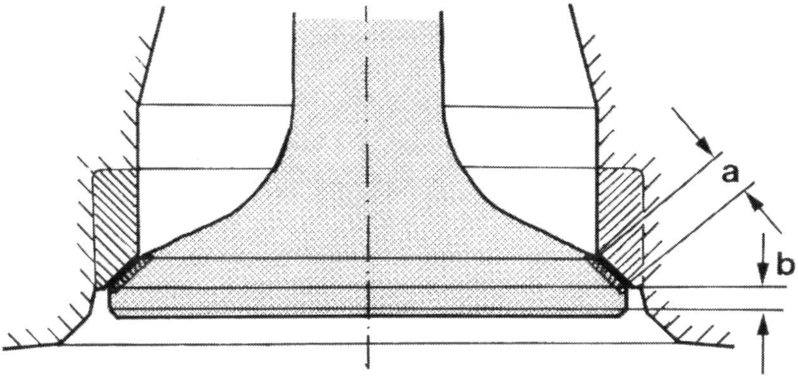

Wichtige Maße zum Einschleifen der Ventile: Die Randdicke »b« soll beim Einlaßventil nicht geringer als 0,5 mm sein. Beim Auslaßventil wird sie dagegen nicht gemessen. Die ringförmige Dichtfläche soll nach dem Einschleifen eine Breite »a« von etwa 2,0 mm beim Einlaßventil und von etwa 2,4 mm beim Auslaßventil haben.

schleiß- oder Verbrennungsspuren aufweist, kann man die Ventile einschleifen und so den verlorenen Kompressionsdruck wieder herbeizaubern.
Als erstes Zylinderkopf ausbauen (siehe Seite 57). Ventilfedern ausbauen, wie im Abschnitt »Ventilschaftabdichtungen auswechseln« unten auf dieser Seite beschrieben. Ventile aus dem Zylinderkopf herausziehen, reinigen und Verschleiß beurteilen: Weist der Ventilteller Risse, Einbrandstellen oder Schlagspuren auf? Ist die Randdicke (siehe Zeichnung oben) der Ventilteller noch ausreichend? Das zulässige Mindestmaß beträgt für die Einlaßventile aller Motoren **0,5 mm.** Bei den Auslaßventilen braucht die Randdicke nicht kontrolliert zu werden. Defekte Ventile ersetzen.
Der Ventilsitz im Zylinderkopf soll jetzt mit einem speziell geformten Fräser in der Werkstatt nachgearbeitet werden, doch genügt in den meisten Fällen – sofern er keinen größeren Schaden genommen hat – Nachschleifen allein vollkommen. Zum Einschleifen wird die Dichtfläche am Ventil mit Schleifpaste bestrichen und das Ventil wieder in den Zylinderkopf eingesetzt. Dabei darf keine Schleifpaste in die Ventilführung geraten! Einen »Ventilsauger« (aus dem Zubehörhandel) auf dem Ventilteller ansetzen und so lange hin und her drehen, bis sich die Dichtfläche durch helles Glänzen von den übrigen Flächen abhebt. Die geschliffene (also hell glänzende) Fläche soll beim Einlaßventil 2,0 mm und beim Auslaßventil 2,4 mm breit sein (siehe auch Zeichnung oben).
Das fertig eingeschliffene Ventil kann nach peinlich genauem Entfernen der Schleifpaste wieder in die Ventilführung eingeschoben werden. Der weitere Zusammenbau steht auf diesen Seiten beschrieben. Wichtig ist noch zu wissen, daß in jedem Fall neue Ventilschaftabdichtungen zu verwenden sind. Achten Sie auch darauf, daß der untere Ventilfederteller vor dem Aufsetzen der Schaftabdichtung eingelegt wird. Umgekehrt klappt die Sache nicht. Wer ganz sicher gehen will, kann die Dichtheit der Ventile prüfen, indem er bei umgedrehtem Zylinderkopf Benzin in die Brennräume gießt. Sind die Ventile dicht, läuft nichts aus.

Ventilschaftabdichtungen auswechseln

Vornehmlich im Schiebebetrieb des Motors und beim Gasgeben nach längeren Leerlaufzeiten kann bei älteren Motoren starker bläulich gefärbter Auspuffrauch auftreten. In nahezu allen Fällen rührt das von versprödeten Ventilschaftabdichtungen her. Das Motoröl kann ungehindert vom Zylinderkopf aus entlang der Ventilschäfte in den Brennraum gelangen. Dort wird es dann verbrannt und so entstehen die lästigen Rauchschwaden.
Diesem Defekt läßt sich mit verschiedenen Arbeitsmethoden beikommen: Die Werkstatt braucht zu dieser Reparatur den Zylinderkopf nicht auszubauen. Dort wird statt der Zündkerze ein Adapter für einen Preßluftschlauch angeschlossen. Die Ventile des betreffenden Zylinders werden durch die Preßluft gegen ihren Sitz gedrückt, so daß die Ventilfedern und die Schaftabdichtungen in aller Ruhe

Hier in unserem Fall wurde der Zylinderkopf (4) zum Wechsel der Ventilschaftabdichtungen (5) ausgebaut. An einem Ventil des 1500/1600-Motors wurde bereits der Tassenstößel (2) und die Ventilfeder abgenommen, um an die im Zylinderkopf sitzende Ventilführung heranzukommen. Nach dem Abziehen der alten Ventilschaftabdichtung kann nun die neue aufgesetzt werden. Die 13er-Sechskantnuß (1) paßt beispielsweise genau auf den Bund der Ventilschaftdichtung. Mit diesem Werkzeug kann sie also auch ohne den VW-Aufdrücker eingesetzt werden.

aus- und wieder eingebaut werden können. Diesen Preßluftadapter kann sich der Heimwerker natürlich auch selbst bauen (alte Zündkerze absägen, Rohrstück anschweißen und Preßluftschlauch darüberstecken). Allerdings muß dann ein ausreichend leistungsfähiger Kompressor zur Verfügung stehen. Hat man das alles nicht, und ist man entschlossen, die Arbeit selbst vorzunehmen, muß als erstes der Zylinderkopf abgebaut werden (wenn er nicht wegen einer anderen Arbeit ohnehin schon abgenommen ist). Wie das gemacht wird, steht auf Seite 57. Weiter geht es wie folgt:

1100/1300: Nockenwellen-Zahnriemenrad, Kraftstoffpumpe, Zündverteiler und Verteilerflansch abbauen. Schlepphebel ausbauen, dazu die Kugelschraube so weit hineindrehen, bis sich der Schlepphebel abnehmen läßt. Nockenwelle jetzt herausziehen.

1500/1600: Nockenwellen-Zahnriemenrad abschrauben und den kleinen Keil, der das Rad auf der Welle arretiert (Paßfeder) mit Reißnadel aus der Welle herausoperieren. Nockenwellen-Lagerdeckel durchnumerieren (zum späteren Wiedereinbau) und die Lagerdeckel 1, 3 und 5 ausbauen. Danach die Muttern an den Lagerdeckeln 2 und 4 abwechselnd über Kreuz lösen. Nockenwelle abnehmen. Tassenstößel für den Wiedereinbau kennzeichnen und herausziehen.

Alle Motoren: Jetzt müssen die Ventilfedern ausgebaut werden. Damit sich die Haltekeile der Ventile lösen, bekommen die oberen Ventilfederteller einen leichten Hammerschlag versetzt (Schraubenzieher dazwischenhalten). Packen Sie nun in den Brennraum, von dessen Ventilen die Federn abgenommen werden sollen, einen festen Lappen. Zylinderkopf mit der Brennraumseite auf eine saubere Holzunterlage legen. Durch den Lappen kann das Ventil nun nicht mehr ausweichen, während Sie oben drücken. Und das ist jetzt auch der nächste Arbeitsgang: Helfer herbeirufen und auf dem oberen Ventilfederteller zwei Schraubenzieher ansetzen und das Federpaket niederdrücken. Die Haltekeile lösen sich nun und müssen vom Helfer vollends herausgefischt werden. Die Ventilfedern können nun abgenommen werden, das Ventil bleibt in seiner Führung (vorausgesetzt, es soll nicht eingeschliffen werden). Ventilschaftabdichtung jetzt mit Kombizange oder kleinem Winkelschraubenzieher nach oben abhebeln. Da ist einige Geduld vonnöten – besonders beim 1500/1600-Motor, bei dem sich die ganze Arbeit etwas versteckt in den Tassenstößelführungen abspielt. Vorsicht, die Führungen dürfen nicht verkratzt werden!

Zum Einbau die Ventilschaftabdichtungen einölen. Montagehülse (die bekommen Sie auch von einem freundlichen Lageristen) über den Ventilschaft schieben. Diese Hülse verhindert, daß die neuen Abdichtringe an den scharfkantigen

Nuten des Ventilschafts Schaden nehmen. Schaftabdichtung nun aufsetzen und mit einem passenden Rohrstück (Steckschlüssel etc., siehe Bild links) auf die Ventilführung aufdrücken. Vorsicht, nicht am Dichtring drücken. Die V.A.G.-Werkstatt verwendet hierzu den Aufdrücker 10–204.
Ventilfedern wieder aufsetzen, der Helfer muß jetzt die Keile in die Nuten am Ventil dirigieren. Nockenwelle wieder einsetzen. Beim 1500/1600-Motor die wieder in der richtigen Reihenfolge aufgesetzten Lagerdeckel mit 20 Nm anziehen. Dabei erst die Lagerdeckel 1, 3 und 5 einbauen und abwechselnd über Kreuz anziehen. Erst dann 2 und 4 einbauen. An allen Motoren das Nockenwellenrad (Paßfeder nicht vergessen) mit 80 Nm anziehen. Unbedingt Ventilspiel einstellen bzw. kontrollieren.

Die Auspuffanlage

Obwohl die Auspuffrohre und Schalldämpfer zum Motor gehören, erreichen sie praktisch nie dessen Lebensdauer. Von außen nagen Spritzwasser und Streusalz am Blech, während Kondenswasser, das bei Kurzstreckenbetrieb entsteht, die innere Korrosion fördert. Steinschlag und Aufsetzer im Gelände sowie starke Motorschwingungen (etwa durch eine schadhafte Motorlagerung) wirken ebenso lebensverkürzend.

Aufhängung und Zustand der Auspuffanlage kontrollieren

Wartungspunkt Nr. 12

Nur das vom Auspuffkrümmer am Motor kommende vordere Auspuffrohr ist über Stützen an Motor und Getriebe festgeschraubt. Ansonsten ist die Auspuffanlage jedoch nirgends mehr starr mit Teilen des Fahrzeugs verbunden, sie hängt vielmehr in schwingungsdämpfenden Gummischlaufen. Diese müssen auf Brüchigkeit, Einrisse oder sonstige Beschädigungen überprüft und gegebenenfalls ersetzt werden. Statt der Gummischlaufen ein Stück Draht zu verwenden, taugt nur für einen Notbehelf unterwegs. Draht ist zu starr und überträgt deshalb Auspuffschwingungen auf die Karosserie; außerdem bricht er bald ab.
Ob die Auspuffanlage dicht ist, läßt sich leicht prüfen: Mit einem Lappen bei laufendem Motor das Auspuffrohr zuhalten – der Motor muß nach kurzer Zeit stehenbleiben. Läuft er jedoch weiter, läßt sich die undichte Stelle an zischenden Geräuschen meist leicht ermitteln. Einen durchgerosteten Auspuff hört man am »sportlichen« Klang (der Schall wird nur noch teilweise gedämpft) und an deutlichem Knallen, wenn der Fuß vom Gaspedal genommen wird. Dabei kommt Luft zu nicht vollständig verbrannten Abgasen, so daß sich diese im Topf nochmals entzünden.

Auspuffanlage erneuern

Eine durchgerostete Auspuffanlage zu flicken ist Augenwischerei. Gleich welche Reparaturmethode Sie auch anwenden, ob Sie schweißen, Auspuffkitt oder -band verwenden, schon nach kurzer Zeit werden Sie ein weiteres Loch neben der Reparaturstelle entdecken. Auch der TÜV kennt dieses Problem, und so dürfen Sie beim Prüfer angesichts solcher Flickschusterei keinesfalls mit zustimmender Begeisterung rechnen. Zu empfehlen ist Auspuffkitt oder -band (z.B. von Holt) eingentlich nur in Notfällen; wenn zum Beispiel auf der Heimreise vom Urlaub keine Zeit mehr bleibt, die Reparatur durchführen zu lassen. Gespart hat man allerdings auf keinen Fall, denn der Aupuff muß ja trotz Kittreparatur gewechselt werden.
Während das Zweikanalrohr (»Hosenrohr«) nach dem Auspuffkrümmer kaum durchrostet, muß man beim auf das Wellrohr (alle 1100 und 1300; 1500 nur bis 7/80) folgende Auspuffrohr bzw. dem Vorschalldämpfer und vor allem beim Hauptschalldämpfer mit gelegentlichem Ersatz rechnen. Im reinen Kurzstrekkenbetrieb kann das schon nach 1½ Jahren sein, bei einem Langstreckenfahrzeug hält der Auspuff bis zu 3 Jahren und mehr. Beim Ersatzteilkauf müssen Sie

Die Auspuffanlagen der Jetta-Modelle: Oben die des 1100er-Motors mit Wellrohr (1), Auspuffrohr (2) und Hauptschalldämpfer (3). Beim 1300er besteht sie aus Wellrohr (1), Vorschalldämpfer (4) und Hauptschalldämpfer (3). Der 1500 bis 7/80 besitzt ein Wellrohr (1), Auspuffrohr (1; ähnlich 1100) und den Hauptschalldämpfer (3). Seit 8/80 entfielen Well- und Auspuffrohr, jetzt besteht das erste Stück nur aus dem Vorschalldämpfer (4; mit Rohr).
Der 1600er – Vergaser- und Einspritzmotor – hat eine eigene Auspuffanlage (ganz unten), die nur aus Vorschalldämpfer (4) und Hauptschalldämpfer (5) besteht.
Neben der jeweiligen Auspuffanlage sehen Sie die entsprechenden Halteschlaufen, die nicht verwechselt werden dürfen.

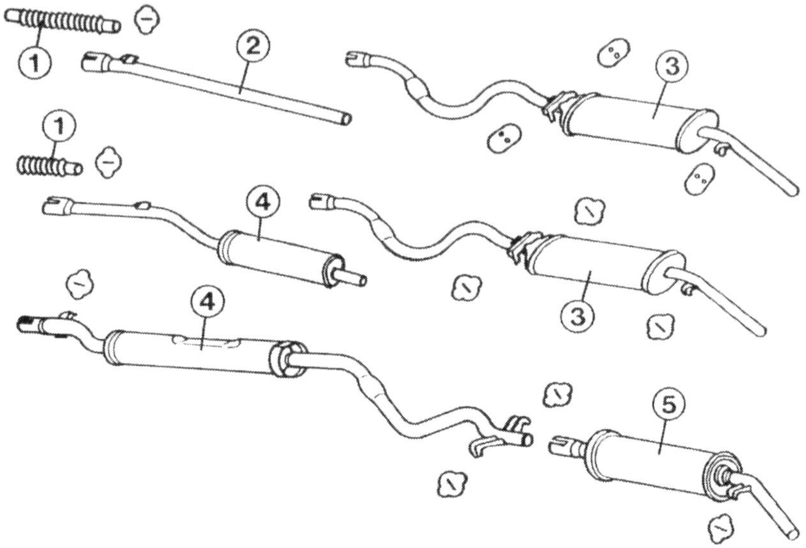

unbedingt das genaue Baudatum, die Fahrgestellnummer und die Motorversion Ihres Wagens angeben, um wirklich die richtigen Teile zu erhalten.
Die Auspuffanlage des Jetta läßt sich relativ oft trennen, was Kostenaufwand bei der Reparatur spart. Das Zweikanalrohr ist am Auspuffkrümmer des Motors festgeschraubt. Zum Schutz der Lenk- und Antriebswellenmanschetten trägt das Hosenrohr bei den 1,5-/1,6-Litern zwei Hitze-Abschirmbleche. Verschraubt ist das Zweikanalrohr mit den Stützwinkeln zu Motor und Getriebe sowie an seinem Ende, wo es bei allen 1100 und 1300 sowie den 1500ern bis 7/80 an das Wellrohr angeflanscht ist. Dieses Wellrohr ist ein kurzes Leitungsstück, das zur besseren Flexibilität Aufwerfungen an seinem Umfang trägt. An seiner Vorderseite ist es an das Zweikanalrohr angeflanscht, an seiner Rückseite ist es in den Rohrstumpf des Auspuffrohrs bzw. Vorschalldämpfers eingesteckt und mit einer Schelle gesichert. Vorschalldämpfer und ein längeres gerades Rohrstück bilden eine Einheit; trotz der Schelle nach dem Schalldämpfertopf sind diese beiden Teile nicht trennbar. An das gerade Rohrstück schließt sich ein mehrfach gebogenes Rohr an, das mit dem Hauptschalldämpfer fest verbunden ist.
Werden Teile der Auspuffanlage oder wird der ganze Auspuff ersetzt, so gilt folgende Regel: Erst Einzelteile provisorisch zusammenstecken und in die Halteschlaufen einhängen. Damit Sie auch die richtigen Halteringe montieren: Bei allen Modellen sind es am vorderen Auspuffrohr bzw. Vorschalldämpfer 1 Schlaufe sowie bei den 1500/1600 am Hauptschalldämpfer 3 Halteringe mit Schlitz (Ersatzteil-Nr. 823253147 A) und am 1100/1300 am Hauptschalldämpfer 3 Ringe mit jeweils 2 Löchern (Ersatzteil-Nr. 803253147). Dann anschließend erst die Schrauben anziehen. Anders eingebaute Anlagen haben innere Spannungen und rächen sich durch Risse oder Brummgeräusche.

Fingerzeige: *Steckverbindungen von Rohren, wie sie die Auspuffanlage am Ende des Wellrohrs und des vorderen Auspuff- bzw. Vorschalldämpferrohrs besitzt, lassen sich am besten durch Erhitzen mit Schweißbrenner oder Lötlampe trennen. »Kalt« geht die Sache schwieriger. Unter Zuhilfenahme von Rostlösemittel (Seite 20) müssen Sie versuchen, die Rohre durch kräftige Drehbewegungen zu trennen. Der Wagen muß dazu absolut rüttelsicher aufgebockt sein.*
Wenn beim Demontieren des alten Auspuffs eine Schraube abreißt, ist das kein Beinbruch. Zum Einbau der neuen Anlage werden grundsätzlich neue Schrau-

ben verwendet. Die Verschraubungen an der Auspuffanlage lassen sich beim nächsten Mal besser lösen, wenn Sie die Gewinde vor dem Einbau mit der auf Seite 21 beschriebenen Spezialpaste bestreichen.

Die Auspuffgase

Bei der Verbrennung von Benzin, das im wesentlichen aus den Elementen Kohlenstoff und Wasserstoff besteht, verbindet sich der Kohlenstoff mit dem Luftsauerstoff zu Kohlendioxid und der Wasserstoff vereinigt sich mit Sauerstoff zu Wasser. Aus einem Liter Benzin entstehen rund 0,9 Liter Wasser, das Sie aber gewöhnlich nicht sehen, da es durch die Verbrennungswärme unsichtbardampfförmig dem Auspuff entweicht. Nur in der kalten Jahreszeit und vor allem gleich nach dem Kaltstart sehen Sie weiße Auspuffwölkchen vom kondensierenden Wasser. Das ist normal und unbedenklich. Bei warmgefahrenem Motor und normalen Außentemperaturen kann eine weiße Auspuffahne aber auf die durchgebrannte Zylinderkopfdichtung hinweisen.
Im übrigen kann man aus der Farbe der Auspuffgase auf den Zustand des Motors schließen.

■ Schwärzliche Gase bedeuten, daß die Verbrennung wegen Luftmangel oder Kraftstoffüberschuß unvollständig ist.

■ Bläuliche Gase lassen erkennen, daß Öl durch verschlissene Ventilführungen oder -schaftabdichtungen (ein häufiger Mangel bei älteren Jetta-Motoren) oder undichte Kolben bzw. Kolbenringe in die Verbrennungsräume gerät und dort mit verbrannt wird. Oder der Motor wurde mit Öl überfüllt, das über die Kurbelgehäuse-Entlüftung und das Luftfilter in den Vergaser und damit in die Brennräume gelangt.

■ Unsichtbar bleibt das bei der Verbrennung entstehende Kohlendioxid und das gefährliche, weil giftige Kohlenmonoxid. Deshalb nie in der geschlossenen Garage den Motor laufen lassen!

Bei Kurzstreckenverkehr wird der Auspuff innen schwarz gefärbt sein. Der Motor kommt – was sich freilich nicht vermeiden läßt – nur langsam auf die volle Betriebstemperatur, und durch viel Leerlauf liegt Kraftstoffüberschuß vor. Nach Überlandfahrten soll das Auspuffrohr innen hellgrau bis hellbraun gefärbt sein.

Motorschaden

Überholung oder Austausch?

Quittiert der Motor des Jetta eines Tages seinen Dienst, so haben Sie zwei Möglichkeiten, dem Wagen wieder Selbstbewegung zu verleihen: Austausch des kompletten Motors oder von Motorteilen oder aber die Überholung des Motors bzw. einzelner Teile. Welche Version in Ihrem Fall die sinnvollste ist, hängt vom Ausmaß des Schadens, der bisherigen Kilometerleistung und nicht zuletzt davon ab, wie lange Sie Ihren Wagen noch behalten wollen.
Hier die Austauschmöglichkeiten:

■ Austausch-Zylinderkopf mit komplett eingebauten Ventilen und mit Nockenwelle.

■ Teilmotor. Das ist nur der Motorblock mit Kolben, Kurbeltrieb und Ölwanne, jedoch ohne Zylinderkopf und ohne alle Nebenaggregate.

■ Austauschmotor. Das ist ein kompletter Motor bestehend aus Kopf, Zylinderblock, Kurbeltrieb und allen Nebenaggregaten (also auch Vergaser). Nur die Lichtmaschine muß vom alten Motor übernommen werden.

Bei kleineren Schäden oder geringer Laufleistung kann jedoch eine Überholung des Motors preisgünstiger sein, etwa dann, wenn nur die Ventile eingeschliffen oder Ventilführungen oder -sitzringe ersetzt werden müssen. Beachten Sie aber, daß ein neuer oder überholter Zylinderkopf durch die nun wieder höhere Kompression die Motorlager stärker belastet. Bei Motoren mit hoher Laufleistung folgt auf die Zylinderkopfreparatur oft ein Lagerschaden. Spezielle Kolbenringe

(»Goetze-Paßformringe«) werden eingebaut, wenn die Kompression aufgrund unrunder Zylinder nachgelassen hat (oft müssen aber in diesem Fall die Zylinderlaufbahnen geschliffen werden). Auch die Kurbelwelle können Sie neu lagern lassen.
Solche Reparaturen führen neben den V.A.G.-Werkstätten auch spezielle Motoreninstandsetzungsbetriebe durch. Es lohnt sich also, vor der Reparatur mehrere Kostenvoranschläge einzuholen und die Preise zu vergleichen. Bei einer Instandsetzung des alten Motors müssen Sie allerdings einige Tage auf Ihren Wagen verzichten können.

Den Motor selbst wechseln?

Statt eines Teilmotors oder eines überholten Triebwerks können Sie sich auch einen vielleicht günstig erworbenen Gebrauchtmotor aus einem Unfallfahrzeug einbauen. Allerdings müssen Sie sich darüber im klaren sein, daß dabei erhebliches Geschick und Fachwissen vonnöten ist. Die Mithilfe eines geübten Mechanikers ist also keinesfalls ein Fehler. Außerdem müssen Sie sich einen Flaschenzug besorgen und sich überlegen, wo er in ausreichender Höhe stabil eingehängt werden kann. Von Hand kann der Motor, der zusammen mit dem Getriebe herausgehoben werden muß, auch nicht von mehreren Männern aus dem Motorraum gehievt werden.

Aus- und Einbau Vergasermotoren

Die Motorhaube sollten Sie sicherheitshalber abnehmen, damit sie nicht beschädigt wird. Die einzelnen Schritte in Kurzform für Fahrzeuge mit Schaltgetriebe:
Massekabel an der Batterie abnehmen. Kühlmittel ablassen und auffangen. Kühler samt Elektroventilator ausbauen. Folgende elektrische Leitungen abklemmen: Beim 1100/1300 Klemme 1 und 4 am Verteiler, außerdem Verteilerdeckel und -finger abnehmen – bei den übrigen Motoren Klemme 1 und 4 an der Zündspule – Kabel zum Temperaturfühler und Öldruckschalter, Abschaltventil, Startautomatik, OT-Geber und Rückfahrlichtschalter. Mehrfachstecker an der Lichtmaschine abziehen, elektrische Leitungen am Anlasser abklemmen. Unterdruckschlauch zum Bremskraftverstärker abnehmen. Kraftstoffleitungen lösen, Gas- und Starterzug abnehmen. Unterdruckschläuche zum Vergaser erst kennzeichnen und dann abnehmen. Kühlmittelschläuche abziehen. Kupplungszug lösen und aushängen. Tachowelle am Getriebe abnehmen, Öffnung mit einer Gummikappe o. ä. verschließen. Gelenkwellen am Getriebe losschrauben und mit Draht an der Karosserie aufhängen, damit sie nicht zu stark geknickt werden. Auspuffstütze am Getriebe abschrauben. Zweikanalrohr vom Auspuffkrümmer abschrauben. Masseband zwischen Motor und Getriebe abnehmen.
Die weitere Arbeitsfolge ist bei beiden Motorenbauarten etwas unterschiedlich. 1100/1300: Hintere Getriebeaufhängung an der Karosserie und am Gummi-Metall-Lager abschrauben. Halteschraube an der Schaltstange losdrehen und Winkelfinger abnehmen. 1500/1600: Senkrecht stehenden Umlenkhebel der Schaltbetätigung ausbauen, kurze Schaltstange am Getriebe (sie liegt zum Lenkgetriebe hin) aushängen. Lichtmaschinenstütze am Motorblock losschrauben.
Weiter geht es einheitlich: 2 Ketten oder ausreichend starke Seile durch die Ösen rechts und links am Motor ziehen und in einen Flaschenzug einhängen. Motor/Getriebe-Einheit mit diesem leicht anheben. Drehmomentstütze vorn komplett, linken Getriebeträger und den Motorträger rechts an der Karosserie abschrauben. Unter leichtem Drehen kann das Aggregat nun vorsichtig herausgehoben werden. Beim Hochhieven darauf achten, daß der Motor/Getriebe-Block nirgends gegen die Karosserie schlägt.

Der 1,1-/1,3-Liter-Motor läßt sich ohne Schwierigkeiten vom Getriebe abnehmen. Beim 1500/1600 wird das Getriebe so gedreht, bis genügend Platz zwischen Motorschwungscheibe und Gelenkwellenflansch am Getriebe vorhanden ist, daß die Sechskantschraube zwischen Motor und Getriebe heraus- bzw. hineingedreht werden kann.
Beim Einbau in sinngemäß umgekehrter Reihenfolge gilt es verschiedene Punkte zu beachten. 1100/1300: Beim Absenken des Antriebsaggregats auf genügend Raum an den Gelenkwellen achten. Motor- und Getriebeträger nur ansetzen, Schrauben leicht anziehen. 1500/1600: Motor/Getriebe-Block absenken. Linken Getriebeträger erst am Getriebe festschrauben, den Motor- und Getriebeträger an der Karosserie leicht anschrauben, das ganze Aggregat ausrichten und erst dann die Schrauben festziehen. Alle Motoren: Hinteres Getriebelager ausrichten, Triebwerksblock im Aufnahmebock vorn links in Fahrtrichtung auf Mittellage ausrichten, die Drehmomentstütze muß ebenfalls exakt in der Mitte sitzen. Auspuffanlage ausrichten, so daß die Halteschlaufen gleichmäßig belastet sind.
Anzugsdrehmomente: Motor und Getriebe 55 Nm, Gelenkwellen an Flansch 45 Nm, Befestigungsschrauben an der Karosserie 40 Nm, Drehmomentstütze an Getriebe 55 Nm.

Zusätzliche Arbeiten beim Einspritzmotor

Sinngemäß funktioniert der Motorausbau beim Jetta Li bzw. GLi gleich wie bei den 1500-/1600-Vergasermotoren. Was an zusätzlichen Arbeiten zu verrichten ist, finden Sie hier beschrieben. Spezielle Vergasermotor-Arbeitsschritte entfallen hier natürlich:
Kraftstoffschläuche nicht abklemmen! Ölkühler von der Karosserie abschrauben, jedoch Schlauchverbindungen nicht trennen. Der Ölkühler bleibt angeschlossen und wird auf dem Motor abgelegt. Luftschlauch zwischen Drosselklappenstutzen und Luftmengenmesser ausbauen. Gaszug (er ist am Zylinderkopfdeckel mit dem Gewindestück befestigt) abnehmen. Unterdruckschläuche am Drosselklappenstutzen erst kennzeichnen und dann abziehen. Kabelstecker am Kaltstartventil (sitzt in Fahrtrichtung ganz rechts am Ansaugkrümmer) und am Thermozeitschalter (der sitzt auf dem Kühlwasser-Schlauchstutzen ganz vorn am Motor) abziehen. Folgende Teile werden komplett vom Motor abgebaut; die Kraftstoffschläuche bleiben jedoch am jeweiligen Teil angeschlossen: Kaltstartventil, Warmlaufgeber (sitzt vorn am Motor, hinter der Lichtmaschine) und alle Einspritzventile (mit der Zange aus der Gummitülle herausziehen). Gemischregler ausbauen und im Motorraum ablegen; auch hier die Kraftstoffschläuche nicht abziehen. Zum Ausbau den Luft-Ansaugschlauch vorn unten und die Leitung zur Kurbelgehäuse-Entlüftung abbauen, eine Spannklammer an der Rückseite (zum Bremskraftverstärker hin) unten öffnen und die Luftfilter-Gemischregler-Einheit aus den Haltenasen am Batteriestandblech ziehen, Ölkühler zum Herausheben des Motors an einem Motorteil gut festbinden. Der Einbau erfolgt wieder sinngemäß umgekehrt. Achten Sie beim Einsetzen der Einspritzdüsen auf die Hinweise im Bildtext auf Seite 110.

Fingerzeig: *In zurückliegenden Jahren wurden die technischen Maßeinheiten vereinheitlicht. Sie finden in diesem Handbuch die neuen Angaben neben den bisherigen Maßeinheiten. Falls Sie eine frühere Angabe in die neue Maßeinheit umrechnen wollen: 1 PS = 0,736 kW; 1 kp bzw. kg = 9,81 N (hier wird meist auf 10 aufgerundet); 1 atü = 1 bar Überdruck; 1 atu = 1 bar Unterdruck.*

Stilles Wasser

Im Automotor geht es, man weiß oder ahnt es, heiß her: Bei der Verbrennung im Zylinder werden bei Vollast etwa 2500° C hinter der Flammenfront erreicht, die, im Bereich der Zündkerze beginnend, den Brennraum mit hoher Geschwindigkeit durchläuft. Die Einlaßventile müssen dabei Temperaturen bis 400°, die Auslaßventile bis 800° C klaglos ertragen. Wenn das verbrannte Gas den Motor verläßt, hat es noch eine Temperatur zwischen 800 und 1000° C. Am Auspuffende, hinten am Wagen, sind es immer noch 150 bis 300° C.
Aufgabe der Kühlung ist es deshalb, die vom Motor produzierte Wärme möglichst schnell an die Umwelt abzugeben. Würde das nicht geschehen, würde der Motor schon nach kurzer Betriebszeit überhitzen; der Schmierfilm des Motoröls würde reißen, die Kolben würden sich übermäßig ausdehnen und in den Zylindern klemmen, der Zylinderkopf würde sich unter dem entstehenden Hitzestau verziehen, undicht werden und Hitzerisse bekommen.

So wird gekühlt

Um diese unliebsamen Folgen zu vermeiden, wird durch den Motor des Jetta ständig die Menge von 4,5 Litern Kühlmittel gepumpt.
Dieses Durchpumpen besorgt die Wasserpumpe. Angetrieben beim 1100/1300 vom Zahnriemen und bei den 1,5-/1,6-Liter-Motoren vom Keilriemen beschleunigt sie den Wasserstrom durch ein kleines Schaufelrad an ihrer Rückseite. Das Kühlmittel fließt aber nicht nur kreuz und quer durch den Motor, sondern auch – was außerordentlich wichtig ist – durch den Kühler, wo es vom vorbeistreichenden Fahrtwind bzw. vom Ventilator-Luftstrom abgekühlt wird.
Zuviel Kühlung ist jedoch auch schädlich. Der Motor würde zu lange brauchen, um auf Betriebstemperatur zu kommen, und in der kalten Jahreszeit würde er wohl überhaupt nicht richtig warm werden. Deshalb regelt der Thermostat den Kühlwasserstrom und sorgt dafür, daß der Motor schnell auf Temperatur kommt, aber unter Last nicht überhitzt (die nähere Beschreibung finden Sie auf Seite 70).

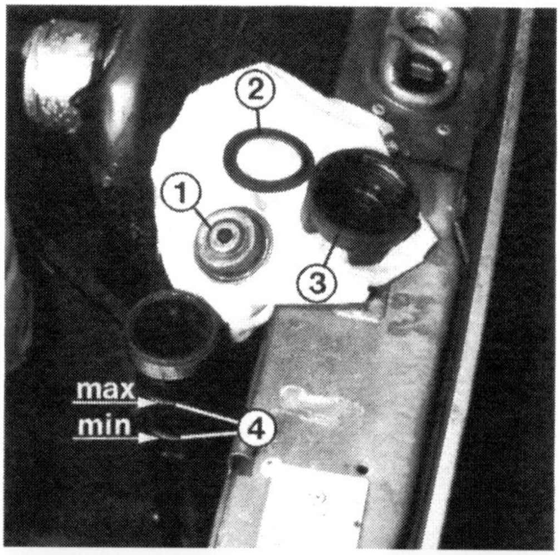

Der Kühler soll bei kaltem Motor so weit mit Kühlmittel gefüllt sein, daß der Flüssigkeitsstand zwischen den Markierungen »min« und »max« (4) sichtbar ist.
Dem hier zerlegten Kühlsystem-Verschlußdeckel (3) kommt im Überdruck-Kühlsystem besondere Bedeutung zu. In der normalerweise im Deckel sitzenden Blechdose (1) sind die im Text auf Seite 70 angesprochenen Ventile untergebracht, die für das richtige Druckniveau im Kühlsystem sorgen. Damit kein Druck unnötigerweise entweichen kann, ist die runde Gummidichtung (2) in den Deckel eingesetzt. Achten Sie darauf, daß sie nicht rissig oder beschädigt ist.

Beim 1500/1600 fließt das heiße Kühlmittel auch durch den Ansaugkrümmer. Er wird beheizt, damit das vom Vergaser kommende Kraftstoff/Luft-Gemisch nicht an den Wänden der Ansaugrohre kondensieren kann. Der Leerlauf wird so gleichmäßiger und die Abgaswerte sind günstiger. Nicht zuletzt wird die Startautomatik des Vergasers der 1,5- und 1,6-Liter-Motoren über die Kühlwassertemperatur geregelt. Im Heizungskühler sorgt das aufgeheizte Kühlmittel für eine angenehme Temperatur im Innenraum des Wagens. Überdies hat der »Kühlwassermantel« des Motors eine lärmisolierende Wirkung, weshalb wassergekühlte Motoren meist wesentlich leiser sind als die heute fast schon ausgestorbenen luftgekühlten Motoren.

Überdruck-Kühlsystem

Das Kühlsystem des Jetta faßt rund **4,5 Liter** Flüssigkeit. Das ist nur ein kleines Eimerchen Wasser, das unablässig von der Kühlwasserpumpe durch den Motor geschaufelt wird und dabei die Hitze wegschafft. Diese Menge würde bei einer scharfen Autobahnfahrt oder einem Paßaufstieg im Hochgebirge nicht ausreichen, wäre das ganze System nicht unter Druck gesetzt. Im Kühlsystem herrscht bei Betriebstemperatur ein Überdruck von **1,2–1,35 bar**, was die Siedetemperatur von Wasser von 100° C auf etwa 123° C erhöht. So kann die für den Motor betriebsgünstige Kühlmitteltemperatur von etwa 110° C ohne »Kochgefahr« eingehalten werden, und das unter Druck gesetzte Wasser nimmt auch mehr Wärme auf. Verantwortlich für ein gutes »Arbeitsklima« des Motors sind der Verschlußdeckel auf dem Kühler bzw. Ausgleichsbehälter, der den Druck reguliert, und der Thermostat, der nach dem Kaltstart die Kühlflüssigkeit nicht gleich durch den Kühler strömen läßt, sondern erst mit steigender Temperatur.

Stand der Kühlflüssigkeit und Frostschutz prüfen

Wartungspunkt Nr. 1

Den Stand des Kühlmittels (siehe die beiden Bilder unten) sollten Sie nach Möglichkeit nur bei kaltem Motor kontrollieren. Dann ist das Kühlsystem praktisch drucklos. Der Überdruck baut sich erst mit Erwärmung der Kühlflüssigkeit auf. Je heißer sie ist, um so vorsichtiger muß man beim Öffnen des Deckels sein. Erst das vom Überdruck befreite Wasser beginnt zu kochen und kann entsprechend wild aus der Einfüllöffnung heraussprudeln.

Fingerzeig: *Falls Sie unterwegs erhebliche Wassermengen aus dem Kühlsystem verloren haben, soll bei heißer Maschine kein kaltes Wasser nachgegossen werden. Sonst könnte sich der Zylinderkopf verziehen oder gar Spannungsrisse bekommen. Kleinere Wassermengen dürfen aber auch bei warmem Motor nachgegossen werden, denn dann vermischt sich das kalte mit dem warmen Wasser bereits im Kühler ohne die Gefahr eines »Kälteschocks«.*

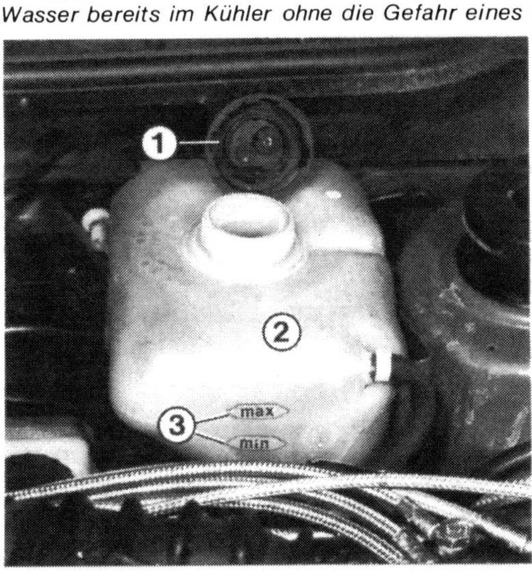

Der Ausgleichsbehälter (2) im Einspritz-Jetta soll bei kaltem Motor so weit mit Kühlmittel gefüllt sein, daß der Flüssigkeitsstand zwischen den Markierungen »min« und »max« (3) sichtbar ist. Der Verschlußdeckel (1) braucht zur Kontrolle gar nicht abgenommen zu werden, Sie können sich also die Finger auch bei heißer Kühlflüssigkeit nicht verbrühen. Der Ausgleichsbehälter ist durch zwei Schläuche mit dem Motorblock und dem Kühler verbunden.

Der Frostschutz

Im Kühlsystem sorgt nicht allein klares Wasser für die notwendige Abkühlung des Motors, sondern eine Mischung von Frost- und Korrosionsschutz sowie Wasser. Man spricht daher auch besser von Kühlflüssigkeit oder Kühlmittel. Das Mischungsverhältnis beträgt 2:3 – **1,8 Liter Frost- und Korrosionsschutz, 2,7 Liter Wasser**.

Damit reicht die Frostfestigkeit bis etwa –25°C, also für mitteleuropäische Verhältnisse, vorausgesetzt, man hat den Frostschutz nicht im Lauf des Jahres durch nachgefülltes Wasser verdünnt. Vor Beginn der ersten Frostnächte sollte daher die Konzentration des Gefrierschutzes überprüft werden.

Als Frostschutz dient gewöhnlich Äthylenglykol, eine Flüssigkeit auf Alkoholbasis, die nicht verdampft oder verdunstet. Genauso wichtig wie der Frostschutz im Kühlmittel ist auch der Korrosionsschutz, der verhindert, daß sich im Kühlsystem Kesselstein, Rost und andere Korrosionsprodukte bilden, die als schlechte Wärmeleiter die Kühlung vermindern – der Motor könnte überhitzt werden. Das werksseitig eingefüllte Kühlmittel mit Korrosionsschutz soll deshalb auch nicht im Frühjahr abgelassen und durch klares Wasser ersetzt werden. Zwar verschlechtert der Frostschutz die Wärmeabführung, aber andererseits erhöht er den Siedepunkt um etwa 5°C.

Jeder Metzger lobt seine Wurst, deshalb empfiehlt die V.A.G. das eigene Frostschutzmittel »G 10«. Wir sind in diesem Punkt nicht so markengläubig und würden jedes Gefrierschutzmittel nehmen, das auch eine Korrosionsschutz-Beimischung enthält. Andere Frostschutzfabrikate – meist in 1- oder 1,5-Liter-Dosen oder (billiger) an der Tankstelle aus dem Faß – ergeben meist eine ähnliche Kältebeständigkeit wie das »G 10«. Lesen Sie aber sicherheitshalber vorher noch die Mischtabelle durch. Die Produkte verschiedener Hersteller lassen sich übrigens gefahrlos untereinander mischen.

Kühlsystem auf Dichtheit prüfen

Wartungspunkt Nr. 32

Falls Sie bei jeder Kontrolle einen gesunkenen Kühlmittelstand feststellen, genügt Nachfüllen allein nicht. Auf der Suche nach der Ursache erwarten nicht nur die dicken Kühlerschläuche einen prüfenden Blick, sondern auch die dünneren zur Heizanlage und zur Startautomatik (beim 1500/1600). Achten Sie darauf, daß die Schlauchenden nicht zu knapp auf den Stutzen sitzen und die Spannschrauben der Schlauchbinder richtig festgezogen sind. Mit der Zeit können die Wasserschläuche hart und spröde werden. Gewöhnlich platzen sie dann, wenn im Kühlsystem der volle Betriebsdruck erreicht wird.

Durch leichtes Kneten sollte man zwischendurch kontrollieren, ob die Kühlerschläuche noch nicht verhärtet sind. Der eigenhändige Austausch bereitet keine Probleme (dabei Kühlflüssigkeit auffangen, damit sie wiederverwendet werden

Zum Nachprüfen der Kühlmittel-Frostfestigkeit braucht man einen Hebe-Messer, mit dem das spezifische Gewicht der Flüssigkeit gemessen wird. Den hat eigentlich jede Tankstelle und natürlich auch die Werkstatt. Man saugt etwas Flüssigkeit aus dem Kühler ab. Die Spindel taucht je nach dem spezifischen Gewicht der Kühlflüssigkeit mehr oder minder tief ein bzw. bei dem hier gezeigten »Glysantester« pendeln sich zwei Zeiger ein, und man kann an einer Skala die Frostfestigkeit direkt ablesen.

kann), wenn man sich Originalschläuche besorgt, die auch die richtige Bogenform aufweisen. Zur Druckprüfung des Kühlsystems benutzt die Werkstatt ein spezielles Gerät mit einer Handluftpumpe und einen Druckmesser, das auf die Kühler- bzw. Ausgleichsbehälteröffnung gesetzt wird. Nun pumpt man einen Überdruck von 1 bar auf: Fällt der Skalenzeiger nicht innerhalb von 1 bis 2 Minuten, ist das Kühlsystem dicht.
Das Äthylenglykol im Frostschutz ist enorm kriechfähig. Das kann zur Folge haben, daß nach der Neubefüllung mit Gefrierschutzmittel undichte Stellen zutage treten, die bislang noch von Kalk- und Korrosionsansatz abgedichtet waren.

Fingerzeig: *Unterwegs kann man kaum einen gerissenen Wasserschlauch ersetzen. Hier hilft festes Klebeband, das man mehrfach um das gesäuberte und trockene Schlauchstück wickelt. Noch besser ist das »Pannenband« von Weyer, Düsseldorf oder Holts »Hoseweld Bandage«; beide kleben auf den Gummischläuchen besser.*

Der Kühler

Er besitzt ein Kunststoffgehäuse und innen Röhren und Rippen aus Leichtmetall. Der obere und untere Wasserkasten sind durch eine Vielzahl dünnwandiger Röhrchen verbunden, und zur Vergrößerung der Kühlfläche sitzen zwischen den Röhrchen noch waagrechte Rippen. Gelegentlich sollten Sie kontrollieren, ob die Kühlerlamellen von Insektenleichen zugesetzt sind. Falls dies zutrifft, wird der Elektroventilator zusammen mit dem Luftführungsring ausgebaut (4 Schrauben SW 10, Kabelsteckverbindung auseinanderziehen). Die Insektenreste mit einem eiweißlösenden Mittel einsprühen – z. B. »Summer Screen« von Holt – und anschließend den Kühler von der Motorseite her mit nicht zu scharfem Wasserstrahl durchspritzen.

Kühlflüssigkeit ablassen

Zuerst den Heizregulierhebel ganz nach rechts schieben (Stellung »Warm«), Verschlußdeckel auf dem Kühler losdrehen, Schlauchschelle des unteren Wasserschlauchs am Kühler lösen und den Schlauch abziehen. Festsitzende Schlauchenden lassen sich mit Gefühl und einem Schraubenzieher lockern, den man zwischen Schlauch und Stutzen schiebt und dann vorsichtig hebelt.
Soll die Kühlflüssigkeit auch aus dem Motorblock vollständig auslaufen, muß noch die Ablaßschraube unterhalb des Auspuffkrümmers am 4. Zylinder (1100/1300) bzw. neben dem Magnetschalter des Anlassers (1500/1600) – jeweils in Fahrtrichtung vorn am Motor – herausgedreht werden. Diese Schraube kann durch Kalkansatz manchmal etwas festbacken.

Kühler ausbauen

Kühlmittel ablassen, Schläuche unten und oben am Kühler abnehmen, Elektroventilator mit seinem Luftführungsring abschrauben (rechts und links je 2 Schrauben SW 10), Kabelsteckverbindung zum Ventilator trennen, Kabel am Thermoschalter abziehen. Bis 12/80 unten am Kühler rechts und links die Schrauben in den Gummi-Metall-Lagern mit Steckschlüssel herausdrehen, Halteklammer oben herausziehen; seit 1/81 oben Schrauben der Halter losdrehen, Kühler herausheben. Wird der Kühler ersetzt, schraubt man noch den Thermoschalter (SW 30) heraus.

Kühlsystem neu befüllen

Vor dem Neubefüllen die Schraube am Motorblock eindrehen und sämtliche Wasserschläuche aufstecken und festziehen. Heizungs-Regulierhebel im Armaturenbrett nach rechts in Stellung »Warm« schieben. Zuerst das Gefrierschutzmittel eingießen, dann – möglichst kalkarmes – Wasser auffüllen (Mischungsverhältnis siehe links oben). Der Wasserpegel soll ein wenig über der unteren

Markierung (siehe Bilder auf den Vorseiten) stehen. Nun den Motor mit aufgeschraubtem Kühlsystem-Verschlußdeckel laufen lassen, bis der Thermostat öffnet. Dieser ist ganz sicher offen, wenn der Elektroventilator anläuft. Beim Laufenlassen des Motors wird das Kühlsystem automatisch entlüftet. Lassen Sie den Motor abkühlen, und kontrollieren Sie zum Schluß noch einmal den Flüssigkeitsstand. Gegebenenfalls etwas Wasser nachgießen.

Überdruckventil im Kühlsystemverschlußdeckel prüfen

Wartungspunkt Nr. 33

Im Überdruck-Kreislauf (einschließlich druckfester Schläuche und Schlauchanschlüsse) spielt vor allem der Kühlsystem-Verschlußdeckel eine wichtige Rolle. Seine untere Dichtplatte wird durch Federkraft auf den Rand der Einfüllöffnung gedrückt. Diese Feder gibt erst nach, wenn bei steigender Erwärmung der Druck im Kühlsystem **1,2–1,35 bar** übersteigt. Dann kann zum Druckausgleich etwas Wasserdampf durch das Überdruckventil im Deckel entweichen.

Beim Abkühlen zieht sich die Kühlflüssigkeit wieder zusammen, und es entsteht ein Unterdruck im Kühlsystem. Für diesen Unterdruckausgleich hat der Verschlußdeckel noch ein zweites, kleineres Ventil, das bei einem Unterdruck von **0,06–0,1 bar** öffnet und Außenluft in den Kühler bzw. Ausgleichsgehälter strömen läßt.

Das Überdruckventil im Verschlußdeckel soll mit dem beschriebenen Druckprüfgerät (und einem Verbindungsstück) auf richtige Funktion kontrolliert werden. Das Überdruckventil muß ab 1,2–1,35 bar Druck öffnen. Ob das Unterdruckventil richtig arbeitet, läßt sich nur behelfsmäßig feststellen: Bei abgenommenem Verschlußdeckel einen dicken Wasserschlauch fest zusammenpressen, Deckel von einem Helfer aufsetzen und festdrehen lassen, Schlauch loslassen. Rundet sich der zusammengepreßte Wasserschlauch wieder, dürfte das Ventil intakt sein. Sind die Kühlwasserschläuche morgens vor dem ersten Start plattgedrückt, streikt sicher das Unterdruckventil.

Außerdem am Verschlußdeckel kontrollieren: haben sich Rückstände innen abgesetzt? Ist das Dichtgummi beschädigt?

Der Thermostat

Bislang haben wir nur von »Kühlung« gesprochen, aber zu kalt darf das umspülende Wasser auch nicht sein. Wir sagten schon, daß die richtige Betriebstemperatur bei etwa 110° C (im Überdrucksystem) liegt; dann wird der Kraftstoff am besten ausgenutzt. Damit der Motor nun schnell auf seine Betriebstemperatur kommen kann, wurde das Kühlsystem in einen »Kleinen« und einen »Großen Kreislauf« aufgeteilt. Nach dem Kaltstart zirkuliert das Kühlmittel im »Kleinen Kreislauf« von der Wasserpumpe zum Motorblock in den Zylinderkopf und wieder zur Wasserpumpe. Vom »Kleinen Kreislauf« wird auch die Ansaugrohrbeheizung und die Startautomatik (1500/1600) sowie der Wärmetauscher der Heizung mitversorgt.

Erst wenn die Kühlflüssigkeit auf etwa 87 bis 92° C aufgeheizt ist, wird der Kühler zum Abkühlen des Heißwassers gebraucht. Das Zuschalten des Kühlers besorgt der Thermostat oder Kühlwasserregler. Er öffnet aber nicht einfach einen Verbindungsschlauch zwischen Motor und Kühler, sondern kaltes Wasser aus dem Kühler wird vorgemischt mit bereits erwärmtem aus dem »Kleinen Kreislauf«. Durch diese allmähliche Kaltwasserbeigabe wird der sogenannte Kälteschock für den Motor vermieden. Das unten abfließende kalte Wasser zieht heißes Kühlmittel oben in den Kühler nach, wo es beim Zug durch die Kühlerlamellen abgekühlt wird. Gleichzeitig mit dem Hinzuschalten des Kühlers wird der »Kurzschluß-Kreislauf« geschlossen.

Das »Umschalten« im Thermostatgehäuse bewirkt eine mit Spezialwachs gefüllte Büchse und der daran befestigte Ventilteller. Bei Erwärmung des Kühlmit-

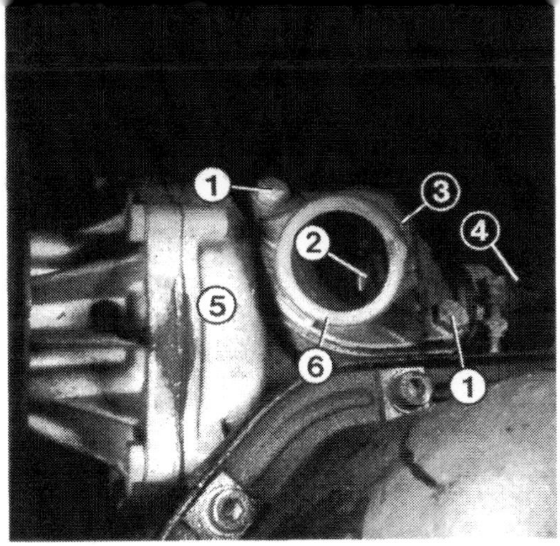

Wenn der Thermostat (2) klemmt oder nicht richtig schließt, muß er ausgebaut werden. Das ist beim 1500/1600 eine sehr beschwerliche Arbeit, denn sie ist nur von der Unterseite her am aufgebockten Wagen möglich. Aus dem Kühler das Kühlmittel ablassen, unteren Wasserschlauch zwischen Kühler und Thermostatgehäuse (3) an dessen Anschlußstutzen (6) demontieren. In diesem Stutzen sehen Sie den Thermostat sitzen. Zum weiteren Ausbau müssen die beiden Thermostatgehäuseschrauben (1) herausgedreht werden. Anschlußstutzen und darüber sitzende Dichtung (beim Zusammenbau eine neue verwenden) abnehmen und Thermostat herausziehen. Weiter bedeuten: 4 – Zuleitungsschlauch von der Heizung; 5 – Wasserpumpe.

tels verflüssigt sich das Wachs, es dehnt sich aus und öffnet zwangsläufig durch sein größeres Volumen den Ventilteller. Solange die Wassertemperatur steigt, wird vom Thermostat der Kaltwasserzufluß aus dem Kühler zunehmend geöffnet (und gleichzeitig der »Kurzschluß-Kreislauf« allmählich geschlossen), bis bei 102 bis 108°C der volle Öffnungshub des Thermostats (= voller Zufluß aus dem Kühler) erreicht ist.
Der Thermostat sitzt beim 1100/1300 in Fahrtrichtung links unterhalb des Zündverteilers und beim 1500/1600 ziemlich versteckt rechts unten am Gehäuse der Wasserpumpe.

Störungen am Thermostat

Gewöhnlich halten Thermostate ein ganzes Motorleben klaglos durch, aber es könnte doch einmal sein, daß Wachs aus der Büchse austritt und der verbliebene Rest nicht ausreicht, die Büchse zurückzudrücken – als Folge bleibt das Ventil geschlossen. Dann bleibt trotz kochendem Motor der Kühler kalt. Wer so weiterfährt, riskiert eine durchgebrannte Zylinderkopfdichtung und einen verzogenen Zylinderkopf. In diesem Fall hilft nur Ausbau des Thermostats (siehe nächsten Abschnitt) oder Abschleppen.
Andererseits kann zwischen dem Ventilteller und seinem Sitz auch ein Fremdkörper – etwa ein Sandkörnchen – hängenbleiben. Der Thermostat schließt dann nicht mehr ganz und Motor sowie Heizung werden langsamer warm. Ist das Wasserpumpengehäuse und der obere Schlauchbogen am Kühler etwa gleich warm, bevor die Kühlwasseranzeige anspricht, strömt das Kühlmittel zu früh durch den Thermostat.

Beim 1100/1300 kommt man an die Schrauben (1) des Thermostatgehäuses (2) vorn am Motor recht gut heran. Dabei muß nur ein kleiner Teil der Kühlflüssigkeit abgelassen werden. Beim Zusammenbau müssen Sie auf einwandfreien Sitz der Schlauchschellen achten. Falls die Schellen nicht mehr richtig stramm spannen, kann an den Schlauchstutzen das Kühlmittel in Strömen davonfließen. Sicherheitshalber gehört daher zum Bordwerkzeug auch eine kräftige Schlauchklemme. Rechts im Bild sehen Sie den zum Kühler (3) führenden Wasserschlauch (4).

Thermostat ausbauen

Unterwegs ist der Thermostatausbau beim 1100/1300 schwierig, bei den übrigen Motoren fast unmöglich. Ein Teil der Kühlflüssigkeit geht verloren, wenn man kein Gefäß zum Auffangen hat. Da beim 1500/1600 der Thermostat ganz unten sitzt, muß hier fast der gesamte Kühlsysteminhalt abgelassen werden. Außerdem muß man den Motor und damit die Kühlflüssigkeit eine ganze Zeit abkühlen lassen.

Der Deckel des Thermostatgehäuses beim 1100/1300 (siehe Bild auf der Vorseite) läßt sich mit einem Steckschlüssel SW 10 losschrauben. Falls gleich ein neuer Thermostat eingesetzt wird: Sein Steg muß ins Gehäuse und quer zur Fahrtrichtung zeigen. Beim 1500/1600 sitzt der Thermostat im Wasserpumpengehäuse unter dem Deckel, an den der untere Schlauch vom Kühler führt. Zwei Halteschrauben SW 10 lösen, Deckel und Thermostat abnehmen. Beim Einbau des Thermostats muß die kleinere Abdichtplatte nach oben zeigen. Achten Sie beim Zusammenbau darauf, daß der Dichtring wieder richtig eingesetzt wird. Die Schrauben sollen mit 10 Nm festgezogen werden. Kühlflüssigkeit auffüllen.

Die Öffnungsdaten des Thermostats hängen vom Motor ab:

- 1100/1300 Öffnungsbeginn bei **ca. 92° C**, Öffnungsende bei **ca. 108° C**.
- 1500/1600 Öffnungsbeginn bei **ca. 87° C**, Öffnungsende bei **ca. 102° C**.

Thermostat prüfen

Mit einem Einmachthermometer können Sie selbst kontrollieren, ob der Kühlwasserregler bei der vorgeschriebenen Temperatur öffnet. Dazu den Thermostat in einen Wassertopf hängen und das Wasser erhitzen. Wenn Sie noch ein Metalllineal an den Thermostat halten, können Sie auch den Hub bei voller Öffnung messen, es müssen mindestens 7 mm sein.

Die Wasserpumpe

Die Kühlflüssigkeit wird von der Wasserpumpe im Kreislauf gehalten. Sie sitzt beim 110/1300 in Fahrtrichtung rechts an der Motorrückseite unterhalb des Nockenwellenrads. Am 1500/1600 finden wir die Wasserpumpe vorn rechts am Motor, und sie wird von einem Keilriemen angetrieben. Die Wasserpumpe ist wartungsfrei, aber sie kann undicht werden, oder mahlende Geräusche lassen auf schadhafte Lager schließen. Undichtigkeiten liegen oft nicht an der Pumpe selbst, sondern an den benachbarten Schlauchanschlüssen oder an den Dichtungen der Pumpe.

Wasserpumpe ausbauen

Beim 1100/1300 wird zum Ausbau der Wasserpumpe die Kühlflüssigkeit abgelassen und der Zahnriemen abgenommen (siehe Seiten 69 und 55). Nachdem die 3 Halteschrauben SW 13 der Pumpe gelöst wurden, können Sie das hintere Zahnriemen-Schutzblech und die Wasserpumpe abnehmen. Der Abdichtring zum Motorblock wird sicherheitshalber ersetzt, wenn die Pumpe ohnehin ausgebaut ist. Zum Einbau die Wasserpumpe mit Dichtung ansetzen, hinteren Zahnriemenschutz auflegen und Schrauben eindrehen (10 Nm). Anschließend Zahnriemenschutz auflegen, Steuerzeiten einstellen und Riemen spannen (siehe Seite 55). Kühlmittel auffüllen.

Am 1500/1600 wird ebenfalls das Kühlmittel abgelassen und außerdem der Keilriemen abgenommen (Seite 156). Damit Sie an alle Schrauben gut herankommen, sollte noch der Zahnriemenschutz abgebaut werden (Seite 54). Keilriemenscheibe losschrauben. 8 Schrauben rund um das Wasserpumpengehäuse losdrehen, dann können Sie das Gehäuseteil mit dem Pumpenrad abnehmen. Es wird komplett ersetzt. Zwischen die beiden Gehäuseteile kommt beim Wiederzusammenbau eine neue Dichtung, die Schrauben sollen mit 10 Nm festgezogen werden. Falls Sie das Wasserpumpengehäuse auch am Motorblock losgeschraubt haben (vorher Schlauchschellen lösen und Kühlwasserschläuche abziehen), muß dort der Dichtring ebenfalls erneuert werden. Halteschrauben mit 20 Nm anziehen.

Keilriemenspannung prüfen

Wartungspunkt Nr. 5

Nur beim 1500/1600 wird die Wasserpumpe von der Kurbelwelle über Riemenscheiben durch einen Keilriemen angetrieben. Zur Wartung der Kühlanlage gehört bei diesen Motoren also auch die Kontrolle der Keilriemenspannung. Ein durchrutschender Keilriemen kann die Motorkühlung erheblich beeinträchtigen. Bei richtiger Spannung läßt sich der Riemen in der Mitte zwischen Kurbelwellen-Riemenscheibe und Drehstrom-Lichtmaschine mit kräftigem Daumendruck etwa **10–15 mm** eindrücken. Keilriemen spannen siehe Seite 158.

Gerissener Keilriemen

Wenn Sie beim 1500/1600 ohne Keilriemen und damit ohne Antrieb der Wasserpumpe weiterfahren, riskieren Sie einen Schaden an der Zylinderkopfdichtung. Zwar ist kaltes Wasser schwerer als warmes und zirkuliert daher noch langsam durch den Motor; diese »Thermosiphon«- oder Selbstumlauf-Kühlung reicht aber für den Motor nicht aus – vor allem bei langsamer Fahrt. Wie Sie sich im äußersten Notfall ohne Ersatzkeilrimen behelfen können, steht auf Seite 159.

Der Kühlerventilator

Unsere Jetta-Motoren erhielten einen elektrisch angetriebenen Kühlerventilator, der nur bei Bedarf zu- oder abgeschaltet wird. Das spart bis zu 4 PS Motorleistung. An der in Fahrtrichtung linken Seite sitzt am Kühler ein Thermoschalter. Wenn er »spürt«, daß die an ihm vorbeirauschende Flüssigkeit nach dem Zug durch den Kühler noch **93–98° C** heiß ist, schaltet er den Ventilator ein. Ebenso schaltet er den Elektromotor wieder aus, wenn die Temperatur unten im Kühler auf **88–93° C** abgesunken ist. Bei einem Jetta mit Anhängerkupplung (Werkseinbau) oder Klimaanlage ab Baujahr 8/81 ist der Kühlerventilator zweistufig geschaltet. Ab **95° C** erhält der Ventilatormotor über einen Vorwiderstand reduzierte Spannung für die halbe Drehgeschwindigkeit, ab **105° C** wird der Widerstand überbrückt, und der Propeller dreht mit vollem Tempo.
Bei der entsprechenden Einschalttemperatur schließt der Kontakt im Schalter, und über eine Verbindung zu »Masse« wird der Stromkreis des Ventilatormotors geschlossen. Der Elektrolüfter erhält Dauerstrom (bis 7/81 über die Sicherung 15, seit 8/81 ohne zwischengeschaltete Sicherung), so daß der Propeller auch nach Abschalten des Motors noch weiterlaufen kann.
Der Kühlerventilator hat eine »Plus«-Steuerung. Dabei liegt die Spannung am Thermoschalter an, und bei entsprechender Wassertemperatur schließt er seine Kontakte. Der Kühlerventilator erhält damit ebenfalls Plusstrom, und da er mit Masse verbunden ist – und so der Stromkreis geschlossen –, läuft er an.

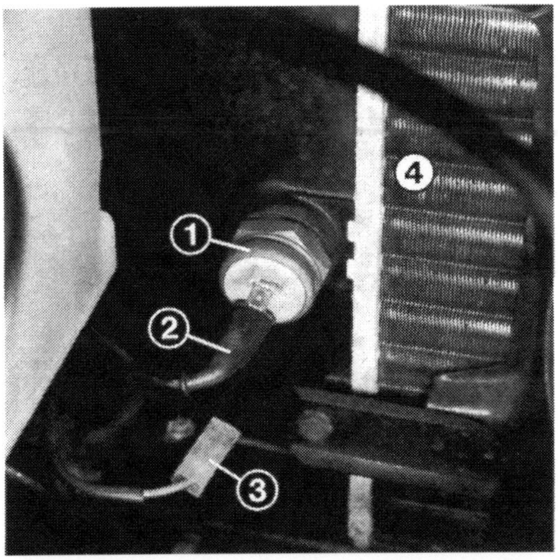

Wenn der Thermoschalter (1) am Kühler (4) ausfällt, wird der Kühlerventilator nicht mehr eingeschaltet, und bei langsamer Fahrt wird der Motor zu heiß (siehe Text auf der nächsten Seite). Kontrollieren Sie sofort, ob der Elektroventilator läuft. Falls nicht, kann man ihn unter Umgehung des Thermoschalters trotzdem zum Laufen bringen.
Der Notbehelf ist einfach: Die beiden Kabel (2 und 3) von den Kontaktzungen des Thermoschalters abziehen und die Kabelklemmen der beiden Kabel miteinander verbinden. Dazu eignet sich am besten ein sogenannter Verteilerstecker, in den die beiden Kabelschuhe eingesteckt werden können; solche Stecker werden vielfach auch zum Einbau von Zubehör gebraucht. Ein intakter Elektroventilator wird jetzt sofort losbrausen.
Damit die locker hängenden Kabel keinen Unfug stiften können, umklebt man sie mit etwas Klebeband oder Heftpflaster kurzschlußsicher. Da der Ventilator so geschaltet ist, daß er auch bei ausgeschalteter Zündung Strom erhält, müssen die Kabelklemmen nach Beendigung einer Fahrt auseinandergezogen werden.

Der Motor ist zu heiß

Wenn es dem Motor zu heiß wird, klettert die Temperaturanzeigenadel in den roten Bereich und zusätzlich blinkt noch die rote Warnleuchte: Anhalten, Motor abstellen, Motorhaube öffnen.

■ Ist der Kühler kalt, während der Motor vor Hitze dampft, dann klemmt der Thermostat (siehe Seite 71).

■ Ist dagegen der Kühler sehr heiß, aber der Ventilatormotor dreht sich nicht, liegt die Schuld wohl am Thermoschalter. Ziehen Sie die beiden am Schalter aufgesteckten Kabel ab und halten Sie diese zusammen. Damit ist der Schalter aus dem Stromkreislauf genommen und der Ventilator muß sofort losbrausen, wenn überhaupt Strom vorhanden war. Wie man sich zur Weiterfahrt behelfen kann, zeigt unser Bild auf der Vorseite.

■ Fehlt es am Strom (Prüflampe!), kontrolliert man erst einmal, ob (bis Baujahr 7/81) die Sicherung 15 nicht durchgebrannt ist oder wegen einer Oxidationsschicht keinen Kontakt zu den Klemmzungen hat (siehe Fingerzeig Seite 166). Falls keine Spannung am Elektromotor anliegt, muß man ein Behelfskabel von einer stets stromführenden Sicherung (Nr. 7) zum »Eingangskabel« des Ventilatormotors ziehen. Dazu das Kabel am Kabelstecker neben dem Elektroventilator durchtrennen und mit der neuen Leitung verbinden. Eventuell muß auch noch ein neues Massekabel gezogen werden. Spätestens nun müßte der Ventilator aber losbrausen, wenn sein Motor nicht durchgebrannt ist.

■ Jedoch selbst ein ausgefallener Ventilator muß nicht das Ende der Reise bedeuten, denn nach Abkühlen des Kühlsystems kann man mit mittleren Drehzahlen und einigermaßen zügigem Tempo die nächste Werkstatt anlaufen (dabei die Temperatur-Kontrolleuchte bzw. die Anzeigenadel im Auge behalten). Leerlauf und Schleichfahrt sind für den Motor dagegen gefährlich, dann strömt nämlich kaum ein kühlender Lufthauch durch die Kühlerlamellen.

Ventilatormotor ausbauen

Der Kühlerventilator ist mit drei Muttern SW 10 am Luftführungsring festgeschraubt, letzterer muß zum Ausbau des Elektroventilators erst vom Kühler abgeschraubt werden (4 Schrauben SW 10), außerdem den Kabelstecker abziehen. Das Lüfterrad hält ein Federsicherungsring auf der Ventilatormotorwelle.

Heizung, Belüftung und Gebläse kontrollieren

Wartungspunkt Nr. 23

Frische Luft tritt an der hinteren Kante der Motorhaube ein und wird vom Fahrtwind oder zusätzlich vom Gebläse in den Innenraum gedrückt. Bei eingeschalteter Heizung öffnet das Heizventil (es sitzt in Fahrtrichtung rechts neben dem Hauptbremszylinder) den Warmwasserzufluß in den Heizkörper, der wie ein kleiner Kühler aussieht. Die durchströmende Frischluft erwärmt sich dann an den Heizkörperlamellen.

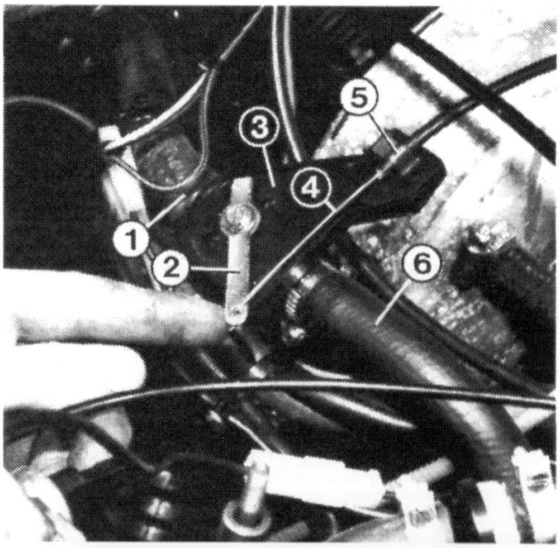

Der Wasserschlauch (6) vom Zylinderkopf und der Schlauch (1) zum Heizkörper mit dem dazwischen liegenden Heizventil (3) müssen zu dessen Ausbau gelöst werden. Das Ablassen der Kühlflüssigkeit kann man sich sparen, wenn die Schläuche verstopft werden. Den Bowdenzug (4) vom Heizungshebel am Armaturenbrett zum Heizventil kann man aushängen, nachdem die Klemmfeder (5) losgehebelt wurde. Falls der Zug vom Heizhebel zum Ventil gerissen ist, brauchen Sie trotzdem weder zu frieren noch in der Hitze zu schmoren. Der gut zugängliche Hebel (2) am Heizventil kann auch von Hand bewegt werden, wie hier gezeigt.

Auch wenn Sie während der warmen Jahreszeit keine Heizung im Wagen benötigen, sollten Sie hin und wieder den Heizungshebel in Stellung »Warm« schieben, damit das Heizventil gängig bleibt. Es kann unter Umständen festgehen, wenn es sehr lange Zeit nicht bewegt wurde. Bei dieser Gelegenheit kontrolliert man auch gleich, ob aus allen Öffnungen Warm- oder Kaltluft ausströmt. Kommt aus den seitlichen Belüftungsdüsen kein Hauch, ist wahrscheinlich ein Luftführungsschlauch abgefallen. An diese Schläuche kommen Sie nach Abnahme der unteren Armaturenbrettverkleidung heran (siehe Bild Seite 231 oben). Zum Schluß kontrollieren Sie, ob das Gebläse läuft.

Heizventil ausbauen

Ein schwergängiges oder festgegangenes Heizventil läßt sich ohne großen Aufwand ersetzen. Der Drahtzug wird nach Lösen der Klemmfeder ausgehängt. Weiter werden die drei Schlauchschellen gelöst, die Schläuche abgezogen und zugestopft (die Kühlflüssigkeit braucht nicht abgelassen zu werden); damit hat man das Heizventil bereits in der Hand.

Gebläse kontrollieren

Der Gebläsemotor läuft in drei Geschwindigkeiten, die durch vorgeschaltete Widerstände bzw. direkten Stromzufluß erreicht werden. Die Widerstände bewirken verringerte Spannung am Elektromotor, wodurch dieser langsamer läuft. Rauscht das Gebläse in keiner Schalterstellung und regen sich auch die Scheibenwischer nicht, liegt es am Entlastungsrelais (siehe Seite 216). Wird dagegen gewischt, aber trotz intakter Sicherung 10 nicht geblasen, fehlt es entweder an der Stromzufuhr vom Sicherungskasten durch das schwarz/rote Kabel oder der Gebläsemotor ist durchgebrannt. Zur Kontrolle der Stromzuführung den Drehschalter ausbauen; siehe Seite 216. Jetzt können Sie an der Schalterrückseite kontrollieren, ob das schwarz/rote Kabel bei eingeschalteter Zündung Strom liefert. Prüfung des Schalters: In Stellung 1 muß das weiße Kabel Strom führen, in Schaltstufe 2 das gelb/schwarze und in Stellung 3 das gelbe.

Gebläse ausbauen

Das Gebläse läßt sich vom Motorraum aus abbauen. Gummidichtung oben an der Trennwand zwischen Motorraum und Wasserfangkasten wegziehen, schwarze Kunststoff-Abdeckung abziehen. Laubabdeckung abschrauben, Kreuzschlitzschraube vorn am Gebläse losdrehen, Kabelstecker abziehen, Gebläse herausheben.

Heizkörper ausbauen

Das komplette Frischluftgehäuse mit dem darin untergebrachten Heizkörper sitzt unter dem Armaturenbrett. Zum Ausbau des Heizkörpers Kühlflüssigkeit zumindest teilweise ablassen. Untere Armaturenbrettabdeckung abnehmen

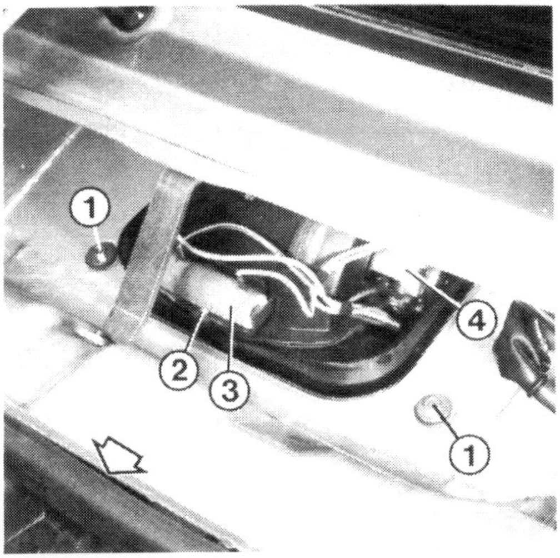

Das Gebläse (4) für Frisch- und Heizluft sitzt im sogenannten Wasserfangkasten hinten im Motorraum unter einer Abdekkung, die lediglich angeklammert ist. Dichtung (Pfeil) zum Ausbau abziehen. Hier im Bild sehen Sie vorn eine Halteschraube (2) des Gebläses. An diese Schraube kommen Sie heran, wenn Sie zuvor den Vorwiderstand (3) durch Zurückbiegen der beiden Blechlaschen, in die er eingehängt ist, ausgebaut haben. Außerdem sehen Sie zwei der vier Sechskantschrauben (1), die das Frischluftgehäuse halten.

(Bild Seite 231 oben) und Mittelkonsole ausbauen (Seite 232). Sämtliche Luftschläuche abnehmen. Im Wasserfangkasten die 4 Schrauben des Frischluftgehäuses losdrehen, Halter der Gebläse-Vorwiderstände abschrauben. Dann im Innenraum die Halteklammern abdrücken, seitliche Schraube am Gehäuse losdrehen (sie zieht die beiden Gehäusehälften zusammen). Frischluftgehäuse trennen, Schlauchschellen zum Heizkörper lösen, Wasserschläuche abziehen, Heizkörper herausnehmen. Falls notwendig, sollten Sie die Bowdenzüge von den Hebeln oben im Armaturenbrett zu den Klappen am Frischluftgehäuse dort unten abnehmen, dann ersparen Sie sich beim Zusammenbau die Einstellung der Züge.

Störungsbeistand

Kühlung und Heizung

Die Störung	– ihre Ursache	– ihre Abhilfe
A Temperatur-Anzeigenadel steht im roten Bereich; rote Warnleuchte blinkt	1 Keilriemen zu schwach gespannt oder gerissen (nur 1500/1600)	Keilriemenspannung kontrollieren oder Riemen ersetzen
	2 Zu wenig Flüssigkeit im Kühlsystem	Auffüllen
	3 Kabel zur Temperaturanzeige hat Massekontakt	Kabel am Temperaturfühler abziehen, Zeiger muß zurückgehen und rote Lampe muß verlöschen, sonst Masseschluß; Kabelverlauf kontrollieren
	4 Thermostat öffnet den Kaltwasserzufluß aus dem Kühler nicht (Kühler kalt)	Thermostat ausbauen und ohne ihn weiterfahren oder, falls möglich, gleich ersetzen
	5 Thermoschalter des Kühlerventilators schaltet nicht ein	Kabel am Thermoschalter abziehen und miteinander verbinden
	6 Kühlerlamellen zugesetzt	Kühler reinigen
	7 Ventilatormotor erhält keinen Strom	Behelfskabel ziehen
	8 Ventilatormotor durchgebrannt	Nach Abkühlen mit mittleren Drehzahlen und zügigem Tempo zur Werkstatt
	9 Spannungs-Konstanthalter defekt	Austauschen
B Temperaturanzeige spricht sehr langsam an, schwache Heizleistung	Thermostat schließt nicht völlig, aufgeheiztes Kühlwasser strömt zu früh durch den Kühler	Thermostat säubern, ggf. ersetzen
C Heizung wird nicht warm	1 Heizventil öffnet nicht	Heizventil gängig machen oder ersetzen
	2 Heizzug gerissen	Ersetzen. Behelf unterwegs: Heizventilhebel von Hand öffnen
	3 Luft im Heizkörper	Kühlsystem auffüllen

Trinksprüche

»Ich nehme immer Super« sagte der Fahrer eines 1,5-Liter-Jetta, dessen Maschine doch auch mit Normalbenzin durchaus zufrieden ist. »Das tut dem Motor gut, und er zieht dann besser.«
Doch die nüchterne technische Realität sieht anders aus:

Normal- oder Superkraftstoff?

Die Wörter »Super« und »Normal« stimmen eigentlich nicht, denn beide Kraftstoffarten sind von durchaus gleicher Qualität. Weder im Reinheitsgrad noch im Verdampfungsverhalten (das für die Entzündbarkeit sehr wichtig ist) noch in der Energieentfaltung (Heizwert bezogen je Kilogramm Kraftstoff) zeigen sich Differenzen. Das einzige und allerdings auch wesentliche Unterscheidungsmerkmal ist die Klopffestigkeit, gekennzeichnet durch die Oktanzahl, die bei Super etwa 6 Punkte höher liegt als beim Normalbenzin.
Motoren mit höherer Verdichtung – wie im Jetta 1100 Formel E und der Jetta mit Einspritztriebwerk – brauchen im Gegensatz zu den übrigen Modellen Superkraftstoff. In den Normalbenzinmotoren brachte Superbenzin im praktischen Fahrbetrieb keine bessere Beschleunigung, keinen ruhigeren Motorlauf und auch keine höhere Endgeschwindigkeit.
Und der Verbrauch? Genaugenommen ist auch der Verbrauch nahezu der gleiche – wenn man ihn in Kilogramm mißt. Da wir aber Kraftstoff literweise tanken, bringt Super in diesem Fall ein gewisses Plus: Es hat ein um rund 3% höheres spezifisches Gewicht als Normalbenzin. Ein Liter Super wiegt daher 25 g mehr als ein Liter Normal. Das bedeutet für den Motorbetrieb, daß nach Litern gemessen Super um durchschnittlich 3% ergiebiger ist. Nun ist aber noch zu berücksichtigen, daß sich durch das höhere spezifische Gewicht des Superkraftstoffes nach den Gesetzen der Strömungslehre ein etwas fetteres Kraftstoff/Luft-Gemisch und damit ein geringfügig höherer Verbrauch (rund 1%) ergibt. So verbleibt für das Superbenzin bezüglich des Verbrauches ein Plus von 2%. Dem steht jedoch ein Mehrpreis von etwa 5 bis 6% gegenüber. Somit verschenken Sie 3 bis 4%, wenn Sie den Normalkraftstoffmotor im Jetta mit Super betreiben.
Superkraftstoff kann höhere Kompressionsdrücke aushalten, ohne sich selbst zu entzünden und so das vielzitierte schädliche Motorklopfen zu erzeugen. Zur Selbstzündung des Kraftstoffgemisches kommt es durch die Hitze, die jedes Gas erzeugt, wenn es zusammengedrückt (komprimiert) wird; Sie merken das schon an der Fahrradpumpe, wenn Sie einen Reifen aufpumpen.
Je höher das Kompressionsverhältnis ist, desto stärker erwärmt sich das Gemisch und um so leichter kann es zu Selbstzündungen im Verbrennungsraum kommen, wenn der Kraftstoff nicht klopffest genug ist.
Und hier haben wir auch den Grund, weshalb der Jetta 1300/44 kW/60 PS, der Jetta 1500/51 kW/70 PS und der Jetta 1600/63 kW/85 PS nur Normalbenzin benötigen: Sie sind nur mit 8,2:1 längst nicht so hoch verdichtet wie der Jetta 1100 Formel E mit 9,7:1 und der Jetta Einspritzer mit 9,5:1.

Die Kraftstoffqualität

Die Klopffestigkeit eines Kraftstoffes (und damit seine Qualität) hängt zum einen von der Güte und der Verarbeitung des verwendeten Rohöls ab. Zum anderen wird die Kopffestigkeit von sogenannten Klopfbremsen (zumeist das hochgiftige Bleitetraäthyl) gesteigert. Diese Klopffestigkeit wird durch die Oktanzahl gekennzeichnet. Dieses »Oktan« ist jedoch keine Beimischung zum Kraftstoff, sondern lediglich eine Vergleichsgröße, die in einem speziellen Prüfmotor mit Meßkraftstoffen ermittelt wird.

Häufig genannt ist die »Research-Oktanzahl« (ROZ), seltener dagegen die »Motor-Oktanzahl« (MOZ). In der DIN-Norm 51 600 sind die Mindestwerte festgelegt, denen zufolge Normalbenzin ROZ 91 bzw. MOZ 83 und Superkraftstoff ROZ 98 bzw. MOZ 88 haben sollen. An allen Markentankstellen finden Sie hierzulande einen Hinweis auf die erfüllte DIN-Norm, aber es werden auch Kraftstoffe ohne DIN-Kennzeichnung verkauft, deren Oktanzahlen möglicherweise nicht ganz den geforderten Werten entsprechen. Bei solchem Benzin kann sich das gefürchtete Klingeln oder Klopfen bemerkbar machen.

Klingeln und Klopfen

Mit dem Klingeln und Klopfen hat es folgendes auf sich: Das Kraftstoff/Luft-Gemisch verbrennt normalerweise auf »Befehl« der Zündkerze im Zylinder. Wenn an ihren Elektroden der Funke überspringt, entflammt das Gemisch. Ein »klingelfreudiger« Kraftstoff kann es aber nicht erwarten, bis ihn der Zündfunke restlos entflammt hat. Er detoniert schon zum Teil in einer Ecke des Verbrennungsraums durch den hohen Druck und die große Hitze von selbst und knallt der von der Zündkerze her auf ihn zueilenden Flammenfront entgegen. Das gibt einen gewaltigen Druckanstieg im Zylinder, der Kolben erhält einen schmetternden Schlag auf den Kopf, und der Motor wird bis ins letzte Kurbelwellenlager erschüttert. Es hört sich an, als wenn von innen mit einem kleinen Hammer gegen die Zylinderwände geklopft würde.

Eine trotz intakter Kühlanlage scheinbar grundlos ansteigende Temperaturanzeige kann oft das einzige Warnsignal sein, denn das sogenannte Hochdrehzahlklopfen bewirkt eine beträchtliche Motorüberhitzung.

Hörbar ist das Hochdrehzahlklopfen oftmals nicht, weil es zumeist von den starken Fahrgeräuschen übertönt wird.

Bekannter, weil besser zu hören, ist das sogenannte Beschleunigungsklingeln. Es macht sich bemerkbar, wenn Sie mit nicht genügend klopffestem Kraftstoff z. B. im 3. Gang aus relativ niedriger Geschwindigkeit heraus voll beschleunigen. Beide Klopf- und Klingelerscheinungen belasten die Lager des Motors außerordentlich stark und können auf Dauer – neben der schon angesprochenen Gefahr der Motorüberhitzung – einen Lagerdefekt hervorrufen.

Benzinqualität im Ausland

In vielen europäischen Ländern sind die Kraftstoffe durch die Erlaubnis höherer »Bleibeimischung« genauso klopffest oder zumindest fast so klopffest wie bei uns. Schwierigkeiten sind eigentlich nur im Ostblock, in Frankreich, Griechenland, Österreich, Italien, Spanien und Portugal zu erwarten. Da sich jedoch die Kraftstoffqualitäten laufend ändern, empfiehlt es sich, vor einem Auslandsaufenthalt erst einmal eine ADAC-Geschäftsstelle diesbezüglich zu befragen.

Sind Oktanzahlprobleme zu erwarten, sollten Sie die Normalkraftstoffmotoren mit einer Mischung aus Super- und Normalbenzin oder reinem Super betreiben. Bei den superbedürftigen Modellen müssen Sie Ihre Fahrweise darauf einstellen. Fahren Sie zurückhaltend und beschleunigen Sie nur mäßig. Die Motordrehzahlen sollten zwischen 2500 und 4800/min bleiben. Auf Langstrecken die Kühlwassertemperaturanzeige im Auge behalten, um Überhitzungserscheinungen rechtzeitig zu erkennen.

Der Kraftstoffverbrauch

Der Verbrauch ist wegen der hohen Benzinpreise leider ein wesentlicher Faktor der Unterhaltskosten für den Wagen geworden. Wir wollen uns an dieser Stelle mit dem Kraftstoffverbrauch befassen und vor allem, wie Benzin gespart werden kann. Denn jeder unnötige Tropfen Benzin höhlt den Geldbeutel zusätzlich aus.

Normverbrauch

Wenn die Rede auf den Kraftstoffverbrauch kommt, fällt vielfach die Bezeichnung »Normverbrauch«. Dieser wird nach den Prüfbedingungen 70030 des DIN (= **D**eutsches **I**nstitut für **N**ormung) ermittelt:
Die Verbrauchswerte werden unter drei unterschiedlichen Fahrbedingungen gemessen. Im Stadtverkehr ist ein sogenannter Fahrzyklus vorgeschrieben, der aus 25 Einzelvorgängen besteht – u.a. Leerlauf, Beschleunigen, Schalten, Bremsen und verschiedene Geschwindigkeiten von 10, 15, 32, 35 und 50 km/h. Dann kommt eine Fahrt mit konstant 90 Stundenkilometern und eine weitere mit konstant 120 km/h.
Die bei konstanter Geschwindigkeit gemessenen Verbrauchswerte sind in die Praxis nur mit Einschränkungen zu übertragen, denn der heutige dichte Verkehr verhindert vielfach ein gleichmäßiges Fahren.

Verbrauchsmessung mit Fahrtenbuch

Für die laufenden Verbrauchsbeobachtungen eignet sich am besten ein ordentlich geführtes Fahrtenbuch (kostenlos bei der Tankstelle erhältlich). Die Verbrauchsmessung geht dann so: Jeweils getankte Benzinmenge eintragen, alle paar tausend Kilometer zusätzlich nach dem Volltanken den genauen Kilometerstand eintragen. Alle Nachfüllmengen zwischen zwei km-Eintragungen addieren und den Gesamtverbrauch durch die gefahrenen km (mindestens 1000 km) teilen und mit 100 multiplizieren – das ergibt den Liter-Verbrauch auf 100 km.

Wovon hängt der Verbrauch ab?

Das Geld liegt gewissermaßen unter der rechten Schuhsohle. Wer wirtschaftlich Auto fahren will, sollte in erster Linie seinen rechten Fuß disziplinieren, doch davon später. Zuerst wollen wir uns den »äußeren« Einflüssen zuwenden.

Unbeeinflußbare Bedingungen

■ Witterung; Luftfeuchtigkeit, Luftdruck und Temperatur beeinflussen die Bildung des Kraftstoff/Luft-Gemisches. Gegenwind hemmt das Fortkommen, Rückenwind kann dagegen helfen, ein klein wenig Benzin zu sparen. Kälte läßt die Schmierstoffe zähflüssiger werden, die dann allen drehenden Teilen einen höheren Widerstand entgegensetzen. Der Kraftstoff vergast schlechter, die Starthilfe (durch die geschlossene Starterklappe, siehe Seite 93 bzw. den Warmlaufgeber, siehe Seite 109), wird länger gebraucht, um dem Motor kraftstoffreicheres Gemisch zu liefern. Und nicht zuletzt erhöhen Schnee und Matsch auf der Straße den Rollwiderstand.

■ Fahrbahnart und Straßenzustand; die Räder rollen auf glattem Beton oder Asphalt leichter als auf rauhem Fahrbahnbelag, Schotter-, Feld- oder gar Schlammwegen. Außerdem muß man auf schlechten Straßen oft in einem kleineren Gang fahren, was zusätzlich Benzin kostet.

■ Gebirge; nicht nur das Bergauffahren kostet Kraftstoff, in höheren Regionen ist zusätzlich der Luftdruck geringer und der im Flachland einregulierte Vergaser bzw. die Einspritzanlage liefert dem Motor nun fetteres Kraftstoff/Luft-Gemisch. Selbst bergab läßt sich im Gebirge kaum Sprit sparen. Die Bremsen würden zu stark beansprucht, wenn man nicht auch mit dem Motor bremst.

■ Stop-and-go-Verkehr; ständiges Anfahren und Bremsen, lange Leerlaufzeiten, wobei das Triebwerk mit Kraftstoffüberschuß arbeitet und nicht richtig warm wird, steigern den Kraftstoffkonsum um 30% und mehr.

Fahrzeugursachen

■ Rollwiderstand; hierfür sind die Reifen und Radlager zuständig, unter Umständen auch die Bremsen. Der Reifen drückt sich an dem Punkt, an dem er die Fahrbahn berührt, etwas platt, was Widerstand erzeugt. Dabei spielt der Reifendruck eine entscheidende Rolle. Ein hart gepumptes Rad läuft leichter, denn höherer Druck verringert die Aufstandsfläche. 0,5 bar Luftdruck zu wenig steigern den Verbrauch um 10–15%.
Schmale Sommergürtelreifen haben den geringsten Rollwiderstand, bei breiteren Reifen ist der Rollwiderstand manchmal höher, auf jeden Fall aber der Luftwiderstand durch die breitere Reifenlauffläche. Grobstollige Winterreifen rollen schlechter, mit aufgelegten Schneeketten ist der Rollwiderstand am höchsten. Zu stramm eingestellte oder defekte Radlager hemmen die Fortbewegung, ebenso schleifende Bremsen (leichtes Gefälle: rollt der Wagen selbsttätig?). Auch eine grob verstellte Achseinstellung erhöht den Rollwiderstand.

■ Gewicht; hohe Belastung steigert durch größere Abplattung der Reifen den Rollwiderstand, außerdem muß der Motor beim Beschleunigen und Bergauffahren mehr Kraft aufbringen, den Wagen vorwärts zu bewegen. Je 100 kg Zuladung kosten zwischen 0,5 und 0,75 Liter Kraftstoff mehr. Deshalb alle nicht benötigten Gegenstände aus dem Wagen nehmen.

■ Höherer Luftwiderstand durch Dachträger, besonders mit sperrigem Gepäck, aber auch mit aufgeschnallten Skiern, verursacht einen Mehrverbrauch bis zu 1 Liter bei schneller Fahrt. Im Stadtverkehr und auf Landstraßen ist der Einfluß geringer. Träger möglichst bald wieder abnehmen. Bei Geschwindigkeiten ab 80 km/h erhöht sogar ein geöffnetes Seitenfenster oder Schiebedach den Luftwiderstand.

■ Wohnwagen, Last- oder Bootsanhänger belasten die Benzinrechnung je nach Gewicht und Luftwiderstand. Zusatzspiegel erhöhen den Luftwiderstand, deshalb sollten Sie sie nicht unnötig lange anmontiert lassen.

Motorursachen

■ Die in den Fahrzeugpapieren angegebenen kW (früher PS) kommen leider nicht vollzählig an den Antriebsrädern an. Ein Teil bleibt an den Zusatzaggregaten des Motors (Kühlerventilator, Lichtmaschine) und vor allem im Getriebe hängen. Je höher die Antriebsverluste sind, desto mehr Kraft muß der Motor aufbringen, um sie zu überwinden und damit den Wagen in Gang zu bringen – und das kostet Kraftstoff.

■ Im fabrikneuen Auto sind die Verluste höher als im eingefahrenen, bei dem sämtliche Lager, Wellen usw. schon leichter laufen. Der »Neue« ist daher auf den ersten paar 1000 km durstiger als später.

■ Der mechanische Zustand des Motors spielt eine wesentliche Rolle. Zu geringe Kompression durch schadhafte Ventile bzw. Kolben und Zylinder kostet Kraftstoff.

■ Zusammengedrückte Auspuffrohre (etwa durch harte Bodenberührung) hemmen durch den kleineren Rohrdurchmesser den Abgasfluß, die Motorleistung sinkt, der Verbrauch steigt.

■ Ein durchgerosteter Auspuff hat einen geringeren »Staudruck«. Das ergibt schlechtere Motorleistung und höheren Verbrauch.

■ Zu hohe Leerlaufdrehzahl steigert den Benzinkonsum nicht nur des im Stand laufenden Motors, sondern wirkt bis in mittlere Drehzahlbereiche verbrauchssteigernd. Außerdem ist die Motorbremswirkung im Gefälle geringer.

■ Störungen am Vergaser durch falsche Einstellung des Leerlaufs, der Beschleunigungspumpen-Einspritzmenge oder des Schwimmerstands, undichtes Schwimmernadelventil, verstellte oder klemmende Starterklappe, verschmutzte oder verstopfte Düsen steigern den Verbrauch.

■ Mängel an der Benzineinspritzung durch tropfendes Kaltstartventil, verstellte Stauscheibe oder defekten Warmlaufgeber heben den Benzinkonsum an.
■ Verschmutztes Luftfilter; der mit der Verbrennungsluft angesaugte Staub setzt sich in den Papierfilterporen ab, die Löcher setzen sich zu und werden weniger luftdurchlässig. Der Motor leidet unter Luftmangel und verbrennt zu fettes Gemisch.
■ Mängel an der Zündanlage; falsche Zündeinstellung (bei der herkömmlichen Zündanlage durch abgenutzte Unterbrecherkontakte), fehlerhaft arbeitende automatische Zündverstellung (siehe Seite 187). 1° zu viel Spätzündung (siehe Seite 188) kostet etwa 1% mehr Kraftstoff. Zu weit abgebrannte oder verschmutzte Zündkerzenelektroden bewirken bis zu 10% Mehrverbrauch.
■ Zu dickes Motoröl erhöht den Reibungswiderstand im Triebwerk, vor allem in der Warmlaufphase nach dem Kaltstart. Wer statt der normalerweise vorgeschriebenen Ölviskosität (siehe Seite 32) ein sogenanntes Leichtlauföl verwendet, spart damit etwas Kraftstoff. Bei Einhaltung der vorgeschriebenen Ölwechselintervalle wird die Ersparnis durch den beträchtlich höheren Ölpreis jedoch wieder aufgebraucht.

Fahrerursachen

■ Die Fahrgeschwindigkeit ist der wesentlichste Verbrauchsfaktor: Mit zunehmendem Tempo wächst der Rollwiderstand der Reifen durch vermehrte Walkarbeit. Noch größer ist der Einfluß des Luftwiderstands. Er ist bei 100 km/h nicht etwa doppelt so hoch wie bei 50 km/h, sondern er vervierfacht sich (er nimmt im Quadrat zu).
■ Bleifußfahren kostet unnötig Benzin. Selbst bei zügiger Autobahnfahrt braucht das Gaspedal nicht bis zum Bodenblech durchgetreten zu werden. Leichtes Anheben des Gasfußes bewirkt keine oder nur eine geringe Geschwindigkeitsverminderung, aber der Verbrauch sinkt um einiges. Probieren Sie selbst aus, ab welcher Gaspedalstellung das Tempo nachläßt. Auch an Steigungen ist nicht immer Vollgas nötig.
■ Bei hohem Fahrtempo tritt bei den Vergasermotoren die sogenannte Volllastanreicherung in Aktion, sie kostet zusätzlich zum erhöhten Luftwiderstand im Hochgeschwindigkeitsbereich Kraftstoff.
■ »Sportliches« Fahren; Anfahren mit viel Gas, Beschleunigen bis in hohe Drehzahlen (Ausdrehen der Gänge) und notgedrungen oft auch hartes Bremsen ist verschwenderisch!
■ Zwischengas ist nicht nur überflüssig beim vollsynchronisierten Jetta-Getriebe (siehe Seite 121), sondern kostet auch unnötig Kraftstoff.
■ Warmlaufenlassen frißt das Benzin ohne Nutzen. Der unbelastete Motor wird nur sehr langsam warm, das bedeutet zusätzlichen Verschleiß und unnötige Lärmbelästigung.

So fahren Sie sparsam

Zum Thema Spritsparen hört man bisweilen Widersprüchliches. Was den Fahrstil angeht, haben neuere Erkenntnisse frühere Auffassungen widerlegt. Heute gilt: »Je niedriger die Motordrehzahl, desto niedriger der Verbrauch.«
■ Wirklich günstig ist der Verbrauch bei niedriger Drehzahl und hoher Motorbelastung. Eine derartige Fahrweise war lange als »Motorquälerei« verpönt. Doch alle namhaften Automobilhersteller vertreten heutzutage die Ansicht, daß ihre Motoren selbst dann noch optimal geschmiert werden, wenn unsinnigerweise aus Leerlaufdrehzahl im höchsten Gang herausbeschleunigt wird. Sie können sich also beruhigt folgende Fahrweise aneignen: Zügig beschleunigen, nicht etwa zaghaft Gas geben, aber möglichst früh den nächsthöheren Gang einlegen.

Ist die gewünschte Geschwindigkeit erreicht, schalten Sie in den höchstmöglichen Gang und lassen den Jetta mit wenig Gas rollen. Zu solcher Fahrweise regt auch die Schaltanzeige des Formel-E-Jetta an. Man kann beim Hochschalten auch mal einen Gang überspringen. Flott drehen soll der Motor eigentlich nur, wenn es die Verkehrssituation erfordert, also beim Überholen oder beim Einspuren in den fließenden Verkehr.

■ Die Motoren des Jetta sind bei 2000/min hinreichend durchzugskräftig. Lassen Sie deshalb den Motor möglichst nur so weit drehen, daß Sie im nächsthöheren Gang aus ca. 2000/min weiterbeschleunigen können. Daraus ergeben sich folgende Hochschaltmarken in km/h:

	1.–2. Gang	2.–3. Gang	3.–4. Gang	4.–5. Gang
1300	24	37	51	–
1500, 1500 4+E, 1600, 1600 4+E, 1600 Einspritzer 4+E	28	42	60[1])	77
1600 Einspritzer 5-Gang	26	38	48	60

[1]) bis 7/80: 56 km/h

■ Bei jedem längeren Halt den Motor abstellen, z. B. vor einer Eisenbahnschranke, Baustellenampel oder im Verkehrsstau. Bereits ab 5–7 Sekunden Wartezeit haben Sie Benzin gespart.

■ Sparen können Sie durch Rollenlassen des Wagens: Wenn Sie an eine Stopstelle, Stauung o. ä. heranfahren, nicht mit eingelegtem Gang verzögern, sondern Schalthebel in den Leerlauf drücken. An mäßigen Gefällstrecken den Gang herausnehmen, aber nie bei einer Paßabfahrt, sonst werden die Bremsen überlastet. Nie bei eingelegtem Gang die Kupplung lediglich durchtreten, sondern den Gang herausnehmen, sonst besteht in niedrigen Gängen und höheren Geschwindigkeit Gefahr für die Kupplung. Auf keinen Fall dürfen Sie beim Rollenlassen den Motor abschalten! Die Bremskraftunterstützung fällt nach wenigen Bremsungen aus und unter ungünstigen Umständen könnte das Lenkschloß einrasten. Übrigens – in der Schweiz ist dieses Rollenlassen verboten.

Noch einige zusätzliche Spartips

■ Eine Extrafahrt zu einer weiter entfernten, billigen Tankstelle lohnt sich nur bedingt. Tanken Sie an der billigsten Zapfstation, an der Sie ohnehin vorbeifahren. Außerdem grundsätzlich volltanken, wenn der Preis günstig ist.

■ Im Sommer den Tank nicht kragenvoll füllen, wenn der Wagen anschließend gleich in der prallen Sonne abgestellt wird. Der in den Erdtanks kühl gelagerte Treibstoff dehnt sich bei Erwärmung aus und kann bis zu 2 Liter Mehrvolumen einnehmen. Die so entstandene Mehrmenge an Benzin geht durch die Tankentlüftung verloren.

■ Elektrizität kostet auch im Auto Geld. Eine unbelastete Lichtmaschine ist leichter durchzudrehen, als wenn sie Leistung abgeben muß. Als Anhaltspunkt kann gelten, daß 100 Watt in der Stunde etwa 10 Pfennig kosten. Deshalb Stromverbraucher, wie die heizbare Heckscheibe oder Nebelscheinwerfer rechtzeitig wieder abschalten. Aber nicht aus falschem Sparbewußtsein Licht sparen! Abblendlicht ist in der Bundesrepublik bei Beginn der Dämmerung, bei Nebel sowie starkem Regen und Schneefall zwingend vorgeschrieben.

■ Mit leichtem Schuhwerk läßt sich gefühlvoller Gas geben als mit Wander- oder Skistiefeln. Auf Langstreckenfahrten empfehlen wir Turn- oder Gymnastikschuhe.

■ Noch ein letzter Tip: Suchen Sie sich, wenn möglich, einen Weg und eine Zeit aus, bei der Sie nicht in den Hauptverkehr geraten. Eine etwas weitere Strecke ist oftmals wirtschaftlicher als eine kürzere, aber überfüllte.

Formel E

Für ganz konsequente Kraftstoffsparer gibt es den Jetta mit Formel-E-Ausstattung. Neben seinen äußeren Merkmalen (Abdeckung der vorderen Fenstersäulen, Heckspoiler und Schriftzug hinten) hat er einen hochverdichteten Motor, ein anders abgestuftes Vierganggetriebe, die schon erwähnte Schaltanzeige und eine Verbrauchsanzeige.
Der 1,1-Liter-Motor mit einer Leistung von 37 kW/50 PS basiert auf dem gleich starken niederverdichteten Triebwerk des VW Golf. Mit der von 8,0 auf 9,7:1 erhöhten Verdichtung und Änderungen an Nockenwelle, Zündverteiler, Vergaser und Kolben wird der höhere Energiegehalt des Superbenzins von diesem Motor besser ausgenutzt. Bei gleicher Nennleistung hat dieser Motor im unteren und mittleren Drehzahlbereich ein höheres Drehmoment aufzuweisen, was sich in einem deutlich höheren Durchzugsvermögen gegenüber dem Basistriebwerk bemerkbar macht. Erst diese Eigenschaft ermöglicht die Kombination mit dem speziell abgestuften 3 + E-Getriebe. Dieses ist nicht auf starkes Beschleunigungs- und Bergsteigvermögen und auf Erreichen der Höchstgeschwindigkeit ausgelegt, sondern auf verbrauchsgünstiges, gleichmäßiges Fahren im mittleren und oberen Geschwindigkeitsbereich. Bei diesem Getriebe entspricht die Übersetzung des 3. Gangs in etwa der des 4. beim herkömmlichen Vierganggetriebe, das ist der sogenannte direkte Gang. Der E-Gang ist auf niedrigere Motordrehzahl und damit auch geringeren Verbrauch ausgelegt. Der Formel E-Jetta erreicht daher seine Höchstgeschwindigkeit auch nur im 3. Gang.
Die Schaltanzeige informiert den Fahrer, wann er ohne Leistungsverlust hochschalten kann. Dazu verarbeitet ein elektronisches Steuergerät Informationen über Drehzahl (Impulse der Zündspule) und Gaspedalstellung (Unterdruck im Saugrohr). Ist der Lastzustand unwirtschaftlich, wird »Hochschalten« signalisiert. Beim »sportlichen« Beschleunigen mit Vollgas und Ausfahren der Gänge leuchtet die Schaltanzeige nicht auf, weil dann die gewünschte hohe Beschleunigung ein frühes Hochschalten nicht gestattet. Erst wenn der nächsthöhere Gang die gleiche Fahrleistung ermöglicht, gibt sie im Augenblick des Gaswegnehmens das Zeichen, daß geschaltet werden sollte. Bergab mit losgelassenem Gaspedal, im (höchsten) E-Gang sowie bei kaltem Motor bleibt die Schaltanzeige dagegen dunkel.
Die Verbrauchsanzeige arbeitet nur bei eingelegtem E-Gang und zeigt den momentanen Verbrauch in Liter je 100 km an. In den unteren Gängen ist der Zeiger nicht sichtbar.

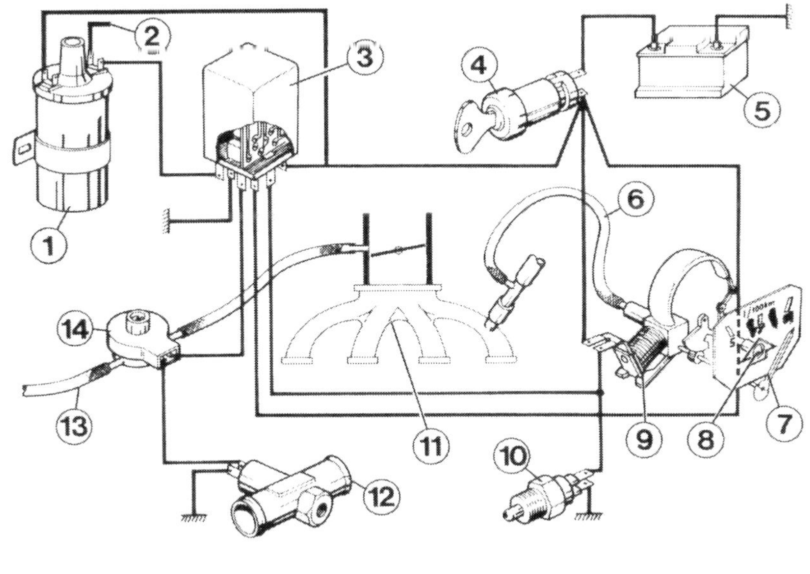

Das Schema zeigt die Verknüpfung der Teile der Schalt- und Verbrauchsanzeige im Jetta Formel E: 1–Zündspule; 2–Leitung zum Unterbrecher; 3 – Steuergerät der Schalt- und Verbrauchsanzeige; 4 – Zündschloß; 5 – Batterie; 6 – Leitung für Saugrohr-Unterdruck; 7 – Verbrauchsanzeige; 8 – Leuchtdiode der Schaltanzeige; 9 – Magnetventil; 10 – Getriebeschalter für E-Gang; 11 – Saugrohr; 12 – Kühlwassertemperaturschalter; 13 – Unterdruckleitung zur Zündungs-Frühverstellung; 14 – Unterdruckschalter.

Vom Tank zur Kraftstoffpumpe

Benzin-Stationen

Das Kraftstoff-Reservoir muß hohen Unfallsicherheits-Ansprüchen genügen. Es darf bei einem Zusammenstoß nicht reißen oder platzen, der Inhalt darf nicht davonlaufen. Das ist nicht nur eine Frage des Materials, sondern auch der Formgebung: Möglichst viele Rundungen soll der Tank haben, möglichst wenig oder besser gar keine reißempfindlichen Ecken und scharfen Kanten. Trotzdem muß er möglichst viel Benzin fassen. Da heißt es, den Raum raffiniert ausnutzen. Und so kommt es, daß Kraftstofftanks bisweilen die seltsamsten Formen zeigen.

Der Tank

Nach alter Väter Sitte ist der **42 Liter** fassende Tank aus Blech gefertigt. Diese Bauweise hat den Nachteil, daß bei längeren Standzeiten das entstehende Kondenswasser Rostansatz in seinem Innern bewirken kann. Die Rostkrümel können dann anschließend Kraftstoffleitungen und Filter zusetzen. Daher gilt es zur Vermeidung von Kondenswasser, den Tank vor langen Standzeiten kragenvoll zu füllen. Die heutzutage üblichen Alkoholzusätze im Benzin können die korrosionsfördernde Feuchtigkeit nur bis zu einem gewissen Maß »aufsaugen«.

Fingerzeig: *Bevor Sie irgendwelche Arbeiten an der Kraftstoffanlage in Angriff nehmen, sollten Sie unbedingt das Batterie-Massekabel abklemmen. Unbeabsichtigte elektrische Verbindungen können zu gefährlicher Funkenbildung führen.*

Tank ausbauen?

Vor den Tankausbau beim Jetta haben die Konstrukteure leider erhebliche Schwierigkeiten gesetzt. Nicht nur, daß alle Leitungen und Haltebänder abgenommen werden müssen und der Tank vorher möglichst leer sein soll; das wäre an sich noch kein Problem. Erschwerend kommt hinzu, daß die Hinterachse rechts und links an der Karosserie losgeschraubt werden muß. Anschließend muß die U-förmige Hinterachse (siehe Abbildung Seite 127 oben) komplett her-

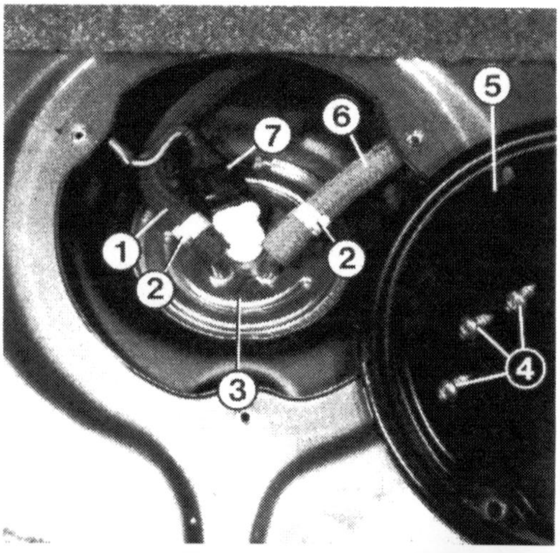

Um an den Tankgeber (3) heranzukommen, muß zuerst der Rücksitz ausgebaut werden. Sie erkennen nun einen schwarzen Blechdeckel (5), der mit drei Kreuzschlitz-Blechschrauben (4) befestigt ist. Darunter sitzt der Tankgeber, der nach Abziehen des Kabelanschlusses (7), des Ansaug- (1) und Rücklaufschlauches (6) losgedreht werden kann. Die Klemmschellen (2) sollten Sie beim Wiedereinbau durch Schraubschellen ersetzen. Achten Sie darauf, daß die Kraftstoffschläuche nicht vertauscht werden, sonst kann die Benzinpumpe keinen Kraftstoff ansaugen.

untergeklappt werden. Das geht nur, wenn Sie die Bremsschläuche abschrauben. An die Bremshydraulik sollten Sie sich als Heimwerker jedoch nicht vorwagen. Deshalb ist der Tankausbau Sache der Werkstatt.

Geber für die Tankuhr

Der Tankgeber versteckt sich hinter einer Blechkappe unterhalb des Rücksitzes. Soll er ausgebaut werden, wird zuvor der Tank möglichst weit leergefahren. Rücksitzbank herausnehmen (siehe Seite 230), schwarzen Blechdeckel abschrauben, Kabelstecker und Schläuche am Geber abziehen.
Eine Rohrzange nun so in die Aussparungen im Kranz des Geberdeckels setzen, daß der Geber losgedreht werden kann (Bajonettverschluß). Den kompletten Geber dann unter leichtem Drehen herausziehen.
Die Tankanzeige wird nur selten ganz exakt den richtigen Kraftstoffstand angeben. Einen falsch anzeigenden Tankgeber kann man durch Nachbiegen des Schwimmerarms korrigieren. Zeigt die Tankuhr zu viel an, muß der Schwimmerarm nach oben gebogen werden; wenn ein zu niedriger Benzinstand aus dem Tank gemeldet wird, biegt man den Arm nach unten.
Die Dichtung des Tankgebers soll beim Wiedereinbau mit Graphitpulver bestrichen werden, damit sich der Dichtring beim Festdrehen des Gebers mitdrehen kann. Der Deckel des Tankgebers muß gleichmäßig angedrückt werden, bevor man die Rohrzange zum Festziehen ansetzt. Den Deckel nun so weit festdrehen, bis der elektrische Anschluß in Fahrtrichtung zeigt.

Die Tankentlüftung

Ein Kraftstofftank braucht ein aufwendiges Be- und Entlüftungssystem. Es besteht beim Jetta aus zwei Rohren. Eines dieser Rohre – die sogenannte Schnellentlüftung – setzt oben am Einfüllstutzen an und führt im Bogen hinunter in den Tank.
Das zweite Entlüftungsrohr mündet im Tank an dessen Oberseite an einer kraftstofffreien Stelle. Es soll die ständig und unvermeidlich sich bildenden Benzindämpfe ableiten. Der Rohreinlaß muß unabhängig von jeglicher Straßenneigung immer frei sein, sonst könnte sich im Tank ein Überdruck bilden. Während der Fahrt strömt durch diese Leitung entsprechend der verbrauchten Kraftstoffmenge Luft von außen in den Tank hinein, so daß sich auch kein Unterdruck bilden kann. Der würde sonst die weitere Kraftstoffzufuhr in Richtung Motor verhindern und sogar zum Zusammenziehen des Tanks führen.

Die Kraftstoffleitungen

Am Tankgeber sind oben zwei Kraftstoffschläuche angeschlossen. Damit der Druck auf das Schwimmernadelventil im Vergaser nicht zu groß wird, wenn der Motor nur im Teillastbereich läuft, wird zuviel geförderter Kraftstoff durch eine

Nachdem der Blechdeckel abgeschraubt und die Schläuche sowie der Kabelstecker abgezogen wurden, setzt man eine Rohrzange in die Aussparungen am oberen Rand des Tankgebers. Geber etwas nach links drehen, bis er aus den vier großen Haltenasen oben im Tank ausrastet, Tankgeber herausnehmen. Beim Wiedereinbau darf die Dichtung zwischen Tank und Geber nicht vergessen werden. Die Schlauchstutzen oben am Geber müssen in Fahrtrichtung nach vorn zeigen.

Die energiereiche Flüssigkeit gelangt auf folgendem Weg zum Vergaser (hier an einem 1,5-Liter-Motor gezeigt): Angesaugt wird der Kraftstoff aus dem Tank durch die schwarze Ansaugleitung (2), in die ein Filter (1) eingesetzt ist. Das Benzinpumpenoberteil (4) saugt an, während das Unterteil (3) die Flüssigkeit über die Druckleitung (5) an den Vergaser weiterleitet. Die Leitung teilt sich vor dem Vergaser. Er erhält über den Zulaufschlauch (7) nur so viel Benzin, wie dort gerade gebraucht wird, zu viel geförderter Kraftstoff fließt durch ein T-Stück (6) in dem blauen Rücklaufschlauch (8) zurück in den Tank.

zweite (meist blaue) Leitung in den Tank zurückgepumpt. Dieser Kreislauf hält den Kraftstoff kühler und verhindert Dampfblasenbildung. Diese Schläuche dürfen am Tankgeber nicht vertauscht werden, sonst kann die Kraftstoffpumpe kein Benzin ansaugen.

Soll ein beschädigter oder undichter Schlauch ersetzt werden, fährt man mit einem feinen Schraubenzieher in die Klemmschelle und lockert sie. Sitzt der Schlauch noch fest, kann man ihn vorsichtig mit einem Gabelschlüssel abdrükken, den man hinter dem Schlauchende ansetzt. Beim Einbau sollten statt der Klemmschellen besser Schraubschellen verwendet werden. Ist ein Schlauch nur verstopft, löst man ihn vorn und hinten und bläst ihn mit Preßluft durch.

Die Kraftstoffpumpe

Rechts in Fahrtrichtung sitzt an der Rückseite des 1100/1300 in Höhe des 1. Zylinders die Benzinpumpe. Angetrieben wird sie von einem Exzenter der Nokkenwelle. Dieser Exzenter sitzt zwischen den Ventilbetätigungsnocken des 1. Zylinders (siehe Zeichnung Seite 42 oben). Beim 1500/1600 finden wir die Kraftstoffpumpe an der Vorderseite in Höhe des 3. Zylinders; den Antrieb liefert die Zwischenwelle mit einem Exzenter. Im Oberteil der Pumpe ist das Saug- und Druckventil eingebaut, im Unterteil sitzt der Antriebsmechanismus. Die Membrane zwischen dem oberen und unteren Pumpenteil dient gleichzeitig als Dichtung. Eine Feder am Pumpenstößel zieht diesen und damit die daran befestigte Membrane nach unten, das Saugventil öffnet und aus dem Tank wird Benzin angesaugt. Der Exzenter drückt den Pumpenstößel mit der Membrane zurück, das Druckventil öffnet und Kraftstoff wird in den Vergaser gefördert.

Hier wird das Reinigen der Kraftstoffpumpe (6) am 1100/1300 gezeigt. Dazu löst man die Querschlitzschraube (3) am Pumpendeckel (1) und nimmt ihn samt Dichtring (2) und Sieb (4) ab.
Das Filtersieb bläst man aus oder pinselt es in Kraftstoff sauber, das Pumpeninnere wird mit einem nicht fasernden Lappen ausgewischt. Die Nasen am Sieb müssen beim Zusammenbau nach oben zeigen, und die Kerbe im Deckel ist genau in die Aussparung des Pumpengehäuses einzusetzen. Vergessen Sie den Dichtring nicht. Ein undichter Gummiring unter dem Benzinpumpendeckel kann bei höheren Drehzahlen zu scheinbar unerklärlichen Aussetzern und zu Leistungsverlust führen.
Da die Saugseite der Pumpe im Oberteil liegt, tritt bei defekter Dichtung kein Kraftstoff aus, sondern die Benzinpumpe saugt Luft an.
Am Motorblock ist die Kraftstoffpumpe mit zwei Inbusschrauben (5) befestigt.

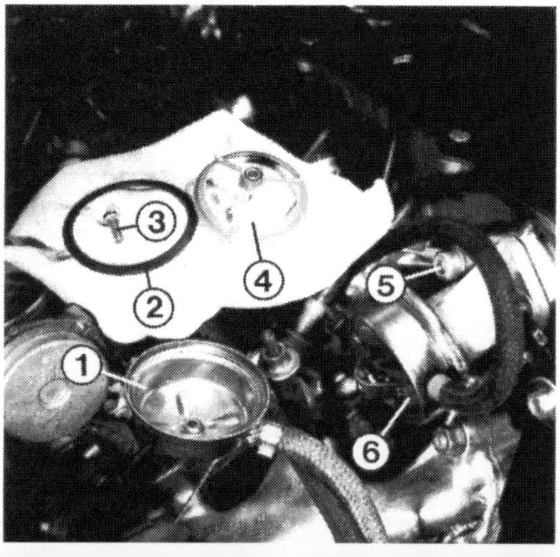

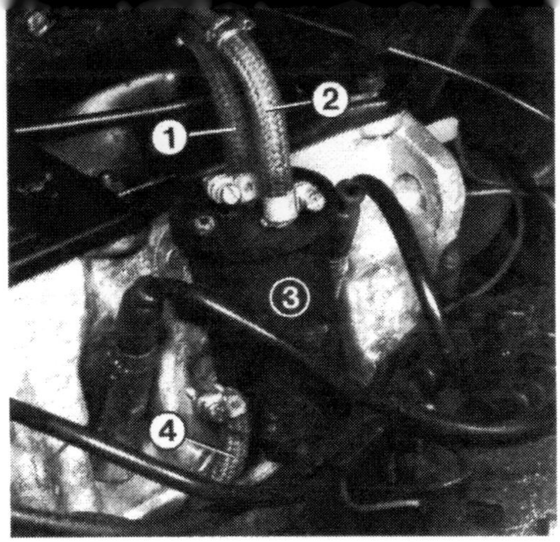

Dieser kleine Behälter (3) sitzt nur bei den 1,5-Liter-Motoren seit Baujahr 4/80 an der Vorderseite des Motors. Der Kraftstoff gelangt durch den unteren Schlauch (4) hinein und wird über den hinteren oberen Schlauch (1) zum Vergaser geleitet; der andere Schlauch (2) führt zum Tank zurück. Dieser zusätzliche Kraftstoffbehälter soll jegliche Dampfblasenbildung verhindern.

Störungen an der Benzinpumpe

Das Oberteil der Kraftstoffpumpe ist nicht zugänglich, lediglich den Deckel können Sie abschrauben. Bei einem Defekt läßt sich die Pumpe nicht in ihre Einzelteile zerlegen, sondern sie muß komplett ersetzt werden.
Störungen können die Pumpenventile verursachen, die lediglich eingepreßt sind. Sie können sich lösen und dann stockt der Benzinstrom. Manchmal hängt zwar nur ein Ventil, was sich durch kräftiges Klopfen auf das Pumpengehäuse beheben läßt, aber meist ist eine neue Pumpe fällig.
Bevor Sie allerdings das Werkzeug schwingen, sollten Sie zuerst prüfen, ob wirklich kein Benzin kommt. Schlauch zum Vergaser abziehen und in ein Gefäß halten (z. B. Kappe der Warndreieck-Hülle), Motor von Helfer starten lassen. Es gibt eine weitere, einfache Prüfungsmöglichkeit (mit dem Ersatzbenzinschlauch): Am Anschluß vom Tank muß man ansaugen, jedoch nicht einblasen können. Der Pumpendeckel muß bei der Prüfung aufgeschraubt sein.

Kraftstoffpumpe ausbauen

Zum Pumpenausbau wird der Benzinschlauch vom Tank mit einer Schraube verschlossen, die man in die Schlauchöffnung hineindreht. Beide Halteschrauben Innensechskant SW 6 oder 8 lösen, und die Pumpe abnehmen, beim 1500/1600 zusammen mit dem Zwischenflansch.

Filtersieb der Benzinpumpe reinigen

Wartungspunkt Nr. 42

Bei den Vergasermotoren sitzt unterhalb des Kraftstoffpumpendeckels ein Sieb, das Schmutzteilchen im Benzin von den Pumpenventilen und Vergaserdüsen fernhalten soll. Wie das Filtersieb gereinigt wird, haben wir in den beiden Abbildungen unten beschrieben.

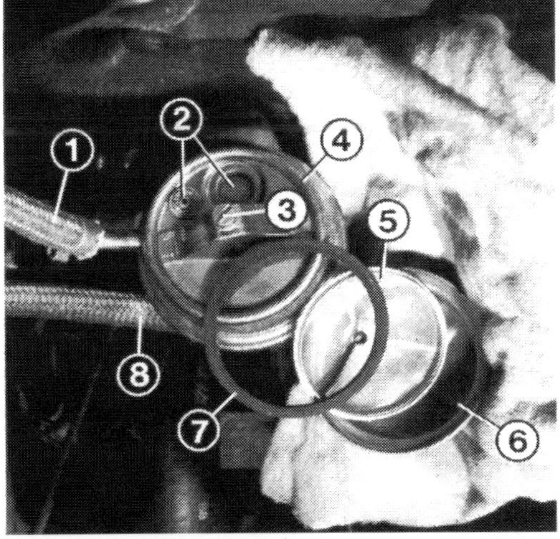

Beim 1500/1600 ist die Kraftstoffpumpe (4) wesentlich bequemer zugänglich. Zum Reinigen des Siebs (5) den Pumpendeckel (6) nach Lösen der Querschlitzschraube (3) abnehmen. Die Deckeldichtung (7) bleibt meist im Deckel kleben; vor dem Zusammenbau soll sie aber auf Einrisse kontrolliert werden, es könnte sonst zu Schwierigkeiten bei der Kraftstoffversorgung kommen. Das Filtersieb wird in sauberem Kraftstoff ausgewaschen und dann ausgeblasen.
Den Kraftstoff vom Tank liefert der Schlauch (8) zum Deckel der Benzinpumpe, die das energiespendende Naß in einem Schlauch (1) zum Vergaser weiterpumpt. Ganz deutlich sind in diesem Bild auch die beiden Pumpenventile (2) erkennbar.

Elektrische Benzinpumpe

Der Jetta mit Benzineinspritzung besitzt eine elektrische Kraftstoffpumpe. Sie ist vor dem hinteren rechten Radausschnitt in einem geräusch- und vibrationsdämpfenden Gehäuse unten am Wagenboden aufgehängt. Um Brände bei Unfällen zu vermeiden, läuft die Pumpe nur dann, wenn sich der Motor dreht – also auch schon beim Anlassen. Plusstrom erhält sie durch ein rot/gelbes Kabel über das Kraftstoffpumpenrelais. Dieses Relais sitzt (mit einem Zusatz-Sicherungskästchen, das die Sicherung für die Einspritzanlage enthält) über oder auf dem Relaiskasten links unter dem Armaturenbrett (siehe Bild unten). Das Kraftstoffpumpenrelais ist es auch, das dafür sorgt, daß erst bei den ersten Zündimpulsen des Motors Kraftstoff gefördert wird.

Der Pumpe ist ein Kraftstoff-Druckspeicher zugeordnet, der seinen Platz weiter hinten am Wagen – etwa in Höhe des rechten Hinterrads – hat. Er sorgt dafür, daß das Kraftstoffsystem immer unter Druck steht. Das ist für den schnellen Motorstart wichtig.

Störungsbeistand

Die elektrische Kraftstoffpumpe der Bosch-K-Jetronic erhält, wie schon erwähnt, nur Strom, wenn der Anlasser betätigt wird oder der Motor läuft. Deshalb ist das Prüfen der Pumpe etwas kompliziert.

■ Prüfen, ob Benzin nach vorne gefördert wird: Aus Sicherheitsgründen die Zündung lahmlegen. Dazu das Hauptzündkabel aus der Verteiler-Mittelbuchse herausziehen und fest mit Masse verbinden. Hohlschraube am Kaltstartventil lösen. Schon bei nicht laufendem Motor muß jetzt etwas Benzin herausspritzen, denn der Druckspeicher hält das Kraftstoffsystem unter Druck. Kommt nichts, wird der Anlasser betätigt. Die Benzinpumpe müßte jetzt Benzin fördern.

■ Auch die Sicherung für die K-Jetronic auf dem Kraftstoffpumpenrelais (siehe Bild unten) muß kontrolliert werden. Über sie ist die Pumpe abgesichert.

■ Jetzt prüfen wir, ob die Pumpe überhaupt läuft: Anlasser von Helfer betätigen lassen und die Kraftstoffpumpe mit der Hand anfassen. Wenn sie sich dreht, vibriert sie leicht. Auch die Laufgeräusche der Pumpe sind gut zu hören. Tut sich nichts, klopfen Sie leicht gegen das Pumpengehäuse. Eine hängengebliebene Pumpe löst sich so eventuell wieder.

■ Da Sie gerade neben dem Auto liegen, können Sie auch gleich die Kabelanschlüsse kontrollieren. Die Kabel müssen richtig sitzen und die Steckverbindungen dürfen nicht korrodiert sein.

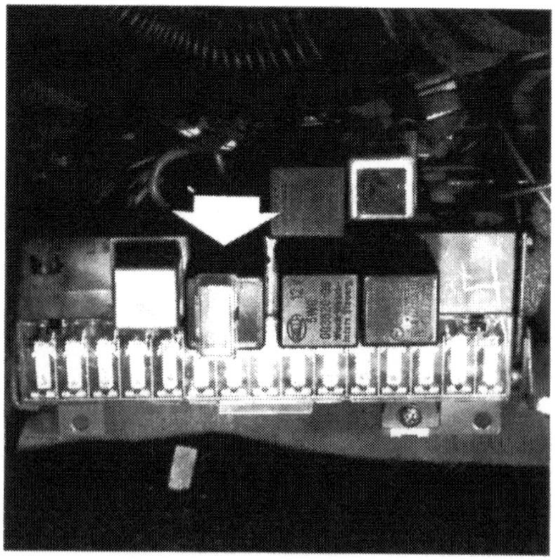

Der Pfeil auf diesem Bild zeigt auf das Kraftstoffpumpenrelais der Einspritzanlage. Die Sicherung oben auf dem Relaisgehäuse ist für die elektrische Kraftstoffpumpe zuständig. Ist sie defekt, fällt die Einspritzanlage komplett aus. Das Relais kann bei neueren Wagen auch etwas weiter oberhalb des Sicherungskastens sitzen: Die Stromzuführung erhält es dann entweder von vorn durch ein in der Relaisplatte eingestecktes Adapterkabel oder durch Kabel, die hinten an der Relaisplatte befestigt sind.

Das Druckspeichergefäß (Pfeil) sitzt beim Jetta in Höhe des rechten Hinterrads. In diesem Behälter wird – wie der Name schon sagt – eine gewisse Menge Kraftstoff unter Druck gespeichert, um den Startvorgang zu beschleunigen.

An der rechten Fahrzeugseite, kurz vor dem Hinterrad sitzt die elektrische Kraftstoffpumpe (1) der Bosch K-Jetronic in einem schall- und schwingungsdämpfenden Gehäuse. Den Kraftstoff saugt sie durch eine kurze Zuleitung (3) aus dem Tank (2) an.

■ Will sich immer noch nichts tun, »befühlen« Sie das Pumpenrelais (siehe Bild Seite links). Es muß während des Startvorgangs klicken.

■ Jetzt prüfen wir noch mit einer Prüflampe, ob an der Pumpe überhaupt Strom ankommt. Dazu Anlasser betätigen. Ist Spannung da, ist die Pumpe defekt. Keine Spannung: Die Werkstatt muß den Kabelwurm suchen. Dritte Möglichkeit: Pumpe läuft, aber es kommt kein Kraftstoff. Dann ist der Druckspeicher oder das Kraftstoff-Hauptfilter oder aber die Leitung verstopft bzw. geknickt.

Elektrische Kraftstoffpumpe ausbauen

Ist die elektrische Kraftstoffpumpe defekt, muß sie ausgetauscht werden, denn eine Reparatur ist nicht möglich. Dazu das Schlauchband der Kraftstoffleitung zum Tank lösen, Leitung abziehen und mit passendem Stopfen verschließen, damit kein Benzin ausläuft. Auf der Druckseite der Pumpe die Leitung zum Druckspeichergefäß losschrauben: dabei kann etwas Kraftstoff herausspritzen. Also Vorsicht mit den Augen. Kabelanschlüsse abbauen und die Muttern an den Gummimetallagern abschrauben. Die Pumpe kann jetzt mit Haltewanne und Dämpfungseinsatz abgenommen werden.

Kraftstoffilter ersetzen

Wartungspunkt Nr. 68

Schmutzpartikel im Benzin können aus dem eigenen Tank stammen oder aber aus dem Behälter einer Zapfstation. Letzteres ist möglich, wenn Sie irgendwo gefüllt haben, als ein Tankwagen eben frisches Benzin in die Erdtanks pumpte. Dadurch können Verunreinigungen aufgewirbelt werden und über den Zapfhahn in Ihren Tank gelangen. Deshalb an frisch belieferten Tankstellen möglichst nicht auftanken.

Vorsichtshalber sitzt ein Kraftstoffilter zwischen Tank und Benzinpumpe, das alle 30000 km durch ein neues ersetzt werden soll.

Vergasermotoren: Hier ist das Kraftstoffilter einfach »fliegend« in die Kraftstoffleitung vom Tank eingesetzt (siehe auch Bild Seite 86 oben). Beim Auswechseln ist die Durchflußrichtung des Filters zu beachten. Die Benzinflußrichtung ist durch einen kleinen Pfeil angedeutet.

Einspritzmotor: Das Filter ist am Gemischregler mit einem Metallband befestigt. Die angeschlossenen Kraftstoffleitungen – wie auch das Filter selbst – sind hier angeschraubt (Vorsicht, aus den Leitungen kann Benzin unter Druck herausspritzen!). Beachten Sie auch hier die Durchflußrichtung: Der Pfeil auf dem Gehäuse zeigt in Richtung des zum Gemischregler führenden Schlauchs.

Vernebelungstaktik

Flüssiges Benzin brennt zwar, aber es gibt dabei keine rechte Kraft her, sondern flammt nur vor sich hin. Erst dampf- oder gasförmig in Luft eingemischt, komprimiert und dann entzündet, entfesseln sich die Energien nutzbar. Das wußten schon die Väter unserer Kraftfahrzeugmotoren, und so erfanden sie den Vergaser, von dem – in beträchtlich weiterentwickelter Form – hier die Rede sein soll.

Das Luftfilter

Gewissermaßen als Vorzimmer sitzt auf dem Vergaser das Luftfilter. Bevor wir also an den Benzinvernebler herankommen, müssen wir uns mit dieser Filtereinrichtung befassen.
Die Ansaugluft des Motors enthält Staub- und Schmutzteilchen, die nicht in den Vergaser oder die Verbrennungsräume gelangen sollen. Das Luftfilter sorgt für entsprechenden Schutz und dämpft gleichzeitig die Ansauggeräusche.

Luftfiltereinsatz ausblasen

Wartungspunkt Nr. 40

Das Papierfilterelement soll alle 15000 km oder alle 6 Monate ausgeblasen werden. Falls Sie oft über staubige Straßen fahren, empfiehlt sich die Reinigungskur in kürzeren Abständen.
Der Deckel des Luftfiltergehäuses ist je nach Modell lediglich mit Spannklammern oder zusätzlich durch eine Spiralfeder befestigt. Bei den 1500/1600ern sitzt in Fahrtrichtung vorn am Zylinderkopfdeckel ein Halteblech, an dem der Luftfiltergehäusedeckel festgeschraubt ist. Diese Mutter muß herausgedreht werden, wobei meist der Schraubenbolzen herausgedreht wird. Das ist nicht weiter schlimm, Sie müssen zum Abnehmen des Deckels dann eben das Halteblech etwas nach vorn biegen.
Filtereinsatz herausnehmen und durch leichtes Klopfen auf einer harten Unterlage von gröberen Schmutzteilchen säubern. Der feinere Staub muß mit Preßluft ausgeblasen werden, notfalls genügt auch eine Fahrrad-Luftpumpe. Den Luftstrahl läßt man seitlich an den Filterlamellen vorbeistreichen; wird dagegen von

Der Luftfiltereinsatz (2) beim 1100/1300 läßt sich nach Lösen der Spannklammern (3) und Abnahme des Deckels (1) herausnehmen. Wenn Sie im Gehäuseunterteil Ölspuren aus dem Stutzen der Kurbelgehäuse-Entlüftung entdecken, sollten Sie das Gehäuse mit einem benzingetränkten Lappen ausreiben. Weiter sehen Sie im Bild den Temperaturregler (5) der automatisch gesteuerten Ansaugluft-Vorwärmung und die Halteschrauben (Pfeil bzw. Steckschlüssel darauf angesetzt) des Luftfilter-Unterteils. Hier nicht sichtbar ist die zusätzliche Spiral-Haltefeder des Unterteils. Beachten Sie beim Aufsetzen des Deckels, daß dessen Aussparung in die entsprechende Haltenase (4) am Unterteil eingesetzt ist.

innen nach außen geblasen, drückt man einen Teil des Staubs fest in die Filterporen. Keinesfalls darf der Filtereinsatz mit Benzin ausgewaschen werden, dadurch verstopft er.
Sind im Filtergehäuse Ölspuren aus der Kurbelgehäuse-Entlüftung zu sehen, wäscht man das abgenommene Gehäuse mit Benzin aus.

Luftfiltereinsatz wechseln

Wartungspunkt Nr. 67

Durch einen verschmutzten Luftfiltereinsatz erhält der Motor nicht mehr genügend Ansaugluft, das Gemisch wird fetter, der Verbrauch steigt dadurch an und die Leistung sinkt. Man sollte daher den Ersatz des Papiereinsatzes nicht über die empfohlenen Intervalle hinausschieben. Z. B. folgende Filtereinsätze passen für die verschiedenen Modelle:

- **1100/1300:** V.A.G. 036 129 620, Bosch 1 457 029 014, Knecht AG 29, Mann C 3474, Purolator PM 1136.
- **1500/1600:** V.A.G. 055 129 620 A, Bosch 1 457 429 030, Knecht AG 144, Mann C 2039, Purolator PM 1711.

Luftfiltergehäuse abnehmen

Für den Ausbau des Luftfiltergehäuses gilt allgemein, daß die dorthin führenden Schläuche abgenommen werden müssen. Das Gehäuseunterteil ist beim 1100/1300 auf langen Haltebolzen über dem Ansaugkrümmer angeschraubt. Muttern bei geöffnetem Deckel und herausgenommenem Filtereinsatz losdrehen und zur Spritzwand hin die Spiralfeder aushängen. Beim 1500 wird der Ansaugstutzen über dem Vergaser durch einen oben sitzenden Spannbügel auf dem Vergaserstutzen gehalten. Beim 1600 ist das Gegenstück zum Filterdeckel auf den Vergaser geschraubt.

Wieso Ansaugluft-Vorwärmung?

Die automatische Ansaugluft-Vorwärmung hat die Aufgabe, die Luft, die der Motor über den Vergaser ansaugt, immer auf der jeweils günstigsten Temperatur zu halten. Das hat zwei Gründe:

- Bei kühlem Wetter vergast das Gemisch besser, wenn die Ansaugluft vorgewärmt zugeführt wird. Allerdings soll der Motor bei höheren Außentemperaturen keine vorgewärmte Ansaugluft erhalten: Dieselbe Menge warmer Luft besitzt ein größeres Volumen als kalte Luft. Da der Motor nur eine bestimmte Luftmenge ansaugen kann, erhält er bei eingeschalteter Ansaugluft-Vorwärmung etwas weniger Luft, das Gemisch wird fetter, der Verbrauch steigt. Bei kühlen Temperaturen ist dies für gleichmäßigen Motorlauf notwendig, aber nicht, wenn im Frühjahr das Thermometer steigt.
- Der Vergaservereisung soll vorgebeugt werden. Diese Vereisung entsteht durch den Druckabfall im Vergaser bei laufendem Motor, wobei ein Teil des

Das Luftfiltergehäuse beim 1500/1600 ist ebenfalls zweigeteilt. Im Vordergrund liegt der Deckel (7), zuvor wurden die Spannklammern (6) geöffnet und die Haltemutter (3) losgedreht. Jetzt läßt sich der Filtereinsatz (4) herausnehmen. Außerdem erkennen Sie im Bild die Unterdruckdose (1) für die Ansaugluftvorwärmung sowie die Luftklappe (2) im Ansaugstutzen. Der Schlauch (5) führt die giftigen Gase aus dem Kurbelgehäuse zur nochmaligen Verbrennung in den Vergaser.

Zum bessern Verständnis der Teile der automatisch geregelten Ansaugluft-Vorwärmung haben wir hier das Luftfilter-Unterteil (3) an einem 1,3-Liter-Motor losgeschraubt und umgedreht. Sie sehen: 1 – Warmluftschlauch vom Auspuffkrümmer kommend; 2 – Mischgehäuse im zweigeteilten Ansaugstutzen, die Kaltluft ist durch den weißen, die Warmluft durch den schwarzen Pfeil dargestellt; 4 – Unterdruckschlauch vom Temperaturregler (7) zur Unterdruckdose (hier im Bild nicht sichtbar). Der Temperaturregler läßt den Unterdruck zum Betätigen der Warmluftklappe (8) nur bei bestimmten Temperaturen wirksam werden.
5 – Schlauch der Kurbelgehäuse-Entlüftung; 6 – Schlauchanschluß an die Unterdruckleitung vom Ansaugkrümmer zum Bremskraftverstärker; 9 – Thermostat zur Betätigung der Warmluftklappe; 10 – Ansaugstutzen-Unterteil.

Kraftstoffes verdunstet und sich dabei erheblich abkühlt. Davon wird auch das Vergasergehäuse abgekühlt und bei Temperaturen zwischen +3 und +8° C (in Extremfällen auch darüber) und hoher Luftfeuchtigkeit kann sich im Vergaser eine Eisschicht bilden, welche die einwandfreie Gemischbildung verhindert. Funktioniert die Ansaugluft-Vorwärmung nicht wunschgemäß, kann das zu Betriebsstörungen führen.

Winters:

- Schlechter Leerlauf nach dem Kaltstart in der sogenannten Warmlaufphase.
- Schlechter Übergang, Motor neigt zum Stottern.

In der warmen Jahreszeit:

- Mangelhafte Leistung, übliche Höchstgeschwindigkeit wird nicht erreicht.
- Höherer Kraftstoffverbrauch.

Ansaugluft-Vorwärmung kontrollieren

Wartungspunkt Nr. 41

Zeigt sich eine der im vorigen Absatz beschriebenen Störungen, können Sie folgendes prüfen:
Am Temperaturregler im Luftfiltergehäuse den Unterdruckschlauch von dem Stutzen mit Kerbe abziehen. Wenn Sie an diesem Schlauch Luft ansaugen, muß die Warmluftklappe hörbar schließen bzw. ohne Unterdruck wieder öffnen. Andernfalls Unterdruckschläuche auf Undichtigkeiten kontrollieren, Luftklappe der Unterdruckdose prüfen, ob sie sich leicht bewegt. War hier kein Fehler zu finden, muß der Temperaturregler ausgetauscht werden. Aber zuerst noch die zweite Prüfungsmöglichkeit: Ansaugstutzen mit dem Wachsthermostat ausbauen. Die vom Thermostat betätigte Klappe muß bei Temperaturen über +20° C den Zustrom der von unten kommenden Warmluft verschließen. Legen Sie nun (ungeachtet eventueller Proteste der Hausfrau) den Ansaugstutzen in den Kühlschrank. Im Temperaturbereich zwischen −20 und +20° C darf die Klappe höchstens etwas mehr als 1/3 geöffnet sein. Andernfalls muß der Thermostat ersetzt werden.

Welcher Vergaser ist eingebaut?

Für unsere Jetta-Modelle kommen recht unterschiedliche Vergaser zum Einsatz. Damit Sie aus den nachfolgenden Typenbezeichnungen auf Anhieb die für Ihren Motor richtige heraussuchen können, hier zunächst eine kurze Aufstellung.

1100 Formel E bis 7/81	1100 Formel E ab 8/81	1300 bis 7/81	1300 ab 8/81	1500	1600
31 PIC-6	31 PIC-7	34 PIC-5	34 PIC-6	1 B 3	2 B 5

Die wichtigsten Teile des Vergasers

Beschleunigungspumpe: Beim Durchtreten des Gaspedals spritzt sie zusätzlich Benzin in den Saugkanal ein, damit bei plötzlichem Gasgeben das Kraftstoff/Luft-Gemisch durch das schlagartige Öffnen der Drosselklappe nicht zu sehr abmagert.

Drosselklappe: Sie sitzt ganz unten im Vergaser. Sie regelt die Menge des Kraftstoff/Luft-Gemisches, das der Motor ansaugen soll. Wie weit sie geöffnet wird, bestimmt der Fahrer beim Treten des Gaspedals, denn Drosselklappe und Pedal sind über den Gaszug direkt verbunden.

Hauptdüse: Sie ist in die Schwimmerkammer eingeschraubt und sorgt mit ihrer genau bemessenen Bohrung für den Abfluß der richtigen Kraftstoffmenge aus der Schwimmerkammer.

Leerlaufdüse: Sie liefert dem Leerlaufsystem eine stets gleichbleibende Kraftstoffmenge zur Aufbereitung des Leerlaufgemisches.

Luftkorrekturdüse: Sie mischt den von der Hauptdüse kommenden Kraftstoff mit Luft vor.

Lufttrichter: Im Saugkanal (Vergaserdurchlaß) sitzt der Lufttrichter. Charakteristisch ist seine Einschnürung im Innendurchmesser, wodurch die angesaugte Luft beschleunigt und das Gemisch aus dem Austrittsarm stärker abgesaugt wird.

Mischrohr: Es nimmt Kraftstoff von der Hauptdüse und durch Bohrungen Luft von der Luftkorrekturdüse entgegen und führt beides vermischt in den Austrittsarm im Saugkanal weiter. Bei höheren Drehzahlen wird das Gemisch durch freiwerdende Bohrungen zusätzlich mit Luft versorgt, um das sonst durch höheren Kraftstoffdurchsatz fetter werdende Mischungsverhältnis konstant zu halten.

Schwimmerkammer: Die Speicherung des Kraftstoffes wird in der Schwimmerkammer (der 2B5-Vergaser hat übrigens zwei davon) durch Schwimmer und Schwimmernadelventil geregelt. Hat das Benzin eine bestimmte Höhe erreicht, drückt der Schwimmer durch seinen Auftrieb über einen Hebel gegen die Ventilnadel. Deren spitz zulaufendes Ende sperrt dann den weiteren Zufluß ab.

Starterklappe: Sie sitzt ganz oben im Vergaser-Einlaß. Bei kaltem Motor muß sie geschlossen werden. So baut sich bei laufender Maschine im Vergaserdurchlaß ein stärkerer Unterdruck als im normalen Betrieb auf. Deshalb wird auch mehr Benzin aus den Vergaserdüsen gesaugt. Das Gemisch wird kraftstoffreicher. Steigt die Betriebstemperatur, muß die Starterklappe wieder geöffnet werden.

31 PIC- und 34 PIC-Vergaser

Funktion

Diese Vergaser haben unten am Flansch zum Saugrohr einen Durchmesser von 31 bzw. 34 mm, das besagt die vorangestellte Zahl. Es handelt sich um Einfachvergaser, denn es ist nur eine Mischkammer vorhanden. Die Starterklappe muß

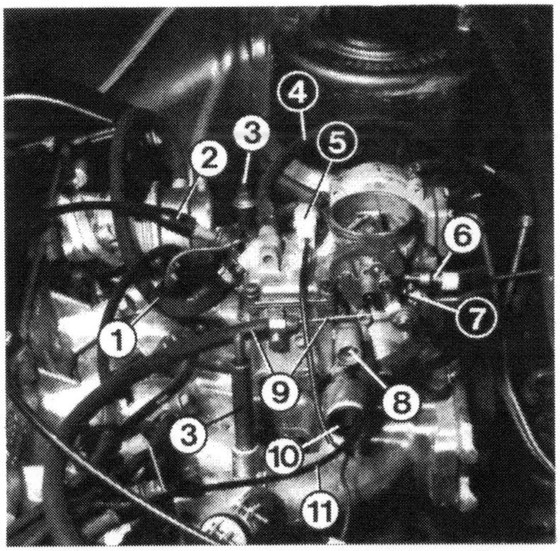

Von links in den Motorraum gesehen, sehen Sie am PIC-Vergaser: 1 – Benzinzulaufschlauch; 2 – Gaszug; 3 – Befestigungsbolzen für das Luftfiltergehäuse; 4 – Kraftstoff-Rücklaufschlauch; 5 – Kabelstecker zur Teillastkanalbeheizung; 6 – Kaltleerlauf-Einstellschraube; 7 – Drosselklappen-Anschlagschraube; 8 – Zusatzgemisch Regulierschraube; 9 – Starterzug; 10 – Leerlauf-Abschaltventil; 11 – Unterdruckschlauch zum Zündverteiler.

Die Leerlaufgemischbildung beim PIC-Vergaser: Der Kraftstoff (K) wird hinter der Hauptdüse (1) in einem Kanal durch die Leerlaufdüse (7) dosiert und mit der Luft (L) gemischt, die durch die Leerlaufluftbohrung (4) eintritt. Diese Mischung strömt ans Leerlauf-Abschaltventil (10); die Menge wird mit der Leerlaufgemisch-Regulierschraube (9) eingestellt. Zu dieser herkömmlichen Art der Leerlaufgemischbildung, dem »Grundleerlauf«, gehört ein zweites Kanalsystem, welches das sogenannte Zusatzgemisch heranführt. Den Kraftstoff hierfür dosiert die Zusatzkraftstoffdüse (6), Luft (Z) strömt durch die Zusatzluftdüse (5) hinzu. Beide Düsen sind beim neueren PIC-7-Vergaser zu einer kombiniert und sitzen in der Schwimmerkammer. Aus der Mischkammer kommt noch weitere Zusatzluft (Z) für das Zusatzgemisch. Seine Durchflußmenge wird von einer eigenen Regulierschraube (8) eingestellt und gelangt weiter ans Abschaltventil. Grundleerlauf-Gemisch und Zusatzgemisch treten bei geöffnetem Leerlauf-Abschaltventil gemeinsam durch eine Bohrung unterhalb der Drosselklappe (2) in das Saugrohr zusammen mit einströmender Hauptluft (H) als endgültige Mischung für den Motorleerlauf. Die By-Pass-Bohrungen (3) sind für den Übergang vom Leerlauf auf Normalbetrieb zuständig.

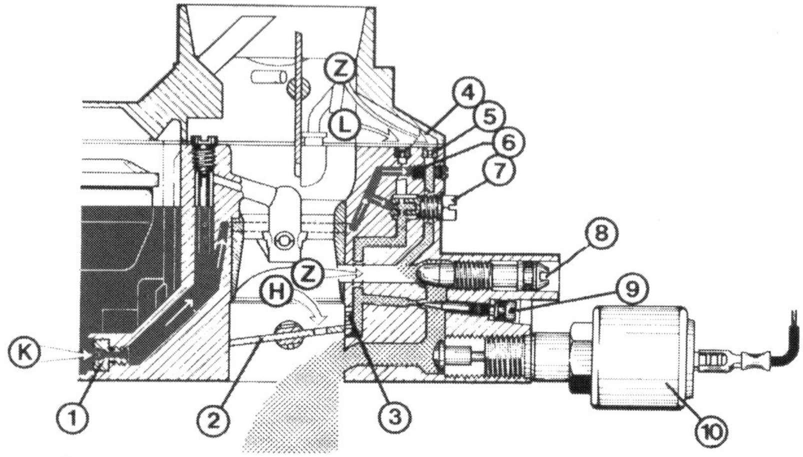

vom Fahrer durch den Chokezug am Armaturenbrett geschlossen bzw. wieder geöffnet werden.

Start: Oben im Vergaser-Einlaß ist die Starterklappe gelagert. Beim Kaltstart und gezogenem Starterzug wird über einen Starterhebel und eine Verbindungsstange diese Klappe umgelegt. Dadurch entsteht schon bei niedriger Drehzahl während des Anlassens unter dieser Klappe ein starker Unterdruck, der eine genügend fette Benzinmischung aus dem Austrittsarm absaugt. Gleichzeitig wird beim Schließen der Starterklappe über eine Kurvenscheibe die Drosselklappe etwas geöffnet, damit besagter Unterdruck bis unter die Luftklappe wirksam werden kann.

Damit die Starterklappe unabhängig von eventuell falscher Bedienung durch den Fahrer nicht zu lange geschlossen bleibt, ist an die Starterklappenwelle ein Hebel montiert, in den eine Bimetallfeder (wie bei der Startautomatik des 1 B3-Vergasers eingehängt ist. Diese Feder reagiert auf die Umgebungstemperatur – sie drückt bei kaltem Motor die Luftklappe zu bzw. mit zunehmender Erwärmung zieht die Bimetallfeder die Starterklappe auch bei gezogenem Chokezug auf. Damit wird verhindert, daß bei versehentlich gezogenem Starterzug das Gemisch für den Motor zu stark angereichert oder überfettet wird (sonst erhöhter Verbrauch, Stehenbleiben des Motors – »Absaufen« –, Motorölverdünnung und hoher Giftanteil in den Abgasen). Doch trotz dieses »Thermo-Choke«-Systems, wie es bei VW heißt, sollten Sie nach dem Kaltstart den Starterzug so bald als möglich wieder zurückschieben, woran Sie die gelbe Kontrolleuchte erinnert.

Leerlauf: Siehe Zeichnung oben.

Übergang: Damit beim Übergang vom Leerlauf auf Normalbetrieb kein »Loch«

Wenn Sie den Haltering (6) am PIC-Vergaser losschrauben und den Deckel (9) abnehmen, sehen Sie die wichtigsten Teile des »Thermo-Chokes«. Die Bimetallfeder (8) im Deckel spricht auf die Umgebungstemperatur an. Ihre Öse (7) greift in den Mitnehmerhebel (5) auf der Starterklappenwelle (3). Bei kaltem Motor drückt die Bimetallfeder in Richtung »Starterklappe zu«, während sie mit zunehmender Betriebstemperatur in Richtung »Auf« zieht. Wenn bei geschlossener Starterklappe (2) das Gaspedal durchgetreten wird, tritt das Pulldown-System (1) in Aktion. Die unterdruckgesteuerte Membrane zieht dann über ihre Betätigungsstange (4) und den Mitnehmerhebel die Starterklappe weiter auf, damit das Gemisch nicht zu fett wird.

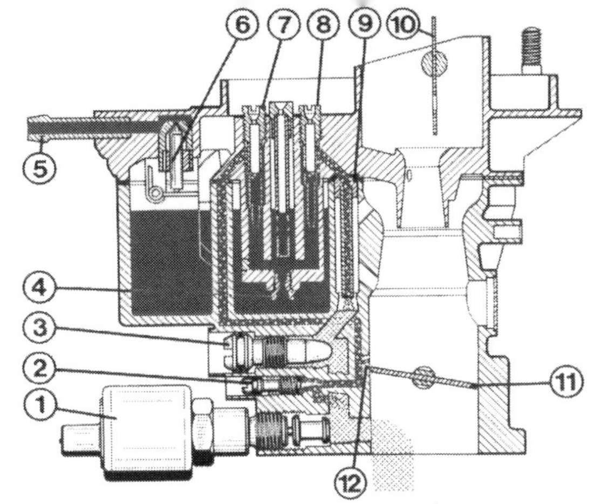

Beim 1 B 3-Vergaser wird das Gemisch für den Leerlauf ebenfalls aus dem Grund- und Zusatzleerlaufsystem gebildet. Der Kraftstoff gelangt über die Hauptdüse (4) an die kombinierte Kraftstoff/Luftdüse (7) für den Grundleerlauf. Das Zusatzgemisch bereitet die kombinierte Zusatzkraftstoff/Zusatzluftdüse (8) mit weiterer Luft, die am Mischrohr (9) für das Zusatzgemisch hinzugelangt. Die mit der Leerlaufgemisch-Regulierschraube (2) und der Zusatzgemisch-Regulierschraube (3) eingestellten Durchflußmengen beider Leerlaufsysteme münden in einen gemeinsamen Kanal unterhalb der Drosselklappe (11), wenn das Leerlauf-Abschaltventil (1) geöffnet ist.
Weiter bedeuten: 5 – Kraftstoff-Zufluß; 6 – Schwimmernadelventil; 10 – Starterklappe; 12 – Übergangsbohrungen.

entsteht, zweigen vier kleine Bohrungen oberhalb der Drosselklappe eine zusätzliche Menge Kraftstoff/Luft-Gemisch vom Grundleerlauf-Gemisch ab.
Normalbetrieb: Das Benzin fließt durch die Hauptdüse in den nach unten geneigten Austrittsarm, nachdem zuvor durch die Luftkorrekturdüse und das Mischrohr Luft zugemischt wurde. Der Austrittsarm mündet in den Vorzerstäuber im Lufttrichter. Hier wird durch die Saugwirkung der Kolben das Gemisch abgesaugt.
Beschleunigen: Beim Niederdrücken des Gaspedals wird über einen mit der Drosselklappe verbundenen Hebel in einer kleinen separaten Membranpumpe über ein gebogenes Röhrchen Benzin zusätzlich in den Saugkanal eingespritzt, da das Hauptdüsensystem nicht gleich genügend Kraftstoff liefert.
Vollast: Bei voll geöffneter Drosselklappe und hohen Drehzahlen gelangt zusätzlich Benzin über zwei Rohre in den Saugkanal, damit der Motor auf seine volle Leistung kommt. Das Anreicherungssystem spricht auf den starken Unterdruck im Vergaserdurchlaß bei voll durchgetretenem Gaspedal an.

Start: Nach ein- bzw. zweimaligem Durchtreten des Gaspedals schließt die Starterklappe den Vergaser-Einlaß. Eine Bimetallfeder im Startautomatikgehäuse hält die Klappe in dieser Schließstellung. Jetzt kann, wie im vorangegangenen Absatz beschrieben, der Unterdruck eine fettere Benzinmischung absaugen.
Mit dem Einschalten der Zündung wird die Bimetallfeder der Startautomatik elektrisch beheizt. Außerdem wird sie vom während der Fahrt aufgeheizten Kühlwasser, das durch den Starterdeckel fließt, erwärmt. Durch die Aufheizung dehnt sich die Bimetallfeder aus und öffnet so die Starterklappe allmählich wie-

Der 1 B 3-Vergaser: 1 – Schläuche der Unterdrucksteuerung der Starterklappe (Pulldown); 2 – Gaszug; 3 – Unterdruckbehälter für den Pulldown; 4 – Spannbügel für das Luftfilterunterteil; 5 – Steckanschluß der elektrischen Startautomatik-Beheizung; 6 – Starterdeckel; 7 – Kraftstoff-Rücklaufschlauch; 8 – Warmwasserschlauch der Startautomatik-Beheizung; 9 – Wasser-Rücklaufschlauch, der gleichzeitig noch den Zusatzgemischkanal beheizt (Bauserie bis 5/80); 10 – Kraftstoff-Zulaufschlauch.

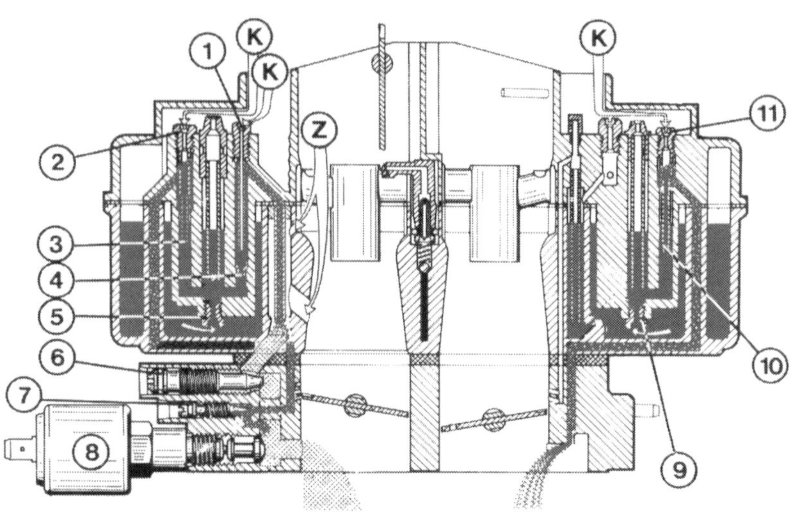

Beim 2 B 5-Vergaser ist der Leerlauf nur in der 1. Stufe einstellbar, wobei wir wieder einen Grundleerlauf und einen Zusatzgemisch-Leerlauf finden. Der Grundleerlauf wird gebildet aus der Leerlaufkraftstoffdüse (3) und der Leerlaufluftdüse (2), nachdem das Benzin zuerst die Hauptdüse (5) durchflossen hat. Diese Kraftstoffemulsion gelangt an die Leerlaufgemisch-Regulierschraube (7), womit die durchfließende Menge eingestellt werden kann. Das Zusatzgemisch entsteht durch Benzin aus der Zusatzkraftstoffdüse (4) und Luft aus der Luftdüse (1). Von dort fließt es weiter an die Zusatzgemisch-Regulierschraube (6), welche die vorbeiströmende Menge dosiert. Die Buchstaben kennzeichnen: K – Zustrom der Korrekturluft; Z – Luft für das Zusatzgemischsystem. Bei geöffnetem Leerlauf-Abschaltventil (8) können Grundleerlaufgemisch und Zusatzgemisch aus der gemeinsamen Bohrung in den Vergaserdurchlaß gelangen. In der 2. Stufe fließt dauernd ein nicht einstellbarer Grundleerlauf, der auch dafür sorgt, daß der Übergang auf die 2. Stufe weich einsetzt. Für diesen Grundleerlauf durchfließt der Kraftstoff die Hauptdüse (9) und die Leerlaufkraftstoffdüse (10), um sich dann mit der durch die Leerlaufluftdüse (11) einströmenden Korrekturluft (K) zu vermischen. Der Gemischaustritt liegt unterhalb der Drosselklappe der 2. Stufe.

der. Zur Startautomatik gehört außerdem noch eine Unterdruckmembrane mit Zugstange, die mit der Starterklappe in Verbindung steht. Unmittelbar nach dem Anspringen des Motors öffnet sie die Luftklappe einen Spalt, damit das Gemisch nicht zu fett wird. Einige Sekunden nach dem Anspringen wird zusätzlicher Unterdruck aus einem an der Spritzwand befestigten Behälter hinzugeleitet. Dieser verstärkte Unterdruck bewirkt nun weiteres Öffnen der Starterklappe. Zum Absenken der Schnell-Leerlaufdrehzahl kurz auf das Gaspedal tippen.

Leerlauf: Siehe die Schemazeichnung auf der Vorseite oben.

Übergang, Normalbetrieb, Beschleunigen und Vollast funktionieren im Prinzip wie bei der PIC-Baureihe.

Teillast: Zusätzlich zur Vollastanreicherung besitzt der 1 B 3 noch eine Anreicherung bei Teillast. Bei teilweise geöffneter Drosselklappe öffnet ein Anreicherungsventil und läßt über das Leerlaufsystem zusätzlichen Kraftstoff in die Mischkammer gelangen. Bei stärkerer Motorbelastung wird diese Anreicherung wieder schwächer.

2 B 5-Vergaser

Funktion

Bessere Gemischzuteilung für die einzelnen Zylinder und damit eine Leistungssteigerung ermöglicht der Stufenvergaser. Er besitzt zwei Mischkammern mit einem Saugkanaldurchmesser von je 32 mm. Wenn die Drosselklappe der 1. Stufe etwa zu 3/4 den Vergaserdurchlaß freigibt, öffnet bei hohen Drehzahlen eine Unterdruckdose am Vergaser die Drosselklappe der 2. Stufe.

Start: Nur die 1. Stufe besitzt eine Luftklappe, die von der doppelt beheizten Startautomatik zum Starten des kalten Motors geschlossen wird. Im Prinzip ge-

Auf diesem Bild ist der 2 B 5-Vergaser zu sehen: 1 – Kraftstoff-Zulaufschlauch; 2 – Unterdruckbehälter für den Starterklappen-Pulldown; 3 – Starterdeckel; 4 – Unterdruckschlauch zur Unterdruckdose (5), welche die Drosselklappe der 2. Stufe öffnet; 6 – Drosselklappen-Anschlagschraube; 7 – Gaszug; 8 – Leerlauf-Abschaltventil; 9– Schlauch für die Zündungs-Unterdruckverstellung; 10 – Pulldowndose; 11 – Unterdruckschläuche für Starterklappen-Pulldown.

Hier haben wir am PIC-Vergaser das Leerlauf-Abschaltventil (3) aus seinem Gewindestutzen (1) herausgeschraubt. Falls der Motor absolut keinen Leerlauf hat und nur bei getretenem Gaspedal gestartet werden kann, ist wahrscheinlich der Ventilstöpsel (2) nicht mehr beweglich.

schieht das wie beim 1 B 3-Vergaser. Der 2 B 5 hat ebenfalls den Starterklappen-Pulldown mit zusätzlichem Unterdruckbehälter.
Leerlauf: Siehe Zeichnung links oben.
Übergang, Normalbetrieb und Vollast sind weitestgehend identisch mit den bereits beschriebenen Vergasern. Für weiches Zuschalten der 2. Stufe sorgen zusätzlich freiwerdende Bohrungen, die eine höhere Menge Kraftstoff/Luft-Mischung aus dem Grundleerlauf der 2. Stufe in den Saugkanal austreten lassen.
Beschleunigen: Die Wirkungsweise der Beschleunigungspumpe ist vergleichbar mit den anderen Vergasern, wobei jedoch nur die 1. Stufe versorgt wird.

Das Leerlauf-Abschaltventil

Alle Vergaser besitzen ein Leerlauf-Abschaltventil. Ein Stöpsel verschließt beim Abschalten der Zündung den gemeinsamen Zugang von Grundleerlauf- und Zusatzgemisch in die Mischkammer unterhalb der Drosselklappe. So wird verhindert, daß der Motor ohne Zündfunken weiterlaufen kann (Nachdieseln, Nachlaufen), wobei sich das noch angesaugte Gemisch an heißen Stellen im Verbrennungsraum – meist sind das die Auslaßventile – entzündet. Läuft der Motor dennoch nach, hängt der Ventilstöpsel in »Offen«-Stellung. Dann müssen Sie den Motor abwürgen: Gang einlegen, Handbremse fest anziehen und Kupplungspedal langsam loslassen. Bei einem Wagen mit Getriebeautomatik wird so lange mit dem Gaspedal »gepumpt«, bis der Motor abgesoffen ist.
Wenn sich das Abschaltventil gelockert hat (Motor zieht »falsche Luft«), das elektrische Kabel zum Ventil unterbrochen ist, die Sicherung 9 durchgebrannt ist oder der Stöpsel in »Geschlossen«-Stellung hängt, springt der Motor nicht an, wenn nicht gleichzeitig das Gaspedal durchgetreten wird. Außerdem stirbt der Motor bei nicht getretenem Gaspedal (also in Leerlaufstellung) sofort wieder ab. Daher festen Sitz des Abschaltventils prüfen, Kabel kontrollieren (mit Prüflampe bei eingeschalteter Zündung), Sicherung überprüfen sowie Gängigkeit des Ventilstöpsels prüfen: Von einem Helfer die Zündung ein- und ausschalten lassen (ohne Starten) und dabei in Vergasernähe horchen, ob der Ventilstöpsel bei jedem Ein- und Ausschalten deutlich »klick« sagt. Oder herausgeschraubtes Abschaltventil mit angeschlossener Stromleitung gegen »Masse« halten. Zündung von Helfer einschalten lassen – der Stöpsel muß zurückgezogen werden.

Teillast- und Zusatzgemischkanalbeheizung

Die Vergaser des 1100/1300 haben eine Beheizung des sogenannten Teillastkanals. Beim 1500 wird der Zusatzgemischkanal beheizt, was bei frühen Bauserien mit erwärmtem Kühlwasser und bei den neueren Modellen mit einem elektrischen Heizelement geschieht. Diese Maßnahme soll besseren Motorlauf und ge-

ringeren Schadstoffanteil im Abgas bewirken. Das Heizelement sitzt beim 1100/1300 unten am Vergaser neben der Beschleunigungspumpe, beim 1500 finden wir es unterhalb des Startautomatikgehäuses.
Die Funktionsprüfung ist einfach: Beim 1100/1300 das zum Heizelement führende Kabel oben am Vergaser aus dem Steckverbinder ziehen, beim 1500 Leitung vom Leerlauf-Abschaltventil und die nur wenige Zentimeter entfernte Steckverbindung abziehen. Prüflampe zwischen Stecker und Pluspol der Batterie klemmen. Brennt die Lampe, ist das Heizelement in Ordnung. Bleibt die Prüflampe dunkel, muß das defekte Beheizungsteil ausgetauscht werden.

Ansaugrohr-Vorwärmung

Das ins Ansaugrohr einströmende Kraftstoff/Luft-Gemisch kondensiert bei kaltem Motor an den Saugrohrwandungen. Dann muß mehr Kraftstoff als eigentlich benötigt den einzelnen Zylindern zugeführt werden, damit es überhaupt zu einem zündfähigen Gemisch reicht. Auf diese Weise werden aber Benzinverbrauch und Giftanteil im Abgas unnötig erhöht. Deshalb besitzen die verschiedenen Motoren eine Beheizung des Ansaugrohrs.
Bei den 1,1- und 1,3-Liter-Motoren erfolgt die Saugrohrbeheizung durch die Motorabgase, die am Auspuffkrümmer entnommen und um das Ansaugrohr geleitet werden. Bei den 1500/1600ern heizt Kühlmittel aus dem »Kleinen Kreislauf« (siehe Seite 70) das Saugrohr auf. Bis zu einer Wassertemperatur von etwa 55° C wird die Heizwirkung des Kühlmittels durch einen elektrischen Vorwärmer unterstützt. Ist die Kühlflüssigkeit wärmer, schaltet ein Thermoschalter den Vorwärmer ab.

Doppelt beheizte Startautomatik
nur 1500/1600

Wie schon erwähnt, wird die Bimetallfeder im Starterdeckel doppelt beheizt. Nach dem Kaltstart ist zuerst die elektrische Beheizung wirksam. Da jedoch die Elektrobeheizung der Startautomatik keine Notiz von der Motortemperatur nehmen kann, wird noch das aufgeheizte Kühlwasser zur Steuerung der Startautomatik herangezogen. Bei einer Fahrtunterbrechung kühlt die Heizspirale schnell ab, das Kühlwasser dagegen nicht. Damit wird in diesem Fall die Kühlflüssigkeit temperaturbestimmend – die Starterklappe bleibt offen.
Ein Thermoschalter leitet bis ca. 30–40° C die volle Bordnetzspannung an die Heizspirale. Ab 30–40° C Kühlmitteltemperatur genügt die Wasserbeheizung, die Elektroheizung der Heizwendel wird dann abgeschaltet.

Thermoschalter

Der oben angesprochene Thermoschalter für die Startautomatik und der weitere Thermoschalter für den elektrischen Saugvorwärmer beim 1500/1600 sitzen im Kühlwasserschlauch vom Zylinderkopf zum Ansaugrohr. Beide Thermoschalter haben ein gemeinsames Gehäuse. Zur Unterscheidung ist der Thermoschalter für die Startautomatik rot eingefärbt, der Thermoschalter für den Saugrohrvorwärmer ist dagegen weiß.

Störungssuche

Falls Sie eine Störung an einem der Thermoschalter vermuten, läßt sich das mit einem Thermometer und einem Ohmmeter zur Messung des Widerstands prüfen. Schlauchstutzen mit Thermoschaltern ausbauen und in einen wassergefüllten Topf legen. Ohmmeter an beiden Steckkontakten des Schalters anschließen, Wasser erhitzen. Der (rote) Schalter der Startautomatik muß unter ca. 30° C 0 Ω Widerstand, über ca. 40° C dagegen $\infty\Omega$ Widerstand zeigen. Bei der Messung am weißen Thermoschalter für die Ansaugrohrbeheizung müssen sich folgende Werte ergeben: Unter ca. 50° C 0 Ω, über ca. 55° C $\infty\Omega$.
Werden diese Werte nicht eingehalten, muß der betreffende Thermoschalter ersetzt werden.

Der Thermoschalter (1) für den Saugrohrvorwärmer und der rot eingefärbte Thermoschalter (4) für die Startautomatik sitzen in einem gemeinsamen Stutzen im Warmwasserschlauch (3) vom Zylinderkopf zum Ansaugrohr (2).

Startschwierigkeiten

Bei Startproblemen sollte zuerst die Zündanlage unter die Lupe genommen werden. Dann kontrollieren Sie den Starterzug bzw. die Startautomatik.
1100, 1300: Luftfilterdeckel abnehmen. Bei voll gezogenem Chokezug bleibt nur ein kleiner Spalt offen, bei höheren Temperaturen ist der Spalt etwas größer. Bei ganz hineingeschobenem Zug muß die Luftklappe senkrecht im Vergaserdurchlaß stehen.
1500, 1600: Bei der Startautomatik kann die Luftklappe nicht einwandfrei gängig sein, sie öffnet oder schließt nicht ganz. Zur Kontrolle nimmt man das komplette Luftfilter ab, drückt den Drosselhebel in halbe Öffnungsstellung und probiert vorsichtig von Hand, ob die Klappe gut beweglich ist. Am besten kann man die richtige Funktion der Luftklappe prüfen, wenn man vor dem Start des kalten Motors den Luftfilterdeckel abnimmt. Wenn das Gaspedal noch nicht berührt wurde, wird die Starterklappe jetzt senkrecht stehen. Gaspedal ein- bzw. zweimal durchtreten – nun muß die Klappe den Vergaserdurchlaß teilweise (bei Sommerstart) oder ganz (bei Winterstart) geschlossen haben.

Leerlauf einstellen

Wartungspunkt Nr. 47

Schwankungen der Leerlaufdrehzahl liegen vor allem daran, daß Zündkerzen-Elektrodenabstand, Unterbrecher-Schließwinkel, Zündeinstellung oder Ventilspiel nicht richtig eingestellt sind. Nur sehr selten ist der Vergaser der Urheber.
Für den Selbsthelfer ist eine genaue Vergasereinstellung leider kaum mehr zu bewerkstelligen, denn außer einem exakten Drehzahlmesser wird ein Abgasmeßgerät benötigt, das in vernünftiger Ausführung praktisch unerschwinglich

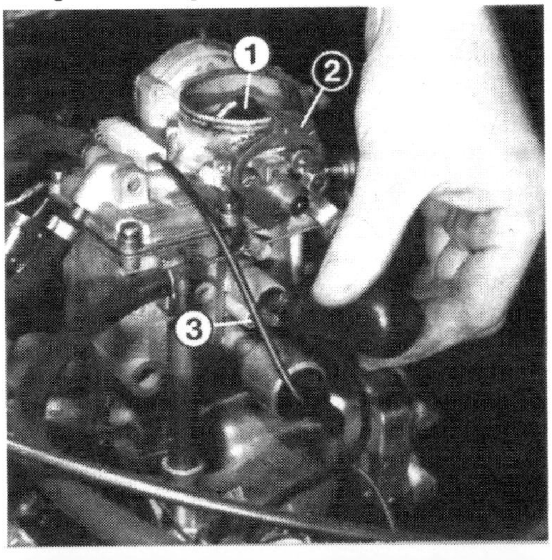

Um die Leerlaufdrehzahl beim PIC-Vergaser geringfügig zu verändern, genügt es fast immer, nur die Zusatzgemisch-Regulierschraube zu verdrehen, auf die hier der Schraubenzieher angesetzt ist. Soll der Leerlauf jedoch neu eingestellt werden, muß auch die Leerlaufgemisch-Regulierschraube (3) verstellt werden. Achten Sie bei der Leerlaufkorrektur darauf, daß die Starterklappe (1) geöffnet ist (Starterzug eingeschoben). Die Kurvenscheibe (2) muß so stehen wie hier im Bild. Das Luftfilter darf nicht, wie hier im Bild, abgenommen sein.

Die Zusatzgemischschraube (Pfeil), mit der am 1 B 3-Vergaser der Leerlauf eingestellt werden kann, sitzt in Fahrtrichtung vorn rechts an diesem Vergaser. Eine weitergehende Leerlaufeinstellung müßte an der Leerlaufgemisch-Einstellschraube erfolgen, die spiegelbildlich zu der hier gezeigten Schraube auf der anderen Vergaserseite sitzt.

ist. Die einfachen Abgastester, wie sie für Heimwerker angeboten werden, arbeiten nicht ausreichend genau. Für die fachgerechte Einstellung empfehlen wir in diesem Fall die Werkstatt.
Bei richtiger Einstellung liegt die Leerlaufdrehzahl bei **900–1000/min**.

Behelfsmäßige Einstellung

Der Motor muß zuerst warmgefahren werden und die Startautomatik bzw. der Chokezug die Luftklappe ganz geöffnet haben. Das Luftfilter darf bei der Einstellung nicht abgenommen sein.
Die Leerlaufdrehzahl wird durch Verdrehen der Zusatzgemisch-Regulierschraube eingestellt; die Gemischeinstellung erfolgt mit der Leerlaufgemisch-Regulierschraube (siehe die Abbildungen auf diesen Seiten). Auf keinen Fall darf die Anschlagschraube für die Drosselklappe verstellt werden, damit gerät die gesamte Vergaserregulierung durcheinander. Zusatzgemisch-Regulierschraube hineindrehen, die Motordrehzahl fällt deutlich ab. Gemisch-Regulierschraube hineindrehen, bis die Drehzahl weiter abfällt und wieder herausdrehen, damit der Motor gleichmäßig dreht. Zusatzgemisch-Regulierschraube herausdrehen, bis die Leerlaufdrehzahl zwischen 900 und 1000/min liegt. Evtl. Gemisch-Regulierschraube nochmals verdrehen, damit der Motor sauber rundläuft.

Fingerzeig: *Wenn Sie schon der Verzweiflung nahe sind, weil trotz richtiger Zünd- und Vergasereinstellung der Motor im Leerlauf immer noch unruhig läuft, sollten Sie einmal den Schlauch vom Ansaugrohr zum Bremskraftverstärker*

An der Zusatzgemisch-Regulierschraube (1) kann nur die Leerlaufdrehzahl beim 2 B 5-Vergaser eingestellt werden. Auf den CO-Gehalt des Abgases hat sie keinen Einfluß. Die für den CO-Gehalt zuständige Leerlaufgemisch-Regulierschraube liegt genau gegenüber auf der anderen Vergaserseite. Sie reguliert die Zusammensetzung des Leerlauf-Gemisches, was für den CO-Wert entscheidend ist. Wir haben hier im Bild einen langen Schraubenzieher (Pfeil) auf der Zusatzgemisch-Regulierschraube angesetzt, denn ein solches Werkzeug brauchen Sie auch in der Praxis, wenn bei montiertem Luftfilter die Leerlaufeinstellung erfolgt.

(siehe Seite 140) und den Unterdruckschlauch zum Zündverteiler kontrollieren. Falls einer dieser Schläuche undicht ist, erhält der Motor »falsche Luft«, die den Leerlauf durcheinanderbringt.

Abgastest

Wartungspunkt
Nr. 48

Regelmäßig soll die Werkstatt kontrollieren, ob der Jetta nicht in unmäßigen Mengen giftiges CO-Gas ausstößt. Die entsprechenden Richtwerte sind für alle Vergaser gleich: **0,5–1,5 Vol.%**.

Zeigt der CO-Tester 2% oder mehr über dem Richtwert an, sollte folgendes kontrolliert werden, bevor jemand am Vergaser dreht: Schlauch der Kurbelgehäuse-Entlüftung vom Luftfilter abziehen. Wenn jetzt das Abgas-Meßgerät einen sinkenden CO-Wert anzeigt, liegt es an einer Anfettung aus dem Kurbelgehäuse – die Ursache ist Ölverdünnung durch überwiegenden Kurzstreckenverkehr. Eine zügige Überlandfahrt oder ein Ölwechsel schafft hier Abhilfe, und der CO-Gehalt sinkt.

Auch bei der Fahrzeugüberprüfung durch den TÜV wird der CO-Gehalt im Abgas gemessen. Zulässig sind höchstens 4,5 Volumenprozent CO zuzüglich 1% Meßtoleranz.

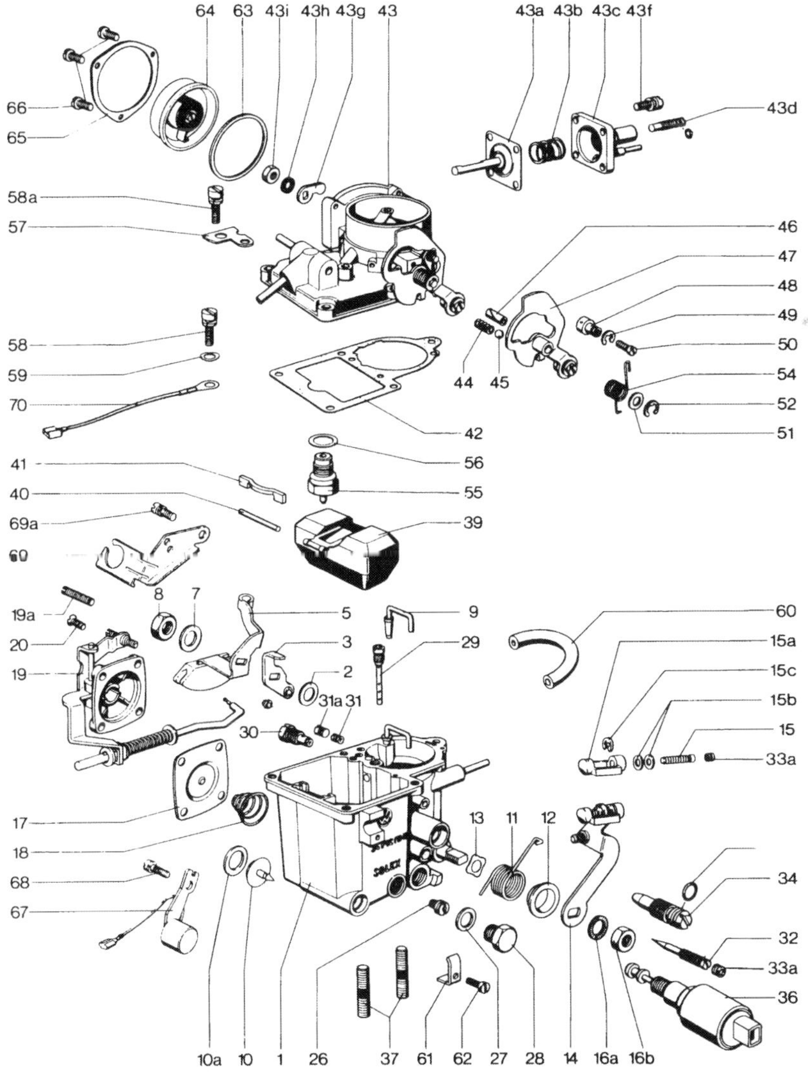

Der PIC-Vergaser im Detail: 1 – Vergasergehäuse; 2–8 – Drosselklappen-Anbauteile; 9 – Einspritzrohr; 10, 10a – Ventilpilz mit Scheibe; 11–16b – Drosselklappen-Anbauteile; 17–20 – Beschleunigungspumpe; 26–28 – Hauptdüse mit Verschluß; 29 – Luftkorrekturdüse; 30 – Leerlaufdüse; 31, 31a – Zusatzkraftstoffdüse mit Schraube; 32 – Gemisch-Regulierschraube; 33a – Verschlußstopfen; 34 – Umluft-Regulierschraube mit Dichtring; 36 – Abschaltventil; 37 – Stehbolzen; 39–41 – Schwimmer mit Teilen; 42 – Vergaserdeckeldichtung; 43 – Vergaserdeckel; 43a–43d – Beschleunigungspumpe; 43i–43g und 44–54 – Anbauteile an Starterklappe; 55, 56 – Schwimmerventil mit Dichtring; 57–59 – Befestigungsteile; 60 – Schlauch; 61, 62 – Schelle mit Schraube; 63–66 – Starterdeckel; 67, 68 – Teillastkanalheizung mit Schraube; 69, 69a – Bowdenzughalter mit Schraube; 70 – Massekabel.

Für die Abgasmessung gilt grundsätzlich:

■ Der Motor muß betriebswarm sein. Lassen Sie ihn vor der Messung nicht unnötig im Leerlauf drehen, das verschlechtert den CO-Wert.

■ Wird der Wagen ausschließlich im Kurzstrecken-Stadtverkehr gefahren, sollten Sie ihn vor der Messung rund 100 km zügig bewegen. So werden Verbrennungsrückstände im Motor durch die Auslaßventile hinausgeblasen. Einen guten Anhaltspunkt liefert auch das Auspuffrohr: Ist es selbst nach längerer zügiger Fahrt innen schwarz und rußig und kriecht diese Schwärze gar um das Rohr auf die Außenseite, sollte vor dem TÜV-Termin die Zünd- und Vergasereinstellung kontrolliert werden. Ist das Auspuffrohr dagegen innen grau bis braun, so ist alles in Ordnung.

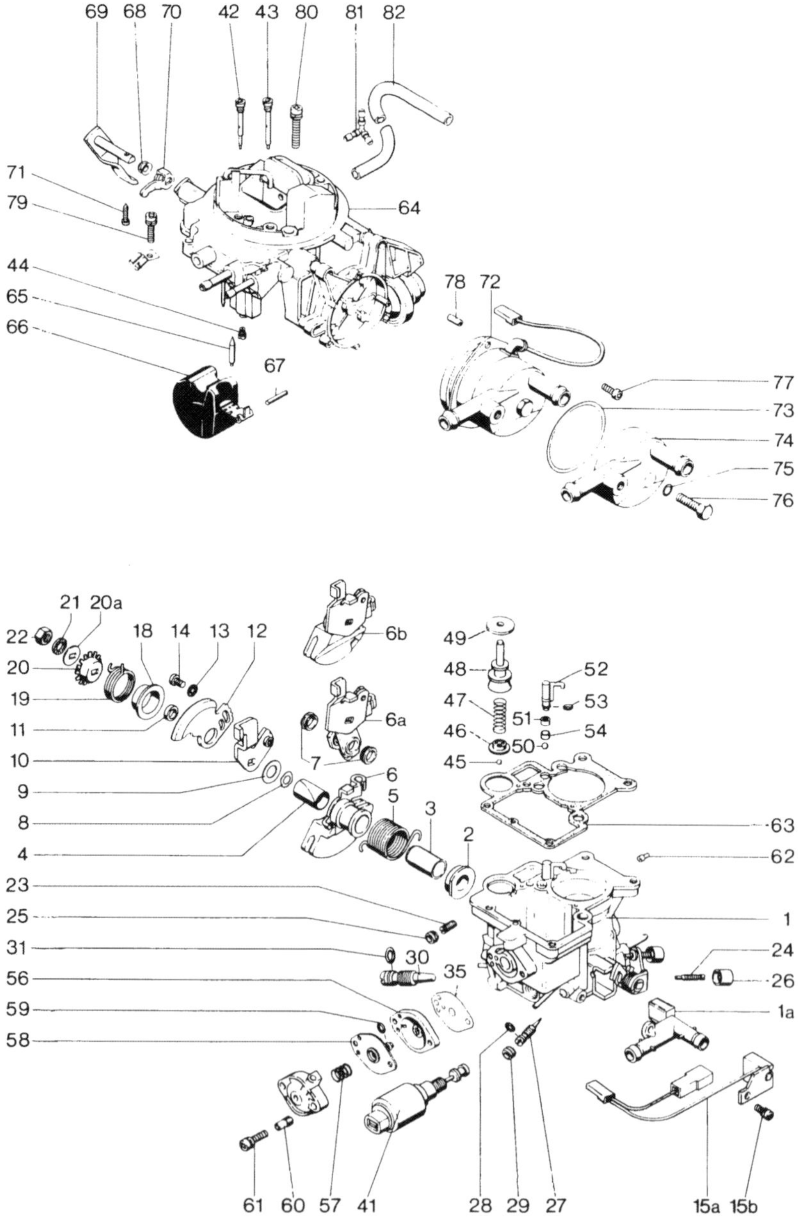

Die Einzelteile des 1 B 3-Vergasers; 1, 1a – Vergasergehäuse; 2–14 – und 18–22 – Teile der Drosselklappenbetätigung; 15a, 15b – PTC-Beheizung mit Schraube; 23, 25 – Schraube mit Stopfen; 24, 26 – Anschlagschraube mit Stopfen; 27, 28, 29 – Gemischregulierschraube mit Dichtring und Stopfen; 30, 31 – Regulierschraube mit Dichtring; 35 – Dichtung; 41 – Leerlauf-Abschaltventil; 42 – Zusatzkraftstoff/Luftdüse; 43 – Leerlauf/Luftdüse; 44 – Hauptdüse; 49–54 – Teile der Beschleunigungspumpe; 56–61 – Teillastanreicherungsventil; 62 – Stopfen; 63 – Vergaserdeckeldichtung; 64 – Vergaserdeckel; 65–67 – Schwimmer mit Ventil; 68–71 – Betätigungsteile der Beschleunigungspumpe; 72–78 – Teile des Starterdeckels; 79–80 – Befestigungsschraube; 81, 82 – Schlauch mit Abzweigstück.

Vergaser reinigen

Generell läßt sich folgendes sagen:

■ Der Vergaser muß nicht komplett ausgebaut werden, es genügt, wenn Sie das Oberteil (Deckel) abschrauben.

■ Ausgebaute Vergaserteile in Kraftstoff oder Spiritus reinigen. Die Teile auf ein sauberes Tuch legen. Genau merken, wohin sie und in welcher Reihenfolge sie zusammengehören. Auf Dichtungen, Federringe usw. achten.

■ Herausgeschraubte Düsen mit mäßigem Preßluft-Druck ausblasen. Düsen können notfalls auch mit dem Mund durchgeblasen werden (aber möglichst ohne Spucke). Auf keinen Fall mit hartem Draht reinigen, geeignet ist jedoch eine harte Pinselborste. Düsen sind aus weichem Material (Messing), daher nicht zu fest schrauben.

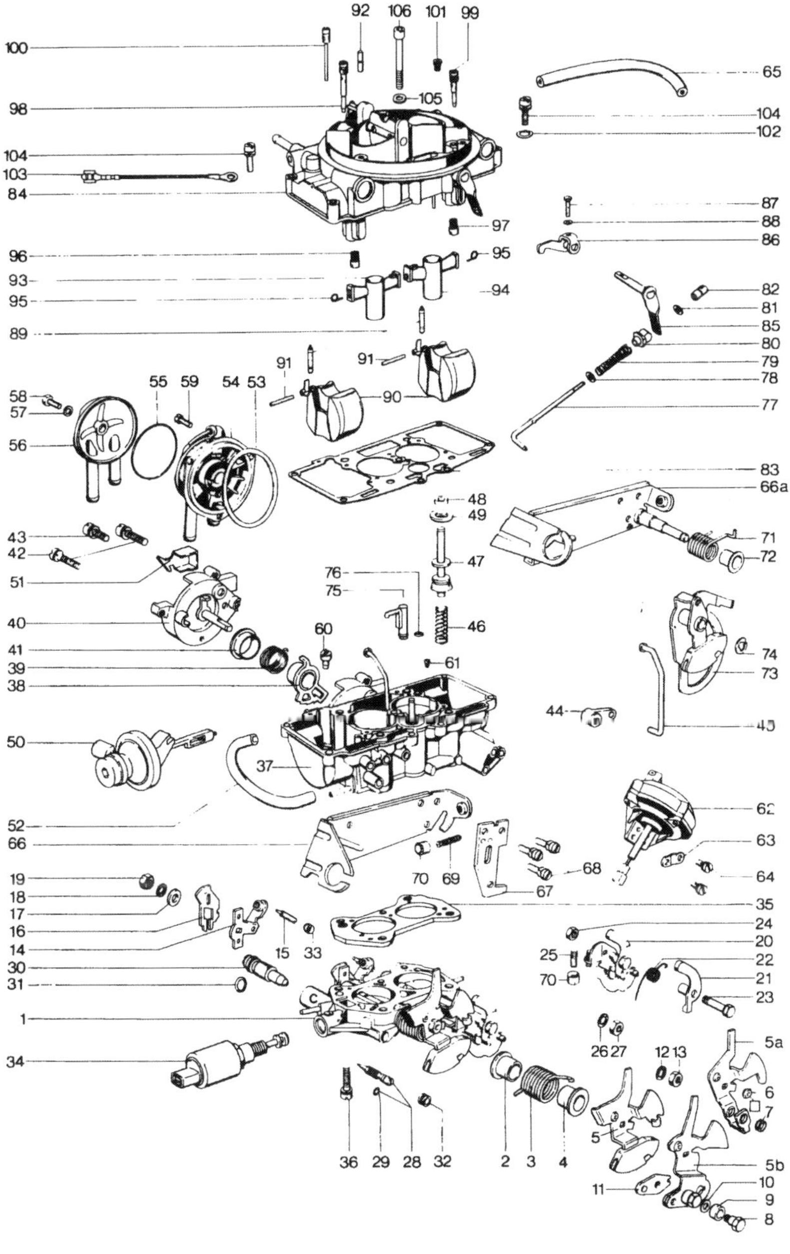

Der in seine Einzelteile zerlegte 2 B 5-Vergaser besteht aus:
1 – Drosselklappenteil komplett; 2–13 – Drosselhebel der 1. Stufe mit Teilen; 14–27 – Drosselhebel der 2. Stufe mit Teilen; 28, 29 – Leerlaufgemisch-Regulierschraube mit O-Ring; 30, 31 – Zusatzgemisch-Regulierschraube mit O-Ring; 32 – Stopfen; 38 – Klappe; 34 – Leerlauf-Abschaltventil; 35 – Isolierflansch; 36 – Schraube; 37 – Schwimmergehäuse; 38–43 – Starterkörper mit Teilen; 44, 45 – Starterstange mit Hebel; 46–49 – Beschleunigungspumpenkolben mit Teilen; 50 – Pulldowndose; 51 – Klappe; 52 – Schlauch; 53–59 – Starterdeckel mit Teilen; 60 – Anreicherungsventil; 61 – Übergangsdüse; 62–64 – Unterdruckdose mit Teilen; 65 – Schlauch; 66–74 – Gaszughalter mit Teilen; 75, 76 – Einspritzrohr mit O-Ring; 77–82 – Stange der Beschleunigungspumpe mit Teilen; 83 – Vergaserdeckeldichtung; 84 – Vergaserdeckel; 85 – Beschleunigungspumpenwelle; 86–88 – Pumpenhebel mit Teilen; 89 – Ventilnadel; 90, 91 – Schwimmer mit Achse; 92 – Schraube; 93 – Vorzerstäuber I. Stufe; 94 – Vorzerstäuber II. Stufe; 95 – Feder; 96 – Hauptdüse I. Stufe; 97 – Hauptdüse II. Stufe; 98 – Leerlauf-/Luftdüse I. Stufe; 99 – Leerlauf-/Luftdüse II. Stufe; 100 – Zusatzkraftstoff-/Luftdüse; 101 – Übergangsluftdüse; 102, 104 – Schraube mit Scheibe; 103 – Massekabel; 105, 106 – Mutterschraube mit Scheibe.

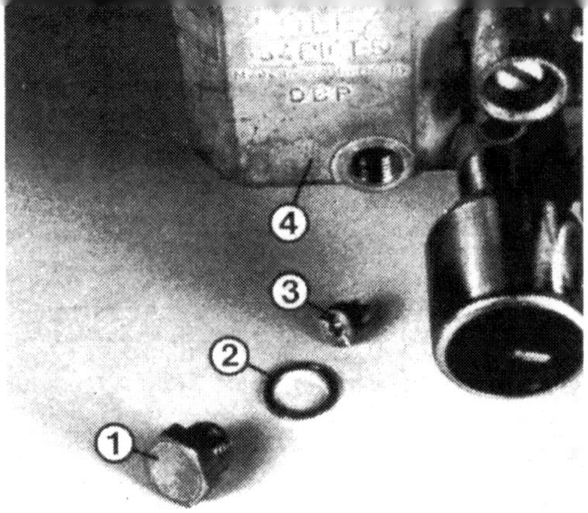

Zur Prüfung, ob der Vergaser durch das Schwimmernadelventil (es könnte klemmen) Benzin erhält, löst man die Verschlußschraube (1) mit ihrem Dichtring (2) im Hauptdüsenträger. Sickert Benzin heraus, ist die Versorgung des Vergasers in Ordnung. Außerdem werden beim völligen Öffnen eventuelle Verschmutzungen und Wassertropfen, die sich am Boden der Schwimmerkammer (4) abgesetzt haben, mit herausgespült. Zum Herausschrauben der Hauptdüse (1, sie sitzt ziemlich weit innen im Vergaser) muß man einen Schraubenzieher mit breiter Klingenspitze haben, der nicht herausrutschen und den Querschlitz der Messingdüse beschädigen kann.

■ Drosselklappen- und Starterklappenwelle auf zu großes Spiel an den Lagerungen untersuchen. Dort könnte Nebenluft eindringen und Start und Leerlauf verschlechtern.
■ Die Spitze der Leerlaufgemisch-Regulierschraube darf keine Druckstellen aufweisen. Sonst auswechseln.
■ Den Schwimmer kontrolliert man, ob er dicht ist (schütteln und gegen das Ohr halten). Eventuell in heißes Wasser legen und auf Blasen achten. Auch muß die Schwimmerachse gut gängig sein.
■ Der bzw. die Schwimmer müssen sich leicht auf ihrer Achse bewegen lassen. Beim Prüfen Schwimmerhebel nicht verbiegen!
■ Im Vergaserdeckel, von unten eingeschraubt, findet sich das Schwimmernadelventil – ist es locker? Die Ventilnadel muß einwandfrei sein. Gegen sie drückt von unten der Schwimmer. Ein undichtes oder hängendes Schwimmernadelventil liefert dem Vergaser zu viel Kraftstoff.
■ Beim Zusammenbau darauf achten, daß die neue Dichtung zwischen Vergasergehäuse und Deckel genau mit den Bohrungen übereinstimmt. Teilweise verdeckte Durchgänge ergeben Funktionsfehler!

Fingerzeig: *Zwar gibt es an unserem Jetta einige Stellen, die nach Schmierung verlangen, der Vergaser zählt aber nicht hierzu. An Fett oder Öl bliebe Staub hängen, der an den Lagern der Starter- und Drosselklappenwelle wie Schmirgel wirkt.*

Gaszug einstellen

Während man bei einem Jetta mit Getriebeautomatik den Gaszug als Heimwerker nicht fachgerecht einstellen kann, gibt es bei Fahrzeugen mit Schaltgetriebe kaum Probleme. Wichtig beim Einbau: Die Züge sind sehr knickempfindlich. Schon ein einziger leichter Knick kann bald einen erneuten Riß des Gaszugs verursachen.
Am Drosselklappenhebel wird der Vergaserzug von einer Mutter oder einer Klemmschraube gehalten, am Gaspedal ist er mit einer Kunststofföse eingehängt. Neuen Zug am Pedal einhängen und zum Motorraum durchschieben. Von Helfer Gaspedal voll durchtreten lassen. Drosselklappenhebel in Vollgasstellung drücken (die Drosselklappe muß ganz geöffnet sein), Gaszug festschrauben. Der Zug darf nicht unter Spannung stehen, sonst reißt er bald wieder, andererseits muß die Drosselklappe bei durchgetretenem Gaspedal den Vergaserdurchlaß ganz freigeben. In Leerlaufstellung muß die Klappe völlig schließen. Kontrollieren Sie zum Schluß, ob der Vergaserzug zwischen Drosselklappenhe-

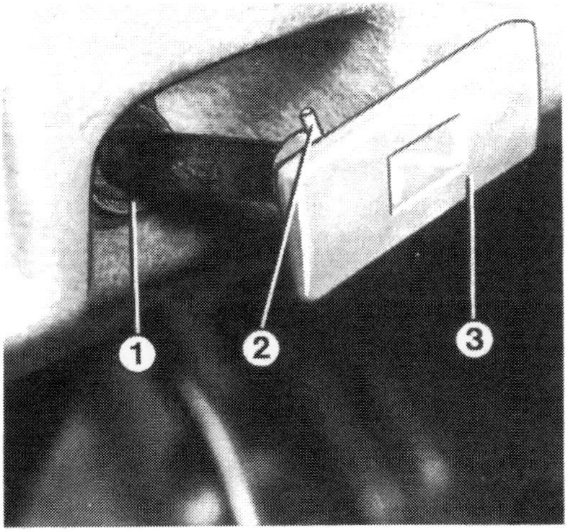

Bevor der Starterzug ausgebaut werden kann, muß der Haltebolzen (2) aus dem Handgriff mit einem feinen Nagel herausgetrieben werden. Griff (3) abschrauben und dann die Ringmutter (1) losdrehen.

bel und Gaszughalter sowie zwischen der Trennwand zum Motorraum und Gaspedal geradlinig verläuft (fluchtet), andernfalls den Halter bzw. das Gaspedal etwas nachbiegen.

Starterzug einstellen

Soll der Zug für die Starterklappe ganz ausgebaut werden, nimmt man zuerst das Massekabel der Batterie ab. Untere Armaturenbrettverkleidung abnehmen (siehe Bild Seite 231 oben), aus dem Handgriff des Starterzugs den Haltebolzen mit einem dünnen Nagel heraustreiben, Griff abschrauben. Ringmutter losdrehen, Zug zum Motorraum hin aus dem Armaturenbrett ziehen. Klemmschraube am Starterhebel des Vergasers lösen. Kabelstecker vom Kontaktschalter des Starterzugs abziehen und den Zug zum Wageninnern herausziehen.
Nach dem Einbau in sinngemäß umgekehrter Reihenfolge schieben Sie den Starterzuggriff bis zum Anschlag hinein. Starterzughülle mit der Haltespange am Vergaser so anschrauben, daß etwa noch 12 mm Hülle hinter der Blechspange herausragen. Startergriff jetzt ca. 3 mm herausziehen (Kontrollampe darf nicht leuchten). Luftklappe im Vergaser voll öffnen, dazu die Kurvenscheibe an den Anschlag drücken. Drahtzug jetzt am Starterhebel festschrauben.

Störungsbeistand
Vergaser

In der folgenden Tabelle haben wir so ziemlich alle Möglichkeiten aufgeführt, die den Vergaser an der rechten Arbeitsweise hindern könnten. Bevor Sie aber dem Vergaser die Schuld zuschieben, sollte erst die Zündanlage geprüft werden, die häufiger der Störenfried ist.

Die Störung	– ihre Ursache	– ihre Abhilfe
A Der Motor springt nicht oder schlecht an	1 Kraftstoffweg im Vergaser nicht in Ordnung	Prüfung: Zuleitung am Vergaser abziehen und bei stromloser Zündung (Hauptzündkabel herausziehen) Motor starten. Tritt kein Kraftstoff aus, siehe unter Kraftstoffpumpe
	a) Schwimmernadelventil klemmt	Gegen Schwimmerkammer klopfen, evtl. Vergaserdeckel abnehmen, Schwimmer und Nadelventil überprüfen
	b) Bohrungen, Düsen oder Kanäle im Vergaser verstopft	Vergaser zerlegen, reinigen
	2 Leerlauf-Abschaltventil öffnet nicht	Nach Anleitung auf Seite 97 prüfen
	3 Starterzug falsch eingestellt	Einstellung kontrollieren

Die Störung	– ihre Ursache	– ihre Abhilfe
A Der Motor springt nicht oder schlecht an (Fortsetzung)	4 Startautomatik gestört a) Luftklappe schließt nicht oder klemmt	Gängig machen. Evtl. Unterdruckmembrane undicht, auswechseln lassen
	b) Bimetallfeder ausgehängt oder gebrochen	Feder einhängen oder Starterdeckel komplett ersetzen
B Kraftstoffverbrauch zu hoch	1 Automatische Ansaugluft-Vorwärmung gestört	Nach Anleitung auf Seite 92 prüfen
	2 Leerlaufdrehzahl zu hoch	Einstellen
	3 Leerlaufgemisch zu fett	Einstellen (CO-Messung)
	4 Starterklappe bei warmem Motor nicht ganz geöffnet	Luftfilterdeckel abnehmen, Klappenstellung kontrollieren
	a) Starterklappe klemmt	Gängig machen
	b) Siehe A 3	
	c) Beheizung des Starterdeckels funktioniert nicht	Kabel (muß bei eingeschalteter Zündung je nach Kühlwassertemperatur – siehe Seite 98 – Strom führen) und Wasserschläuche der Startautomatik kontrollieren
	d) Siehe A 4	
	5 Düsen locker oder beschädigt (mit Nadel oder Draht »gereinigt«)	Anziehen oder in Spezialwerkstatt nachmessen lassen, beschädigte Düsen ersetzen lassen
	6 Schwimmernadelventil schließt nicht (Schmutz im Ventil? Beschädigt?)	Säubern, evtl. auswechseln
C Leerlauf ungleichmäßig, Motor bleibt stehen	1 Leerlauf zu fett oder zu mager	Einstellen (CO-Messung)
	2 Leerlaufsystem verstopft	Vergaser zerlegen, reinigen
	3 Motor erhält »falsche Luft« a) Düsen im Vergaser oder Leerlauf-Abschaltventil locker	Anziehen
	b) Starterklappen- oder Drosselklappenlagerung ausgeschlagen, Ansaugflansch undicht oder verzogen	Kontrollieren, beschädigte Teile ersetzen
D Kein Leerlauf	1 Siehe A 2	
	2 Klemmendes Schwimmernadelventil überschwemmt Vergaser	Vergaseroberteil demontieren und Schwimmernadelventil säubern
E Ungleichmäßiger Lauf und Auspuffrußen bei niedriger Leerlaufdrehzahl, stärkeres Rußen bei höherem Leerlauf, Kerzen verrußen, deswegen Zündaussetzer	Schwimmernadelventil schließt nicht	Ventil prüfen, eventuell erneuern
F Ungleichmäßiger Lauf, bei Vollgas Aussetzer Patschen, Leistung fällt ab	Nicht ausreichende Kraftstoffzufuhr	Hauptdüse(n) reinigen, Kraftstoffpumpensieb und Schwimmernadelventil reinigen, Druck der Kraftstoffpumpe kontrollieren lassen
G Schlechte Übergänge beim Gasgeben	1 Siehe B 1	

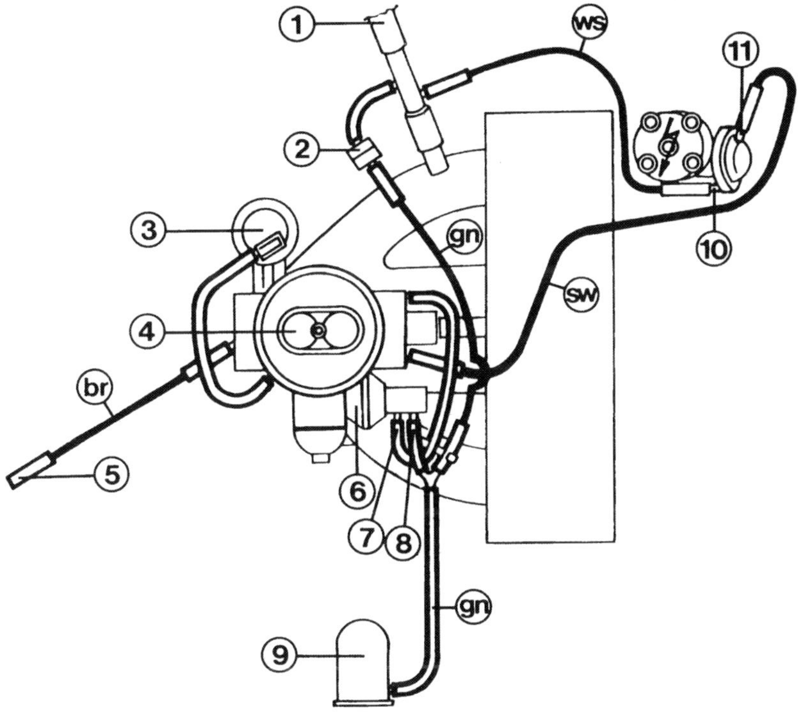

Je neuzeitlicher ein Auto ist, desto mehr Unterdruck- und sonstige Schläuche sind im Motorraum verlegt. Wir haben als Beispiel den Jetta 1600 mit 2 B 5-Vergaser ausgewählt, um Ihnen zu zeigen, was wo angeschlossen ist. Es bedeuten: 1 – Unterdruckschlauch vom Ansaugkrümmer zum Bremskraftverstärker; 2 – Rückschlagventil; 3 – Unterdruckdose zur Betätigung der Drosselklappe der II. Stufe; 4 – Vergaser; 5 – Unterdruckschlauch für die automatische Ansaugluftvorwärmung im Luftfiltergehäuse; 6 – Pulldowndose der Startautomatik mit ihrem unteren (7) und oberen (8) Anschluß; 9 – Unterdruckbehälter; 10 – Schlauchstutzen für die Zündungs-Spätverstellung; 11 – Anschluß der Zündungs-Frühverstellung. Die Schläuche sind zur Unterscheidung verschiedenfarbig br = braun, gn = grün, sw = schwarz, ws = weiß.

Die Störung	– ihre Ursache	– ihre Abhilfe
G Schlechte Übergänge beim Gasgeben (Fortsetzung)	2 Beschleunigungssystem arbeitet nicht	Luftfilterdeckel abnehmen: prüfen, ob eingespritzt wird, wenn Drosselklappenhebel betätigt wird
	a) Pumpenkanal oder Spritzrohr verstopft	Reinigen; prüfen, ob Kugel hängt
	b) Membrane defekt (Vergaser patscht bei plötzlichem Gasgeben)	Auswechseln
	3 Einspritzmenge falsch	Einstellen lassen
	4 Bypassbohrungen oder -kanäle verstopft	Reinigen
	5 Leerlauf falsch eingestellt	Richtig einstellen (CO-Messung)
H Vergaser patscht	1 Siehe G 2	
	2 Siehe C 3	
	3 Siehe B 3	
	4 Wassertropfen im Kraftstoff	Mit Vollgas versuchen, einzelnen Tropfen durch Düsensystem zu ziehen; Verschlußschraube der Schwimmerkammer herausdrehen, Wasser und Benzin ablaufen lassen, Tank reinigen
	5 Nach Arbeiten am Motor: Zündkabel falsch aufgesteckt	Kabel in richtiger Reihenfolge anschließen
I Motor nimmt aus dem Leerlauf ruckartig Gas an	Drosselklappe klemmt	Grundeinstellung der Drosselklappe kontrollieren

Spritziges

Beste Leistungsausbeute und den günstigsten Verbrauch zeigt ein Benzinmotor dann, wenn ihm ein Gemisch aus 15 Teilen Luft und einem Teil Kraftstoff verabreicht wird. Eine Einspritzanlage kann dem Motor sein »Futter« exakter zumessen als ein Vergaser. Aus diesem Grund sind zahlreiche Meß- und Regelsysteme notwendig, die eine sehr exakte Dosierung der Einspritzmengen erlauben. Dank diesem Aufwand laufen Einspritzmotoren recht sparsam und haben dank der freien Gestaltung der Ansaugrohre eine bessere Leistungsausbeute.

Funktion der Einspritzanlage

Wie schon angesprochen, geht es bei der K-Jetronic – wie beim Vergaser – vornehmlich darum, das optimale Verhältnis zwischen Luft und Kraftstoff herzustellen. Wichtigstes Teil hierzu ist der sogenannte Luftmengenmesser, eine leichtgewichtige Blechscheibe mitten im angesaugten Luftstrom. Diese Scheibe wird durch den Sog des Kolbens beim Saugtakt angehoben, und zwar um so mehr, je mehr Luft von der Drosselklappe freigegeben wird. Dieser Stellungswechsel überträgt sich durch ein feingliedriges Hebelsystem auf einen Steuerkolben, und der wiederum bestimmt den Kraftstoffzulauf zu den Einspritzdüsen. Also: viel Luft – viel Kraftstoff, wenig Luft – wenig Kraftstoff. Ganz automatisch stellt sich immer das richtige, verbrennungsgünstigste Verhältnis ein. Und was ferner wichtig ist: Eingespritzt wird nicht portionsweise, Takt für Takt, sondern in einem ständigen feinen Strahl, ganz kontinuierlich. (Daher das K im Namen K-Jetronic.)

Nun gibt es ja, wie Sie sicher wissen, im Fahrbetrieb Situationen, bei denen das angesaugte Gemisch mehr Kraftstoff enthalten muß als normal, wo es »fetter« sein soll. Speziell beim Kaltstart ist das notwendig. Die K-Jetronic bewerkstelligt das mit Hilfe eines zusätzlichen Kaltstartventils: Im Moment des Anlassens öffnet ein elektrischer Schalter jenes Ventil, das nun sogleich eine gewisse Menge Zusatzkraftstoff in das Sammelsaugrohr einspritzt, solange der Anlasser läuft. So-

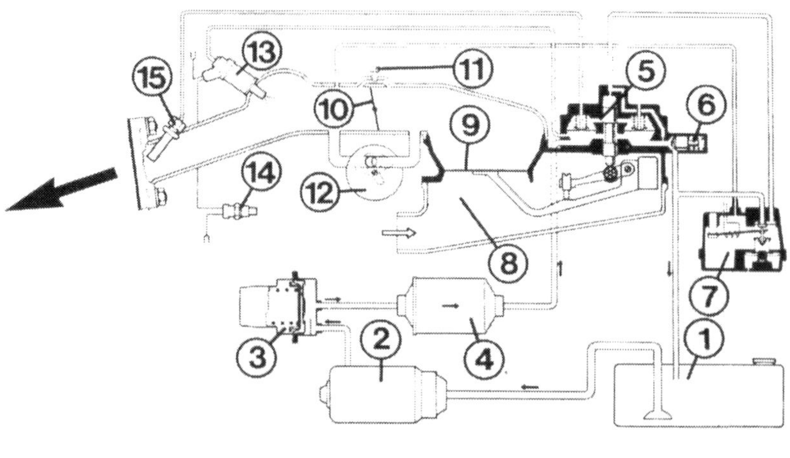

Die Teile der Bosch K-Jetronic schematisch dargestellt: 1 – Tank; 2 – elektrische Benzinpumpe; 3 – Kraftstoffspeicher; 4 – Benzinfilter; 5 – Kraftstoff-Mengenteiler; 6 – System-Druckregler; 7 – Warmlaufregler; 8 – Luftmengenmesser; 9 – Stauscheibe; 10 – Drosselklappe; 11 – Leerlauf-Einstellschraube; 12 – Zusatzluftschieber; 13 – Startventil; 14 – Thermozeitschalter; 15 – Einspritzventil. Der Pfeil verdeutlicht die Strömungsrichtung des Kraftstoff/Luft-Gemisches in die Brennräume.

mit bekommt der Motor während des Anlassens ein etwas fetteres Gemisch. Dies aber nur bei kaltem Motor, denn der Schalter (der sogenannte Thermozeitschalter) arbeitet temperaturabhängig. Er spricht nur bis zu einer Kühlmitteltemperatur von ca. 30°C an. Ist der Motor beim Starten wärmer, bleibt das Kaltstartventil geschlossen. Doch auch bei eiskaltem Motor ist das Kaltstartventil zur Benzinersparnis höchstens 8 Sekunden lang in Betrieb. Auch diese Zeit wird vom Thermozeitschalter festgelegt.
Weiter: Ist der kalte Motor angesprungen, beginnt für ihn zunächst eine mehr oder weniger lange Warmlaufphase. Während dieser Zeit soll das Gemisch noch etwas fetter als »normal« sein, überdies wünscht man sich von diesem Fast-Normalgemisch etwas mehr an Menge. Auch das schafft die K-Jetronic herbei. Im motorkalten Zustand ist am Saugrohr über den sogenannten Zusatzluftschieber ein weiterer Luftkanal geöffnet, der unter Umgehung der Drosselklappe eine zusätzliche Menge an Ansaugluft einströmen läßt. Und da für dieses Mehr an Luft auch ein Mehr an Kraftstoff nötig ist, sorgt ein temperaturabhängiges Regelelement – der Warmlaufgeber – dafür, daß diese Mehrmenge durch die Einspritzdüsen abgesprüht wird. Das geschieht wohlgemerkt auch schon im Leerlauf; also bei geschlossener Drosselklappe bzw. ungedrücktem Gaspedal. Mit zunehmender Erwärmung des Motors schließt sich allmählich der Zusatzluftkanal, auch das Mehr an Kraftstoff hört zu fließen auf – der Motor bekommt nur noch seine Normalmengen.

Selbsthilfe bei der K-Jetronic

Allzuviel Selbsthilfe ist bei der K-Jetronic leider nicht möglich, denn tiefergreifende Prüfungen setzen eine gute Kenntnis der Materie und vor allem auch Meß- und Prüfgeräte voraus. Deshalb sollen in diesem Abschnitt nur Fehlerquellen angesprochen werden, denen Sie auch wirklich selbst zu Leibe rücken können.

■ Verweigert der Jetta den Dienst, sollten Sie nicht sofort die Einspritzung verdächtigen. Kontrollieren Sie erst, ob die Zündanlage völlig in Ordnung ist (ab Seite 179).

■ Ist zweifelsfrei festgestellt, daß in diesem Bereich alles mit rechten Dingen zugeht, gilt Ihr Interesse der Kraftstoffversorgung. Wie Sie einem Fehler in diesem Bereich auf die Schliche kommen können, ist auf Seite 88 beschrieben.

■ Eine weitere Quelle von Betriebsstörungen können Undichtigkeiten im Ansaugsystem sein. Schon geringe Nebenluftmengen können die Gemischaufbereitung empfindlich stören, da sie ja von der Stauscheibe im Gemischregler nicht mitgemessen werden. Das Gemisch magert also bei Nebenluft unkontrolliert ab. Verdächtige Teile sind: Ansaughutze auf Gemischregler und Drosselklappenstutzen, Schläuche zum Zusatzluftschieber, die Unterdruckschläuche

Eine kleine Hilfe zum Schlauchwirrwarr an der Einspritzanlage: 1 – Schlauch vom Sammelsaugrohr; 2– Schlauch vom Ansaugkanal vor der Drosselklappe; 3 – Teil des Unterdruckschlauchs zum Bremskraftverstärker; 4 – Schlauch der Kurbelgehäuse-Entlüftung; 5 – Rückschlagventil; 6 – Unterdruckleitung zum Zündverteiler; 7 – zweiter Teil des Schlauchs zum Bremskraftverstärker; 8 – Verbindungsschlauch zur Saugstrahlpumpe; 9 – Saugstrahlpumpe; sie sorgt dafür, daß in der Leitung zum Bremskraftverstärker ein höherer Unterdruck entsteht. Das geschieht – wie in der Insektenspritze – nach dem Bernoulli-Prinzip: Vom Schlauch 2 fließt ständig ein Luftstrom in den Schlauch 1. Dadurch wird Luft aus Schlauch 8 mitgerissen und so entsteht in dieser Leitung ein größerer Unterdruck.

Hier wurde die Einspritzdüse (3) bei angeschlossener Einspritzleitung (1) ausgebaut. Die Gummidichtung (2) am Ventil muß vor dem Wiedereinbau zuerst mit Vaseline eingefettet werden. Erst dann die Einspritzdüse vorsichtig eindrücken. Herausziehen der Düse bringt allerdings nicht sehr viel, denn nur der Fachmann kann beurteilen, ob der Sprühstrahl der Düse korrekt ist. Ob überhaupt Benzin aus der Düse kommt, können Sie allerdings kontrollieren. Dazu das Düsenloch im Ansaugkrümmer dicht verschließen. Von Helfer Motor starten lassen, Düse in Behälter halten. Vorsicht, damit kein Benzin in die Augen gerät.

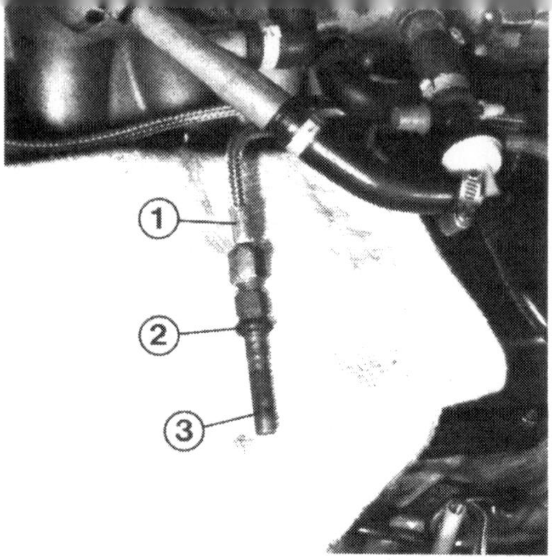

zum Zündverteiler bzw. zum Bremskraftverstärker, Dichtung unter dem Kaltstartventil und an den Einspritzdüsen sowie die Flanschdichtungen der Ansaugkanäle und des Drosselklappenstutzens (Schrauben nachziehen). Kontrollieren Sie alle Schläuche auf Risse und auf festen Sitz; ebenso ist den dazugehörigen Schlauchschellen ein prüfender Blick zu gönnen.

■ Undichtigkeiten im Kraftstoffsystem kann der Laie lediglich durch eine Sichtprüfung an allen Kraftstoffschläuchen und -leitungen erkennen. Eine genaue Druckprüfung ist nur der Werkstatt möglich.

■ Die elektrischen Kontakte können ebenfalls eine Störungsmöglichkeit darstellen. Die Steckerchen sind nämlich nur für 100 Steckungen ausgelegt! Durch nicht federnde Zungen in den Steckern oder durch ungeschicktes Reißen an den Leitungen kann es leicht zu Störungen in der Einspritzungs-Elektrik kommen. Sehen Sie deshalb die Stecker genau an. Mit einem feinen Schraubenzieher lassen sich die Zungen ein wenig nachbiegen.

Störungen an den einzelnen Bauteilen

Gemischregler

Hier läßt sich nur die Stellung der Stauscheibe überprüfen. Dazu soll der Motor warmgefahren sein. Ferner sind folgende Vorbereitungen zu treffen: Ansaughutze über dem Luftmengenmesser abnehmen (zwei Schlauchbänder lösen) und anschließend Motor etwa 10 Sekunden mit dem Anlasser durchdrehen. Jetzt können Sie die Lage der Stauscheibe prüfen: Sie muß an der den Einspritzleitungen zugewandten Seite genau an der Oberkante des schmalen zylindrischen Teils im Lufttrichter stehen – oder höchstens 0,5 mm tiefer. Stimmt diese Einstellung nicht (von der Werkstatt den Anschlag nachbiegen lassen) oder

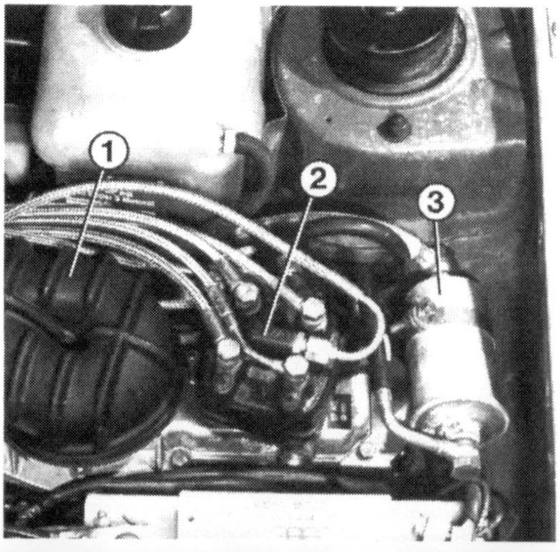

Am Gemischregler (2) ist auch das Kraftstoff-Hauptfilter (3) angeschraubt, das in regelmäßigen Abständen gewechselt werden muß. Ferner ist hier im Bild die Ansaughutze (1) zu sehen, die zum Kontrollieren der Stauscheibe abgenommen werden muß.

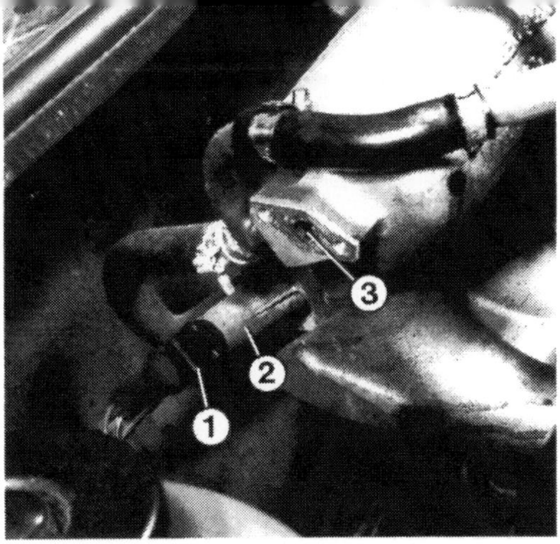

Der Zusatzluftschieber (2) hat seinen Platz hinter dem Sammelsaugrohr, wo er leider etwas schlecht zugänglich ist. Um ihn auf diesem Bild sichtbar zu machen, wurde das Kaltstartventil aus seiner Bohrung (3) am Sammelsaugrohr ausgebaut. 1 – Stecker des Zusatzluftschiebers.

steht die Stauscheibe schief im Lufttrichter (Scheibe hochziehen und ganz vorsichtig von Hand etwas biegen) können sich die auf Seite 113 genannten Störungen ergeben.
Kontrolliert werden kann auch, ob die Scheibe an der Gehäusewandung streift. In diesem Fall kann die zentrale Befestigungsschraube etwas gelockert werden, um die Stauscheibe neu zu zentrieren.

Zusatzluftschieber

Er sitzt etwas schlecht zugänglich hinter den Ansaugrohren. Geprüft wird er zuerst bei kaltem Motor: Stecker am Zusatzluftschieber abziehen und an den beiden Steckerkontakten ein Voltmeter oder eine Prüflampe anschließen. Motor starten: Jetzt muß Spannung anliegen, sonst ist die Zuleitung defekt.
Stecker wieder aufstecken und den Luftschlauch zum Zusatzluftschieber zusammenklemmen, damit keine Luft mehr durchströmen kann: Die Leerlaufdrehzahl des Motors muß jetzt abfallen. Motor nun 10 bis 15 Minuten warmlaufen lassen und die gleiche Prüfung nochmals durchführen. Jetzt darf sich die Drehzahl nicht mehr verändern.
Werden die genannten Prüfbedingungen nicht erfüllt, ist der Zusatzluftschieber defekt und muß ausgetauscht werden. Zuvor sollten Sie allerdings versuchen, ob er sich nicht durch leichtes Klopfen mit einem Schraubenzieher auf das Gehäuse nochmals zum Leben erwecken läßt.

Kaltstartventil

Ein tropfendes – also nicht richtig schließendes Kaltstartventil – kann Ursache für Startschwierigkeiten, ungleichmäßigen Motorlauf und hohen Kraftstoffver-

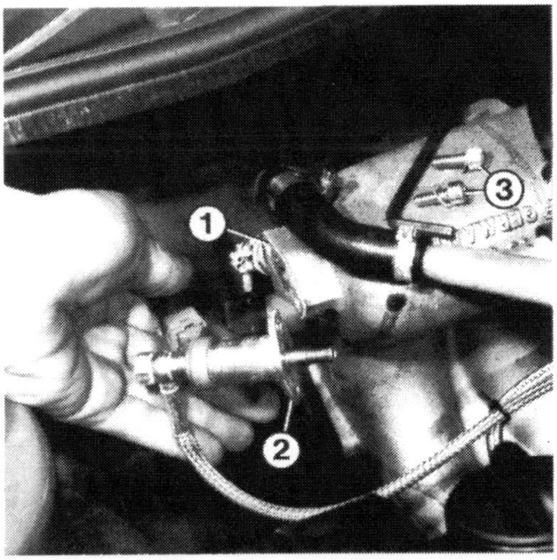

Das Kaltstartventil (2) ist mit zwei Inbusschrauben (3) in das Sammelsaugrohr (1) eingeschraubt.
Ob die Einspritzanlage mit Kraftstoff versorgt wird, läßt sich am leichtesten am Kaltstartventil prüfen. Mit einem Schlüssel SW 13 (Pfeil) läßt sich dort die Hohlmutter der Kraftstoffleitung etwas lösen. Meist sprudelt dann schon bei stehendem Motor durch den Restdruck der Anlage etwas Benzin heraus. Dreht ein Helfer den Motor mit dem Anlasser durch, muß das Benzin in dickem Strom fließen.

Der Thermozeitschalter (2) steuert die Öffnungsdauer des Kaltstartventils. Damit er immer genau über die Motortemperatur Bescheid weiß, ist er vorn am Zylinderkopf in den Schlauchstutzen (1) eingeschraubt, durch den ständig Kühlwasser fließt. Mit der Elektrik ist er durch den Stecker (3) verbunden.

brauch sein. Zur Prüfung muß der Motor kalt sein. Kaltstartventil abschrauben und in einen Behälter (Einmachglas etc.) halten. Kraftstoffleitung und Kabelstecker bleiben angeschlossen. Hauptzündkabel am Verteiler abziehen und fest mit Masse verbinden. Vom Helfer den Anlasser betätigen lassen (Schalthebel im Leerlauf!). Jetzt muß das Kaltstartventil je nach Außentemperatur 1–8 Sekunden lang abspritzen. Achten Sie dabei auch auf den Sprühstrahl: er muß einen gleichförmigen Kegel bilden.
Hat das Ventil aufgehört zu sprühen, Anlasser und Zündung ausschalten. Ventil sauber abtrocknen und 1 Minute lang beobachten. In dieser Zeit darf kein Tropfen mehr vom Ventil abfallen; auch darf das Ventilgehäuse nicht feucht werden. Sonst Ventil ersetzen.

Thermozeitschalter

Der Thermozeitschalter steuert die Öffnungsdauer des Kaltstartventils. Er kann also – wie das Kaltstartventil – z. B. für Startschwierigkeiten verantwortlich sein. Geprüft wird er bei kaltem Motor: Hauptzündkabel am Zündverteiler abziehen und fest mit Masse verbinden. Stecker am Kaltstartventil abziehen und Voltmeter oder Prüflampe an den beiden Steckerkontakten anschließen. Jetzt von Helfer den Anlasser durchdrehen lassen: An den Kontakten muß jetzt 1–8 Sekunden lang Spannung anliegen.

Leerlauf einstellen

Wartungspunkt Nr. 47

Die Einstellschraube sitzt beim Einspritz-Jetta am Drosselklappenstutzen und zeigt zur Hinterkante des Motorraums (siehe Bild unten). Hineindrehen dieser Schraube läßt den Motor langsamer, Herausdrehen schneller laufen. Nach

Zum Einstellen des Leerlaufs muß mit einem Gabelschlüssel SW 7 an der Einstellschraube (4) gedreht werden. Herausdrehen läßt den Motor schneller – Hineindrehen langsamer laufen.
Gut zu sehen sind hier übrigens auch die beiden Drosselklappen (2 und 3), die durch eine Hebelmechanik (1) gesteuert sind wie bei einem Stufenvergaser. Erst wenn die eine Klappe offen ist, beginnt die zweite zu öffnen.

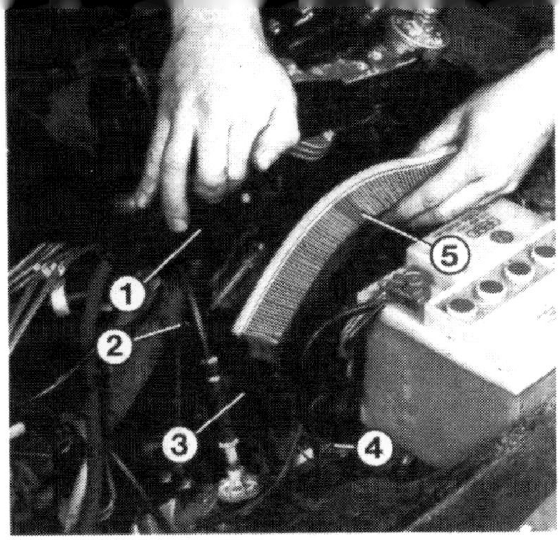

Hier wird – wie im Text unten beschrieben – der Luftfiltereinsatz ausgewechselt. Es bedeuten: 1 – Gehäuse-Oberteil mit Gemischregler; 2 und 4 – zwei der Spannklammern; 3 – Gehäuse-Unterteil; 5 – Luftfiltereinsatz – seine Filterlamellen müssen nach unten zeigen.

Werksvorschrift soll die Leerlaufdrehzahl **900–1000/min** betragen. Soll jedoch auch der CO-Gehalt eingestellt werden, muß der Jetta in die Werkstatt, da Sie wohl kaum einen Abgastester zu Hause haben. Durch Verdrehen der verplombten Einstellschraube am Kraftstoffmengenteiler wird der CO-Gehalt auf **1–2 Vol.%** eingestellt.

Luftfiltereinsatz ausblasen bzw. wechseln

Wartungspunkte Nr. 40 bzw. 67

Wann und wie diese Wartungspunkte auszuführen sind, ist bereits auf den Seiten 90 bzw. 91 beschrieben. Auch wieso sie auszuführen sind, steht dort. Hier wollen wir nur noch beschreiben, wie der Ausbau beim Einspritz-Jetta vonstatten geht: Vier Spannklammern um den Gemischregler öffnen, und den Gemischregler selbst (also das Oberteil) hochziehen. Das geht noch leichter, wenn die Ansaughutze abgebaut wird. Filtereinsatz jetzt herausnehmen. Zum Einsetzen müssen die Filterlamellen nach unten zeigen. Filtereinsätze: V.A.G. 049 133 843; Bosch 1 457 429 041; Fram CA 3441; Mann C 2860; Purolator PM 1697.

Gaszug einstellen

Der Gaszug soll so eingestellt sein, daß in Vollgasstellung des Gaspedals zwischen Drosselklappenhebel und Vollgasanschlag ein Spiel von höchstens 1 mm besteht. Ist das Spiel zu groß oder ist der Gaszug zu straff gespannt, kann er durch Lösen und Verdrehen der Kontermuttern auf dem Gewindestück der Gaszughülle an der Zylinderkopfhaube eingestellt werden.

Störungsbeistand

Bosch K-Jetronic

Die Störung	– ihre Ursache	– ihre Abhilfe
A Kalter Motor springt nicht an	1 Kraftstoff-Steuerdruck falsch	Messen, schadhafte Teile ersetzen lassen
	2 Zusatzluftschieber öffnet nicht	Prüfen, wie auf Seite 111 beschrieben, gegen Gehäuse klopfen, evtl. mit Halbgas starten
	3 Kaltstartventil öffnet nicht	Kabel am Ventil abziehen, mit Klemme 50 vom Anlasser und Masse verbinden. Starten, Ventil muß spritzen (Gefäß bereithalten), sonst Ventil auswechseln
	4 Kaltstartventil undicht, Dichtung defekt	Dichtheit kontrollieren, Ventil prüfen (siehe Seite 111)
	5 Stauscheibe falsch eingestellt	Einstellen lassen (siehe Seite 110)
	6 Stauscheibe oder Steuerkolben schwergängig	Prüfen lassen

Die Störung	– ihre Ursache	– ihre Abhilfe
A Kalter Motor springt nicht an (Fortsetzung)	7 Thermozeitschalter schließt nicht	Am Kabelstecker des Startventils mit Prüflampe feststellen, ob beim Starten bei kaltem Motor Strom fließt, sonst Thermozeitschalter ersetzen (siehe Seite 112)
B Warmer Motor springt nicht an	1 Siehe A 1	
	2 Siehe A 5	
	3 Siehe A 6	
	4 Einspritzdüse(n) undicht, zu niedriger Öffnungsdruck	Prüfen lassen
	5 Leerlauf zu fett eingestellt	CO-Gehalt einstellen lassen
	6 Leerlauf zu mager eingestellt	CO-Gehalt einstellen lassen
C Kalter Motor schüttelt im Leerlauf	1 Siehe A 1	
	2 Zusatzluftschieber schließt nicht	Prüfen, wie auf Seite 111 beschrieben
	3 Siehe A 2	
	4 Siehe A 4	
	5 Siehe B 4	
D Warmer Motor schüttelt im Leerlauf	1 Siehe A 1	
	2 Siehe A 2	
	3 Siehe A 6	
	4 Siehe B 5	
	5 Siehe B 6	
E Motor patscht ins Saugrohr	1 Siehe A 1	
	2 Siehe B 6	
F Motor patscht in den Auspuff	1 Siehe A 1	
	2 Siehe A 4	
	3 Siehe B 5	
G Motor stottert, setzt aus	1 Wackelkontakt an der Benzinpumpe	Kabelanschluß kontrollieren
	2 Kraftstoffsystemdruck falsch	Messen, einstellen lassen
H Motorleistung ungenügend	1 Siehe A 1	
	2 Siehe A 4	
	3 Siehe A 6	
	4 Siehe B 5	
	5 Siehe B 6	
	6 Drosselklappen gehen nicht in Vollgasstellung	Gaszug einstellen bzw. Gestänge kontrollieren
I Motor dieselt nach	1 Siehe A 6	
	2 Siehe B 4	
J Kraftstoffverbrauch zu hoch	1 Siehe A 1	
	2 Siehe A 4	
	3 Siehe B 5	
K Warmer Motor dreht im Leerlauf zu hoch	Siehe C 2	

Reibeisen

Vor das Schalten haben die Techniker das Kuppeln gesetzt, sofern das Auto keine Getriebeautomatik besitzt. Die Kupplung hat die Aufgabe, Motor und Getriebe zu trennen, damit die Zahnräder kurz »aufatmen« können und sich das Umschalten lieber gefallen lassen. Ihr anderer Daseinszweck ist vielleicht noch sympathischer. Sie erlaubt es uns, sanft anzufahren, indem sie die Kraft vom Motor auf die Vorderräder nur wohldosiert – gewissermaßen tropfenweise steigernd – überträgt.

Die Arbeitsweise der Kupplung

Die Kupplung sitzt zwischen Motor und Getriebe. Sie besteht aus Kupplungsdruckplatte, Ausrückplatte (nur 1500/1600), Mitnehmerscheibe, Schwungscheibe und Ausrücklager. Im Gegensatz zum 1100/1300 ist beim 1500/1600 die Kupplungsdruckplatte an die Motorkurbelwelle geschraubt. Nachdem die Mitnehmerscheibe eingesetzt wurde, wird die Schwungscheibe angeschraubt. Beim 1100/1300 sitzt die Schwungscheibe unmittelbar auf der Kurbelwelle.
Durch den Tritt auf das Kupplungspedal wird über den Kupplungszug der Ausrückhebel auf der Ausrückwelle angezogen. Er drückt das Ausrücklager beim 1100/1300 gegen die tortenförmig eingeschnittene Tellerfeder der Kupplungsdruckplatte. Das Ausrücklager übernimmt die Federkraft, die Druckplatte wird entlastet und bei völlig durchgetretenem Pedal zurückgezogen, so daß die Mitnehmerscheibe im Raum dazwischen frei umlaufen kann – es ist ausgekuppelt.
Etwas anders funktioniert die Kupplungsbetätigung am 1500/1600: Der Ausrückhebel drückt über das im Getriebe sitzende Ausrücklager die Kupplungsbetätigungsstange in Richtung Kupplung. Diese Betätigungsstange läuft durch die hohl gebohrte Antriebswelle des Getriebes (siehe Seite 121). Die Stange drückt ihrerseits über eine Ausrückplatte auf die Tellerfeder und Druckplatte. Das Ausrücklager am anderen Ende der Betätigungsstange kann nun die Federkraft übernehmen, wodurch wieder die Kupplungsdruckplatte entlastet wird.

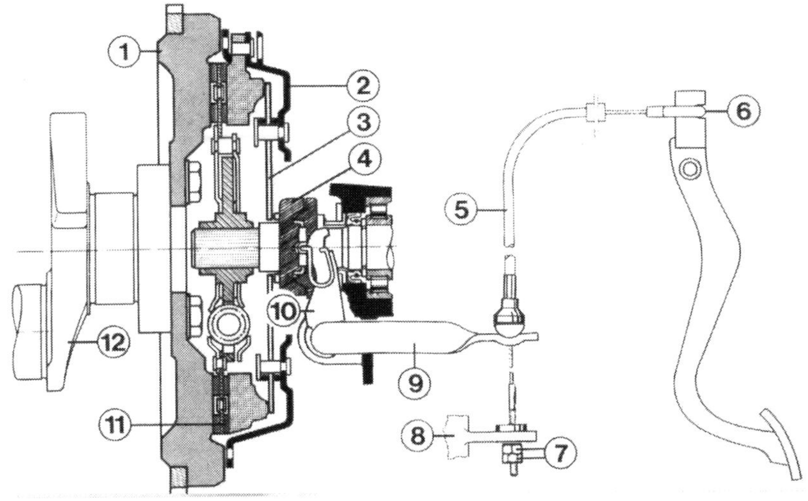

Den Aufbau der Kupplung beim 1100/1300 zeigt diese Zeichnung:
1 – Schwungscheibe; 2 – Druckplatte; 3 – Tellerfeder; 4 – Ausrücklager; 5 – Kupplungszug; 6 – Öse des Kupplungszugs am Pedal; 7 – Einstellmutter mit Kontermutter; 8 – Widerlager am Getriebegehäuse; 9 – Kupplungshebel; 10 – Ausrückhebel; 11 – Mitnehmerscheibe; 12 – Motorkurbelwelle.

Rutschende Kupplung

Wenn die Kupplung durchrutscht, bedeutet dies, daß sie nicht mehr die volle Motorkraft übertragen kann, also nicht mehr einwandfrei verbindet. Die Ursache kann Motor- oder Getriebeöl sein, das auf die Kupplungsflächen geraten ist oder der Belag ist durch übermäßige Hitzeentwicklung – z. B. durch häufiges Schleifenlassen – verbrannt. Dann bringt selbst der größte Anpreßdruck nicht genügend Reibkraft zum Übertragen der Leistung zustande. Aber auch eine sorgsam behandelte Kupplung magert durch allmählichen Verschleiß so ab, daß die Reibpartner einfach nichts mehr zu fassen bekommen – wo keine Anpreßkraft hinkommt, kann auch keine Reibungskraft erzeugt werden. Eine durchrutschende Kupplung merkt man erst beim Fahren im höchsten Gang (wobei die vom Motor geforderte Leistung am größten ist), wenn bei Belastung der Motor »durchdreht«, also auffallend schneller dreht als es der Fahrgeschwindigkeit entspricht. Beim Anfahren fällt das Nachlassen der Kupplung weniger auf, weil man sich daran gewöhnt. Durch diese Gewöhnung kann Schaden entstehen (die Schwungscheibe und die Druckplatte können durch die Hitzeentwicklung Wärmerisse bekommen und müssen dann ausgetauscht werden), weshalb man von Zeit zu Zeit die Kupplung prüfen sollte.
Eine tadellose Kupplung übersteht folgende Gewaltprüfung: Handbremse anziehen, 3. Gang einlegen, langsam einkuppeln und Gas geben. Jetzt müßte (bei einwandfreier Handbremse) der Motor abgewürgt werden. Besteht die Kupplung diese Prüfung nicht, hilft in einfacheren Fällen das Einstellen des zu gering gewordenen Kupplungsspiels (siehe nächste Seite). Mehr als zweimal hintereinander darf man diesen Test nicht machen, sonst wird die Kupplung heiß, wobei sie ohnehin durchrutscht.

Kupplung trennt nicht

Wird der Schaltvorgang durch kratzende oder krachende Geräusche »untermalt«, so trennt die Kupplung nicht mehr richtig. Um sicherzugehen, daß es nicht am Getriebe liegt, macht man die Probe mit dem nicht synchronisierten Rückwärtsgang. Bei Motorleerlauf kuppeln Sie ganz aus, warten etwa 3 Sekunden lang und legen dann den Rückwärtsgang ein. Kratzt es, dann trennt die Kupplung nicht mehr sauber – das Kupplungsspiel muß eingestellt werden. Eine ernste Ursache wäre eine durch Hitze verzogene Mitnehmerscheibe.

Auskuppeln beim Halten?

Recht verbreitet ist die Angewohnheit, mit eingelegtem 1. Gang und durchgetretenem Kupplungspedal an der roten Ampel zu warten. Mancher fürchtet, den Gang nicht gleich einlegen zu können, wenn das grüne Licht den Weg freigibt. Wenn auch kein direkter oder sofort meßbarer Schaden entsteht, so beansprucht das Auskuppeln doch das Ausrücklager und ruft so Verschleiß hervor.

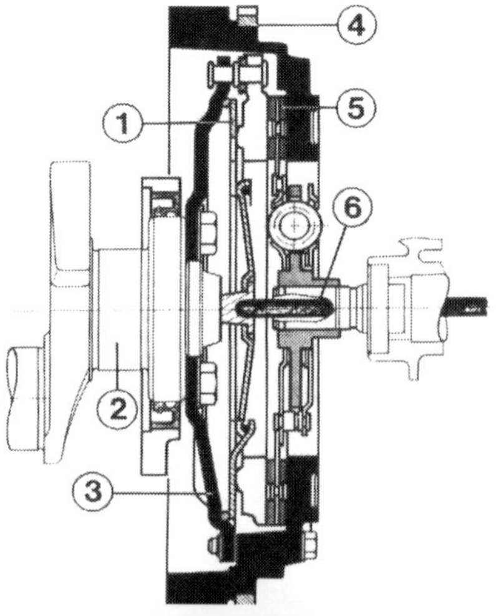

Anhand dieser Zeichnung können Sie sich die Funktionsweise der Kupplung am 1500/1600 verdeutlichen: Beim Durchdrücken des Kupplungspedals schiebt das Ausrücklager im Getriebe die Kupplungsbetätigungsstange (6) nach links in Richtung Kurbelwelle (2). Dadurch wird die Ausrückplatte gegen die Tellerfeder (1) gedrückt. Diese Feder in der Kupplungsdruckplatte (3) gibt nun die Mitnehmerscheibe (5) frei, d. h. sie kann frei umlaufen. Zwischen der am Getriebe befestigten Schwungscheibe (4) und der am Motor befestigten Kupplungsdruckplatte besteht jetzt keine Verbindung mehr.
Wird das Kupplungspedal losgelassen, geht die Ausrückplatte samt Kupplungsbetätigungsstange wieder zurück. Die Tellerfeder in der Kupplungsdruckplatte wird wieder wirksam und drückt die Mitnehmerscheibe gegen die Schwungscheibe. Kurbelwelle und Getriebewelle sind jetzt wieder miteinander verbunden.

Kupplungspedalspiel messen

Wartungspunkt Nr. 60

Bevor wir uns mit dem Nachstellen der Kupplung beschäftigen, sei dieses »Spiel« kurz erläutert. In diesem Zusammenhang bedeutet Spiel soviel wie Abstand innerhalb der Teile der Kupplungsübertragung bei nicht durchgetretenem Pedal. Dieses Spiel muß so groß sein, daß das Ausrücklager nicht unter verschleißförderndem Druck steht. Je stärker das Ausrücklager durch die Kraft der Tellerfeder belastet wird, um so geringer wird die Anpreßkraft an der Mitnehmerscheibe. Es besteht also die Gefahr, daß die Kupplung durchrutscht. Andererseits geht etwas vom normalen Kupplungsweg verloren, wenn das Spiel zu groß ist, wird die Kupplung beim Niederdrücken des Pedals nicht ganz getrennt.
Die Kupplung ist so konstruiert, daß mit fortschreitender Abnutzung der Kupplungsbeläge das Spiel kleiner wird. Durch die verschleißende und dünner werdende Mitnehmerscheibe wandert die federbelastete Druckplatte näher zur gegenüberliegenden Reibfläche der Schwungscheibe. Dadurch wird auch die Druckplatte (1100/1300) bzw. die Ausrückplatte (1500/1600) in Richtung des Ausrücklagers gedrückt. Liegt das Lager ohne Spiel am Ausrückhebel an, so stützt sich die Tellerfeder der Druckplatte – beim 1500/1600 über die Ausrückplatte – gegen das Ausrücklager ab. Statt die Mitnehmerscheibe gegen die Anlageflächen zu pressen, wird die Feder nun entlastet, die Reibungskraft wird geringer, die Kupplung rutscht durch.
Zur Prüfung des Kupplungsspiels drückt man die Trittplatte des Pedals von Hand nieder. Nach **15 mm Pedalweg** darf erst größerer Widerstand spürbar werden.

Pedalspiel einstellen

Stimmt das Pedalspiel nicht, muß der Seilzug nachgestellt werden. Das geschieht am »Widerlager« links (in Fahrtrichtung gesehen) im Motorraum. Den genauen Arbeitsgang beschreiben die Bilder und Texte auf diesen Seiten.

Kupplungszug gerissen?

Sollte der Kupplungszug unterwegs reißen, so muß das noch nicht das Ende der Reise bedeuten. Zumindest ein nahes Ziel oder die nächste Werkstatt kann man auch ohne Kupplung erreichen. Das Herausnehmen eines Gangs ohne zu kuppeln ist leicht. Gas wegnehmen und bei langsamer werdender Fahrt oder bei abgebremstem Wagen den Gang herausdrücken. Natürlich sollte man bei einem Kupplungsdefekt versuchen, möglichst lang in dem gerade eingelegten Gang zu bleiben.
Will man ohne Kupplung anfahren, muß man den ersten Gang einlegen und den Anlasser betätigen. Der Wagen ruckt an und setzt sich in Bewegung (der Motor sollte warmgelaufen sein.). Wer während der Fahrt nicht schalten will, fährt auf diese Weise im zweiten Gang an. Allerdings wird es der Anlasser an einer Steigung kaum schaffen, den Wagen in Bewegung zu setzen.

Der Kupplungszug stützt sich beim 1,1-/1,3-Liter-Motor oben am Getriebe-Widerlager (4; im Motorraum vorn links in Fahrtrichtung) ab.
Zum Einstellen des Kupplungsspiels muß erst die Kontermutter (3) gelöst werden, dann kann man die Einstellmutter (Gabelschlüssel darauf angesetzt) verdrehen. Damit sich der Kupplungszug nicht mitdreht, hält man ihn an seiner Hülse oben (2) mit einer Zange gegen. Links im Bild sehen Sie den Kupplungshebel (1).

Man kann sogar ohne Kupplung hoch- bzw. herunterschalten. Voraussetzung ist feinfühliger Umgang mit dem Gaspedal und Schalthebel. Angefahren wird bei eingelegtem 1. Gang mit dem Anlasser. 1. Gang nur knapp über die Leerlaufdrehzahl hinausdrehen (die Tachonadel sollte sich noch nicht bewegen), Gas etwas zurücknehmen, Schalthebel in Leerlaufstellung ziehen, Gaspedal loslassen und den Schalthebel mit leichter Hand in Richtung des 2. Gangs drücken. Bei richtiger Motor- und Getriebedrehzahl rutscht der Gang fast von selbst hinein. Wenn Sie zu lange gewartet haben, müssen Sie ein ganz klein wenig Gas geben, damit sich der Gang ohne Zähneknirschen einlegen läßt. Hat es nicht geklappt, halten Sie noch einmal an und versuchen das Ganze von neuem. In die weiteren Gänge wird auf die gleiche Weise hochgeschaltet. Am leichtesten geht es in sehr niedrigen Geschwindigkeiten: In den 2. Gang bei höchstens 20 km/h, in den 3. bei 25 km/h, in den 4. bei 35 km/h.
Das Herunterschalten erfordert etwas mehr Geschick. Hierbei muß die Motordrehzahl angehoben werden, damit sich der nächstniedrige Gang einlegen läßt. Fuß etwas vom Gas, Gang herausnehmen, behutsam Gas zugeben und gleichzeitig den Schalthebel in Richtung des neuen Gangs drücken. Bei richtiger Motordrehzahl rutscht der Gang fast ohne Nachdruck hinein. Auch das Herunterschalten geschieht am besten wieder bei niedrigen Geschwindigkeiten und Drehzahlen.

Kupplungszug ersetzen

Ein gerissener Kupplungszug läßt sich in Eigenregie auswechseln. Als erstes die untere Armaturenbrettverkleidung demontieren (Seite 231 oben). Beim 1100/1300 Kontermutter und Einstellmutter des Kupplungszugs losdrehen, Zug am Ausrückhebel und am Getriebegehäuse aushängen. Am Kupplungspedal oben den Haltebolzen für die Öse des Zugs herausdrücken. Am 1500/1600 an der Ausrückwelle die Befestigungsteile des Kupplungszugs abnehmen. Der Zug besitzt an seinem unteren Ende eine kugelförmige Verdickung, über die eine Halteklammer geschoben ist. Zwischen Halteklammer und Ausrückhebel liegen noch eine kleine Halteplatte und eine Verdrehsicherung. Zug aus der Gummiführung am Getriebe herausziehen. Kupplungszugöse am Pedal aushaken. Nun den Kupplungszug zum Motorraum herausziehen, nachdem der Gummistopfen oben in der Karosseriestirnwand durchgedrückt wurde. Neuen Zug in umgekehrter Reihenfolge einbauen und anschließend Kupplungsspiel einstellen.

Neue Kupplungsbeläge

Es gibt Fahrer, die bereits nach 15000 km eine neue Kupplung brauchen, und andere bringen es mit einer Kupplung auf 80000 km. Eine hohe Laufzeit erreicht man, wenn der Wagen überwiegend auf Langstrecken gefahren und die Kupp-

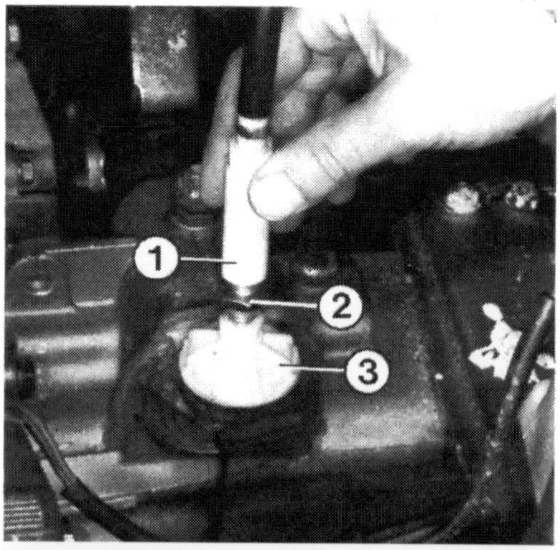

Zur Prüfung des Kupplungsspiels drücken Sie das Kupplungspedal von Hand nieder. Im ersten Moment läßt es sich leicht bewegen – das ist das »Spiel«. Nach etwa 15 mm Pedalweg muß stärkerer Widerstand spürbar sein. Ist das früher oder später der Fall, muß das Pedalspiel eingestellt werden.
Das geschieht beim 1500/1600 am Widerlager vorn am Getriebe (Bild). Die Kontermutter (2) wird dazu losgedreht, während mit der Einstellmutter (3) das Spiel eingestellt wird. Sie können das Spiel allerdings auch mit dem Schaftstück (1) einstellen. Anschließend das Festziehen der Kontermutter nicht vergessen.

lung vernünftig behandelt wird. Wer mit seinem Wagen hauptsächlich im Stadtverkehr fahren muß – wobei die Kupplung viel öfter getreten wird – kann kaum so lange mit der ersten Kupplung auskommen wie ein Langstreckenfahrer.

Kupplung ausbauen

Zuerst muß das Getriebe ausgebaut werden, wie auf Seite 121 beschrieben.
1100/1300: Sechskantschrauben der Druckplatte zuerst abwechselnd über Kreuz lösen und dann völlig herausdrehen. Druckplatte sowie die Mitnehmerscheibe abnehmen.
1500/1600: Schwungscheibe losschrauben und dann zusammen mit der Mitnehmerscheibe abnehmen. Soll auch die Kupplungsdruckplatte ausgebaut werden, hebeln Sie zuerst mit einem Schraubenzieher die Haltefeder in der Ausrückplatte heraus. 6 Schrauben in der Druckplatte losdrehen, Druckplatte mit dem Zwischenblech abnehmen.
Schwungscheibe mit Preßluft sauberblasen oder mit einem benzingetränkten Lappen abwischen. Die alte Druckplatte sollte nur dann wieder eingebaut werden, wenn ihre Nietverbindungen noch fest sitzen, die Anlagefläche zur Mitnehmerscheibe keine Risse oder Brandstellen zeigt und um nicht mehr als 0,3 mm nach innen durchgebogen ist. Zum Messen ein Metallineal quer über die Druckplatte legen und mit der Fühlerblattlehre am Innenrand messen.
1100/1300: Zum Einbau Mitnehmerscheibe und Druckplatte in die Schwungscheibe einsetzen. Dazu muß die Mitnehmerscheibe zentriert werden, also genau in der Mitte sitzen. Das geschieht mit dem V.A.G.-Dorn 10-213 oder einem anderen, passenden Dorn. 16 mm lange Schrauben ohne Federrringe, 20-mm-Schrauben mit neuen Federringen ansetzen, leicht eindrehen und dann abwechselnd über Kreuz mit 25 Nm festziehen.
1500/1600: Die (neuen!) Halteschrauben der Druckplatte müssen mit einem Schraubensicherungsmittel (z.B. VW D 6) eingesetzt und mit 75 Nm festgezogen werden (Zwischenblech nicht vergessen!). Ausrückplatte einsetzen (die Aussparung für die Kupplungsbetätigungsstange zeigt in Richtung Getriebe), Haltefeder einbauen, wobei die Drahtenden ebenfalls in Richtung Getriebe zeigen müssen. Beim Anschrauben der Schwungscheibe die Mitnehmerscheibe zentrieren. Dazu hat die V.A.G.-Werkstatt das Spezialwerkzeug 547, eine Scheibe aus Kunststoff. Behelfsmäßig können Sie die Schwungscheibe provisorisch anschrauben und den Abstand zwischen Mitnehmerscheiben-Außenkante und Schwungscheiben-Innendurchmesser mit einer Schieblehre kontrollieren. Mitnehmerscheibe so lange versetzen, bis der Abstand rundum gleich groß ist. Nur so ist gewährleistet, daß sich das Getriebe ohne Schwierigkeiten anflanschen läßt. Beachten Sie, daß die Zentrierstifte in der Schwungscheibe in die 6 mm großen Bohrungen in der Druckplatte greifen. Andernfalls stimmt der OT auf der Schwungscheibe (z. B. für die Zündeinstellung) nicht mehr. Die Halteschrauben der Schwungscheibe werden abwechselnd über Kreuz mit 20 Nm festgedreht.

Fingerzeige: *Soll beim 1100/1300 die alte Kupplung wieder eingebaut werden, markiert man Druckplatte und Schwungscheibe mit einer Reißnadel o. ä., damit sie wieder in der alten Lage zusammengebaut werden können.*
Beim Ausbau der Druckplatte bzw. Schwungscheibe wird diese mit einem Schraubenzieher in ihrer Verzahnung arretiert, damit sie sich beim Lösen der Schrauben nicht mitdreht.
Merken Sie sich die Einbaulage der Mitnehmerscheibe, damit sie später nicht seitenverkehrt montiert wird.
Vor dem Einbau wird die Kerbverzahnung der Mitnehmerscheibe mit etwas MoS_2-Puder geschmiert.

Ausrücklager ersetzen

Hierzu muß beim 1100/1300 das Getriebe ausgebaut sein. Das Ausrücklager ist an der Ausrückwelle nur mit Klammern eingehängt. Zum Ausbau des Lagers den Ausrückhebel nach unten drücken und das Ausrücklager abnehmen. Soll das alte Lager wieder eingebaut werden, darf es keinesfalls ausgewaschen werden. Die Führungshülse, auf der das eingebaute Ausrücklager hin und her verschoben wird, besteht aus Kunststoff und wird nicht gefettet. Lager in die Welle einhängen und Getriebe wieder einbauen.
Für den 1500/1600 ist der Ausrücklagerwechsel im nächsten Kapitel beschrieben.

Störungsbeistand
Kupplung

Die Störung	– ihre Ursache	– ihre Abhilfe
A Kupplung rutscht	1 Kupplungsspiel zu klein	Nachstellen
	2 Kupplungsbeläge abgenutzt	Mitnehmerscheibe ersetzen
	3 Anpreßdruck der Kupplung zu gering	Kupplungsdruckplatte ersetzen
	4 Kupplungszug geht nicht zurück	Gängig machen oder Zug austauschen
	5 Belag verölt	Mitnehmerscheibe und defekte Getriebe- oder Kurbelwellendichtung ersetzen
	6 Kupplung wurde überhitzt	Defekte Teile ersetzen
B Kupplung trennt nicht	1 Zu großes Kupplungsspiel	Nachstellen
	2 Mitnehmerscheibe hat Schlag	Mitnehmerscheibe richten oder ersetzen
	3 Mitnehmerscheibe verzogen oder Belag gebrochen	Mitnehmerscheibe ersetzen
	4 Mitnehmerscheibe klemmt auf Getriebewelle	Gangbar machen
	5 Nach sehr langer Standzeit: Belag an Schwungscheibe festgerostet	Motor warmlaufen lassen. Versuchen, beim Fahren mit getretener Kupplung im 1. Gang durch gleichzeitiges Bremsen und Gasgeben die Kupplung loszubrechen. Andernfalls ausbauen
C Kupplung trennt nicht und rutscht gleichzeitig durch	Kupplungsdruckplatte defekt	Druckplatte auswechseln
D Kupplung rupft	1 Seite A 3	
	2 Falsche Beläge	Mitnehmerscheibe ersetzen
	3 Druckplatte drückt schief	Kupplungsdruckplatte ersetzen
	4 Motor- oder Getriebeaufhängung defekt	Motor- oder Getriebelager ersetzen
E Kupplungsgeräusche	1 Unwucht der Kupplungsdruckplatte bzw. Mitnehmerscheibe	Kupplungs-Druckplatte bzw. Mitnehmerscheibe ersetzen
	2 Torsions-Dämpferfeder defekt	Mitnehmerscheibe ersetzen
	3 Ausrücklager defekt	Ausrücklager ersetzen
	4 Nietverbindungen in der Kupplung locker	Kupplungsdruckplatte ersetzen

Leicht untersetzt

Hat man beim Abfahren durch Gasgeben eine gewisse Drehzahl und damit ein gewisses Fahrtempo erreicht und will man noch schneller fahren, so muß man zwischen Motor und Antriebsachse durch Wechseln der Zahnradpaare im Getriebe eine andere, nämlich niedrigere Übersetzung einlegen, um nun wieder in kleineren und dann in mittleren Drehzahlen die Temposteigerung fortsetzen zu können. Und so Stufe für Stufe, bis schließlich jene Geschwindigkeit erreicht ist, die der Motor gegen die Luft- und Rollwiderstände maximal hergibt.

Das Schaltgetriebe

Die Motorleistung wird über die Kupplung auf die Eingangswelle des Schaltgetriebes geleitet. Auf dieser Eingangs- oder Antriebswelle sitzen fünf Zahnräder (einschließlich Rückwärtsgang; beim 5-Gang-Getriebe sogar sechs), die mit fünf bzw. sechs dazu passenden Zahnrädern auf der sogenannten Abtriebswelle ständig im Eingriff stehen. Diese Zahnräder können frei umlaufen, bis eines von ihnen beim Schalten eines bestimmten Gangs mit seinem entsprechenden Gegenrad auf der Antriebswelle gekuppelt wird. Das Verhältnis der Zähnezahlen des jeweiligen Zahnradpaars ergibt die betreffende Übersetzungsstufe.
Der Jetta hat – wie heute praktisch alle Personenwagen – »vollsynchronisierte« Vorwärtsgänge. Die Zahnräder auf der Antriebs- und Abtriebswelle sind auf »Nadeln« (stiftartige Rollen) gelagert. Es besteht also keine starre Verbindung zwischen Wellen und Rädern. Die Zahnräder bleiben, wie schon erwähnt, immer im Eingriff. Beim Gangwechsel wird nicht etwa eine Verbindung zwischen den Zahnrädern, sondern zwischen Zahnrad und Welle hergestellt. Um die Drehzahlen von Welle und Zahnrad einander anzugleichen, läßt man einen Teil der Welle gegen einen Teil der anderen Welle über Reibelemente schleifen. Durch die Reibung wird die schnellere Welle abgebremst, bis bei Gleichlauf eine kraftübertragende Verbindung hergestellt werden kann.

Fingerzeig: *Mit den sogenannten E-Getrieben (3+E bzw. 4+E) erreichen Sie die Höchstgeschwindigkeit in der Ebene nicht im E-Gang, sondern nur im direkt übersetzten 3. bzw. 4. Der E-Gang ist auf Geräuschminderung und Kraftstoffersparnis ausgelegt.*

Getriebe aus- und einbauen

Für den Ausbau des Getriebes ist einige Fachkunde vonnöten, so daß Sie nur mit erheblicher Montiererfahrung oder einem »vorbelasteten« Helfer darangehen sollten.
Masseband an der Batterie abnehmen. Ein Kantholz längs über den Motorraum auf die vordere Wand des Wasserfangkastens und den Quersteg vorn legen. An diesem Holz befestigen Sie ein Seil oder eine Kette durch die Halteöse am Zylinderkopf (links in Fahrtrichtung).
1100/1300: Kupplungsseil aushängen, Stecker am Totpunktmarkengeber abziehen. Drehmomentstütze vom Getriebe und von der Karosserie losschrauben.

Tachowelle lösen. Anlasserschrauben oben herausdrehen und die Blechlasche unter der einen Schraube zurückbiegen. Getriebeträger links abschrauben. Von oben zugängliche Schrauben zwischen Motor und Getriebe herausdrehen. Schraube unten am »Schaltfinger« (senkrechte Schaltstange beim Getriebe) lösen und Schaltfinger ausbauen. Untere Anlasserschraube lösen und den Anlasser mit einem Drahthaken aufhängen, damit er nicht an seinen Kabeln zerrt. Rechte und linke Gelenkwelle am Getriebe losschrauben und mit Draht aufhängen, sonst werden die Gelenke zu stark gebeugt. Schrauben des Abdeckblechs lösen. Oberhalb des rechten Gelenkwellenflansches die Schraube zwischen Motor und Getriebe losdrehen. Hinteres Getriebelager abschrauben. Kabel am Rückfahrlichtschalter abziehen, Massekabel am Getriebe abschrauben. Neben der unteren Drehmomentstützenschraube eine weitere Schraube zwischen Motor und Getriebe lösen. Getriebe vom Motor abdrücken und mit einem zweiten Mann abnehmen.

1500/1600: Linke Getriebeaufhängung losschrauben. Tachowelle abschrauben, Öffnung zustopfen, damit beim Ausbau des Getriebes kein Öl ausläuft. Die von oben erreichbaren Schrauben zwischen Motor und Getriebe herausdrehen. Kabelstecker am Rückfahrlichtschalter abziehen, Kupplungszug aushängen. Wagen aufbocken. Schaltbetätigung abnehmen, Masseband vom Getriebe abschrauben, Anlasser abbauen. Drehmomentstütze vom Getriebe und von der Karosserie losschrauben, hintere Getriebeaufhängung lösen. Linke und rechte Antriebswelle abschrauben und jeweils mit Draht hochbinden, damit die Gelenke nicht zu stark geknickt werden. Schrauben für das große Abdeckblech lösen, das Blech bleibt am Motor. Das kleine Abdeckblech wird nach Losdrehen seiner Halteschraube abgenommen. Unter dem linken Gelenkwellenflansch die Sechskantschraube lösen. Getriebe von den Paßhülsen abdrücken und mit einem Helfer abnehmen.

Wiedereinbau des Getriebes in sinngemäß umgekehrter Reihenfolge. Die Schraube unter dem linken Gelenkwellenflansch wird mit 55 Nm festgezogen. Die Sechskantschraube am Schaltfinger beim 1100/1300 muß ersetzt werden. Die Gelenkwellenschrauben zieht man mit 45 Nm an, die Mutter an der Schaltbetätigung des 1500/1600 mit 15 Nm und die Schrauben zwischen Motor und Getriebe mit 55 Nm. Die Schrauben der Getriebeaufhängung werden mit 40 Nm festgedreht, die Drehmomentstütze schraubt man mit 55 Nm am Getriebe an. Achten Sie darauf, daß die Lager nicht verspannt festgeschraubt werden, sonst werden erhebliche Dröhngeräusche auf die Karosserie übertragen.

Schalt-schwierigkeiten

Schwierigkeiten mit der Schaltung rühren meistens von einer nicht trennenden Kupplung. Einstellen siehe Seite 117.

Ausrücklager ersetzen

Das Ausrücklager läßt sich beim 1500/1600 ohne Ausbau des Getriebes bzw. der Kupplung wechseln. An der in Fahrtrichtung linken Getriebeseite wird der Deckel am Getriebe abgeschraubt. Darunter sitzt das Ausrücklager in einer Führungshülse. Stellen Sie eine kleine Wanne unter, denn es läuft Getriebeöl heraus. Lager ersetzen und Getriebedeckel mit neuer Dichtung wieder festschrauben. Getriebeöl auffüllen.

Die Getriebe-automatik

Das auf Wunsch bei den großen Vergasermotoren eingebaute automatische Getriebe funktioniert folgendermaßen:

Zwischen ein Dreigang-Planetengetriebe und den Motor ist ein hydraulischer Drehmomentwandler geschaltet, in dem das Drehmoment des Motors auf Schaufelräder übertragen wird. Bei laufendem Motor versetzt das mit ihm ge-

koppelte Pumpenrad die Wandlerflüssigkeit (ATF) in eine Drehbewegung und schleudert sie nach außen gegen das Wandlergehäuse. Dabei trifft die Flüssigkeit auf das sogenannte Leitrad, das den ATF-Strom in die vorgesehene Richtung lenkt. Dabei wird auch das mit dem Getriebe verbundene Turbinenrad in Drehung versetzt. Weil die Zahnräder des Planetengetriebes dauernd im Eingriff stehen und die Wandlerflüssigkeit bei laufendem Motor immer versucht – durch den Motor in Drehung versetzt – das Getriebe und damit auch die Antriebsräder zu bewegen, »kriecht« der Wagen im Leerlauf.
Die Übersetzungsänderung erfolgt beim automatischen Getriebe durch Zusammenschalten verschiedener Zahnräder unter Betätigung von Kupplungen und Bremsbändern durch das hydraulische Steuersystem. Das geschieht je nach Gaspedalstellung und Motordrehzahl.

Fingerzeig: *Sollte der Automatik-Jetta einmal nicht anspringen, hilft Anschieben oder Abschleppen nicht. Der hydraulische Drehmomentwandler kann bei stehendem Motor keine Verbindung zwischen Triebwerk und Getriebe herstellen. Als Automatik-Fahrer sollten Sie deshalb unbedingt einen Satz Starthilfekabel im Kofferraum liegen haben.*

Schaltpunkte prüfen

Ob die Getriebeautomatik richtig hoch- bzw. herunterschaltet, können Sie mit geeichtem Tachometer (siehe Seite 213) selbst prüfen.

Gaspedalstellung	Schaltpunkte in km/h beim Hochschalten		beim Zurückschalten	
	1.–2. Gang	2.–3. Gang	3.–2. Gang	2.–1. Gang
Vollgas	32–37	82–87	58–50	27–24
Kickdown	58–63	109–111	105–103	56–52

Kickdown-Schalter kontrollieren

Wartungspunkt Nr. 22

Durch kräftiges Niedertreten des Gaspedals kann man beim automatischen Getriebe in den nächstniederen Gang zurückschalten, wenn man nicht schon die entsprechenden Schaltpunkte überschritten hat. Dabei gibt der Kickdownschalter der Getriebeautomatik einen Schaltimpuls. Ob dieser Schalter anspricht, wird in Fahrstellung »D« geprüft: Das Getriebe muß entsprechend den in obiger Tabelle angegebenen Geschwindigkeiten herauf- bzw. herunterschalten.
Reagiert die Automatik nicht auf Kickdown, muß die Werkstatt als erstes die Einstellung des geteilten Gaszugs vom Pedal zum Getriebe bzw. vom Getriebe zum Vergaser prüfen und eventuell einstellen.

Störungsbeistand Getriebeautomatik

Hier finden Sie nur Störungen beschrieben, die Sie selbst beheben können. Liegt es nicht an den genannten Punkten, kann nur eine V.A.G.-Werkstatt weiterhelfen.

Beanstandung	Ursache
1 Ruckartige Schaltübergänge beim Einlegen der Fahrstufen »D« oder »R« aus der Leerlaufstellung »N« heraus	Leerlaufdrehzahl zu hoch
2 Starkes Kriechen im Leerlauf bei eingelegtem Fahrbereich	Wie unter 1
3 Fahrzeug setzt sich bei eingelegtem Fahrbereich nicht in Bewegung, kein Antrieb in allen Gängen	ATF-Stand zu niedrig
4 Langgezogene, schleifende Schaltübergänge	Wie unter 3

Der Radantrieb

Vom Ausgleichsgetriebe (Differential) zweigen die beiden Achsstummel mit den daran angeschraubten Antriebswellen der Vorderräder ab. Die inneren Gelenke

dieser Welle ermöglichen den Längenausgleich und das Beugen der Welle beim Einfedern des Wagens, die äußeren Gelenke machen das Einschlagen der Vorderräder zum Lenken möglich. Durch eine spezielle Konstruktion der Gelenkwellen wurde erreicht, daß bei allen Rad- und Achsstellungen die Drehzahl der Antriebsräder genau gleich der Drehzahl der Achsstummel ist. So wird die Lenkung ruckelfrei.
Im allgemeinen gibt es mit den Antriebswellen keine Probleme. Ihre Lebensdauer hängt natürlich von der Fahrweise ab. Vollgasstarts bei eingeschlagenen Vorderrädern und Anfahren mit durchdrehenden Antriebsrädern lassen die Gelenke früh ausschlagen.
Verschlissene Gelenke knacken beim Hin- und Herschieben des Wagens. Bei abruptem Gasgeben oder -wegnehmen (Lastwechsel) werden Schlaggeräusche hörbar, und bei schnellerem Tempo spürt man Vibrationen. Normalerweise sollten die Gelenkwellen mindestens 80000 km halten.

Gelenkwelle ausbauen

Gelenkwellen gibt es im Austausch vom V.A.G.-Ersatzteillager und von speziellen Reparaturwerken. Beachten Sie, daß die Wellen unterschiedlich lang sind. 1100/1300 links 467,5 mm, 1500/1600 links 445,5 mm, alle rechts 658 mm. Beim Wiedereinbau der Gelenkwelle brauchen Sie auch eine neue Bundmutter in der Radnabe – beim Ersatzteilkauf drandenken!
Radnabenkappe oder Radkappe abnehmen, Sechskantmutter SW 26 in der Radnabe lösen (hierbei muß der Jetta fest auf dem Boden stehen) und herausdrehen. Wagen aufbocken. Gelenkwellenschrauben am Getriebe losdrehen; dazu empfiehlt sich ein langer Steckschlüssel Innenvielzahn SW 8, der ganz in die Schraubenöffnung eingeschoben werden kann. Lenkung voll einschlagen und Gelenkwelle herausziehen. Ist das nicht möglich, den Wagen ablassen und bei voll eingeschlagener Lenkung den Wagen kräftig aufschaukeln, bis sich die Antriebswelle vom Flansch am Getriebe löst. Wagen wieder anheben und die Welle aus dem Radlagergehäuse ziehen.
Zum Gelenkwelleneinbau die Schrauben mit neuen Federringen eindrehen und mit 45 Nm festziehen. Auto ablassen und neue Mutter in der Radnabe mit 230 Nm andrehen. Radnabenkappe oder Radkappe aufsetzen.

Manschetten der Antriebswellen auf Dichtheit prüfen

Wartungspunkt Nr. 53

Die Gelenke der Achswellen sind durch Gummimanschetten vor Feuchtigkeit und Schmutz geschützt. Die Manschetten sind mit je 90 g MoS_2-Schmierfett gefüllt. Alle 15000 km oder nach einem Jahr spätestens (sicherer sind kürzere Kontrollabstände) müssen die Manschetten und Schlauchbinder auf festen Sitz kontrolliert werden. Dazu den Wagen vorn aufbocken und Gelenkwelle drehen, damit Sie auch feine Risse oder spröde Stellen entdecken. Äußerlich sichtbare Fettspuren sind ein Alarmsignal, denn ohne Schmierfett schlagen die Gelenke bald aus und eindringendes Wasser zerstört die glatten Gelenkoberflächen. Beschädigte Gummimanschetten müssen umgehend ersetzt werden, wozu die Gelenkwelle ausgebaut und zerlegt wird. Die Zerlegung der Antriebswelle ist Werkstattsache.

Unterwelt

Ohne die nachgiebige Radaufhängung, also ohne Federung und ihre Dämpfung würde sich ein Auto ebenso lange in der Luft wie auf der Straße befinden. Radaufhängung und Lenkung gehören zum »Fahrwerk« – etwas das sich sozusagen im Untergrund verbirgt. Die Federung beim VW Jetta erfolgt mit »Federbeinen«.

Die Federbeine

Unter dem Begriff Federbein verstehen wir die Zusammenfassung von Feder und Stoßdämpfer in einer Einheit. Die Schraubenfeder ist gewissermaßen um den Dämpfer herumgewickelt. Feder und Stoßdämpfer arbeiten genau in derselben Bewegungsrichtung, was gleichmäßige, für die Fahrzeuginsassen angenehme Federbewegung ergibt. Solche Federbeine hat der Jetta an der Vorder- und Hinterachse.

Für die Vorderradfederung wurde ein Patent des Amerikaners McPherson verwendet. Das nach ihm benannte Federbein stellt eine komplette Radaufhängung dar. Der obere Befestigungspunkt an der Karosserie ist drehbar gelagert, so daß Lenkbewegungen überhaupt möglich sind. Und durch das untere Ende der Federungseinheit ragt der Achsstummel, auf dem die Vorderräder befestigt sind. Die schräge Anordnung der Federbeine beim Jetta führt zu einem weiteren positiven Effekt: Dem spurstabilisierenden Lenkrollradius, auf den wir in unserer Zeichnung unten näher eingehen.

Was bewirkt dieser Lenkrollradius nun? Man erreicht damit in gewissem Maß eine selbsttätige Richtungsstabilisierung etwa beim Bremsen. Mit ungleich wirkenden Vorderradbremsen zieht das Auto normalerweise auf die Seite des stärker gebremsten Rads. Bei unseren Fahrzeugen geschieht dies – wenn überhaupt – nur in abgeschwächter Form. Durch einen »negativen« Lenkrollradius wird dem Zur-Seite-Ziehen bereits ohne Zutun des Fahrers entgegengelenkt.

Die Vorderachse

Die Räder sind einzeln an der Karosserie befestigt. Die Führung übernimmt ein Achslenker in Form eines Dreiecks. Dieser »Lenker« hat nichts mit der Lenkung zu tun, sondern ist mit der Karosserie gelenkig verbunden. Außen – zum Rad hin – ist der Dreieckslenker durch ein Achsgelenk mit dem Federbeingehäuse verbunden, oben ist das Federbein an die Karosserie angeschraubt.

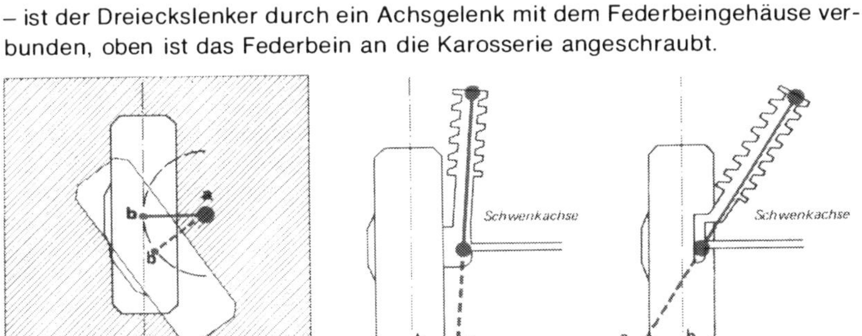

Beim Einschlagen läuft das Vorderrad in einem Kreisbogen um den Punkt »a« (dort trifft die Verlängerung der Schwenkachse – in der mittleren und rechten Abbildung eingezeichnet – auf die Fahrbahn auf). Punkt »b« bezeichnet die Mitte der Radauflagefläche; der Radius »a–b« des Kreisbogens ist der Lenkrollradius. Dieser Lenkrollradius ist von der Lage der Schwenkachse abhängig; trifft die Schwenkachse innerhalb der Wagenspurweite (= Abstand von Reifenmitte zu Reifenmitte) auf die Fahrbahn, ist der Lenkrollradius positiv, und er ist negativ, wenn die Schwenkachse außerhalb der Spurweite auf den Boden trifft.

Staubkappen der Achsgelenke kontrollieren
Wartungspunkt Nr. 56

An Schmiernippel brauchen Sie nicht zu denken, die Vorderachse ist wartungsfrei. Die stählernen Kugelköpfe der Achsgelenke sind nicht nur in einer Fettdauerfüllung gebettet, sondern sitzen zusätzlich in umhüllenden Kunststoffschalen. Zum Schutz vor Nässe und Schmutz sind die Gelenke mit Staubkappen verschlossen, deren Dichtheit alle 15000 km geprüft werden soll. Eingedrungener Schmutz wirkt wie Schmirgelsand im Gelenk, und Feuchtigkeit läßt es mit der Zeit festrosten. Ein verschlissener Kugelbolzen macht sich meist durch Quietschgeräusche bemerkbar – er muß ausgetauscht werden, denn nachträgliches Abschmieren ist nicht möglich.

Vorderachseinstellung messen
Wartungspunkt Nr. 59

Bei Geradeausfahrt stehen die Vorderräder vorn enger beisammen als hinten. Sie rollen gewissermaßen aufeinander zu. Das ist die Vorspur. Genau parallel stehende Räder haben nämlich das Bestreben, auseinanderzulaufen. Die nach vorn wirkenden Antriebskräfte und die Reibung zwischen Rad und Straße möchten das linke Rad nach links und das rechte nach rechts drücken. Das führt zum Radieren der Reifen und Räderflattern. Durch die Vorspur laufen die Räder sauber parallel und ohne seitliches Auseinanderstreben. Im übrigen geht beim Hineinlenken des Wagens in eine Kurve die Vorspur durch die trapezförmige Anordnung des Lenkgestänges allmählich in eine Nachspur über. Das kurveninnere Rad schwenkt stärker herum als das kurvenäußere. Das ergibt automatisch eine Unterstützung der Lenkbewegung und der Lenkkräfte. Dies ist auch notwendig, weil ja in einer Kurve die inneren Räder einen engeren Kreis fahren müssen als die äußeren.

Sturz nennt man die leichte Auswärtsneigung der Vorderräder – oben im Radkasten haben sie einen größeren Abstand voneinander als unten am Boden. Zum Sturz gehört auch noch die Spreizung. Das ist die geringfügige Neigung der Schwenkachse, um die beim Lenken die ganze Geschichte schwenkt. Die Spreizung ist aber dem Sturz entgegengerichtet: Die beiden Schwenkachsen haben oben einen kleineren Abstand voneinander als unten. Sturz und Spreizung zusammen verhindern zusätzlich das Flattern der Räder. Ferner erleichtern sie das Einschlagen der Räder zur Kurvenfahrt. Und schließlich bewirken sie das »Rückstellmoment«, worunter man das Bestreben der Vorderräder versteht, bei oder nach Kurven selbsttätig wieder in Geradeausstellung zu gehen.

Der Nachlauf hilft ebenfalls, das Flattern der Vorderräder zu verhindern und den Radlauf zu stabilisieren. Das Wort »Nachlauf« deutet die Konstruktion schon an: Das Rad läuft seinem Achsschenkelbolzen etwas nach – der Bolzen schleppt das Rad gewissermaßen hinter sich her, wodurch der Lauf des Rads stabilisiert wird. Alle vier Maßnahmen zusammen gehören zur »Lenkgeometrie«, die beim Regel-Service vermessen wird. Fehler in der Radeinstellung erkennt man als Laie an ungleichmäßig abgefahrenen Reifen oder schiefziehender Lenkung. Schuld können unsanfte Bordsteinberührungen sein (Fahrzeuge mit Federbein-Vorderachse sind in diesem Punkt ganz besonders empfindlich), verschlissene Gelenke oder Gummilager und nicht zuletzt unsachgemäße Unfallreparaturen.

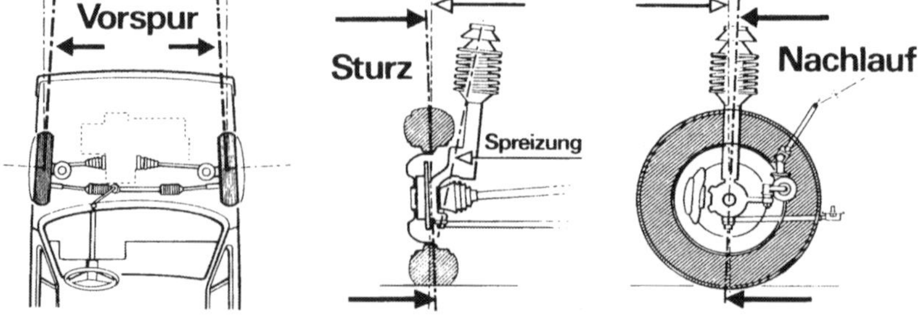

Vorspur, Sturz, Nachlauf und Spreizung sind geheimnisvolle Begriffe bis zu dem Augenblick, da man sich in die Zusammenhänge vertieft. In unserem Absatz »Vorderachseinstellung messen« oben finden Sie dazu Näheres.

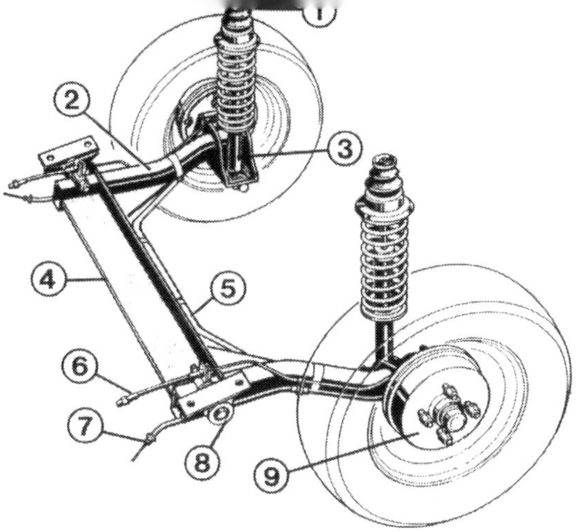

Die Zahlen in dieser Zeichnung der Hinterachse bedeuten: 1 – oberes Federbeinlager; 2 – Längslenker; 3 – Stoßdämpfer; 4 – Querträger aus Federstahl-T-Profil; 5 – Stabilisator; 6 – Bremsschlauch; 7 – Handbremsseil; 8 – Gummi-Metall-Lager; 9– Bremstrommel.

Die Hinterachse

An einen T-förmigen Querträger aus Federstahl sind rechts und links rohrförmige Längslenker angeschweißt. In Fahrtrichtung hinten sitzt am jeweiligen Längslenker eine Blechkonsole mit dem Federbein. An der Unterseite der Hinterachse ist noch ein Rundstahl angeschraubt – der Stabilisator. Der Federstahl-Querträger und der Stabilisator bewirken gemeinsam folgendes: Federn beide Hinterräder gleichzeitig ein, machen der Federstahl und der Stabilisator gemeinsam die Bewegung mit, ohne sich dagegen zu sperren. Bei Kurvenfahrt federt jedoch das kurveninnere Rad aus und die Feder des kurvenäußeren Rades wird stärker zusammengepreßt. Dadurch werden Querträger und Stabilisator in sich verdreht. Sie verstärken so die Federung im kurvenäußeren Rad und bewirken, daß sich die Karosserie weniger stark nach außen neigt.

Fingerzeig: *An manchen Fahrzeugen können Klappergeräusche an der Vorder- oder Hinterachse auftreten – meist sind daran die Schraubenfedern schuld, deren Windungen sich berühren. Als Abhilfe kann die Werkstatt auf die ausgebaute Feder an deren Enden einen Dämpfungsschlauch aufziehen.*

Spiel der Radlager prüfen

Wartungspunkt Nr. 52

Die Radlager halten, mit Dauerfetten montiert, gut und gerne weitaus mehr als 100 000 km durch. Allerdings müssen die hinteren Schrägkegelrollenlager gelegentlich eingestellt werden.

Die vorderen und hinteren Radlager dürfen nur ganz geringes Spiel aufweisen. Das läßt sich prüfen, indem man das fest am Boden stehende Rad oben faßt und quer zum Wagen zu bewegen versucht. Bei einwandfreien Lagern darf praktisch

Zum Einstellen der hinteren Radlager oder zum Ergänzen der Fettfüllung muß die Nabenkappe von der Achsnabe abgezogen werden. Das ist aber nicht so einfach, weil sie bis zu einem Abdichtwulst in die Nabe gepreßt ist. Deshalb muß zuerst mit behutsamen Hammerschlägen und einem nicht zu scharfen Meißel die Nabenkappe ein wenig nach außen getrieben werden, bis sich beidseitig je ein kräftiger Schraubenzieher hinter den Nabenkappenwulst klemmen und die Nabenkappe gleichmäßig abhebeln läßt. Beim Wiedereinbau die Nabenkappe wieder aufsetzen und zuerst mit Handballenschlägen eintreiben, bis sie gerade angesetzt ist. Dann legt man einen dicken Lappen auf die Nabenkappe und klopft mit der Breitseite des Hammers und einem zwischengelegten Brett die Nabenkappe wieder ein. Kräftige Hammerschläge sind also nicht ratsam, denn sie verbeulen die dünnwandige Blechkappe hoffnungslos.

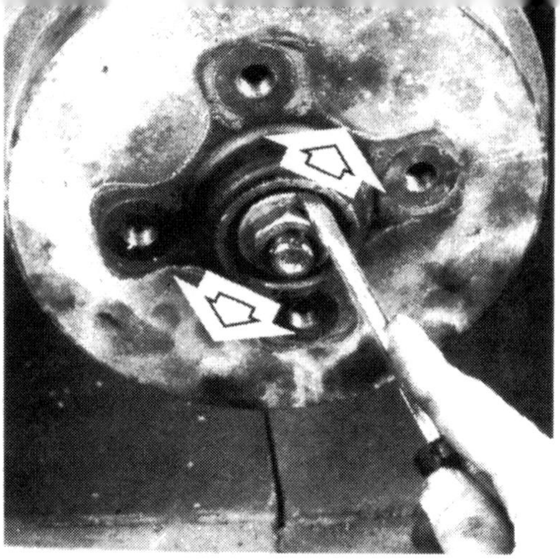

So sieht die Einstellung der hinteren Radlager aus: Nach Abnahme der Nabenkappe, wie im Bildtext auf der Vorseite beschrieben, den Splint geradebiegen und mit einem Seitenschneider herausziehen. Kronensicherung abnehmen. Mit einem Steckschlüssel SW 24 die Sechskantmutter festdrehen, wobei das Rad oder die Bremstrommel gedreht werden muß, damit sich das Radlager nicht verklemmt. Das Spiel ist richtig eingestellt, wenn sich die Druckscheibe hinter der Sechskantmutter mit einem Schraubenzieher und mäßigem Fingerdruck (Schraubenzieher nicht an der Bremstrommel abstützen!) gerade noch verschieben läßt, wie es die Pfeile andeuten. Kronensicherung wieder aufstecken, neuen (!) Splint einstecken, Splintenden umbiegen und Nabenkappe aufsetzen.

keine »Luft« vorhanden sein. Bei hochgebocktem Wagen sollten Sie außerdem prüfen, ob sich die Räder nicht zu schwer (das könnte allerdings auch an den vorderen Schwimmsattelbremsen liegen, siehe Seite 135) oder ruckweise bewegen lassen. Sonst müssen die Lager eingestellt oder eventuell sogar ersetzt werden. Bei den Vorderrädern kann das Spiel allerdings auch von den Spurstangengelenken oder vom äußeren Antriebswellengelenk herrühren. Wie die hinteren Radlager eingestellt werden, zeigt das Bild oben.

Die Stoßdämpfer

Die Stöße der unebenen Fahrbahn schlucken Reifen und Federn. Die Stoßdämpfer indessen sollen die Schwingungen der Achsen und der Karosserie unterdrücken bzw. zum Abklingen bringen – richtiger wäre daher die Bezeichnung »Schwingungsdämpfer«.

Normalerweise sind ab Werk sogenannte Zweirohrdämpfer eingebaut. Sie bestehen aus einem Arbeitszylinder, in dem ein mit einer Kolbenstange verbundener Arbeitskolben auf- und abgleiten kann. Der Arbeitszylinder ist von einem zweiten Zylinder umgeben, der als Vorratsbehälter für das Stoßdämpfer-Hydrauliköl dient. Bei Federbewegungen eines Rads verschiebt sich der Kolben im Zylinder, das in Bewegung versetzte Spezialöl wird durch Ventile hindurchgepreßt, was die Kolbenbewegung verlangsamt und damit die Schwingungen des jeweiligen Rads dämpft.

Bei sportlichen Fahrern sind die Einrohr-Gasdruckstoßdämpfer sehr beliebt. Sie sind z. B. von Bilstein lieferbar. Charakteristisch für diese Stoßdämpfer ist der Gasraum, der durch einen Trennkolben mit etwa 25 bar auf den ölgefüllten Arbeitsraum drückt. Das Öl steht also unter hohem Druck und kann auch bei höchster Belastung nicht schäumen, was selbst bei härtestem Einsatz gleichmäßige Dämpfwirkung verspricht. Einrohrdämpfer können die bei der Dämpfarbeit entstehende Wärme besser ableiten und sind dadurch auch langlebiger. Da sie die auftretenden Federungsschwingungen schneller dämpfen, ergibt sich ein Gewinn für den Fahrkomfort und die Straßenlage.

Stoßdämpfer prüfen

Automobile mit defekten Stoßdämpfern stehen unter schlechtem Einfluß. Da schwingen Räder und Karossen ungezügelt auf und ab, verlieren Reifen Bodenkontakt, werden Kurven riskant und Bremswege länger. Das macht Autos nicht nur unberechenbar, das macht sie auch unbequem, denn wenn man sich von jedem Schlagloch getreten fühlt oder blaß gewordene Fond-Insassen dringlich nach einem Halt verlangen, dämpft dies ganz erheblich den Spaß an der Mobilität.

Stoßdämpfer fallen gewöhnlich nicht schlagartig aus, sondern ihre Wirkung läßt allmählich nach, woran man sich unbemerkt gewöhnt. Im Durchschnitt kann man mit einer Lebensdauer von 30000 bis 40000 km rechnen, bei Gasdruckstoßdämpfern etwa mit der doppelten Laufzeit.
Es gibt einige untrügliche Anzeichen für nachlassende Stoßdämpferwirkung:

- Flatternde Lenkung, weil die Räder keinen ständigen Fahrbahnkontakt haben.
- Nach Unebenheiten schwingt die Karosserie nach.
- »Schwammiges« Verhalten in Kurven, wobei die kurveninneren Räder nicht stark genug auf den Boden gedrückt und die äußeren nicht genügend entlastet werden.
- Seitenwindempfindlichkeit.
- Springende Räder; das muß freilich ein neben- oder hinterherfahrender Beobachter feststellen.
- Vielfach unterbrochene Bremsspur bei Vollbremsung.
- Ungleichmäßige Abnutzung der Reifen und erhöhter Reifenverschleiß.
- Erhebliche Ölspuren außen am Stoßdämpfer bis unter den Federteller des Federbeins. Geringe Leckverluste sind dagegen normal.

Keine genaue Diagnose erhält man durch die bekannte »Schaukelmethode« im Stand, bei der man den Wagen am betreffenden Kotflügel aufschaukelt und plötzlich losläßt: Die Federbewegung müßte sofort gedämpft werden. So läßt sich aber eigentlich nur ein total ausgefallener Stoßdämpfer feststellen.

Stoßdämpfer wechseln

Die Federbeine müssen nicht komplett ersetzt werden, wenn die Dämpferwirkung nachläßt, sondern nach der Demontage des Federbeins wird nur die Stoßdämpferpatrone ausgetauscht. Das ist allerdings bei den vorderen Federbeinen keinesfalls eine Heimwerkerarbeit, denn die Schraubenfeder steht unter etwa vierfacher Vorspannung, so daß bei unsachgemäßem Lösen der Schrauben und ohne Spannvorrichtung die Teile explosionsartig auseinanderfliegen – Lebensgefahr!
Das Auswechseln der hinteren Stoßdämpfer ist dagegen für Heimwerker möglich. Falls nur ein Stoßdämpfer defekt ist, brauchen Sie nicht gleich beide Dämpfer zu ersetzen, wie dies manchmal von Werkstätten empfohlen wird.

Federbein vorn ausbauen

Bundmutter der Antriebswelle lösen (Seite 124). Im Motorraum 2 Muttern der oberen Federbeinbefestigung lösen, aber nicht die große Sechskantmutter unter der schwarzen Plastikkappe. Wagen absolut rüttelsicher aufbocken, Rad abnehmen. Das Federbein ist unten durch 2 Schrauben mit dem Achsschenkel verbunden. Die obere »Exzenterschraube« dient zum Einstellen des Radsturzes. Bevor sie gelöst wird, muß ihre genaue Lage angezeichnet werden (z.B. durch einen Ritzer mit einer Reißnadel). Muttern der Exzenterschraube und der darunter liegenden Halteschraube losdrehen, Sicherungsscheibe (erneuern!) und Unterlegscheibe abnehmen. Schraubenbolzen heraustreiben. Jetzt läßt sich das komplette Federbein abnehmen.
Nachdem der Stoßdämpfereinsatz in der Werkstatt ausgetauscht wurde, können Sie den Zusammenbau wieder selbst bewerkstelligen. Achten Sie darauf, daß die Exzenterschraube in die vorher angezeichnete Stellung gedreht wird. Die Muttern der unteren Federbeinbefestigung werden mit 80 Nm, die Muttern im Motorraum mit 20 Nm festgedreht. Die neue (!) Bundmutter der Antriebswelle muß mit 230 Nm angezogen werden.
Erfahrungsgemäß muß nach dem Wiedereinbau die Radeinstellung vermessen werden.

Hintere Stoßdämpfer ausbauen

Die Schraubenfedern der hinteren Federbeine stehen nur unter geringer Vorspannung, man kann sie auch selbst auseinandernehmen. Problematisch ist aber, daß die Schraubenfeder mit dem oberen Federteller und den verschiedenen Zwischenteilen von einer runden Mutter mit eingefrästem Schlitz gehalten wird und sich fast nur mit dem V.A.G.-Spezialwerkzeug 50-200 lösen läßt. Beim Zusammenbau muß diese Mutter dann mit 20 Nm angezogen werden. Zum Ausbau des kompletten Federbeins die obere Befestigungsschraube SW 17 im Kofferraum mit einem Steckschlüssel lösen, nachdem die Gummikappe abgenommen wurde. Den unteren Haltebolzen des Federbeins löst man mit zwei Ringschlüsseln SW 15. Der neue Stoßdämpfer muß mit seinem Schutzrohr eingebaut werden, sonst kann der Dämpfer durch Wasser- oder Schmutzeinwirkung vorzeitig ausfallen.

Fingerzeig: *Bei Anhängerbetrieb und starker Beladung sinkt der Jetta hinten in die Knie, wodurch das Fahrverhalten verschlechtert wird. Dagegen helfen verstärkte Federn und Stoßdämpfer hinten, die es im V.A.G.-Ersatzteilprogramm gibt.*

Die Lenkung

Wenn Sie am Lenkrad drehen, müssen die Vorderräder zur Seite schwenken. Das Lenkgetriebe muß hierzu die Lenkraddrehung in eine hin- und hergehende Bewegung umwandeln. Der Jetta hat eine sogenannte Zahnstangenlenkung, bei der das Lenkritzel am Ende der Lenksäule in die gezähnte Stange im Lenkgetriebe – es sitzt hinten unten am Motor – eingreift und diese Zahnstange hin und her bewegt. Diese Bewegungen übertragen die rechts und links direkt an die Zahnstange angeschraubten Spurstangen auf die Achsschenkel und damit auf die Räder.

Lenkungsspiel prüfen

Wartungspunkt Nr. 19

Die Lenkung arbeitet von Anschlag zu Anschlag spielfrei. Zur Kontrolle auf etwaiges Lenkungsspiel kurbelt man das linke Seitenfenster herunter und stellt sich neben den Wagen. Jetzt durchs Fenster greifen, das Lenkrad kurz hin- und herdrehen und beobachten, ob sich das linke Vorderrad aus der Geradeausstellung sofort mitbewegt. Achten Sie besonders auf die Felge, denn die Reifen sind elastisch und können zunächst einen Teil des Einschlags »schlucken«, ehe sie sich bewegen.
Zeigt das Lenkgetriebe Spiel oder gibt es beim Lenken Geräusche von sich, kann es in der Werkstatt nachgestellt werden.

Manschetten der Lenkzahnstange auf Dichtheit prüfen

Wartungspunkt Nr. 54

Die Manschetten um die Lenkzahnstange sind nur dann gut sichtbar, wenn der Jetta aufgebockt wurde. Die Kontrolle ist äußerst wichtig, denn schon ein unscheinbarer Riß in einer Manschette kann bereits ein neues Lenkgetriebe kosten. Jede Manschette enthält eine Fettdauerfüllung, die sich durch eindringenden Schmutz und Feuchtigkeit in eine Art Schleifpaste verwandelt, die dann an Lenkritzel und Zahnstange nagt. Ist die Lenkung in der Geradeausstellung schon etwas »teigig« geworden, hilft kein Nachstellen mehr, sonst klemmt sie beim Einschlagen der Räder und geht nach Kurven nicht mehr zurück.

Staubkappen und Spiel der Spurstangenköpfe prüfen

Wartungspunkt Nr. 55

Die Gelenkverbindungen der Achsschenkel und der Spurstangen, bei denen sich stählerne Kugelköpfe in Kugelpfannen bewegen, waren einst mit Schmiernippeln ausgerüstet, denen man alle 2500 km die Fettpresse geben mußte. Die Metall-Kugelpfannen von einst bestehen heute aus »selbstschmierendem« Kunststoff, und durch staub- sowie wasserdichte Verkapselung sind die Gelenke auf normale Betriebsdauer der Fettpresse entwöhnt.

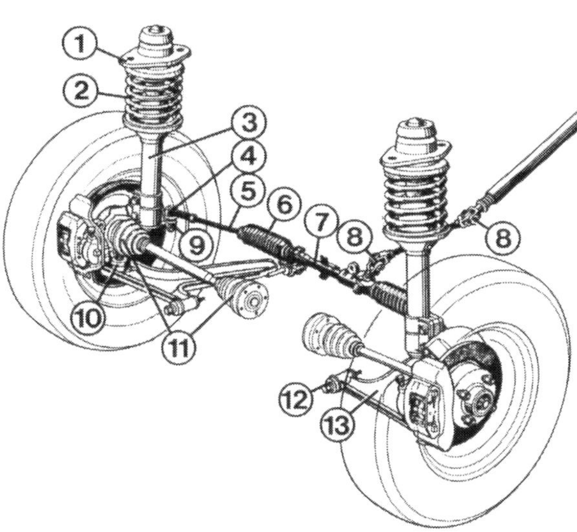

In der Zeichnung ist der Aufbau der Vorderachse leichter verständlich als im Auto, wo manches Teil vom Blech verdeckt wird. Hier bedeuten: 1 – an dieser Stelle ist das Federbein mit der Karosserie verschraubt; 2 – Schraubenfeder; 3 – Stoßdämpfergehäuse; 4 – Spurstangenkopf; 5 – Spurstange; 6 – Gummimanschette, die die Lenkzahnstange umhüllt; 7 – Lenkgetriebe; 8 – Gelenke der Lenksäule; 9 – Lenkhebel; 10 – Achsgelenk; 11 – Antriebsgelenke; 12 – Gummi-Metall-Lager des Dreiecksienkers (13).

Die Staubkappen dürfen aber nicht beschädigt oder gequollen sein. Falls doch, darf die Schutzkappe alleine nur dann ersetzt werden, wenn ganz sicher noch kein Schmutz ins Gelenk geraten ist. Andernfalls muß die Werkstatt das Spurstangengelenk komplett ersetzen. Ob die Spurstangenköpfe »Luft« haben, fühlt man, während ein Helfer das Lenkrad zügig hin- und herdreht.

Lenkrad ausbauen

Beim Serienlenkrad Polsterabdeckung mit kräftigem Ruck abziehen. Lenkrad in Sperrstellung einrasten lassen, Lenksäulenmutter mit einem Steckschlüssel SW 24 lösen – ein Gabel- oder Ringschlüssel eignet sich hierzu nicht. Jetzt die Vorderräder ganz genau geradeaus stellen, so daß die Lenkradspeichen symmetrisch stehen. Haltemutter und Unterlagscheibe abnehmen, Lenkrad mit rukkelnden Bewegungen von der Lenksäule abziehen, dabei die Lenksäule möglichst nicht verdrehen. Beim Aufstecken des Lenkrads müssen die Lenkradspeichen genau waagrecht stehen, Lenkschloß einrasten lassen und Lenksäulenmutter mit 50 Nm anziehen.

Nachdem die Abdeckung vom Lenkrad abgezogen wurde (mit kräftigem Ruck), läßt sich der Steckschlüssel mit einer Verlängerung, wie hier sichtbar, ansetzen und das Lenkrad losschrauben.

Bevor Sie beim Sportlenkrad die Lenkradhaltemutter lösen können, muß die flexible Abdeckung (1) rechts und links aus ihren Haltezapfen (2) vorsichtig mit einem feinen Schraubenzieher herausgedrückt werden.

Anhalter vom Dienst

Es ist noch nicht so lange her, daß die Bremsen unserer Autos über Seilzüge und Gestänge betätigt wurden. Dazu bedurfte es starker Pedalkräfte und ständiger Nachstellarbeit. Heute erfolgt die Bremserei, zumindest bei der Fußbremse, durchweg per Flüssigkeit – hydraulisch. Was nicht so ganz stimmt, denn das griechische Wort »hydro« bedeutet Wasser, und Wasser hat in den Bremsleitungen nichts verloren, siehe unten.

So funktioniert die Bremse

Wenn Sie auf das Bremspedal drücken, preßt eine mit dem Pedal verbundene Druckstange zwei hintereinanderliegende Kolben in den Hauptbremszylinder. Die Kolben übertragen die Kraft auf die dort eingeschlossene Bremsflüssigkeit. Dieser so entstehende hydraulische Druck in der Bremsflüssigkeit gelangt über Rohr- und Schlauchleitungen zu den Radzylindern. In diesen drücken Kolben dann die Bremsklötze gegen die Scheiben bzw. an den Hinterrädern die Bremsbacken gegen die Trommeln.

Der Flüssigkeitsdruck wird an die Radbremszylinder in zwei getrennten Kreisen übertragen, und zwar für je ein Vorderrad und das gegenüberliegende Hinterrad (diagonal aufgeteilte Zweikreisbremse). Falls ein Bremskreis ausfallen sollte, bleiben so ein Vorderrad und das Hinterrad auf der anderen Seite bremsfähig. Mit dem anderen ungebremsten Vorderrad kann man noch lenken, und das ungebremste Hinterrad hält das Heck in der Spur. Bei der üblichen Aufteilung der Bremskreise für beide Vorder- und Hinterräder kann man bei einer Notbremsung mit blockierten Rädern den Wagen nicht mehr lenken oder – mit blockierten Hinterrädern – kann der Wagen hinten zur Seite ausbrechen. Durch die selbststabilisierende Lenkung wird auch mit nur einem intakten Bremskreis ein Schiefziehen weitgehend vermieden.

Fingerzeig: *Bei Ausfall eines Bremskreises müssen Sie wesentlich stärker auf das Bremspedal treten (bei gleichzeitig längerem Pedalweg), um die übliche Bremswirkung zu erreichen. Außerdem wird der Anhalteweg länger.*

Die Bremsflüssigkeit

Die Flüssigkeit in den Bremsleitungen und Bremszylindern ist eine Mischung aus Glykol, Polyglykoläther und ein paar weiteren Bestandteilen. Diese gelbliche – übrigens giftige und gegen Autolack aggressive – Flüssigkeit greift die Metall- und die Gummiteile des Bremssystems nicht an, sie bleibt selbst bei –40° C noch ausreichend dünnflüssig und sie hat trotz ihrer Dünnflüssigkeit den extrem hohen Siedepunkt von ca. 260° C.

Aber die Bremsflüssigkeit hat auch eine sehr unangenehme Eigenschaft: Sie nimmt gern Wasser auf, sie ist »hygroskopisch«. Und das Wasser kann tatsächlich – zum Beispiel über die Luftfeuchtigkeit – in die Bremsflüssigkeit gelangen; über den Ausgleichsbehälter sowie durch mikroskopische Undichtigkeiten an den Bremsschläuchen und Gummimanschetten. Solche Wasseraufnahme führt

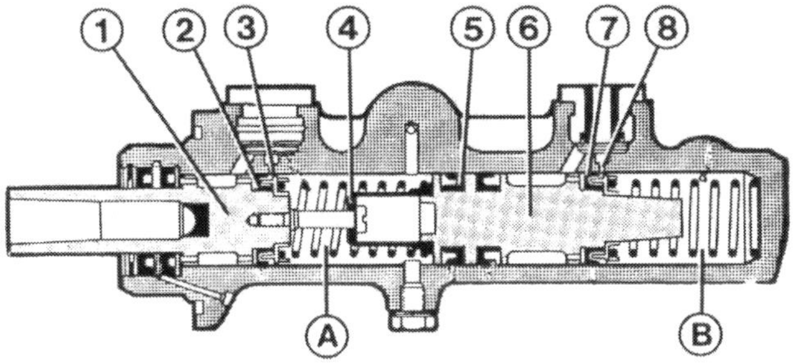

So arbeitet der Tandem-Hauptbremszylinder: Beim Tritt auf das Bremspedal wird der Kolben (1) nach vorn bewegt. Die Primärmanschette (2) überfährt die Ausgleichsbohrung (3). Dabei wird der Druck in der Kammer A aufgebaut, der sich auf den Kolben (6) überträgt. Weiter überfährt jetzt die Primärmanschette (7) die Ausgleichsbohrung (8). In Kammer A und B herrschen nun gleiche Druckverhältnisse. Fällt der Bremskreis von Kammer B (für linkes Vorderrad und rechtes Hinterrad) aus, wird der Kolben (1) über den sich aufbauenden Druck in Kammer A gegen den Kolben (6) in der drucklosen Kammer B und damit gegen das Hauptbremszylindergehäuse gedrückt und der erste Bremskreis in Funktion gesetzt. Fällt der Bremskreis von Kammer A (für rechtes Vorderrad und linkes Hinterrad) aus, wird der Kolben (1) in der nun drucklosen Kammer gegen die Federkappe (4) gedrückt und über die Kammer B der andere Bremskreis wirksam. Die Position 5 bezeichnet die Trennmanschette zwischen Kammer A und B.

nicht nur zu Korrosion an den Metallteilen der Anlage, sondern bewirkt ein rapides Absinken des Siedepunkts. Bei nur 2,5% Wassergehalt liegt der Siedepunkt nur noch bei 150° C. Das wird bei starker Belastung der Bremsen gefährlich, weil sie sich dabei sehr stark aufheizen.

In der Nähe der erhitzten Bremsen können sich Dampfblasen in der Hydraulikflüssigkeit bilden, die sich zusammenpressen lassen – das Bremspedal läßt sich tief durchtreten, manchmal tritt man sogar ins Leere (in diesem Fall hilft bisweilen noch schnelles Pumpen mit dem Bremspedal). Besonders gefährlich ist dieser Effekt nach dem Abstellen des Wagens nach starker Bremsbeanspruchung. Mangels Fahrtwind heizt sich die Bremsenumgebung noch stärker auf, die höchste Temperatur herrscht nach etwa 15 Minuten. Erst nach etwa ½ Stunde ist wieder die normale Bremsflüssigkeitstemperatur erreicht.

Der Wartungsplan schreibt daher den Wechsel der Bremsflüssigkeit alle zwei Jahre vor (siehe Seite 140).

Bremsflüssigkeitsstand prüfen

Wartungspunkt Nr. 3

Der Vorratsbehälter sitzt im Motorraum links auf dem Hauptbremszylinder, der seinerseits an der Trennwand zum Innenraum befestigt ist. Im weißlich durchscheinenden Behälter soll die Bremsflüssigkeit zwischen den Markierungen »MIN« und »MAX« stehen. Ist der Flüssigkeitsspiegel auffallend gesunken, müssen die Bremsleitungen sorgfältig überprüft werden (siehe nächsten Abschnitt). Eventuelle Undichtigkeiten muß die Werkstatt beheben, denn Arbeiten an der hydraulischen Anlage gehören aus Gründen der Verkehrssicherheit nicht in die Hand des Heimwerkers.

Bedingt durch die vorderen Scheibenbremsen sinkt der Flüssigkeitsstand aber auch bei völlig dichter Bremsanlage mit zunehmender Kilometerleistung. Denn die im Durchmesser verhältnismäßig großen Kolben der Scheibenbrems-Radzylinder wandern mit den verschleißenden Belägen weiter heraus und mehr Flüssigkeit fließt nach. Ein gewisses, langsames Absinken der Bremsflüssigkeit muß

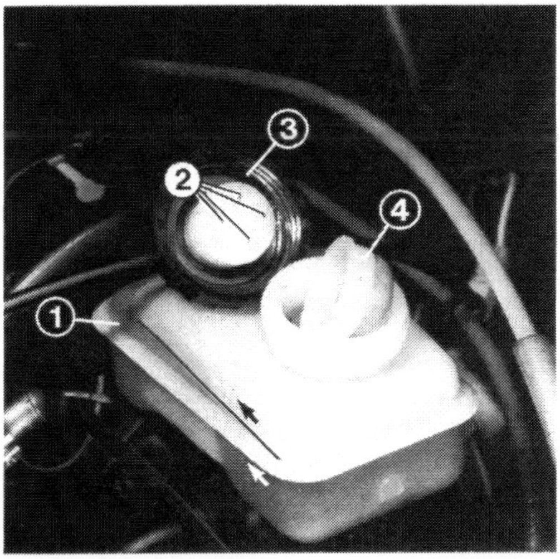

Der in zwei Kammern geteilte Bremsflüssigkeitsbehälter (1) besitzt eine einzige Einfüllöffnung, in der ein feines Haarsieb (4) sitzt und die von einem Schraubdeckel (3) mit kleinen Belüftungslöchern (2) verschlossen ist. Das Flüssigkeitsniveau (durch die schwarze Linie angedeutet) läßt sich am durchscheinenden Behälter von außen gut erkennen. Es muß zwischen den Markierungen »MIN« (weißer Pfeil) und »MAX« (schwarzer Pfeil) stehen. Unterhalb des Behälters sitzt der Hauptbremszylinder.

also nicht unbedingt alarmierend sein. Wenn Sie wissen, wie hoch die Bremsflüssigkeit bei neuen und abgenutzten Scheibenbremsen steht, läßt sich am Niveau der hydraulischen Flüssigkeit sogar ablesen, wie weit die Beläge abgenutzt sind.
Werden neue Scheibenbremsbeläge eingesetzt, müssen die Kolben in den Bremssätteln zurückgedrückt werden, wodurch der Flüssigkeitsstand wieder ansteigt. Wurde unnötigerweise bei abgefahrenen Belägen bis zur Höchstmarke im Behälter nachgefüllt, kann die Bremsflüssigkeit durch die Belüftungslöcher im aufgeschraubten Deckel überlaufen (die Löcher ermöglichen die notwendigen Schwankungen des Flüssigkeitsspiegels).

Bremsanlage auf Dichtheit und Beschädigungen prüfen
Wartungspunkt Nr. 13

Sämtliche Leitungen und Anschlüsse müssen auf Undichtigkeit überprüft werden. Verfolgen Sie bei trockenem Wagenboden (Auto auf eine Grube fahren oder hochbocken) den Verlauf der Bremsschläuche. Sie dürfen weder feucht, aufgequollen noch angescheuert sein. Die Bremsleitungen sind zum Schutz gegen Rost mit einer Kunststoffschicht überzogen. Wird diese Schutzschicht beschädigt, kann es zu Rostansatz kommen. Deshalb die Leitungen nie mit Schraubenzieher, Schmirgelleinen oder Drahtbürste reinigen, sondern Kaltreiniger nehmen. Ist die Schutzschicht beschädigt, soll Rostschutzgrundierung ALN 747 003 dünn aufgestrichen werden. Leitungen mit Rostnarben und solche, die geknickt oder plattgedrückt sind, müssen ersetzt werden. Achten Sie vor allem auf Anschluß- und Verbindungsstellen. Bremsflüssigkeit kriecht auch unter den Schmutz. Schwarzer Schmutz läßt eine Undichtigkeit vermuten, auch feuchtdunkle Stellen am Bremslichtschalter, an einem Scheibenbremssattel oder an einer Bremstrommel (Radzylinder undicht?). Sind Staubschutzkappen auf allen Entlüftungsventilen (sie sitzen an den Radinnenseiten und an den vorderen Bremssätteln)?
Die Bremsdruckprobe können Sie provisorisch selbst machen: Treten Sie mit voller Kraft aufs Bremspedal. Es darf auch nach einigen Minuten der vollen Belastung nicht nachgeben, sonst ist eine Manschette im Hauptbremszylinder defekt. Durch die undichte Manschette sinkt der Flüssigkeitsstand im Behälter nicht, sondern die unter Druck gesetzte Flüssigkeit mogelt sich am Kolben des Hauptbremszylinders vorbei auf die drucklose Seite. Gewisse undichte Stellen an den Kolbenmanschetten lassen sich allerdings nur bei einer genauen Druckprüfung in der Werkstatt ermitteln.

Fingerzeig: *Bremsschläuche vertragen weder Benzin, Petroleum, Dieselkraftstoff noch Fett; sie dürfen auch nicht lackiert werden. Nur Unterbodenschutzwachse sind für die Bremsschläuche ungefährlich.*

Die Scheibenbremsen

Zusammen mit jedem Vorderrad dreht sich eine Stahlscheibe frei im Luftstrom. Sogenannte Bremssättel umfassen sattelförmig die Scheiben und beim Tritt aufs Bremspedal drücken Kolben die Bremsbeläge gegen die Scheiben – es wird gebremst. Durch die gute Kühlung sind Scheibenbremsen sehr standfest – bei mehrmaligen Vollbremsungen läßt die Bremswirkung nur wenig nach (kaum »Fading«). Belagabrieb wird vom Fahrtwind weggeblasen und ohne besondere Mechanik stellen sich Scheibenbremsen selbst nach.
Die Minuspunkte der Scheibenbremsen sollen nicht vergessen werden: Die Beläge verschleißen wegen ihrer relativ kleinen Oberfläche schneller als Trommelbremsbeläge. Durch die offene Bauweise können zwischen Beläge und Bremsscheibe Fremdkörper gelangen (Sand oder kleine Steinchen). Das führt zu lästiger Quietscherei. Abhilfe bringt manchmal, bei leicht getretenen Bremsen rück-

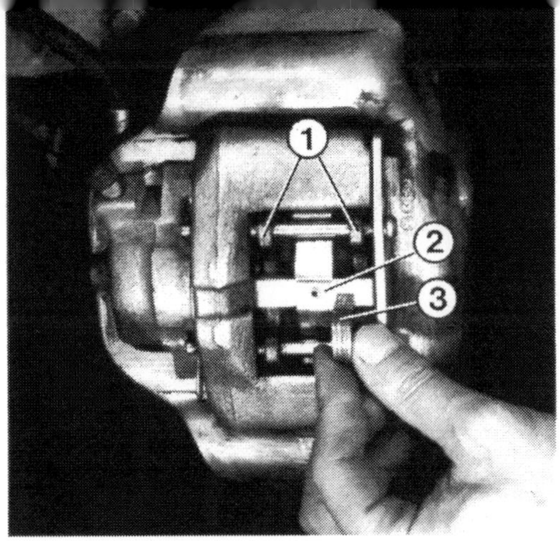

Dünner als 2 mm sollen die Beläge nicht abgefahren werden, dann paßt beim Ate-Schwimmsattel zwischen die Kreuzfeder (2) und den Belagträger (1) gerade noch ein Zehnpfennigstück (hier sind es noch vier Münzen – 3). Keinesfalls darf das Metall der Belagträgerplatte mit der Bremsscheibe in Berührung kommen. Sonst fräst der Belagträger Rillen in die Scheibe, die dann entweder plangeschliffen oder bei zu starker Abnutzung ersetzt werden muß.

wärts zu fahren, wodurch der Quietschgeist ins Freie befördert wird. Bei Dauerregen wird die offen liegende Bremsscheibe kräftig geduscht, weshalb die Bremswirkung einen Sekundenbruchteil verspätet einsetzt – die Feuchtigkeit zwischen Bremsklötzen und Scheiben muß erst zum Verdampfen gebracht werden. In streusalzreichen Wintern tritt diese Erscheinung verstärkt auf, wenn die auf Belägen und Scheiben sitzende Salzschicht beim Bremsen erst abgeschliffen werden muß.

Alle Jetta-Modelle ab 1,5 Liter Hubraum besitzen sogenannte Faustsattelbremsen; der Bremssattel sieht wie eine geballte Faust aus. Der Bremskolben im Zylindergehäuse (Nr. 1 im Bild Seite 136 unten) drückt den inneren Belag gegen die Bremsscheibe, wodurch dieses Zylindergehäuse in seiner Führung herübergezogen und der Bremsklotz auf der anderen Seiten ebenfalls gegen die Scheibe gepreßt wird. Der Formel-E-Jetta und der 1300er besitzt Schwimmsattelbremsen des Herstellers ATE (siehe Bild oben), die gegenüber den Faustsattelbremsen kleinere Bremsbeläge aufnehmen. Für die Schwimmsattelbremsen gilt: Beim Loslassen des Bremspedals wird der Belag mit dem Kolben vor allem durch den Bremsscheibenschlag (= ganz leichte Unebenheit) zurückgedrückt. Deshalb rollen die Vorderräder erst nach einigen Metern Fahrt wieder ganz frei.

Belagstärke der Scheibenbremsen messen

Wartungspunkt Nr. 14

Den verschleißenden Bremsbelag schiebt der Kolben jeweils soweit nach, daß er nur Bruchteile von Millimetern von der Bremsscheibe entfernt ist. Der Bremspedalweg ist deshalb keine Richtschnur für die Abnutzung der vorderen Bremsbeläge. Verlassen Sie sich daher nicht auf Ihr Gefühl im Fuß! Wenn Sie sich um die

Bei der Faustsattelbremse können Sie den Belagverschleiß nach Abnahme des betreffenden Rades mit einem Meterstab kontrollieren. Zwischen Belagträger (1) und Bremsscheibe (4) müssen mindestens noch 2 mm Belagrest vorhanden sein.

Wenn Sie an die Bremsbeläge (3) der Faustsattelbremse heran wollen, müssen Sie mit einem Innensechskantschlüssel die Haltebolzen (4) oben und unten am Faustsattel herausdrehen. Außerdem sind die Haltefedern (2) an der oberen und unteren Sattelseite auszuhängen. Den weiteren Ausbau finden Sie im Bildtext unten beschrieben. Auf der Abbildung hier haben wir noch das Entlüftungsventil (1) gekennzeichnet.

Wartung Ihres Jetta selbst kümmern, gilt es, auf die vorderen Scheibenbremsbeläge ein wachsames Auge zu haben.
Zur Belagstärkenkontrolle müssen die Vorderräder abgenommen werden. Bei eingeschlagener Lenkung, wobei der Bremssattel gut zugänglich ist, können Sie den Verschleiß kontrollieren (Bilder auf der Vorseite).

Zustand der Bremsscheiben kontrollieren

Wartungspunkt Nr. 15

Wenn die Vorderräder zur Belagkontrolle abgenommen sind, prüft man auch den Zustand der Bremsscheiben: Sie dürfen keine tiefen Rillen (durch Schmutz oder bis auf die Metallgrundplatte der Bremsklötze abgefahrene Beläge) aufweisen. Eine bläuliche Verfärbung ist dagegen unbedenklich. Eine riefige Bremsscheibe kann die Werkstatt nachschleifen, wenn sie nicht durch lange Laufzeit auf das zulässige Mindestmaß »abgemagert« ist. Für unsere Jetta-Modelle gelten die folgenden Scheiben-Mindestmaße: Jetta Formel E, 1300: 8 mm; 1500, 1600: 10 mm; Jetta mit Einspritzmotor: 18 mm. Bremsscheiben nie einzeln, sondern grundsätzlich paarweise ersetzen.

Scheibenbremsbeläge erneuern

Der Austausch der vorderen Bremsbeläge ist durchaus in Eigenregie möglich. Voraussetzung ist verantwortungsbewußte Arbeit. Grundsätzlich müssen alle 4 Beläge der Vorderachse ersetzt werden. Dazu sollten Sie nur Bremsbeläge aus dem V.A.G.-Ersatzteillager verwenden. Eigenversuche mit anderen Belägen sind nicht ratsam. Sie können den gewohnten Bremsweg verlängern, zu schnell verschleißen oder nervtötend quietschen.
Wagen aufbocken, Rad abnehmen, Lenkung einschlagen.

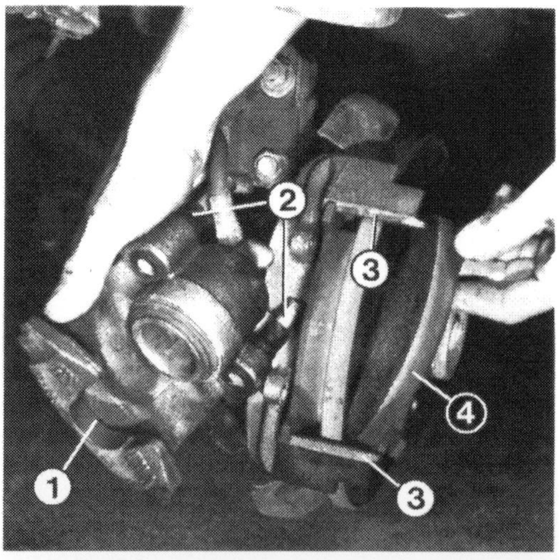

Das Bremssattelgehäuse mit dem darin laufenden Kolben läßt sich nach Herausziehen der Haltebolzen (2) komplett von der Bremssattelführung abziehen. Auf dieser laufen auf Gleitschienen (3) die Bremsbeläge (4), die Sie einfach seitlich wegziehen können. Wenn Sie das Bremssattelgehäuse beim Belagwechsel nicht in der Hand halten wollen, sollten Sie es keinesfalls einfach an seinem Bremsschlauch hängen lassen, sondern mit Draht am Federbein aufhängen.

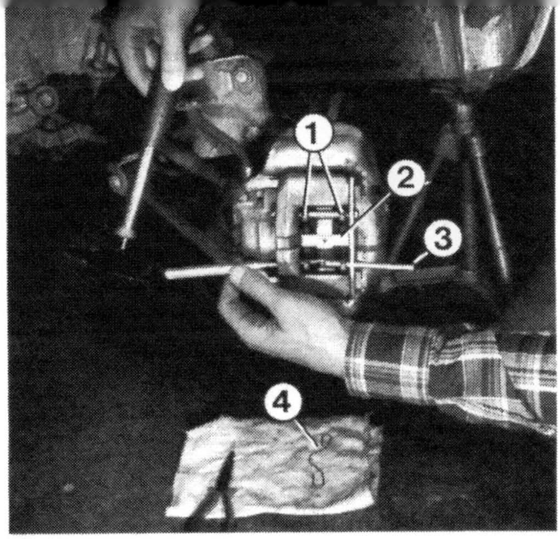

Zum Auswechseln der Scheibenbremsbeläge müssen im Ate-Schwimmsattel zuerst die quer eingesetzten Haltestifte (3) mit einem Durchschlag herausgeklopft werden. Diese Haltestifte sind an ihrem Ende entweder mit Spannhülsen oder – wie hier – durch eine Klemmfeder (4) gesichert. Danach läßt sich die kreuzförmige Spreizfeder (2) herausnehmen. Zuletzt werden die Bremsbeläge an ihren Halteösen (1) aus dem Bremsschacht gezogen, wobei zum Herausziehen des äußeren Bremsbelags der Schwimmsattel nach außen gedrückt werden muß, weil dieser Bremsbelag von einer besonderen Nocke gehalten wird.

Faustsattel

Zum Bremsbelagwechsel an der Faustsattelbremse werden zuerst die Haltefedern oben und unten ausgehängt. Dann mit einem Innensechskantschlüssel SW 7 die Führungsbolzen an der Innenseite (siehe Bild links oben) herausdrehen. Bolzen herausziehen, dann läßt sich das gesamte Bremssattelgehäuse abnehmen. Sie sollten es mit Draht o. ä. am Federbein aufhängen, damit es nicht an seinem Bremsschlauch zerrt. Beläge rechts und links aus ihren Führungsschienen abnehmen.

Schwimmsattel

Haltestifte mit Hammer und Durchschlag von außen nach innen herausklopfen (Bild oben), Spreizfeder abnehmen. Da die Kraft der Spreizfeder und der Klemmhülsen in den Haltestiften mit der Zeit erlahmt, sollten sie bei jedem zweiten Belagtausch gewechselt werden.
Die Bremsbeläge lassen sich am besten herausnehmen, wenn man mit einem Schraubenzieher zuerst abwechselnd durch die Ösen des inneren Belagträgers fährt und – die Schraubenzieherklinge auf den Bremssattel gestützt – den Belag heraushebelt. Oder man zieht sie mit einer abwechselnd an der oberen bzw. unteren Öse angesetzten Rohrzange heraus. Den äußeren Belag nimmt man auf die gleiche Weise heraus, nur muß zusätzlich der bewegliche Schwimmrahmen nach außen gedrückt werden, da eine Nase im Bremssattel und eine entsprechende Ausbuchtung im Belagträger den Belag in seiner Stellung hält.

Beläge einsetzen

Die Führungsschächte für die Bremsbeläge müssen von Belagabrieb gesäubert werden – mit einem Lappen und Spiritus (keinesfalls Benzin!), eventuell auch mit

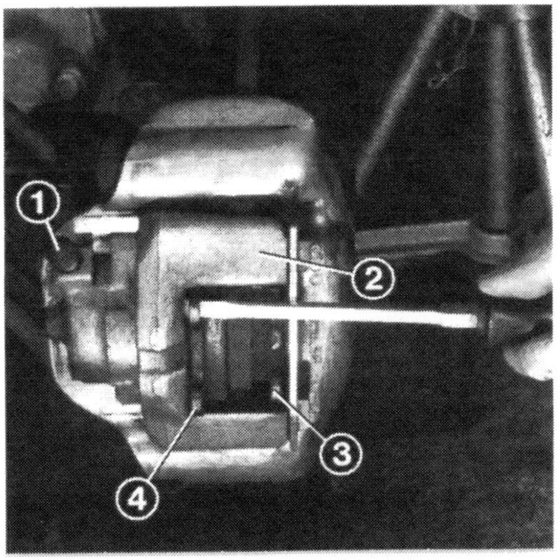

Dieses Bild zeigt, wie man die Bremsbeläge aus dem Ate-Schwimmsattel (2) herausnimmt. Zuerst den inneren Bremsbelag (4) herausziehen, indem man abwechselnd mit einem Schraubenzieher durch die Ösen des Belagträgers fährt. Zum Herausnehmen des äußeren Belags (3) muß der bewegliche Teil des Bremssattels nach außen gedrückt werden, denn dieser Belag wird zusätzlich von einer Haltenase im Bremssattel gehalten. Links oben das Entlüfterventil (1) am Bremssattel.

einer Flaschenbürste. Festgebackene Belagstaubkrusten mit einem flachen Schraubenzieher wegkratzen (dabei nicht die Kolbenmanschette beschädigen!).
Da der Kolben im Bremszylinder entsprechend den dünner gewordenen Belägen aus dem Zylinder herausgewandert ist, muß er vor dem Einsetzen neuer Beläge zurückgedrückt werden.
Am Faustsattel sollten Sie den Kolben im Bremssattel mit einer Schraubzwinge zurückdrücken. Damit der Kolben nicht verkantet oder beschädigt wird, legen Sie auf den Anlagering ein kleines Brettchen. Bei der Schwimmsattelbremse den alten, abgefahrenen Bremsbelag nochmals einsetzen und mit einem zwischen Bremsscheibe und Belagrest angesetzten breiten Schraubenzieher den Kolben zurückdrücken (Schraubenzieher stützt sich an der Bremsscheibe ab). Auf diese Weise läßt sich ein gleichmäßiger Druck ausüben, der Bremskolben wird nicht verkantet. Beim Zurückdrücken des Kolbens wird zugleich die Bremsflüssigkeit durch die Leitungen in den Vorratsbehälter im Motorraum zurückgepreßt – beobachten Sie zwischendurch, ob die Flüssigkeit nicht überzulaufen droht. Dann müßte sie abgesaugt werden (z. B. mit einer ausgebrauchten, aber absolut sauberen Injektionsspritze vom Hausarzt).
In den Faustsattel die neuen Beläge einsetzen, Bremssattelgehäuse aufstecken und die Führungsbolzen mit 40 Nm festdrehen. Haltefedern einsetzen.
Beim Schwimmsattel den äußeren Belag einsetzen, wobei der Schwimmrahmen nach außen gedrückt werden muß, dann den inneren Belag einschieben. Einen Haltestift von innen einstecken und mit dem Hammer vorsichtig hineintreiben – zuletzt mit einem Durchschlag, bis der Haltestift außen ganz anliegt. Spreizfeder einsetzen und zweiten Haltestift hineintreiben.
Wichtig: Nachdem die Bremsbeläge rechts und links am Fahrzeug gewechselt wurden, muß vor dem ersten Meter Fahrt unbedingt mehrmals das Bremspedal durchgetreten werden, wodurch die Beläge an die Bremsscheibe gedrückt werden. Beim ersten Tritt fällt das Pedal bis zum Bodenblech durch, erst nach etwa dreimaligem Treten ist Bremswirkung vorhanden.

Fingerzeig: *Mit neuen Bremsbelägen sollten Sie auf den ersten 600 km nur behutsam bremsen, wenn möglich. Gewaltbremsungen gleich zu Anfang führen zu Brandstellen im Belag, er erreicht nicht die günstigste Bremsverzögerung und verhärtet (»verglast«, wie der Fachmann sagt).*

Belagstärke der hinteren Trommelbremsen kontrollieren

Wartungspunkt Nr. 51

Die Stärke der Bremsbeläge läßt sich kontrollieren, wenn Sie an der jeweiligen Innenseite des Hinterrads vorn am Bremsträger den Verschlußstopfen abziehen – dadurch wird ein Schauloch frei. Die neuen Beläge sind 5 mm dick, sie dürfen bis höchstens **2,5 mm** abgefahren werden. Zur Kontrolle nehmen Sie am besten eine Taschenlampe zu Hilfe. Bei normaler Beanspruchung halten die Trommelbremsbeläge mindestens 35 000 km.

Bremspedalweg prüfen

Wartungspunkt Nr. 61

Der Leerweg des Bremspedals soll etwa 1/3 des gesamten Pedalwegs betragen. Ist er größer, sind die hinteren Bremsbeläge reif zum Austausch. Die hinteren Trommelbremsen brauchen nicht nachgestellt zu werden, aber hier bewirkt es, anders als bei den Scheibenbremsen, eine aufwendige Mechanik. Die Druckstange (siehe Bild rechts unten) muß mit zunehmendem Belagverschleiß verlängert werden, damit die Beläge wieder zum Anliegen an der Trommel kommen. Das geschieht durch einen unter Federzug stehenden Keil, der mit den allmählich verschleißenden Belägen nachrückt und so die Bremsbacken weiter nach außen spreizt. Wird der Pedalweg deutlich länger, sind die Beläge so weit abge-

So wird die Bremsanlage behelfsmäßig entlüftet. Staubkappe vom Entlüftungsventil (2) abnehmen (Arbeitsreihenfolge hinten rechts, vorn links, hinten links und zuletzt vorn rechts). Ventil sauberreiben, durchsichtigen Schlauch (3) auf den Ventilnippel schieben, Schraubenschlüssel SW 7 am Ventil ansetzen.
Das freie Schlauchende in ein teilweise mit Bremsflüssigkeit gefülltes Glasgefäß (5) stecken. Ventil $1/2$ bis $1 1/2$ Umdrehungen öffnen. Ein Helfer muß jetzt mehrere Male das Bremspedal langsam niedertreten und ebenfalls langsam wieder zurückkommen lassen. Er pumpt so Bremsflüssigkeit und die Luft aus den Leitungen; Sie erkennen das im durchsichtigen Schlauch. Kommen keine Luftblasen mehr, muß der Helfer das Bremspedal in der tiefsten Stellung festhalten, während Sie das Ventil schließen (nicht anknallen!). Genauso geht man an den übrigen Radbremsen vor.
Beim Entlüften muß immer wieder kontrolliert werden, ob die Flüssigkeit im Vorratsbehälter nicht zu weit abgesunken ist, sonst wird erneut Luft ins Bremssystem gepumpt. Zum Nachfüllen nur neue Bremsflüssigkeit nehmen!
Weiter bedeuten: 1 – Bremsankerplatte; 4 – Bremsleitung.

nutzt, daß sie ersetzt werden müssen. Das ist bei der automatischen Bremsennachstellung eine Arbeit für die Werkstatt.

Handbremse prüfen
Wartungspunkt Nr. 21

Wenn Sie den Handbremshebel ziehen, werden die Bremsseile zu den Hinterrädern gespannt – so funktioniert das bei den meisten Autos. In der Trommel wird der Bremshebel der sogenannten Primärbacke angezogen und drückt über eine Verbindungsstange die beiden Bremsbacken nach außen – das Hinterrad ist arretiert. Die Wirkung der Handbremse soll bereits nach einer Raste beginnen. Bei eingerastetem zweiten Zahn sollten die Hinterräder blockiert sein. Die Handbremse wird lediglich bei Erneuerung der Hinterradbremsbeläge eingestellt.

Bremsanlage entlüften

Wenn sich das Bremspedal federnd durchtreten läßt und sich der gewohnte Pedalweg erst nach mehrmaligem »Pumpen« einstellt, ist Luft in die Bremsanlage eingedrungen. Schuld daran kann eine undichte Leitung sein, eine defekte Manschette in einem Bremssattel bzw. Radbremszylinder oder eine unsachgemäße Reparatur an der Bremshydraulik. Kontrollieren Sie auch, ob die Bremsflüssigkeit im Vorratsbehälter nicht völlig abgesunken ist.
Beim Entlüften benützt die Werkstatt ein Entlüftungsgerät. Die althergebrachte Methode beschreibt der Bildtext oben.

Fingerzeige: *Nach jeder Radentlüftung muß der Vorratsbehälter wieder mit Bremsflüssigkeit der Spezifikation DOT 3 aufgefüllt werden*

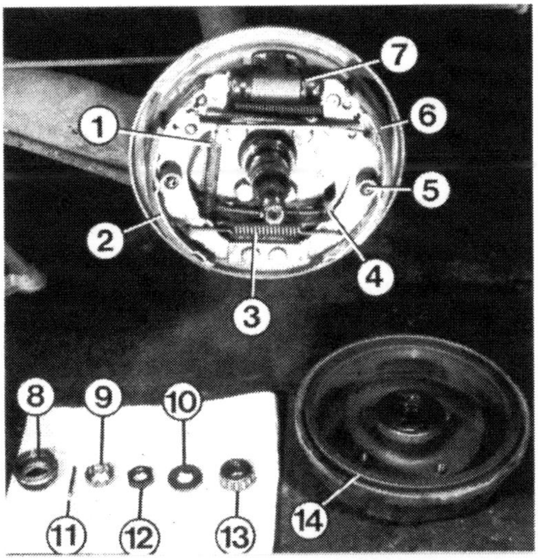

Unser Bild zeigt die Hinterradbremse bei abgenommener Bremstrommel mit automatischer Nachstellvorrichtung. Die Zahlen bedeuten: 1 – Nachstellkeil mit Zugfeder; 2 – Bremsbacke mit Bremsbelag; 3 – Rückzugfeder unten; 4 – Handbremshebel; 5 – Niederhaltefedern (zum Ausbau Federteller niederdrücken und drehen); 6 – Bremsbelag; 7 – Radbremszylinder; 8 – Radnabenkappe; 9 – Kronensicherung; 10 – Druckscheibe; 11 – Splint; 12 – Sechskantmutter SW 24; 13 – Radlager; 14 – Bremstrommel.
Zum Ausbau der Bremstrommel die Nabenkappe abnehmen, wie im Bildtext auf Seite 127 unten beschrieben, Sicherungssplint geradebiegen und herausziehen, Kronensicherung abnehmen, Sechskantmutter SW 24 losdrehen, Radlager mit Druckscheibe abnehmen. Jetzt läßt sich die Bremstrommel abziehen. Falls dies nicht möglich ist, werden erst noch die Bremsbacken zurückgestellt. Dazu muß zum Abnehmen der Bremstrommel der Nachstellkeil hochgedrückt werden. Doch bei dieser Bremsenart ist der eigenhändige Belagtausch ohnehin nicht zu empfehlen.

Zeigt sich kurze Zeit nach dem Entlüften bereits wieder Luft in der Bremsanlage, muß die Werkstatt nach der Ursache forschen und den Schaden beheben.

Der Bremskraftverstärker

Scheibenbremsen wirken nicht, wie Trommelbremsen, selbstverstärkend, so daß eine wesentlich höhere Fußkraft vonnöten ist. Mit Ausnahme der ersten Formel-E-Modelle haben alle Jetta einen Bremskraftverstärker, der den Druck des Fahrerfußes unterstützt. Diese Hilfseinrichtung sitzt links im Motorraum hinter dem Hauptbremszylinder. Das Bremspedal ist jedoch weiterhin starr mit den Bremskolben im Hauptzylinder verbunden, so daß man auch bei ausgefallenem Hilfsgerät noch bremsen kann. Der notwendige Pedaldruck muß allerdings mehr als verdoppelt werden!

Die Hilfskraft liefert der Unterdruck aus dem Ansaugrohr, der Bremskraftverstärker ist über einen Schlauch mit dem Saugrohr verbunden. Beim Bremsen verschiebt der Druckunterschied zwischen dem äußeren Luftdruck und dem Unterdruck im Ansaugrohr eine große elastische Membrane und drückt zusätzlich auf die Kolben im Hauptbremszylinder.

Wenn der Motor nicht läuft, liefert der Servo keine (zusätzliche) Bremskraft. Deswegen müssen Sie stärker aufs Pedal treten, wenn z. B. Ihr Wagen abgeschleppt wird. Bleibt der Motor unterwegs plötzlich stehen, haben Sie durch den Unterdruckspeicher noch eine Reserve für einige kurze Bremsungen – erst dann werden die Wadenmuskeln voll beansprucht.

Bremskraftverstärker prüfen

Wartungspunkt
Nr. 62

Bei abgestelltem Motor wird das Bremspedal zehnmal durchgetreten und in seiner tiefsten Stellung gehalten. Wenn Sie nun den Motor anlassen, muß bei einwandfrei funktionierendem Verstärker das Bremspedal noch ein Stück nachgeben. Senkt sich das Pedal nicht, kann der Unterdruckschlauch vom Ansaugkrümmer zum Bremskraftverstärker, das Rückschlagventil am Ansaugkrümmer oder der Gummiring zwischen Hauptbremszylinder und dem Servogerät defekt sein. Zur Prüfung des Ventils am Bremsservo den Unterdruckschlauch abnehmen, Durchblasen darf nicht, Ansaugen muß möglich sein. Beim Einbau eines neuen Ventils muß der Pfeil auf dem Ventilgehäuse zum Ansaugkrümmer zeigen. Einen schadhaften Schlauch können Sie selbst ersetzen. Andere Schäden, wie schadhafte Membrane oder defekter Ring zwischen Hauptbremszylinder und Verstärker, müssen von der Werkstatt behoben werden. Der Bremskraftverstärker wird übrigens nicht repariert, sondern komplett ausgetauscht.

Bremskraftregler prüfen

Wartungspunkte
Nr. 63 und 73

Bei allen Jetta 1500/1600 sitzt links in Fahrtrichtung über der Hinterachse ein Bremskraftregler, der verhindert, daß beim Bremsen – wobei die Hinterachse entlastet wird – die Hinterräder vorzeitig blockieren und der VW sich querstellen kann. Eine schnelle Funktionsprüfung läßt sich mit einem Helfer durchführen. Treten Sie das Bremspedal kräftig durch und lassen Sie es schnell los (Wagen nicht aufgebockt); dabei muß sich der Hebel am Bremskraftregler bewegen. Eine genaue Druckprüfung soll die Werkstatt gelegentlich vornehmen.

Bremsflüssigkeit wechseln

Wartungspunkt
Nr. 66

Den Bremsflüssigkeitswechsel schreibt das Volkswagenwerk alle zwei Jahre vor. Grund ist die wasseranziehende Wirkung der Bremsflüssigkeit, wie auf Seite 132 erwähnt. Da aber das aufgenommene Wasser auch Korrosion in den Bremszylindern und -leitungen verursacht, sollte sie keinesfalls länger als 3 bis 4 Jahre im Bremssystem verbleiben.

Für den Wechsel der Bremsflüssigkeit sind Sie in der Werkstatt am besten aufgehoben, die ihn mit dem auf der Vorseite angesprochenen Entlüftungsgerät schnell und sauber erledigen kann.

Der Bremskraftregler (3) sorgt dafür, daß die Hinterräder des Jetta nicht überbremst werden. Über den mit der Hinterachse verbundenen Hebel (1) und die Übertragungsfeder (2) erhält der Regler die Information, wie weit die Hinterachse gerade eingefedert ist, und entsprechend dosiert er die Bremskraft auf die Hinterachse.

Störungsbeistand
Bremsen

Die Störung	– ihre Ursache	– ihre Abhilfe
A Bremsen ziehen einseitig	1 Reifendruck ungleichmäßig	Korrigieren bei kalten Reifen
	2 Reifenprofil ungleichmäßig abgefahren	Reifen so untereinander auswechseln, daß auf jede Achse gleichmäßig abgenutzte Reifen kommen
	3 Beläge verschmiert oder ungleichmäßig abgenutzt	Beläge erneuern
	4 Schächte im Bremssattel verschmutzt	Reinigen
	5 Kolben im Bremssattel oder Radbremszylinder festgerostet	In Werkstatt gängig machen oder erneuern lassen
	6 Bremsbacken liegen in der Trommel nicht richtig an	Kontrollieren, evtl. neue Bremsbacken montieren
	7 Unrunde Bremstrommeln	Ausdrehen oder erneuern lassen
	8 Bremsscheiben aus unterschiedlicher Fabrikation	Beide Bremsscheiben austauschen lassen gegen solche gleicher Herkunft
B Bremsen quietschen oder rattern	1 Staub und Schmutz an den Scheibenbremsen oder in den Bremstrommeln	Beläge ausbauen, Staub und Schmutz mit Preßluft abblasen
	2 Resonanzgeräusche zwischen Bremsscheibe und Belägen	Bremsbeläge mit Antiquietschpaste behandeln
	3 Falsche Beläge	Original-Beläge einbauen
	4 Beläge verhärtet (»verglast«)	Beläge erneuern
	5 Bremsscheibe hat Schlag	Erneuern lassen
	6 Siehe A 7	
	7 Neue Trommelbremsbeläge liegen nicht plan an	Außenkanten der Beläge mit einer Feile brechen
	8 Lose Belagnieten	Erneuern
C Bremsen rattern und blockieren	1 Siehe B 7	
	2 Überstehende Belagnieten	Erneuern
	3 Siehe A 7	
	4 Rückzugfeder der Bremsbacken zu schwach	Erneuern
D Bremsen werden sehr heiß	1 Ausgleichsbohrung im Hauptbremszylinder verstopft	Säubern lassen

Die Störung	– ihre Ursache	– ihre Abhilfe
D Bremsen werden sehr heiß (Fortsetzung)	2 Kein Spiel zwischen Bremspedal (Druckstange) und Hauptzylinderkolben	Einstellen lassen
	3 Gummiteile gequollen durch Verwendung falscher Bremsflüssigkeit	Bremsflüssigkeit wechseln und schadhafte Teile erneuern lassen
	4 Belüftungslöcher im Deckel des Vorratsbehälters verstopft	Reinigen
	5 Verrostete Bremssättel	Überholen lassen
	6 Handbremse löst nicht vollständig	Handbremseinstellung kontrollieren, ggf. neu einstellen
E Pedalweg zu groß	1 Trommelbremsbeläge abgenutzt	Erneuern lassen
	2 Siehe A 7	
F Pedalweg zu groß Pedal läßt sich weich und federnd durchtreten	1 Luft im Bremssystem, evtl. Flüssigkeit im Vorratsbehälter zu tief abgesunken. Ursachen:	
	a) Leck im Bremssystem	Kontrollieren, schadhafte Teile erneuern lassen
	b) Manschette im Hauptbremszylinder undicht	Erneuern lassen
	2 Überhitzte Bremsflüssigkeit – Dampfblasenbildung durch zu hohen Wassergehalt der Bremsflüssigkeit oder Überbeanspruchung der Bremsen	Bremsflüssigkeit wechseln lassen
	3 Automatische Belagnachstellung in den Bremssätteln nicht in Ordnung	Bremssättel überholen lassen
G Schlechte Bremswirkung bei hohem Pedaldruck	1 Pedalweg normal: Beläge verölt, verbrannt oder verhärtet	Erneuern
	2 Pedalweg kurz: Bremskraftverstärker arbeitet nicht	Unterdruckschlauch kontrollieren, ggf. auswechseln; sonst Überprüfung in der Werkstatt
	3 Pedalweg lang: Ein Bremskreis ausgefallen durch Undichtigkeit oder Beschädigung	Kontrollieren, schadhafte Teile auswechseln lassen
H Ungleichmäßiger Belagverschleiß	1 Siehe B 3	
	2 Siehe A 4	
	3 Siehe A 5	
	4 Gummiring für Kolbennachstellung gequollen	Bremssattel überholen lassen

Die Sache hat Profil

»Auf Eisenreifen zu fahren wie beim gewöhnlichen Fuhrwerk ist der großen Geschwindigkeit wegen, die das Kraftfahrzeug entwickelt, untunlich. Man ist gezwungen, die Räder mit einem elastischen Stoff zu bereifen und verwendet hiezu ausschließlich Gummi. Bei Personenfahrzeugen werden hohle Reifen angewendet, die mit gepreßter Luft angefüllt werden; bei Lastwagen sind sie aus massivem Gummi gefertigt.« So zu lesen im Handbuch »Was muß ich von meinem Automobil wissen« aus dem Jahre 1913.
Während Vollgummireifen im heutigen Straßenverkehr nicht mehr zu finden sind, rollen unsere Autos doch weiterhin auf luftgefüllten Gebilden.

Welche Reifen sind montiert?

Die Jetta 1100 (Formel E) und 1300 rollen ab Werk auf **155 SR 13**, die stärkeren Vergaserversionen auf **175/70 SR 13** und der Einspritzer auf **175/70 HR 13**. Als Winterbereifung sind für die 1,5- und 1,6-Liter-Modelle auch Reifen der Breite 155 SR 13 zugelassen. Ein Blick in die Fahrzeugpapiere sagt Ihnen ebenfalls, welche Reifengrößen für den Jetta zugelassen sind; andere als die dort aufgeführten dürfen nur mit Zustimmung des TÜV und entsprechender Berichtigung der Papiere montiert werden (siehe Tabelle auf Seite 146).

Die Reifengröße

Nach international gültigen Regeln wird die Reifengröße in Millimetern oder, wie in unserem Fall, gemischt in Millimetern und englischen Zoll angegeben. Die erste Zahl in der Größenangabe nennt die Reifenbreite; entsprechend ist der Reifen 155 SR 13 in unbelastetem Zustand 155 mm breit.
Bei den sogenannten 70er-Reifen – genaue Bezeichnung 175/70 SR 13 – besagt die Zahl 70, daß das Verhältnis von Reifenhöhe zu Breite 70 : 100 beträgt. Im Gegensatz dazu haben normale Gürtelreifen ein Höhen/Breiten-Verhältnis von 80 : 100. Diese 70er-Reifen haben eine größere »Aufstandsfläche«, sie stehen mit mehr Gummi auf der Straße, was die Straßenlage etwas verbessert.
Die letzte Zahl in der Größenangabe nennt den Innendurchmesser des Reifens und den Durchmesser der passenden Felge. Demnach hat der Reifen 155 SR 13 einen Innendurchmesser von 13 Zoll oder 330,2 mm, und die dazugehörige Felge hat an der Auflage für den Reifenwulst ebenfalls 330,2 mm Durchmesser.

Die Reifenbauart

Die für unsere Jetta-Modelle vorgeschriebenen Gürtel- oder Radialreifen erkennen Sie am »R« (= Radial) zwischen den Größenbezeichnungen. Bei den Gürtelreifen verlaufen gummierte Cordgewebelagen quer zur Laufrichtung. Die Gewebefäden sind an zwei Stahlringen verankert und bilden das Kernstück des Reifens, die sogenannte Karkasse. Durch diese Bauweise erhält man eine hohe Flexibilität der Reifenflanken, was für die Eigenfederung des Reifens von Bedeutung ist. Die Lauffläche muß dagegen steif und formbeständig sein. Um den Reifen wird daher ein starker Gürtel aus schräg verlaufenden Gewebefäden gelegt. Die Gewebefäden bestehen entweder aus Textil- oder Stahlcord.

Was so alles an Zahlen und Buchstaben auf eine Reifenflanke paßt, ist hier in diesem Bild zusammengefaßt. Die genaue Erklärung der Reifenbeschriftung finden Sie aber außerdem noch im folgenden Text.

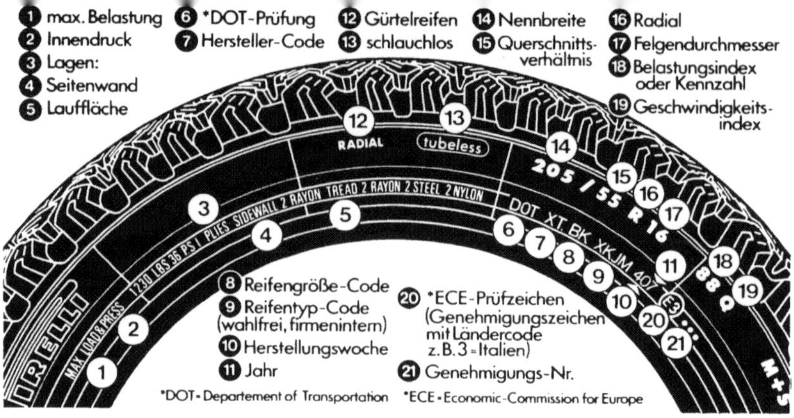

Die zulässige Geschwindigkeit

In den bislang gebräuchlichen Reifenbezeichnungen 155 SR 13, 175/70 HR 13 oder etwa 205/60 VR 13 kennzeichnen die Buchstaben S, H und V die zulässige Höchstgeschwindigkeit für den entsprechenden Reifen. Mit der Regelung Nr. 30 des E. C. E. (**E**conomic **C**ommission for **E**urope) wurde die Reifenbeschriftung geändert. Der Geschwindigkeitsbereich steht jetzt nach der neu eingeführten Kennzahl für die Reifentragkraft (siehe nächsten Absatz) z. B. 155 R 13 78 S. Außerdem wurden zusätzliche Kennbuchstaben festgelegt für weitere Geschwindigkeitsbereiche. Neben den bekannten Kennbuchstaben S – bis 180 km/h, H – bis 210 km/h und V – über 210 km/h kommen neu hinzu Q – bis 160 km/h (vorwiegend M + S-Reifen), R – bis 170 km/h, T – bis 190 km/h und U – bis 200 km/h.

Die Reifentragfähigkeit

Die Tragfähigkeit eines Reifens hängt von den Reifenabmessungen und vom Luftdruck ab. Je nach Fahrzeuggewicht ist eine bestimmte Reifentragfähigkeit erforderlich. Diese war früher durch die sogenannte Ply-Rating-Zahl angegeben (z. B. 5.95/145 – 13 4 PR für Personenwagen und 6 PR oder 8 PR für Kombiwagen). Bei Gürtelreifen ist die Ply-Rating-Zahl allenfalls noch bei verstärkten Reifen für Kombifahrzeuge zu finden. Mit der E. C. E.-Regelung Nr. 30 wird grundsätzlich für alle Gürtelreifen die Angabe der höchstzulässigen Tragfähigkeit gefordert. In der Reifenbezeichnung 155 R 13 78 S besagt die Kennziffer 78, daß dieser Reifen bei vorgeschriebenem Luftdruck eine maximale Tragfähigkeit von 425 kg besitzt.

Das Herstellungsdatum

Das Produktionsdatum eines Reifens interessiert vor allem dann, wenn eine Serie Reifen wegen eines Fabrikationsfehlers vom betreffenden Hersteller »zurückgerufen« wird, also gegen einwandfreie getauscht werden soll. An der Reifenflanke finden Sie irgendwo eine dreistellige Zahlenkombination. Sie kann z. B. 120 lauten – dies ist das verschlüsselte Herstellungsdatum und besagt, daß der Reifen in der 12. Produktionswoche 1980 hergestellt wurde.

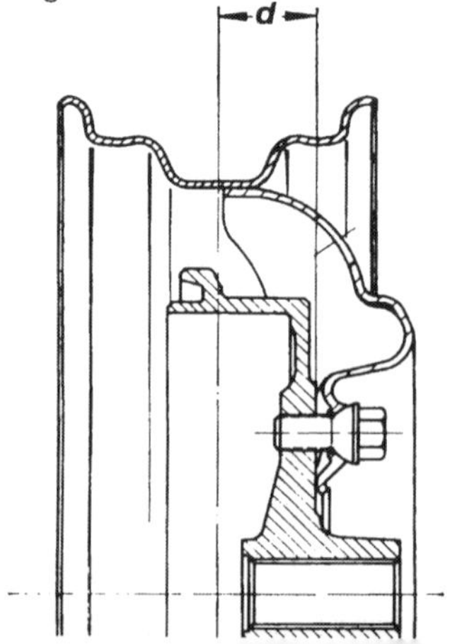

Ein wichtiges Felgenmaß stellt die Einpreßtiefe dar. Damit bezeichnet man den Abstand zwischen der Felgenmitte und der Anlagefläche der Felge an die Radnabe (d). Die Felgen für den Jetta haben eine Einpreßtiefe von 38 bzw. 45 mm. Wenn Sie sich gebrauchte Felgen kaufen, müssen Sie auf die richtige Einpreßtiefe achten, denn es gibt auch gleich oder ähnlich aussehende mit 50 mm Einpreßtiefe für den VW Polo oder Derby. Sie passen nicht am Jetta. Die Einpreßtiefe finden Sie in die Felgenschüssel eingeschlagen.

Die Felgen

Der Jetta besitzt ab Werk Felgen der Größe 5 J ×13 H 2 ET 45 oder 5½ J ×13 H 2 ET 38. Diese Zahlen-/Buchstabenkombination besagt:

5, 5½	– Felgenmaulweite in Zoll, an der Felgenhornbasis quer zur Laufrichtung des Rades gemessen;
J	– Kennzeichnung der Felgenhorn-Höhe;
X	– Zeichen für Tiefbettfelge;
13	– Felgendurchmesser von Wulst zu Wulst, in Zoll gemessen;
H2	– Zeichen für Doppelhump-Felge. Zwei höckerartige Erhebungen innen im Felgenbett verhindern, daß die Reifenwülste bei seitlicher Beanspruchung (scharfe Kurvenfahrt mit niedrigem Luftdruck) vom Felgenhorn abgleiten können;
ET 38, ET 45	– Einpreßtiefe 38 bzw. 45 mm, dieses Maß erläutert unsere Zeichnung links unten näher.

Diese Norm-Bezeichnungen geben nur die Hauptabmessungen der Felgen an, nicht aber die Anzahl der Radbefestigungslöcher oder deren Lochkreisdurchmesser.

Welche Reifen auf welche Felgen?

Laut den Fahrzeugpapieren sind auf dem Jetta folgende Reifen-/Felgen-Kombinationen möglich:

Reifen	Felgen
155 SR 13	4½ J ×13, 5 J ×13, 5½ J ×13
175/70 SR/HR 13	5 J ×13, 5½ J ×13

Hierbei sind einige nicht serienmäßige Kombinationen aufgeführt: Die 4½″-Felge gibt es ab Werk nicht für den Jetta und ist in Verbindung mit den 1,5-/1,6-Liter-Motoren ungeeignet. Die schmalen 155er-Reifen auf 5½″-Felgen kommen nur für M + S-Reifen in Betracht und die 70er-Reifen sind serienmäßig nur auf 5½″-Felgen montiert.

Leichtmetallfelgen

Ab Werk oder als Original-Zubehör werden von VW Leichtmetallfelgen angeboten. Diese Räder dürfen ohne TÜV-Abnahme und ohne besonderen Eintrag in die Fahrzeugpapiere montiert werden. Felgen anderer Hersteller müssen vom TÜV begutachtet und anschließend in die Wagenpapiere eingetragen werden, wenn keine Allgemeine Betriebserlaubnis (ABE) dafür vorliegt.

Leichtmetallfelgen können zwar nicht rosten, aber gegen Korrosion sind sie ebensowenig gefeit wie Stahlfelgen. Ist der Schutzlack der Felgen erst einmal beschädigt, so kann sich die winterliche Streusalzlauge sogar noch nachteiliger auswirken als bei Stahl. Stark angefressene Räder gelten dann auch beim TÜV als verkehrsunsicher. Wenn Sie also nicht ohnehin – was jedem nur anzuraten ist – die Winterreifen auf Stahlfelgen montiert haben, sollten Sie wenigstens darauf achten, daß Beschädigungen des Decklacks sofort ausgebessert werden.

Verschmutzte Leichtmetallfelgen wirken besonders ungepflegt. Leider läßt sich bei ihnen Dreck und vor allem Bremsstaub oft nur schwer entfernen. Wichtige Utensilien beim Pflegen der teuren Felgen sind Wurzelbürste, Flaschenbürste und ein fester Schwamm. Wer es besonders gut meint, kann sich auch einen speziellen Felgenreiniger im Zubehörhandel kaufen. Achten Sie allerdings darauf, daß er keine Säuren enthält. Diese könnten den Felgen-Decklack angreifen.

Unterschiedliche Radschrauben

Je nach Felge muß am Jetta eine von drei unterschiedlichen Radschraubenlängen verwendet werden. Eine falsch gewählte Radschraube bewirkt, daß die Felge nicht sicher befestigt ist oder Teile der Bremsanlage beschädigt werden.

Achten Sie also beim Felgentausch darauf, daß auch die richtigen Radschrauben eingedreht werden:

Felge	Gewindelänge	Kennzeichnung des Schraubenkopfes
Stahlfelge	20 mm	kleine halbkugelige Vertiefung
VW 12-Loch-Leichtmetallfelge	28 mm	große ebene Vertiefung
VW 16-Loch-Leichtmetallfelge	24 mm	schwarzer Kronenkopf
VW 24-Loch-Leichtmetallfelge (Speichendesign)	24 mm	schwarzer Kronenkopf

Breite Reifen und Felgen

Für den Jetta ist eine Vielzahl von Kombinationen breiterer Reifen und Felgen zulässig. Für die 1,1- und 1,3-Liter-Modelle gilt, daß ab einer Felgenbreite von 5½″ die Kotflügelverbreiterungen der stärkeren Versionen erforderlich sind. Dann können Sie z. B. Reifen 175/70 R 13 ohne TÜV-Begutachtung montieren, sofern die entsprechende Reifen-/Felgen-Kombination ab Werk in den Fahrzeugpapieren vermerkt ist. Die nachstehenden Reifen- und Felgengrößen sind dagegen in jedem Fall eintragungspflichtig (Stand Frühjahr 1982):

Reifengröße	Felgengröße	Einpreßtiefe		Felgengröße	Einpreßtiefe
165 R 13	5 J × 13	45 mm	oder	5½ J × 13	38 mm
165/70 R 13	5 J × 13	45 mm	oder	5½ J × 13	38 mm
175/70 R 13[1][2]	6 J × 13	33 mm			
185/70 R 13[1][2]	5 J × 13	45 mm	oder	5½ J × 13	38 mm
185/70 R 13[1][2]	6 J × 13	33 mm			
185/60 R 13[1][2][3]	5½ J × 13	38 mm	oder	6 J × 13	33 mm
205/60 R 13[1][2]	5½ J × 13	38 mm	oder	6 J × 13	33 mm
185/60 R 14[1][2]	6 J × 14	33 mm			
195/60 R 14[1][2]	6 J × 14	33 mm			
195/50 R 15[1][2]	5½ J × 15	38 mm			

Voraussetzung für die Montage breiterer Räder ist, daß diese einwandfrei von der Karosserie abgedeckt sind.

[1]) Auf ausreichenden Freigang der Räder und Reifen zu den Kotflügelausschnitten und den oberen Federtellern an der Hinterachse achten. Gegebenenfalls Unterkanten der Kunststoffabdeckung abschleifen und Blechkanten der Kotflügelausschnitte umbördeln.

[2]) Beim Anbringen von Ausgleichsgewichten auf der Innenseite von Leichtmetallrädern ist an der Vorderachse der Freigang zu den Fahrwerksteilen zu prüfen, ggf. sind Klebegewichte zu verwenden.

[3]) Tachometer und Kilometerzähler müssen angeglichen werden.

Breitreifen in der Praxis

Breite Reifen weisen einen erheblich höheren Negativprofil-Anteil (Einschnitte in der Lauffläche) auf als herkömmliche Gürtelreifen. Im Neuzustand sind sie daher auf Wasserlachen kaum »aufschwimmfreudiger« (Aquaplaning). Ab einer Restprofiltiefe von 3 mm wird es dagegen kritisch. Breitreifen müssen also früher ersetzt werden. Mit breiten Reifen werden auch die Lenkkräfte höher, vor allem mit zunehmendem Verschleiß.

Reifen der Serie 60 bzw. 50 haben einen höheren Roll- und Luftwiderstand durch höheres Gewicht und größere Breite. Dafür zeichnen sie sich durch geringere Eigenbewegungen (Walken) beim Lauf aus. Der Fahrwiderstand bleibt dadurch in etwa gleich, Kraftstoffverbrauch und Höchstgeschwindigkeit verändern sich also nur gering.

Reifendruck prüfen

Wartungspunkt Nr. 16

Luftdichte Reifen gibt es nicht. Selbst neuwertige schlauchlose Reifen – wie sie am Jetta montiert sind – verlieren durch die Porosität des Kautschuks allmählich Luft. Deshalb wird bei der Luftdruckkontrolle meistens ein zu geringer Druck festgestellt.

Unter die genannten Druckwerte (in bar Überdruck) sollte der Reifendruck keinesfalls absinken (die Angaben gelten für alle Reifengrößen):

Zuladung	Sommerreifen vorn	hinten	Winterreifen vorn	hinten	Reserverad
halb	1,7	1,7	1,9	1,9	2,2
voll	1,8	2,2	2,0	2,4	

Bei forcierter, sportlicher Fahrweise können Sie den Luftdruck der Sommerreifen noch um 0,2 bar anheben. Das Fahrverhalten wird dadurch zwar etwas unkomfortabler, andererseits bewirkt höherer Luftdruck höhere Laufleistung durch weniger Walkarbeit der Reifen.

Luftdruck bei kalten Reifen messen

Bereits wenige Kilometer zügiger Fahrt lassen den Reifendruck um 0,2 bis 0,4 bar Überdruck ansteigen. Diese Druckerhöhung durch Erwärmung ist aber von den Reifenherstellern bereits berücksichtigt worden und darf deshalb nicht abgelassen werden. Am günstigsten ist ein eigener Luftdruckprüfer, womit der Reifendruck vor Antritt der Fahrt bei kaltem Reifen gemessen werden kann.
Wenn Sie bei der regelmäßigen Prüfung (alle zwei bis vier Wochen) Druckverlust an einem Reifen feststellen, müssen Sie sich ihn etwas genauer anschauen. Entweder kann das Ventil undicht geworden sein oder in der Reifendecke des schlauchlosen Reifens sitzt eine Glasscherbe bzw. ein Nagel, wodurch ein kleines Loch entstanden ist. Jedenfalls muß der Ursache des Druckverlusts nachgespürt werden; es hilft nichts, einfach Luft nachzupumpen.

Reifenzustand kontrollieren
Wartungspunkt Nr. 17

Am besten sehen Sie nach dem äußeren Zustand der Reifen, wenn der Jetta in der Tankstelle zum Ölwechsel oder zur Unterwagenwäsche hochgebockt ist. Bei dieser Gelegenheit bohren Sie gleich mit einem kleinen Schraubenzieher Fremdkörper aus der Reifendecke und prüfen nach, ob sie bereits ernsthaften Schaden angerichtet haben. Am interessantesten ist natürlich die Reifenabnutzung. Sie können sehr zufrieden sein, wenn jeweils die Reifen einer Achse über den gesamten Reifenumfang und über die gesamte Profilbreite gleichmäßig abgenutzt sind. Zeigt sich jedoch einseitige Abnutzung oder hat das Profil wellige Vertiefungen in regelmäßigen Abständen, dann ist am Fahrwerk oder am Rad selbst etwas faul. In diesem Fall sollten Sie einen Reifenfachmann zu Rate ziehen.

Wie lange halten die Reifen?

Es gibt recht verläßliche Angaben, wie weit Sie mit einem Reifensatz kommen:

	37 kW/50 PS	44 kW/60 PS	51 kW/70 PS	63 kW/85 PS	81 kW/110 PS
155 SR 13	37000 km	34000 km	–	–	–
175/70 SR 13	40000 km	37000 km	34000 km	30000 km	–
175/70 HR 13	–	–	–	–	29000 km

Da die Vorderräder antreiben, lenken und zudem die Hauptbelastung beim Bremsen aushalten müssen, sind sie auch früher verschlissen. In der Betriebsanleitung wird deshalb empfohlen, die Räder jeweils einer Seite auszutauschen, also unter Beibehaltung ihrer bisherigen Laufrichtung. Es ist umstritten, ob dieser Tausch sinnvoll ist. Für die Empfehlung spricht, daß der Reifenabrieb gleichmäßiger erfolgt, andererseits müssen bei Ersatz vier neue Reifen gekauft werden. Beim Wechsel in kurzen Kilometerabständen können außerdem Fehler der Gelenke, Lenkung, Radaufhängung, Stoßdämpfer usw. ihre Spuren nicht deutlich genug am Reifenprofil hinterlassen. Eine Laufstrecke von 10000 bis 15000 km genügt allerdings in jedem Fall.

Der Radwechsel

Zum Radwechsel Handbremse anziehen und 1. oder Rückwärtsgang einlegen, Warndreieck aufstellen, Räder auf der anderen Wagenseite mit Steinen oder Holz blockieren. Kappen der Radschrauben und Nabendeckel mit einem Querschlitzschraubenzieher abdrücken oder Radkappe mit dem Drahtbügel aus dem Bordwerkzeug abziehen. Radschrauben jeweils knapp eine Umdrehung lokkern. Jetzt erst wird der VW mit dem Wagenheber angehoben. Schrauben herausdrehen und in der Radkappe oder der Nabenkappe ablegen. Rad abnehmen. Ersatzrad aufstecken, Radschrauben eindrehen. Vorsicht beim Wechsel von einem Leichtmetallrad auf eine Stahlfelge, siehe Text auf Seite 145. Schrauben über Kreuz gleichmäßig so stark als möglich anziehen. Dabei das Rad hin- und herbewegen, damit es sich einwandfrei auf der Radnabe zentriert. Wagen ablassen und die Schrauben nachziehen. Schraubenkappen aufdrücken, Radnabenkappe mit einem kräftigen Schlag einrasten lassen. Die Radkappe wird auf die Halteklammern gedrückt. Defektes Rad, Wagenheber, Werkzeug und Warndreieck wieder verstauen.

Festen Sitz der Radschrauben kontrollieren

Wartungspunkt Nr. 18

Die Radschrauben sollen nicht mit zu viel Kraft angezogen werden (90 Nm sind vorgeschrieben), also nicht mit einem zusätzlich verlängerten Radschlüssel. Zu starkes oder ungleichmäßiges Festschrauben kann dazu führen, daß sich die Bremsscheiben oder -trommeln verziehen. Das ergibt ungleichmäßige Bremswirkung, Bremsenschütteln und punkt- oder flächenförmigen Reifenverschleiß. Die Kontrolle auf richtig festgedrehte Radschrauben ist vor allem kurz nach dem Radwechsel wichtig, auch wenn er von einer Werkstatt durchgeführt wurde.

Räder auswuchten

Zum Auswuchten der Räder gibt es zwei Methoden. Entweder auf der Auswuchtmaschine, an der das Rad anmontiert wird, oder mit einem elektronischen Auswuchtgerät, wobei das am Fahrzeug anmontierte Rad auf Unwucht kontrolliert wird.
Um wirkliches Feinauswuchten der Vorderräder zu erreichen, ist die zweite Methode besser, da auch eine mögliche Unwucht der Radnabe oder der Bremsscheibe ausgeglichen wird. Beim elektronischen Auswuchten werden normalerweise die Räder durch einen Elektromotor mit Reibrad in die notwendige schnelle Drehung gebracht. Aber an den Vorderrädern ist dies nicht angebracht, da das Ausgleichsgetriebe eine derartige einseitige Beschleunigung nicht verträgt. Zum elektronischen Auswuchten der Vorderräder muß deshalb der Wagen vorn angehoben werden, und der Motor muß die Vorderräder im vierten Gang auf etwa 90 km/h beschleunigen.

Neue Reifen kaufen

Beim ersten Reifenkauf können Sie einige Mark sparen, wenn im Kofferraum noch ein neuwertiger Ersatzreifen liegt. Dann kaufen Sie einen Reifen des gleichen Fabrikats und Typs und haben bereits eine Achse neu ausgerüstet.
Die Reifengröße 155 SR 13 bietet bei den Formel-E- und 1300er-Modellen einen guten Kompromiß zwischen Preis, Fahrverhalten und Lebensdauer. Bei diesen Fahrzeugen sind die breiteren 175/70 SR 13 nicht erforderlich.
Bei den Jetta-Versionen ab 1,5 Liter Hubraum wird man wohl wieder auf die serienmäßigen 175/70er zurückgreifen, wenn sie auch als »Ganzjahresreifen« durch die breitere Reifenlauffläche nicht so gut geeignet sind. Sie dürfen bei den Vergasermodellen auch 155er-Sommerreifen montieren, aber beim 1,6-Liter-Jetta unterliegen derartige Pneus einem deutlich höheren Verschleiß.
Der Einspritzer läuft laut Fahrzeugpapieren zwar »nur« 178 km/h und dürfte demnach theoretisch noch mit SR-Reifen gefahren werden. Aber das wäre Sparsamkeit am falschen Fleck. Montieren Sie also wieder HR-Reifen!

Winterbereifung

Mit dem Jetta auf 155er-Reifen mit Sommerprofil kommen Sie im Winter in vielen Fällen noch gut durch. Kritischer wird es bei der Reifengröße 175/70 SR 13 und vor allem mit den HR-Reifen der Einspritzer, sie neigen auf Matsch und Schnee eher zum Durchdrehen.
Wer dem Auto »Winterschuhwerk« spendieren will, hat die Wahl zwischen herkömmlichen M + S-Reifen (M + S = Matsch und Schnee) auf Gürtelreifenbasis, wozu der Dunlop Sp M + S oder der Goodrich GT 700 zählt, und andererseits den sogenannten Haftreifen. Diese Reifenart würden wir vorziehen, wenn schon Winterreifen gekauft werden sollen. Allerdings können solche Reifen mit besonders haftfähiger Laufflächenmischung nicht unter allen Winterbedingungen die früheren Spikesreifen ersetzen: Bei Temperaturen um den Gefrierpunkt bildet sich auf Glatteis beim Darüberrollen ein Wasserfilm, der die Haftfähigkeit der Reifen stark herabsetzt. Dagegen sind nur Spikesreifen eine wirksame Waffe. Mit sinkenden Temperaturen werden die Haftreifen wesentlich griffiger.

Fingerzeig: *Bis auf speziell konstruierte Winterreifen beträgt die Höchstgeschwindigkeit von M + S-Radialreifen 160 km/h. Bei allen Modellen, die schneller laufen können, muß am Armaturenbrett ein Aufkleber auf die zulässigen 160 km/h hinweisen, wenn Winterreifen montiert sind.*

Runderneuerte Reifen montieren?

Solche Reifen sind wesentlich billiger als fabrikneue, allerdings erreichen sie dafür auch nur eine geringere Lebensdauer. Reifen mit »RAL-Gütesiegel« erfüllen eine Reihe von Qualitäts- und Ausführungskriterien, außerdem haben sie Schnellauftests bestanden. Dennoch eignen sich nach unseren Erfahrungen Runderneuerte eher für die schwächer motorisierten Jetta-Versionen; vor allem dann, wenn der Wagen selten bis zur Spitzengeschwindigkeit sowie kaum einmal voll beladen gefahren wird.
Immer noch treten Defekte an neu gummierten Reifen meist bei höherer Geschwindigkeit bzw. voller Beladung auf – vor allem, wenn der Luftdruck nicht stimmt. Bei runderneuerten Reifen müssen Sie mit größeren Unwuchten rechnen und trotz gleich aussehendem Reifenprofil können sich die Fahreigenschaften vom entsprechenden Markenreifen erheblich unterscheiden.
Wer die genannten Punkte beachtet, kann mit Runderneuerten einiges Geld sparen, vor allem bei der Winterbereifung, die es mit Haftgummimischung preisgünstig zu kaufen gibt.

Gleitschutzketten

Wenn auch die griffigsten Winterreifen schon versagen, helfen gegen Schnee und Eis, bei Hochgebirgsfahrten und starken Schneefällen noch Ketten. Offiziell heißen sie Gleitschutzketten. Sie sind eine gute Anschaffung, aber nicht billig. Die Kette darf nicht zu stramm angezogen werden, sonst wird sie zu sehr belastet und kann reißen oder das Reifenprofil (vor allem bei Winterreifen) beschädigen. Zwischen Kette und Reifenlauffläche sollte etwa die flache Hand geschoben werden können, dann kann die Kette »wandern«, was sie auch soll. Lose Kettenenden dürfen natürlich auch nicht herumschleudern, deshalb eventuell die Spannvorrichtung zusätzlich sichern.

Fingerzeige: *Wer von seinem bisherigen Auto noch gute Spurkreuzketten hat, die nicht für die Reifen des Jetta passen, kann sich die Ketten umarbeiten lassen. Das machen (allerdings nur in den Monaten April bis September) beispielsweise die Firmen Erlau und RUD für von ihnen gelieferte Ketten.*
Die Schneeketten werden nach dem Gebrauch mit möglichst kräftigem Wasserstrahl abgespritzt, saubergebürstet und anschließend gespült.

Vorratswirtschaft

Unser Handbuch will aus Ihnen keinen Elektriker-Meister machen, sondern soll die Zusammenhänge verständlich erklären. Deshalb sprechen wir oft vom Strom, der fließt, während Elektriker sagen »Spannung liegt an«.
Die Vorgänge um den elektrischen Strom lassen sich am einfachsten am Beispiel einer Wasserleitung erklären. Durch eine Wasserleitung strömt unter einem bestimmten Druck eine gewisse Menge Wasser.
Man kann den Wasserdruck vergleichen mit der Spannung, gemessen in Volt (Abkürzung: V), und die in einer bestimmten Zeit durchfließende Wassermenge mit dem Strom, gemessen in Ampere (A). Multipliziert man Spannung und Strom miteinander, so erhält man die elektrische Leistung mit der Maßeinheit Watt (W).

Die Batterie im einzelnen

Eine Batterie dient dazu, die elektrische Anlage im Fahrzeug bei stehender oder langsam drehender Lichtmaschine mit Energie zu versorgen. Als Starterbatterie gibt sie den Strom ab, der zum Anlassen des Motors erforderlich ist. Im Auto finden wir eine Bleibatterie, der Fachmann zählt sie zur Gruppe der »galvanischen Sekundärzellen«, die man auch als Akkumulatoren bezeichnet. Bei ihnen ist die Energieumwandlung umkehrbar. Das heißt: Beim Entladen wird aus chemischer Energie elektrische Energie gewonnen und beim Laden wird elektrische Energie wieder in chemische Energie umgesetzt. Das geschieht durch stoffliche Umwandlung der in verdünnter Schwefelsäure stehenden Bleiplattenblöcken.

Batterie-Leistung

Auf dem Batteriegehäuse finden Sie den Namen des Herstellers, eine Typennummer und die Angabe **12 V / 36 Ah**, **12 V / 45 Ah**, **12 V 54 Ah** oder **12 V 63 Ah**. Die vorgestellte Zahl 12 gibt die Spannung an. Hinter dem Schrägstrich ist die Stromstärke in ihrer »zeitlich lieferbaren Menge« angegeben. Ah bedeutet Ampere je Stunde. Das ist die Nenn-Batteriekapazität, die nach Norm-Bedingungen bei einer 20stündigen Entladung gemessen wird. In der Praxis rechnet man allerdings besser nur mit ²/₃ der angegebenen Kapazität und bei älteren Batterien gar nur mit der Hälfte.
Wichtiger als die Kapazität ist die Angabe der Leistungsfähigkeit der Batterie bei Kälte, wobei es der Anlasser besonders schwer hat, den Motor durchzudrehen. Den entsprechenden Meßwert finden Sie ebenfalls auf der Batterie: 175 A, 220 A, 265 A oder 300 A. Das ist der Kälteprüfstrom, der bei –18° C gemessen wird.
Die fünfstellige Typnummer verwenden die deutschen Batteriehersteller einheitlich (!) zur Kennzeichnung der Batterien, eine gute Hilfe beim Neukauf. Bei unseren Typnummern 53 621, 54 533, 55 417 oder 56 319 steht die erste 5 für 12 Volt Bordspannung, die nachfolgende Zahl 36, 45, 54 oder 63 gibt die Kapazität an, und die letzten beiden Ziffern kennzeichnen Konstruktionsmerkmale sowie die Ausführung.
Etwa 9 Watt werden verbraucht, wenn Sie Ihren Wagen mit eingeschaltetem Parklicht abstellen. Bei 12 Volt Spannung fließen dazu (nach der Formel Lei-

stung: Spannung = Strom) 0,75 A, die von der 36-Ah-Batterie theoretisch etwa 48 Stunden lang geliefert werden können. In der Praxis (bei 1/2 bis 2/3 der Nennkapazität) sind es aber nur etwa 32 Stunden, dann ist das Licht aus und die Batterie leer. Bei brennendem Standlicht versagt die Stromlieferung nach knapp 10 Stunden und bei eingeschalteten Warnblinkern nach etwa 3 1/2 Stunden.
Die größten Leistungsforderungen an die Batterie stellt der Anlasser. Daher auch der Name «Starterbatterie«. Der Anlasser leistet 0,8 kW/1,1 PS. Durch Reibungsverluste frißt er im Augenblick des Einschaltens – durch das sogenannte Losbrechmoment – rund 3200 Watt. Zum Durchdrehen des warmen Motors braucht er nur rund 1/5 dieser Leistung. Je tiefer die Temperatur sinkt und je zäher dadurch die Schmierstoffe werden, um so höher wird der Strombedarf des Anlassers. Zudem ist bei niedrigen Temperaturen die Leistungskraft der Batterie an sich schon geringer.
Wenn im Winter die Kontrolleuchten beim Betätigen des Anlassers nur noch glimmen oder der Anlasser den Motor lediglich müde durchdreht, sollten Sie auf weitere Versuche verzichten. Hier helfen Starthilfekabel (siehe Seite 154) oder Anschleppen weiter.

Temperatureinfluß auf die Batterie

Batterien haben die Eigenart, desto unwilliger auf Kälte zu reagieren, je weniger Strom sie gespeichert haben. Völlig leere Akkus sind so empfindlich, daß sie bei Frost einfrieren und platzen können. Ist die Batterie dagegen mit Strom randvoll gepackt, verträgt sie die Kälte verhältnismäßig gut und hat auch nach eiskalten Nächten noch genügend Temperament im Leib, um den Anlasser so lange durchzudrehen, bis der Motor anspringt. Vor der kalten Jahreszeit empfiehlt sich daher die Kontrolle des Ladezustands, siehe nächste Seite.
Aber auch eine sehr gut geladene Batterie kann streiken, wenn sie zu kalt wird. Das betrifft eigentlich nur Laternenparker, denn in der Garage bleiben die Temperaturen ja gewöhnlich über dem Gefrierpunkt. Sind Nachtfröste unter –10 bis –15° C angesagt, sollten Sie die Batterie ausbauen und in der warmen Stube – aber nicht direkt auf der Heizung – übernachten lassen. Am nächsten Morgen ist sie schnell wieder eingebaut und besorgt den Motorstart in quicklebendiger Verfassung. Oft hilft das Warmstellen auch noch frühmorgens nach einer frostklirrenden Nacht, allerdings gleich nach dem ersten Startversuch und nicht, wenn der Akku schon leergeorgelt ist.

Batteriesäurestand kontrollieren
Wartungspunkt Nr. 4

Der Säurestand der Batteie sollte nicht nur alle 7500 km geprüft werden, wie dies der Wartungsplan vorsieht. Die Batterieflüssigkeit besteht aus Schwefelsäure, die mit destilliertem Wasser verdünnt ist. Ein Teil dieses Wassers kann verdunsten, es wird zum Teil auch beim Ladevorgang in Sauerstoff und Wasserstoff zersetzt.
In eine stark entladene Batterie darf das destillierte Wasser – keinesfalls Batteriesäure – nur bis zu den oberen Plattenkanten aufgefüllt werden. Denn beim Wiederaufladen der Batterie durch die Lichtmaschine (oder den Heimlader) steigt der Säurestand ganz erheblich. Eine überfüllte Batterie »kocht über«, d. h. die Säure drückt sich zu den Entlüftungslöchern in den Zellenverschlußstopfen heraus. Erst wenn eine »trockengefallene« Batterie wieder aufgeladen wurde, darf destilliertes Wasser bis zur Füllstandsmarke aufgefüllt werden.
Bei den serienmäßigen durchsichtigen Batterien ist der richtige Säurestand durch zwei umlaufende Striche oder Prägekanten außen an der Batterie markiert. Andere Batterien haben eine kleine Markierungskante unten an den Einfülltrichtern der Zellen oder einen meist weißen Markierungssteg oberhalb der Plattenkanten.

Fingerzeige: *In die Batterie darf nur destilliertes Wasser oder auch entsalztes (ionengetauschtes) Wasser gefüllt werden. Leitungswasser, Regenwasser und auch abgekochtes Wasser enthält leitfähige Salze und andere mineralische Stoffe, die der Batterie schaden.*
Wenn Sie destilliertes Wasser nicht umsonst an Ihrer Tankstelle bekommen, kaufen Sie es noch am billigsten in der Drogerie oder Apotheke. Abgepacktes destilliertes Wasser an der Tankstelle ist meist wesentlich teurer.
Mit Batteriesäure, selbst in verdünnter Form beim Abwaschen von Oxidkristallen, kann man sich Kleidungsstücke nachhaltig verderben. Die Wirkung wird meist erst nach Tagen oder beim nächsten Waschen sichtbar – im Stoff prangt ein Loch. Wenn also säurehaltige Flüssigkeit irgendwo auf Ihre Bekleidung spritzte, muß sofort kräftig mit einer Sodalösung oder »Neutralon« von Varta nachbehandelt werden.

Wartungsarme Batterie

Seit Modelljahr 1981 wird eine sogenannte wartungsarme Batterie eingebaut. Sie zeichnet sich durch geringeren Wasserverbrauch aus, die Säurestandskontrolle kann daher auch in größeren Zeitabständen erfolgen. Diese Batterien haben seit 8/81 nun auch andere Verschlußstopfen. Zum Herausdrehen mit einem Schraubenzieher die etwas größere Kerbe in der Riffelung durchstechen, und mit dem Werkzeug das Stopfenoberteil nach links bis zum Anschlag drehen. Nun läßt sich der Stopfen herausschrauben. Eingedreht werden die Verschlußstopfen lediglich von Hand.

Ladezustand der Batterie prüfen

Wartungspunkt Nr. 45

Erscheint die Batterie trotz richtigem Säurestand kraftlos, muß ihr Ladezustand geprüft werden. Mit einem speziellen Hebe-Säuremesser (Aräometer) wird etwas Batteriesäure angesaugt. Im Meßgerät schwimmt eine Spindel mit Skala. Je nach Ladezustand besitzt die Säure ein unterschiedliches spezifisches Gewicht, die Spindel taucht entsprechend tief in die Säure ein, und Sie können den Ladezustand ablesen. Bei 1,28 kg/l ist die Batterie voll geladen, bei 1,20 kg/l halb geladen und bei 1,12 kg/l entladen.
Es ist noch kein Unheil, wenn alle sechs Zellen eine gleichmäßig niedrige Säuredichte zeigen. Bei einer nicht zu alten Batterie genügt oft schon Nachladen. Bedenklich wird es jedoch, wenn eine einzige Zelle entladen ist. Hier sollte die Autoelektrik-Werkstatt prüfen, ob die Batterie noch brauchbar ist.

Batterie aus- und einbauen

Zuerst wird das Minuskabel abgenommen, damit beim weiteren Hantieren mit der Batterie keine Kurzschlüsse auftreten können. Das Minuskabel aus dicker gedrillter Kupferlitze erkennen Sie außerdem am »–« auf oder neben dem Batte-

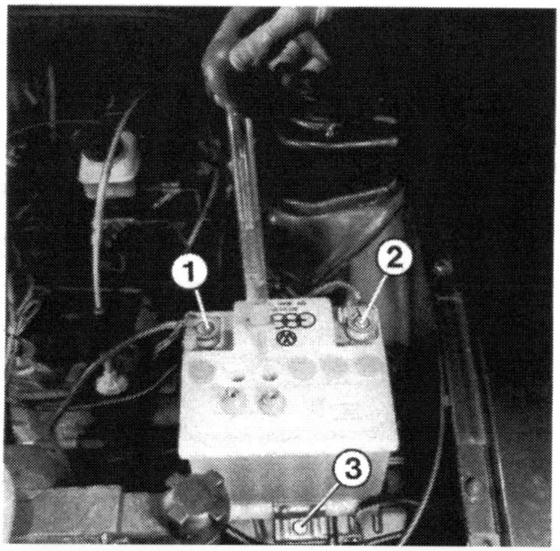

Hier im Bild wird die Säuredichte – und damit der Ladezustand – der Batterie mit einem Säuredichtemesser (Aräometer) gemessen. Was dabei zu beachten ist, finden Sie im Text oben beschrieben. Soll die Batterie ausgebaut werden, so lösen Sie zuerst den Minus- (2) und anschließend den Pluspol (1; beide mit Mutter SW 10). Anschließend brauchen Sie nur noch die SW-10-Schraube (3) am Halteblech loszudrehen. Jetzt kann die Batterie herausgehoben werden.

riepol. Erst dann das Pluskabel (Zeichen am oder auf dem Polkopf: +) lösen und zur Seite biegen. Zuletzt mit einem Steckschlüssel die Halteleiste am Fuß der Batterie lösen und die Batterie herausheben.
Beim Wiedereinbau der Batterie zuerst die Plusklemme anschließen, danach die Minusklemme. Ein Vertauschen der Kabelklemmen ist nur mit Gewalt möglich, denn der Plus-Polkopf ist dicker als der Minus-Polkopf.

Batterie sauberhalten

Ist die Batterie verschmutzt, wird sie mit warmem Wasser und einer kräftigen Bürste gesäubert. Aber nicht zu stark auf den Zellenstopfen herumbürsten, sonst kann Wasser und Schmutz in die Entlüftungsbohrungen der Zellenstopfen und weiter in die Batterieflüssigkeit gelangen und Schaden anrichten. Kontrollieren Sie jedoch, ob die Bohrungen in den Batterieverschlüssen nicht verstopft sind, sonst ebenfalls reinigen.
Die hellen Kunststoffgehäuse der modernen Batterien lassen kaum Säuredämpfe austreten, deshalb setzen die Batterieklemmen nur noch selten Oxidkristalle an. Falls doch, werden sie mit einer weichen Drahtbürste gesäubert oder mit warmem Sodawasser abgewaschen. Zum Schutz vor Korrosion sollen die Batteriepolköpfe und die Kabelklemmen mit einem Säureschutzfett, wie etwa »Bosch Ft 40 v 1«, eingestrichen werden. Kein Fett erhalten die Polkopfseiten und die Innenseiten der Klemmen, sonst kann es Kontaktschwierigkeiten geben.

Batterie laden

Auch wenn die Batterie nichts zu leisten hat, will sie gelegentlich geladen werden. Sie hat nämlich die Untugend, sich im Lauf der Zeit selbst zu entladen. Der Ladestrom soll anfangs etwa 10 Prozent der Batteriekapazität betragen, also etwa 3,6 Ampere bei der 36-Ah-Batterie, und sich während der Ladung automatisch heruntersteuern. Die Batterie ist voll geladen, wenn innerhalb von zwei Stunden die Säuredichte nicht mehr ansteigt.
Die Verschlußstopfen der Batteriezellen brauchen Sie zum Laden mit einem kleinen Heimladegerät nicht abzunehmen. Beim Aufladevorgang bilden sich zwar Gasblasen aus Wasserstoff und Sauerstoff (das hochexplosive Knallgas), doch normalerweise kann das Gas durch die Entlüftungsbohrungen in den Batteriestopfen entweichen. Wird dagegen mit dem größtmöglichen Strom geladen, sollten Sie die Stopfen herausschrauben und lose in die Öffnung stecken. Die Batterie »gast« bei starker Ladung ganz erheblich. Wenn Sie die Stopfen ganz abnehmen, sprüht durch die aufsteigenden und zerplatzenden Gasblasen ein feiner Säurenebel aus der Batterie, der sich in der Umgebung niederschlägt – Umgebung der Batterie mit Plastikfolie oder Zeitungen abdecken.

Fingerzeig: *Wird die Batterie mit einem normalen Ladegerät aufgeladen, brauchen die Batteriekabel nicht abgenommen zu werden. Anders beim Schnelladen (siehe nächsten Abschnitt) der eingebauten Batterie. Hierbei müssen beide Batteriekabel abgenommen werden. Sonst können die empfindlichen Dioden des Drehstrom-Generators, das eventuell eingebaute Radio und das Steuergerät der Transistorzündung vom hohen Ladestrom des Schnelladers ruiniert werden.*

Ist Schnelladen schädlich?

Wem es zu lange dauert, bis das Ladegerät die Batterie wieder aufgeladen hat, kann seinen Akku bei der Tankstelle oder Werkstatt schnelladen lassen. Aber nur ganz gesunde Batterien überstehen diese Roßkur, die etwa eine Stunde dauert und bei der mit 40 und mehr Ampere geladen wird. Ältere Batterien können dagegen durch die Schnelladung vollends ihr Leben aushauchen – das kostet dann eine neue (aber vielleicht ohnehin bald fällige) Batterie.

Start mit leerer Batterie

Starthilfekabel

Wenn der Wagen nicht zufälligerweise an einer abschüssigen Straße steht, wo Sie ihn zum Starten des Motors hinunterrollen lassen können, geht es am einfachsten mit einem Satz Starthilfekabel. Sie müssen aber einen genügend starken Querschnitt und kräftige Anschlußklemmen haben, um die notwendige Stromstärke für die Zündanlage und den Anlasser durchzulassen. Der Kabelquerschnitt sollte mindestens 10 mm^2 (ohne Isolierung) betragen. Zu dünne Kabel werden während des Startvorgangs so heiß, daß die Isolierung schmilzt und Sie sich beim Abnehmen der Klemmen die Hände verbrennen können.

Bitten Sie einen hilfsbereiten Fahrer,mit seinem Wagen so dicht an Ihren Jetta heranzufahren, daß die Batterien beider Fahrzeuge durch die Starthilfekabel miteinander verbunden werden können. Kontrollieren Sie noch, ob im Jetta sämtliche Stromverbraucher abgeschaltet sind. Ein Kabel an beide Pluspole anklemmen, dann das andere Starthilfekabel am Minuspol der eigenen und danach an der geladenen Fremdbatterie anschließen (im Gegensatz zur Betriebsanleitung halten wir es nicht für notwendig, auch die Zellenstopfen der Batterie herauszuschrauben). Jetzt sollte Ihr Helfer seinen Motor mit mittleren Drehzahlen laufen lassen, damit die Lichtmaschine kräftig Strom spendet. So erhalten die Zündanlage und der Anlasser genügend Leistung für den Motorstart.

Anschieben oder Anschleppen

Mit zwei Helfern (einer allein wird es wohl nur an einer leicht abschüssigen Straße schaffen) läßt sich der Jetta ohne große Schwierigkeiten anschieben: Zündung einschalten, 1. Gang einlegen (im 2. oder 3. Gang wird der Motor und damit die Lichtmaschine beim Anschieben zu langsam durchgedreht, so daß nicht genügend Strom erzeugt wird). Kupplung durchtreten, Wagen anschieben lassen, bis er in Schwung ist. Jetzt Kupplung schnell kommen lassen, der Wagen macht einen Hopser und wird bei einwandfreier Zündanlage anspringen. Sofort Kupplung treten und den Motor durch Gasgeben am Laufen halten.

Zum Anschleppen Zündung einschalten, 2. Gang einlegen und Kupplung durchtreten. Der Zugwagen muß langsam anfahren und bei einem Schleppseil dieses allmählich straff ziehen. Bei etwa 15 km/h die Kupplung langsam kommen lassen, dabei die rechte Hand an die Handbremse legen. Ist der Motor angesprungen, Kupplung treten und Gas geben, Handbremse sanft ziehen (Sie haben nur zwei Beine und können nicht auch noch die Fußbremse treten), damit Sie dem Vordermann nicht ins Hinterteil fahren, und dem Schleppfahrer Hupsignal geben. Jetzt Gang heraus, Kupplung loslassen und mit der Handbremse zusammen mit dem Schleppwagen langsam abbremsen.

Die Lebensdauer der Batterie

Wenn der Akku im Auto alt werden soll, muß er absolut fest im Jetta eingebaut sein (Rütteln verursacht Schäden an den Bleiplatten), der Säurestand darf nicht so weit absinken, daß die Platten oben im Trockenen stehen, und die Batterie sollte immer voll geladen sein, aber nicht überladen werden.

Beim Entladen und Laden verändern vor allem die Plus-Bleiplatten ihr Volumen. Dabei wird jedesmal das Blei in den Plattengittern weiter gelockert, so daß irgendwann einmal dieses Blei ausbröckelt und sich unten im Akkugehäuse als Schlamm ablagert. Je weniger der Ladezustand schwankt, desto geringer fallen die Bleiplatten-Veränderungen aus. Eine überladene Batterie erkennen Sie am Gasen der Akkuflüssigkeit und am warmen Gehäuse nach einer längeren Fahrt. Da hierdurch die Plusplatten verstärkt korrodieren, muß umgehend die Ladespannung nachgemessen werden (siehe Seite 156).

Als Mittelwert gilt ein Batterieleben von 3 bis 4 Jahren. Wenn Sie das eben gesagte beherzigen, kann die Leistungsbereitschaft aber noch verlängert werden.

Spannungserzeuger

Die Reise im Auto wäre nur von kurzer Dauer, wenn die Stromversorgung allein von der Batterie abhinge. Die vielen Stromverbraucher hätten diese Stromquelle bald leergesaugt, und der Fahrer müßte eine frischgeladene Batterie einsetzen. Damit dem Autoakku der »Saft« nicht ausgeht, wird er durch den vom Motor angetriebenen Generator während der Fahrt geladen. Das ist also der Erzeuger, während der anspruchsvollste Verbraucher im Auto der Anlasser ist, der zuerst einmal den Motor in Schwung bringen muß.

Der Drehstrom-Generator

In der Drehstrom-Lichtmaschine gibt es nichts zu schmieren; sie ist praktisch wartungsfrei, denn selbst ihre Schleifkohlen – bei den alten Gleichstrom-Lichtmaschinen ein häufiges Verschleißteil – halten im allgemeinen 80000 km und mehr. Und der über einen Keilriemen vom Motor in Schwung versetzte Generator liefert bereits bei Leerlaufdrehzahl Strom. Allerdings erzeugt unser Generator Wechselstrom, den wir im Auto nicht gebrauchen können. Vor allem die Batterie will mit Gleichstrom geladen werden. Die Gleichrichtung des Wechselstroms besorgen in der Drehstrom-Lichtmaschine sogenannte Halbleiter-Dioden. Diese sind sehr empfindlich gegen zu hohe Spannung. Beachten Sie:

■ Bei laufendem Generator darf kein Kabel zwischen Akku und Lichtmaschine gelöst bzw. angeschlossen werden. Dadurch kann die Spannung schlagartig ansteigen (Spannungsspitzen) und eine Diode »verheizt« werden.

■ Ohne richtig angeschlossene, intakte Batterie darf die Drehstrom-Lichtmaschine nicht laufen. Der Akku dient als Spannungsbegrenzer für den Generator, gewissermaßen als Puffer gegen Überspannungen.

■ Sämtliche Kabelanschlüsse zwischen der Drehstrom-Lichtmaschine, der Batterie und dem Karosserieblech oder dem Triebwerksblock (Masse) müssen ganz fest sitzen. Schon ein Wackelkontakt kann zu gefährlichen Spannungsspitzen führen.

Der Jetta ist mit einer Drehstrom-Lichtmaschine ausgestattet, bei welcher der zugehörige Spannungsregler (5) »integriert« ist, also direkt in die Lichtmaschine eingebaut. An der Rückseite des Bosch-Generators sehen Sie weiter: 1 – Spannbügel zum Einstellen der Keilriemenspannung; 2 – Klemmschraube; 3 – Dreifach-Kabelstecker; 4 – Drahthaltebügel des Steckers; 6 – Entstör-Kondensator (nur bei Fahrzeugen mit Radio).

■ Beim Schnelladen der Batterie (nicht beim Aufladen mit dem Heimlader) und beim elektrischen Schweißen an der Karosserie müssen beide Kabel vom Akku abgeklemmt werden, damit kein elektronisches Bauteil im Bordnetz inklusive der Lichtmaschinen-Dioden Schaden erleidet.

Lichtmaschinen-Leistung

Im Jetta werden je nach Baujahr und eventueller Mehrausstattung Lichtmaschinen unterschiedlicher Leistung eingebaut: 45 Ampere, 55 A oder 65 A. Bei einer maximalen Spannung von 14 Volt sind das 630 Watt, 770 W bzw. 910 W. $^2/_3$ dieser Leistung werden bereits bei 2000 Lichtmaschinen-Umdrehungen erzeugt. Der Generator ist zur Motorkurbelwelle übersetzt, dreht also schneller als diese. Bei einer Übersetzung von knapp 1:2 liegen die $^2/_3$ Leistung bereits bei etwas erhöhter Leerlaufdrehzahl an.

Eigenhilfe am Drehstrom-Generator?

Wartungsarbeiten am Drehstrom-Generator fallen nicht an, wenn man einmal vom wirklich selten notwendigen Schleifkohlenwechsel (siehe unten) absieht. Tiefergehende Schäden an der Lichtmaschine sind mit Heimwerkermitteln nicht zu beheben. Bei einem Defekt, wie ihn unser Störungsbeistand auf Seite 161 beschreibt, sollten Sie eine Fachwerkstatt mit ihren Testgeräten zu Rate ziehen. Speziell in Bosch-Werkstätten wird eine defekte Lichtmaschine mit nicht zu hoher Laufzeit repariert, was oft viel billiger ist als ein Austausch-Generator.

Generator aus- und einbauen

Minuskabel der Batterie abnehmen. Klemmschraube am Haltebügel lösen (siehe Abbildungen Seite 158). Drahtbügel beiseite drücken. Kabelstecker am Generator abziehen, dabei jedoch nicht an den Kabeln zerren. Falls vorhanden, das Massekabel am Lichtmaschinengehäuse abschrauben. Generator beim 1100/1300 zum Motor hin bzw. beim 1500/1600 vom Motor weg schwenken, Keilriemen von den Riemenscheiben abstreifen. Oben an der Lichtmaschine die Mutter SW 13 vom Schwenkbolzen losdrehen. Den Bolzen müssen Sie gegenhalten – beim 1500/1600 mit einem Inbusschlüssel SW 6, der durch die Zahnriemenschutzhaube gesteckt wird. Schwenkbolzen herausziehen, dazu den Generator festhalten und nach oben herausnehmen. Sinngemäß umgekehrt wird die Lichtmaschine wieder eingebaut, und anschließend spannt man den Keilriemen (siehe Abbildungen Seite 158).

Der Spannungsregler

Die Lichtmaschine kann man mit einem Fahrraddynamo vergleichen: Je schneller sie dreht, um so höher steigt die Spannung und somit auch der gelieferte Strom. Ein derartiges Auf und Ab würden die Stromverbraucher im Auto nicht lange ertragen, deshalb muß ein besonderer Regler die Lichtmaschinenspannung begrenzen und ein Überladen der Batterie verhindern. Dieser Regler – ein elektronischer Feldregler – ist direkt an der Drehstrom-Lichtmaschine festgeschraubt (siehe Bilder auf diesen Seiten).
Für die Bosch-Lichtmaschine wird seit 8/80 ein sogenannter Hybrid-Regler verwendet. Er ist wesentlich kleiner durch weniger Bauelemente und Verbindungsstellen, außerdem hat er längere Schleifkohlen. Sie können allerdings nicht etwa einen älteren Regler gegen die neuere Version austauschen. Der seit 8/80 gebaute Bosch-Generator ist ebenfalls etwas verändert.

Spannungsregler prüfen

Wartungspunkt Nr. 49

Wenn Sie Zweifel an der Spannungsregelung haben, können Sie mit einem Voltmeter zwischen Klemme B+ und Masse prüfen, ob bei **2000/min** des Motors **13,5–14,6 V** anliegen. Messen Sie eine höhere Ladespannung, ist der Regler austauschreif; reparieren hilft nicht. Zu niedrige Spannung könnte an abgenutzten Schleifkohlen liegen, siehe nächsten Abschnitt.

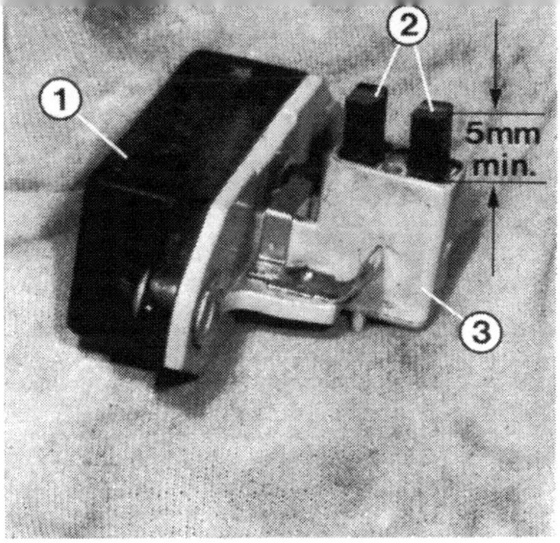

Wenn Sie die Länge der Schleifkohlen (2) der Bosch-Drehstrom-Lichtmaschine messen wollen, muß der Spannungsregler (1) losgeschraubt werden. Er ist mit zwei Schlitzschrauben an der Rückseite der Lichtmaschine festgeschraubt. Bei der Bosch-Lichtmaschine sitzt der Schleifkohlenhalter an der Regler-Innenseite. Kürzer als 5 mm dürfen die Schleifkohlen nicht sein, sonst funktioniert die Stromerzeugung nicht mehr richtig.

Schleifkohlen kontrollieren und erneuern

Über die Schleifkohlen des Drehstrom-Generators fließt, anders als bei der Gleichstrom-Lichtmaschine, nur ein geringer Strom, außerdem laufen die Kohlen auf glatten Schleifringen. Die Schleifkohlen sitzen an der Innenseite des Bosch-Spannungsreglers bzw. auf einem separaten Halter unterhalb des Motorola-Reglers.

Regler an der eingebauten Lichtmaschine abschrauben. Die darunter sitzenden Schleifkohlen herausziehen und deren Länge messen. Wenn sie nur noch 5 mm lang oder kürzer sind, können sie nicht mehr auf den Schleifringen der Lichtmaschine aufliegen und müssen ersetzt werden. Verbrauchte Bosch-Schleifkohlen kann ein einigermaßen praktisch begabter Heimwerker mit dem Lötkolben selbst austauschen. Zum Austausch die beiden Anschlußlitzen der verbrauchten Kohlen auslöten, diese herausziehen und neue anlöten (Lötstellen nicht verwechseln). Neue Schleifkohlen sind bei der Bosch-Lichtmaschine bis 7/80 10 mm, beim neueren Bosch-Generator 13 mm und bei der Motorola-Lichtmaschine 9 mm lang (die Motorola-Kohlen gibt es nur komplett mit ihrem Halter). Regler mit neuen Schleifkohlen wieder anschrauben.

Keilriemenspannung prüfen

Wartungspunkt Nr. 5

Vom Keilriemen wird nicht nur die Lichtmaschine angetrieben, sondern beim 1500/1600 auch die motorlebenswichtige Wasserpumpe. Daher ist vor allem bei den großen Motoren die Kontrolle der Keilriemenspannung eine der wichtigsten Wartungsarbeiten. Der Riemen soll sich in der Mitte zwischen den Keilriemenscheiben der Motorkurbelwelle und des Generators bei kräftigem Fingerdruck **10–15 mm** durchdrucken lassen. Gibt der Keilriemen weiter nach, muß er nach-

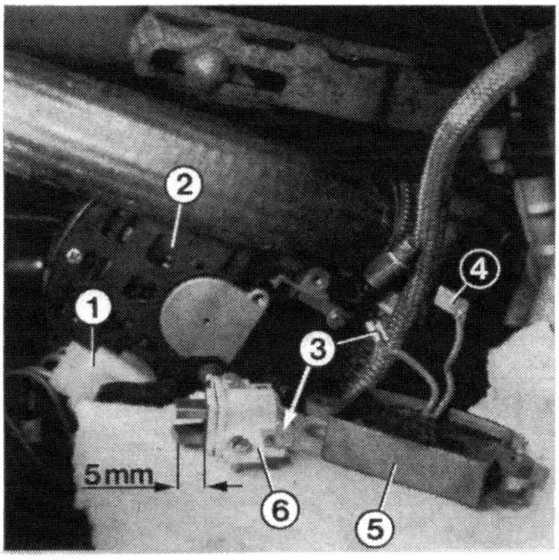

Hat Ihr Jetta eine Motorola-Lichtmaschine, die Sie hier im Bild sehen, so ist beim Schleifkohlenwechsel etwas anders zu verfahren. Der Spannungsregler (5) ist ebenfalls an der Rückseite der Lichtmaschine (2) festgeschraubt, jedoch sind Regler und Schleifkohlenhalter (6) getrennte Bauteile, die durch Kabelstecker miteinander verbunden sind. Die Mindestlänge der Kohlen muß gleichfalls 5 mm betragen. Beim Zusammenbau ist darauf zu achten, daß die Kabelstecker nicht verwechselt werden. Auf die in Richtung der Schleifkohlen zeigende Steckerfahne am Schleifkohlenhalter gehört die grüne DF-Leitung (3), auf die andere Fahne die rote D+-Leitung (4). Beim Aufstecken die aufgenietete Steckerfahne nicht verdrehen. Links im Bild ist noch der Mehrfachstecker (1) an der Lichtmaschine zu erkennen.

Beim 1100/1300 wird die Keilriemenspannung am besten bei hochgebockten Wagen von unten her eingestellt. Klemmschraube am Spannbügel (3) etwas lockern. Deren Haltebolzen (1) auf der Gegenseite ist fest arretiert. Mit der Einsteckstange für den Radschrauben-Steckschlüssel aus dem Bordwerkzeug oder einem kräftigen Schraubenzieher den Generator (2) vom Motor wegziehen (durch den weißen Pfeil angedeutet) und Klemmutter wieder festziehen. Nach kurzem Motorlauf wird die Riemenspannung nochmals kontrolliert.
Zum Abnehmen des Keilriemens muß die Klemmutter gelöst und die Lichtmaschine zum Motor hin gedrückt werden. Den Riemen nimmt man zuerst von der Kurbelwellen- und dann von der Generator-Keilriemenscheibe ab. Umgekehrt wird beim Einbau verfahren – Keilriemen zuletzt über die Kurbelwellen-Riemenscheibe streifen.

gespannt werden. Wie das gemacht wird, ist für den 1100/1300 im Bild oben und für die anders gebauten 1500/1600 in der unten Abbildung beschrieben.

Keilriemen-zustand prüfen

Wartungspunkt Nr. 34

Keilriemen sind leider nicht so langlebig, wie vielfach angenommen wird, vor allem, wenn die Riemenspannung zu selten kontrolliert wurde. Zu geringe Spannung bewirkt neben mangelhafter Leistungsübertragung auf Lichtmaschine und (beim 1500/1600) Wasserpumpe hohen Riemenschlupf, dadurch steigende Riementemperatur und frühzeitigen Flankenverschleiß. Ist die Spannung so gering, daß bei scharfem Beschleunigen die Kurbelwellen-Riemenscheibe unter dem Keilriemen durchdreht, zeigen sich ungleichmäßige Schleifspuren auf den Riemenflanken. Wurde dagegen der Keilriemen häufig zu stramm gespannt, führt das zu unnötiger Flankenbelastung, und auch die Lager von Lichtmaschine und Wasserpumpe werden über die Maßen beansprucht. Der Riemen dehnt sich vorzeitig bis zur »Erschlaffung«, dann reicht der Nachspannweg nicht mehr aus. Durch zu stramme Spannung verrichtet der Riemen mehr Walkarbeit, wird ebenfalls zu heiß und kann im Unterbau anbrechen.
Der Serviceplan sieht daher regelmäßig die Kontrolle des Keilriemenzustands vor. Ein angerissener oder ausgefranster Riemen sollte umgehend ersetzt werden.

Keilriemen erneuern

Wartungspunkt Nr. 69

Wegen der nicht selten aufgetretenen Keilriemenschäden (und der damit verbundenen Gefahr eines Überspringens des Zahnriemens, wie auf Seite 93 beschrieben) hat das Volkswagenwerk im Wartungsplan alle 30000 km vorsorglich

Beim 1500/1600 wird zum Keilriemenspannen die Klemmschraube (2) am Spannbügel des Generators etwas gelockert. Zum Spannen des Riemens den Generator mit einem kräftigen Schraubenzieher zum Motor hin drücken (wie dies der weiße Pfeil andeutet) und zugleich mit der anderen Hand die Klemmschraube mit dem Schraubenschlüssel festziehen. Am besten läßt man nun den Motor kurz laufen, stellt ihn wieder ab und prüft die Keilriemenspannung nochmals. Stimmt sie nicht, muß mit mehr oder weniger kräftigem Ruck nochmals gespannt werden.
Ist der Bolzen, um den die Lichtmaschine gedreht wird, sehr fest angezogen, müssen Sie ihn an seinem Innensechskantkopf (der Inbusschlüssel –1– ist darauf angesetzt) etwas lockern. Anschließend das Festziehen aber nicht vergessen.
Zur Abnahme des Keilriemens wird die Lichtmaschine vom Motor weggeschwenkt, dann den Riemen erst aus der Kurbelwellen- oder Wasserpumpen-Riemenscheibe herausheben und vollends abstreifen. Beim Einbau wird der Keilriemen zuerst auf der Lichtmaschinen-Riemenscheibe aufgelegt.

den Wechsel des Keilriemens vorgesehen. Ganz so unbesehen würden wir allerdings den Riemen nicht austauschen.
Wenn er nicht angerissen oder ausgefranst ist, hält er auf jeden Fall länger. Voraussetzung für längere Lebensdauer ist natürlich die regelmäßige Kontrolle der Riemenspannung, wie bereits beschrieben.

Gerissener Keilriemen

Leuchtet plötzlich während der Fahrt die rote Ladekontrolleuchte auf und haben Sie vielleicht gehört, daß im Motorraum kurz etwas gegen das Blech schlug, ist sicher der Keilriemen gerissen – anhalten und nachsehen. Falls ja, herrschen unterschiedliche Alarmstufen:
Mit dem 1100/1300 können Sie weiterfahren, wenn die Batterie ausreichend geladen ist. Die Wasserpumpe wird weiterhin angetrieben (vom Zahnriemen, siehe Seite 44).
Beim 1500/1600 dürfen Sie auf keinen Fall weiterfahren! Durch die nun nicht mehr angetriebene Wasserpumpe ist der Kühlmittelumlauf unterbrochen, und im Motorblock gerät das stillstehende Kühlwasser sofort ins Kochen, was einen schweren Motorschaden zur Folge haben kann. Auch Langsamfahrversuche sind sträflicher Leichtsinn. Deshalb sofort einen neuen Keilriemen montieren oder den Wagen abschleppen lassen.

Keilriemen montieren

Ein Keilriemen darf auf keinen Fall mit einem Schraubenzieher o. ä. über die Riemenscheiben »gewürgt« werden, sonst ist der nächste Riemenschaden durch Bruchstellen im Keilriemenunterbau bereits »mit eingebaut«. Folgende Keilriemen finden in den verschiedenen Modellen Verwendung:

Modell	1300 bis 1/80	1100 bis 7/81 1300 2/80 bis 7/81	1100/1300 ab 8/81	1500/1600
Keilriemengröße	9,5 × 700 LA-F0	9,5 × 683 LA-F0	9,5 × 695 LA-F0	9,5 × 940 LA-F0 oder 9,5 × 950 LA-F0

Zum Auflegen des Riemens die Lichtmaschine lockern, wie unter »Generator aus- und einbauen« auf Seite 156 beschrieben, Keilriemen über die Riemenscheiben streifen und Keilriemen spannen, wie in den Bildtexten links oben und unten erklärt.

Behelfs-Keilriemen

Ein Nylon- bzw. Perlonstrumpf oder -strumpfhosenbein kann beim 1500/1600 noch vor dem Abschleppen retten, wenn sich eine mitfahrende Dame zu solchem Opfer bereit erklärt. Den Strumpf (er darf ruhig Löcher oder Laufmaschen haben) mit aller Gewalt langziehen – keine Angst, er reißt nicht. Gedehnten

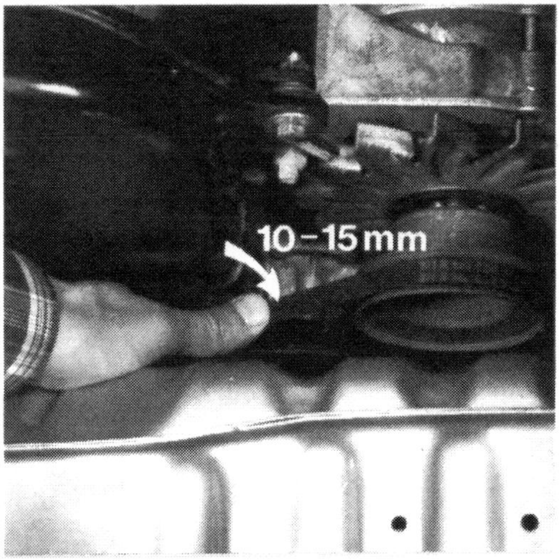

Der Keilriemen soll sich in der Mitte zwischen den Keilriemenscheiben der Kurbelwelle und der Lichtmaschine um etwa 10 bis 15 mm bei kräftigem Fingerdruck durchdrücken lassen. Wenn der Keilriemen lockerer sitzt, muß er entsprechend nachgespannt werden, wie in den Bildtexten links beschrieben. Beim Prüfen der Keilriemenspannung sollten Sie auch kontrollieren, ob die Klemmschraube der Lichtmaschine und die Mutter am Schwenkbolzen richtig festgezogen sind.
Wurde ein neuer Keilriemen aufgelegt, dehnt sich dieser in der ersten Einlaufzeit und muß sich erst »setzen«. Nach der ersten Tagesfahrt und nach 500 km Fahrtstrecke überprüft man deshalb nochmals die Keilriemenspannung und spannt erforderlichenfalls nach.

Strumpf so stramm wie nur irgend möglich über die drei Keilriemenscheiben legen. Nochmals strammziehen, die Enden sorgfältig verknoten und die überstehenden Teile abschneiden – nicht zu kurz, sonst löst sich der Knoten. Wenn vorhanden, einen zweiten Strumpf zur Verstärkung stramm um die Riemenscheiben schlingen. Motor starten und beobachten, ob sich Waserpumpe und Lichtmaschine einwandfrei mitdrehen. Wenn der Strumpf-Keilriemen nicht einwandfrei durchzieht, versuchen Sie nachzuspannen.
Den Notbehelfs-Keilriemen können Sie beim 1500/1600 auch nur um die Kurbelwellen- und Wasserpumpen-Keilriemenscheibe legen, da die Wasserpumpe für den strapazierten Strumpf leichter anzutreiben ist. Allerdings haben Sie in diesem Fall keine Nachspannmöglichkeit, der Strumpf muß also besonders stramm verknotet werden.

Die Ladekontrolle

Die Kontrolleuchte im Armaturenbrett hat zwei Plus-Anschlüsse, und zwar einerseits von der Klemme D+ des Generators (blaues Kabel) und andererseits von Klemme 15 über die Mehrfachsteckverbindung der Leiterfolie hinten am Kombiinstrument vom Zündschloß kommend. Mit Einschalten der Zündung führt Klemme 15 Strom, die Lichtmaschine steht aber noch, so daß der spannungslose D+-Kontakt als »Minus« wirkt. Die Kontrollampe leuchtet auf, denn zwischen dem von der Batterie versorgten Bordnetz und dem noch stehenden Generator herrscht eine Spannungsdifferenz. Wird der Motor gestartet und hat die Lichtmaschine ihre Ladedrehzahl erreicht, verbindet der Spannungsregler den Stromerzeuger mit der Bordelektrik. Nun kommt der Plusstrom von Klemme 15 und zusätzlich von Klemme D+. Damit besteht keine Spannungsdifferenz mehr, die Kontrolleuchte verlöscht.
Die Ladekontrolle hat noch eine weitere Aufgabe: Sie muß durch Weiterleiten des Batteriestroms beim Einschalten der Zündung den Drehstrom-Generator »vorerregen«, damit dieser schon aus niedrigen Drehzahlen heraus Strom liefern kann. Da beim Jetta eine Leuchtdiode (siehe Seite 209 und 211) als Kontrollanzeige dient, die praktisch keinen Strom verbraucht, übernimmt ein parallel zur Leuchtdiode geschalteter Widerstand die Vorerregung. Nur beim ersten Anlaufen der Drehstrom-Lichtmaschine ist die Vorerregung notwendig. Sie bewirkt, daß der Generator schon bei 1000/min statt bei 1600/min (Lichtmaschinen-Umdrehungen) mit der Stromlieferung einsetzt.
Ob die Batterie von der Lichtmaschine geladen wird, beweist das Verlöschen der Kontrollampe nicht, es besagt nur, daß zwischen Batterie und Lichtmaschine keine Spannungsdifferenz mehr besteht. Wenn im Motorleerlauf beispielsweise sämtliche Stromverbraucher eingeschaltet sind, leuchtet die Ladekontrolle nicht auf, obwohl mehr Strom der Batterie entnommen wird, als die Lichtmaschine liefert – aber es besteht keine Spannungsdifferenz zur Batterie.

Fingerzeig: *Vielleicht haben Sie beobachtet, daß manchmal die Ladekontrolle brennen bleibt, wenn Sie den warmgefahrenen Motor ohne Gas starten und er in niedriger Leerlaufdrehzahl weiterläuft. Hierbei ist die Vorerregung der Drehstrom-Lichtmaschine zu schwach, sie liefert noch keinen Strom. Sobald Sie auf das Gaspedal tippen, verlöscht das rote Licht – alles ist wieder in Ordnung. Diese Erscheinung ist normal und deutet keinen Schaden an.*

Fahren mit defekter Lichtmaschine

Wenn die Lichtmaschine oder ihr Regler streikt, ist die Weiterfahrt noch nicht gefährdet, denn die Batterie kann hilfreich einspringen.
Bei Tag reicht der Batteriestrom noch eine ganze Weile, obwohl die Zündspule zum Aufbau brauchbarer Zündfunken eine Mindestspannung benötigt und der

Akku meist nur zu ²/₃ geladen ist. Die herkömmliche Zündanlage braucht lediglich rund 25 Watt, die leistungsstärkere Transistorzündung etwa das Doppelte. Je nach Batterie-Kapazität reicht es dann zu mindestens 5 und höchstens 13¹/₂ Stunden Fahrt. Im Winter kommt erschwerend hinzu, daß die Batterie schwächer auf der Brust ist. Außerdem brauchen Sie das Licht schon wesentlich früher. Stromsparen heißt also die Devise:

- Die Fahrt nicht unnötig unterbrechen. Der Anlasser braucht besonders viel Strom. Wenn möglich, den Wagen anrollen lassen.
- Heizbare Heckscheibe, Gebläse und Radio sollten Sie nicht einschalten.
- Nachts ohne Fernlicht und Nebelscheinwerfer fahren.
- Mit dem Scheibenwischer möglichst sparsam umgehen.
- Mehrfachstecker an der Lichtmaschine abziehen, damit sich die Batterie nicht über den defekten Generator oder Spannungsregler in kürzester Zeit entladen kann.

Störungsbeistand
Batterie und Lichtmaschine

Da der Drehstrom-Generator und die Batterie eng zusammengehören, haben wir die Störungstabelle auch für beide Aggregate zusammengefaßt.

Die Störung	– ihre Ursache	– ihre Abhilfe
A Rote Ladekontrolle brennt nicht beim Einschalten des Zündschlosses	1 Batterie leer	Mit Starthilfekabeln starten oder Wagen anschleppen
	2 Batteriekabel gebrochen, Kabelklemmen lose oder oxidiert	Batteriekabel und -klemmen kontrollieren
	3 Glühlampe bzw. Leuchtdiode oder deren Vorwiderstand defekt	Ersetzen
	4 Kabelweg zwischen Zündschloß, Kontrollampe und Lichtmaschine unterbrochen	Stromweg mit Prüflampe kontrollieren
	5 Massekabel zwischen Lichtmaschine und Motorblock gebrochen	Kabel kontrollieren
	6 Schleifkohlen abgenutzt	Schleifkohlen erneuern
	7 Spannungsregler defekt	Regler austauschen
	8 Lichtmaschine schadhaft	Lichtmaschine instandsetzen lassen
	9 Nach zu heftiger Motorwäsche: Eingedrungene Feuchtigkeit hat einen isolierenden Schmierfilm zwischen den Schleifringen und Kohlen gebildet	Lichtmaschine mit Preßluft ausblasen oder Schleifringe und Kohlen sauberreiben
B Ladekontrolle brennt oder glimmt bei laufendem Motor	1 Keilriemen lose	Riemen spannen
	2 Mangelnder Kontakt an Kabelanschlüssen oder unterbrochene Kabel	Kabelanschlüsse und Kabel prüfen
	3 Siehe A 6	
	4 Siehe A 7	
	5 Siehe A 8	
C Batterie gast stark	Siehe A 7	

Der Anlasser

Hinten oberhalb der linken Gelenkwelle (1100/1300) bzw. vorn links am Motor (1500/1600) sitzt der Anlasser quer zur Fahrtrichtung. Damit dieser kleine Elek-

tromotor mit 0,8 kW/1,1 PS (in Zusammenarbeit mit der Zündanlage) das Triebwerk anwerfen kann, braucht er eine ausreichend geladene Batterie.
Der Anlasser ist ein sogenannter Schub-Schraubtrieb-Starter. Das besagt, daß beim Durchdrehen des Zündschlüssels nach rechts zuerst die Zündschloß-Klemme 50 an die Klemme 50 des oben auf dem Anlasser sitzenden Magnetschalters Strom bringt, wodurch der Einrückhebel der Freilaufkupplung das Zahnritzel des Anlassers auf einem Steilgewinde der Ankerwelle in den Zahnkranz des Motor-Schwungrads schiebt. Beim Eingreifen des Ritzels in den Zahnkranz schaltet der Magnetschalter den vollen Batteriestrom ein, den die dicke Klemme 30 anliefert, so daß der Anlasser den Motor erst nach dem Einspuren des Ritzels kräftig durchdreht. Dreht der Motor von sich aus, wird das Ritzel aus dem Motor-Zahnkranz ausgespurt.

Anlasser ausbauen

Die eigenhändige Überholung des Anlassers empfehlen wir nicht, aber man kann ihn selbst ausbauen und in der Werkstatt reparieren lassen. Massekabel an der Batterie abnehmen. Beim 1100/1300 im Motorraum die obere Befestigungsschraube SW 13 des Anlassers losdrehen, Wagen aufbocken. Der 1500/1600 kann auf den Rädern bleiben. Kabel am Anlasser-Magnetschalter lösen – das dicke Kabel liefert Dauerstrom an Klemme 30, über das rot/schwarze kommt der Startimpuls vom Zündschloß. Das dünne schwarze Kabel an Klemme 15a dient zum Umgehen des Zündspulen-Vorwiderstands beim Starten (siehe Seite 183). Dann beim 1100/1300 die Halteschraube der Auspuffstütze (SW 17) und die beiden anderen Anlasser-Halteschrauben lösen, Halteblech und Anlasser abnehmen. Beim 1500/1600 in Fahrtrichtung links am Anlasser jeweils oben und unten den Bolzen mit Innensechskantkopf SW 10 halten und auf der gegenüberliegenden Seite die Mutter losdrehen, Abstützblech abschrauben. Haltebolzen herausziehen, dabei den Anlasser festhalten und abnehmen. Der Einbau geschieht sinngemäß umgekehrt.

Magnetschalter ausbauen

Nachdem der Anlasser demontiert wurde, kann auch der Magnetschalter abgenommen werden. 3 Schlitzschrauben am Halteflansch des Magnetschalters losdrehen und den Magnetschalterkörper abziehen. Die dahinter sitzende Spiralfeder dürfen Sie nicht verlieren. Der Magnetkern kann aus dem Einrückhebel aus-

Am Magnetschalter (1) des Anlassers (3) sind 3 Kabel mit genormten Klemmenbezeichnungen angeschlossen: 5 – diese Klemme 30 steht dauernd unter Strom und liefert dem Anlasser von der Batterie her den Arbeitsstrom zum Durchdrehen des Motors. An der Klemme 50 (2) wird dem Magnetschalter des Anlassers der Steuerstrom vom Zündschloß zugeführt. Sobald diese Klemme Strom erhält, rückt der Anlaßmagnetschalter das Anlasserritzel in die Schwungradverzahnung ein und schließt den Stromkreis für den Anlasser: der Anlasser läuft an. Klemme 16 (4; nicht bei Fahrzeugen mit Transistorzündung) liefert während des Startvorgangs unter Umgehung des Vorwiderstands direkt Batteriestrom an die Zündspule, damit sich der Spannungsabfall im Bordnetz während der Anlasserarbeit nicht zu nachteilig auf die Leistung der Zündspule auswirkt.

gehängt und abgenommen werden. Beim Einbau den Magnetkern mit MoS_2-Fett schmieren.

Störungsbeistand
Anlasser

Nicht immer wird Ihnen unser Störungsbeistand so weit helfen, daß der Anlasser anschließend den Motor anwirft. Einen Schaltgetriebe-Jetta können Sie aber immerhin anschieben oder anschleppen lassen, wie auf Seite 154 beschrieben. Mit Getriebeautomatik ist in diesem Fall leider nichts zu machen, hier heißt es abschleppen.

Die Störung	– ihre Ursache	– ihre Abhilfe
A Beim Drehen des Zündschlüssels in Startstellung dreht der Anlasser zu langsam oder gar nicht	1 Kontrollampen brennen schwach oder verlöschen:	
	a) Batterie entladen	Mit Starthilfekabeln starten
	b) Kabelanschlüsse lose oder oxidiert	Kabelanschlüsse kontrollieren
	c) Anlasser hat Masseschluß	Anlasser überholen lassen
	2 Kontrollampen brennen hell, Klicken aus Richtung Anlasser	Kurz auf den Magnetschalter klopfen. Dreht der Anlasser weiterhin nicht:
	a) Kohlebürsten bzw. deren Anschlüsse im Anlasser gelöst	Kohlebürsten überprüfen lassen
	b) Kontakte im Magnetschalter verschmort	Magnetschalter ersetzen
	c) Anlasserwicklung schadhaft	Anlasser überholen lassen
	3 Kontrollampen brennen hell, keinerlei Geräusche	
	a) Flachstecker der Klemme 50 am Magnetschalter lose	Steckanschluß überprüfen
	b) Klemme-50-Leitung vom Zündschloß zum Magnetschalter unterbrochen	Leitung mit Prüflampe kontrollieren
B Anlasser läuft, ohne den Motor durchzudrehen	1 Ritzel verschmutzt	Ritzel reinigen
	2 Einrückvorrichtung klemmt	Anlasser überholen lassen
	3 Verzahnung des Ritzels oder des Motorschwungrads beschädigt	Wagen bei eingelegtem Gang ein Stück vorschieben. Erneut starten. Beschädigte Teile ersetzen lassen
C Anlasser läuft weiter, obwohl Zündschlüssel losgelassen wurde	1 Magnetschalter hängt und schaltet nicht ab	Zündung sofort abschalten, notfalls Batterie abklemmen. Magnetschalter ersetzen
	2 Zünd-/Anlaßschalter defekt	Zünd-/Anlaßschalter ersetzen
D Ritzel spurt nach Anspringen des Motors nicht aus	1 Rückstellfeder des Einrückhebels lahm oder gebrochen	Zündung sofort abschalten Reparieren lassen
	2 Verzahnung des Ritzels bzw. des Motorschwungrads verschmutzt oder beschädigt	Reinigen bzw. schadhafte Teile ersetzen lassen

Kontakt gesucht

An die Mehrzahl der Stromverbraucher im Jetta sind zwei Kabel angeschlossen, doch nur eines läßt sich bis zur Batterie bzw. zum Generator zurückverfolgen, wie dies auch die Stromlaufpläne ab Seite 169 zeigen. Die andere Leitung ist dagegen meist schon nach wenigen Zentimetern irgendwo am Karosserieblech festgeschraubt oder mit einer Steckerfahne eingesteckt. Hier hat man sich zunutze gemacht, daß die Metallteile der Karosserie und des Motors bzw. des Getriebes ebenfalls Strom leiten können. In der Autoelektrik bezeichnet man sie mit »Masse«. Sie sorgen für die Stromrückleitung zum Minuspol der Batterie (Merksatz: **M**inus an **M**asse).

Wenn ein Stromverbraucher direkt auf Metall sitzt, braucht er nur ein einziges Anschlußkabel, aber im heutigen kunststoffreichen Automobil müssen fast immer kleine Verbindungsleitungen den Kontakt zur Fahrzeugmasse herstellen.

Wegweiser durch Normung

Die Jetta-Elektrik besteht auf den ersten Blick aus einem Gewirr von bunten Kabeln, die teilweise in schwarzen Kabelschläuchen verschwinden. Glücklicherweise sind aber viele Einzelheiten der Kraftfahrzeug-Elektrik genormt, und die Zahlen neben den Kabelanschlüssen haben in allen deutschen und manchen ausländischen Wagen dieselbe Bedeutung.

- Klemme 31 ist die sogenannte Masse-Klemme, mit der ein Stromverbraucher zur Fahrzeugmasse verbunden werden muß. Die entsprechenden Kabel sind braun.
- Klemme 30 erhält dauernd Strom vom Pluspol der Batterie oder der Lichtmaschine – auch bei ausgeschalteter Zündung (deshalb Vorsicht beim Berühren dieser Kontakte, wenn das Minuskabel an der Batterie nicht abgenommen wurde). Diese stets stromführenden Kabel haben meist eine rote Umhüllung, teilweise auch mit zusätzlichen Farbstreifen bei bestimmten Stromverbrauchern.
- Klemme 15 erhält nur bei eingeschalteter Zündung Strom ab Zündschloß,

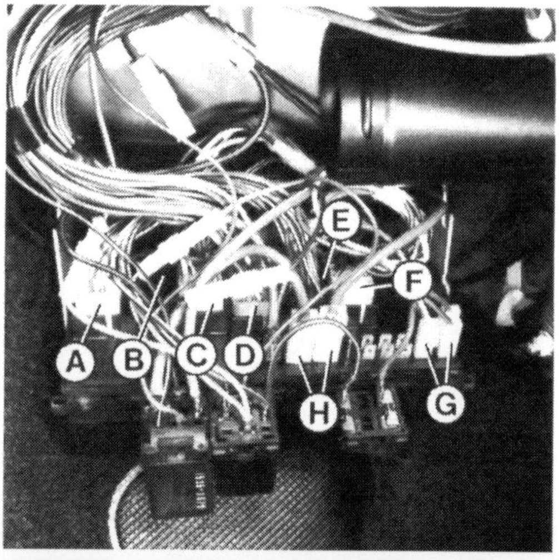

Die elektrische Verkabelung des Jetta besteht nicht aus einem einzigen »Kabelbaum«, sondern verschiedene Kabelstränge sind zusammengesteckt über Vielfachsteckverbindungen. An der Rückseite des Sicherungskastens laufen alle wichtigen Kabel zusammen. In den Steckfeldern sind angeschlossen: A – Leitungsstrang vorn; B – frei; C – Leitungsstrang vorn; D, E – Leitungsstränge zum Armaturenbrett; F – Leitungsstrang hinten. Was an den Kontakten G_1 bis G_{10} angeschlossen ist, können Sie aus den Stromlaufplänen ab Seite 170 herauslesen. Die Kontakte H liefern alle ständig Strom von Klemme 30. Die verschiedenen Mehrfachstecker sind so geformt, daß keine Fehlsteckungen passieren können.

wodurch neben der Zündspule jene Stromverbraucher versorgt werden, die nur bei Betrieb des Wagens Strom erhalten – beispielsweise die Blinkanlage (sie hat übrigens die Normklemme 49) oder der Scheibenwischer (mit der Normklemme 53). Die Kabel an den Normklemmen 15 sind vielfach schwarz, manchmal auch mit farbigen Zusatzstreifen.

■ Die Klemmen 56 und 58 versorgen die Fahrzeugbeleuchtung mit Strom, für die Hauptscheinwerfer ist die Grundfarbe der Kabelumhüllung weiß oder gelb, für das Standlicht grau, jeweils mit zusätzlichen Farbstreifen.

Die Leitungen

Die im Jetta eingebauten Kabel sind nicht deshalb unterschiedlich stark, weil der Monteur am Fließband gerade kein anderes zur Hand hatte. Vielmehr wird der Querschnitt eines Kabels je nach Stromanspruch des betreffenden Verbrauchers gewählt: Ein Kontrollämpchen kommt mit 0,75 mm^2 Kabelstärke aus, der Anlasser braucht dagegen ein 16-mm^2-Kabel. Ein zu dünnes Kabel heizt sich auf, und die Spannung fällt ab. Dann kommen statt der erwünschten 12 Volt z. B. an den Scheinwerfern vielleicht nur 10 oder 9,5 Volt an – das Licht wird trübe.

Alterserscheinungen in der Elektrik

Wenn Sie an Ihrem in die Jahre gekommenen Jetta Spannungsabfall bemerken wird es kaum an den Leitungen selbst liegen, denn sie werden nicht dünner. Die Ursache liegt vielmehr in verdreckten (und deshalb stromableitenden), verrosteten oder grünspanigen Übergängen; also in Kabelklemmen, Steckkontakten, in den Verschraubungen der Massekabel und nicht zuletzt an der Befestigungsschraube des Batterie-Massekabels am Karosserieblech. Dort wird der direkte Metallkontakt durch Schmutz, Rost oder Grünspan gehemmt und bewirkt Spannungsabfall.

Dem hilft man so ab: Nach gründlichem Säubern der Kabelklemmen, -stecker usw. mit einer feinen Drahtbürste auch die Umgebung der Klemme von Schmutz und Rost reinigen. Gereinigte Kontaktstellen mit Isolierspray einsprühen. Nachdem das Isolierspray angetrocknet ist, kann man die Kontaktstellen anschließend noch mit einem glasklaren Motorschutzlack (z. B. »Plastglanz« von Teroson) übersprühen, dann haben Sie auf lange Zeit Ruhe.

Ob Schaltkontakte, die in einem Schaltergehäuse nicht zugänglich sind, durch eine Oxidschicht den Stromfluß hindern, kann man leicht kontrollieren: Stromverbraucher am Schalter einschalten und Stromeingang und -ausgang des Schalters mit einem kurzen dicken Kabelstück überbrücken – zeigt der Verbraucher jetzt eine bessere Leistung (z. B. Gebläse dreht schneller), liegt es an korrodierten Schalterkontakten.

Fingerzeig: *Wenn eine Glühlampe oder etwa ein Anzeigeinstrument nicht so funktioniert, wie es soll, liegt dies nicht selten an einer mangelhaften Masseverbindung. Den fehlenden Kontakt zur Fahrzeugmasse holt sich mancher Verbraucher dann über verschlungene Wege und stiftet so Verwirrung. Vergessen Sie bei Montagearbeiten nie die braunen Massekabel, auch wenn sie Ihnen überflüssig erscheinen. Bei der 1/10-Pfennig-Kalkulation heutiger Autos ist wirklich kein überflüssiger Zentimeter Kabel eingebaut worden.*

Die Sicherungen

Da jedes elektrische Gerät und jedes Kabel nur eine bestimmte Menge Strom verträgt, wurde auch im Auto darauf geachtet, daß der Stromdurchfluß sich in den eingeplanten Grenzen hält. Wenn nun an einen vorhandenen Stromkreis zusätzliche Verbraucher angeschlossen und alle gleichzeitig eingeschaltet werden oder durch einen Defekt ein Kurzschluß entsteht (was nichts anderes bedeutet als einen abnorm ansteigenden Stromdurchfluß), könnte Schreckliches passieren. Leitungen würden durchbrennen, die Lichtmaschine zu glühen und der Akku zu sieden beginnen –, wären nicht die elektrischen Sicherungen eingebaut. Die sind sehr kurz angebunden: Wenn der Strom ein gewisses, zuträgliches Maß übersteigt, unterbrechen sie ihn einfach. Damit der Jetta bei einem Defekt nicht gleich völlig ohne Strom dasteht, sind die Sicherungen auf verschiedene Stromkreise verteilt, wie bereits angedeutet. Allerdings sind die Schaltungen zwischen Batterie, Generator, Anlasser und Zündschloß nicht von Sicherungen überwacht. Bei einer Störung dieser Teile nützt der Blick in den Sicherungskasten also nichts. Dagegen hat die Einspritzanlage eine eigene Absicherung (siehe Seite 88).

Wenn ein sonstiges elektrisches Aggregat ausgefallen ist, sollten Sie zuerst nach den Sicherungen sehen. Eine defekte Sicherung darf niemals mit Stanniol umhüllt wieder eingebaut oder etwa durch einen Nagel ersetzt werden. Eine derartige »Ersatzsicherung« kann einen Kabelbrand verursachen, für den auch die Teilkasko-Versicherung nicht aufkommt.

Fingerzeige: *Beim Einsetzen einer neuen Sicherung sollten Sie deren Metallstreifen nicht berühren. Gehört die Sicherung zu einem ständig unter Spannung stehenden Stromkreis und ist der Kurzschluß darin nicht behoben, heizt sich der Metallstreifen sofort auf, so daß Sie sich die Finger verbrennen können. Wenn ein Stromverbraucher ausfällt, liegt es bisweilen auch daran, daß die Haltezungen der betreffenden Sicherung oxidiert sind, so daß der Strom nicht hindurchfließen kann. Sicherungen herausnehmen, Haltezungen zusammendrükken, Schmelzsicherung wieder einsetzen und mehrmals in den zusammengedrückten Zungen drehen, damit sich die Berührungsflächen gegeneinander blank reiben und wieder einwandfreier Kontakt herrscht.*

Sicherungstabelle

Sicherung Nr. und Klemme	erhält Strom	angeschlossene Stromverbraucher	Kabelfarbe
1 (56 b)	bei eingeschalteter Zündung über Lichtschalter und Abblendhebel Klemme 56 b	Abblendlicht links	gelb/schwarz
2 (56 b)	wie Sicherung 1	Abblendlicht rechts	gelb
3 (56 a)	bei eingeschalteter Zündung über Lichtschalter und Abblendhebel Klemme 56 a	Fernlicht links Fernlichtkontrolle	weiß/schwarz blau/weiß

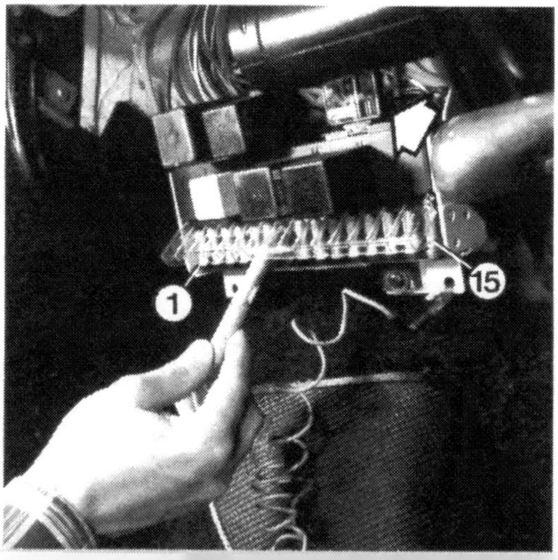

Wo die einzelnen Sicherungen 1 bis 15 zu finden sind, zeigen die in den Sicherungskastendeckel eingeprägten Zahlen und unsere Hinweisziffern. Da die Belegung der Sicherungen nicht unbedingt mit unserer Tabelle auf diesen Seiten übereinstimmt (im Lauf der Modellpflege gibt es immer wieder Änderungen), sollten Sie einmal kontrollieren, ob wirklich die in der Tabelle angegebenen Stromverbraucher auch an der entsprechenden Sicherung hängen. Wir haben hier die Sicherung 7 herausgenommen und kontrollieren mit der Prüflampe, ob die obere Sicherungszunge tatsächlich ständig Strom anliefert (Klemme 30).
Der Pfeil deutet übrigens auf den Zusatzsicherungskasten, in dem die Sicherungen für diverse Sonderausstattungen untergebracht sind.

Sicherung Nr. und Klemme	erhält Strom	angeschlossene Stromverbraucher	Kabelfarbe
4 (56 a)	wie Sicherung 3	Fernlicht rechts	weiß
5 (X)	bei eingeschalteter Zündung vom Entlastungsrelais Klemme X über Schalter für heizbare Heckscheibe	Heizbare Heckscheibe	weiß/schwarz
6 (30)	direkt von Batterie +	Bremsleuchten über Bremslichtschalter Warnblinker über Warnblinkschalter Radio seit 10/80	rot/gelb rot/schwarz rot/weiß
7 (30)	wie Sicherung 6	Innenleuchte Radio bis 9/80 Anzünder Zeituhr	rot bzw. grün/rot rot/weiß rot/grau rot
8 (15)	bei eingeschalteter Zündung Klemme 15	Richtungsblinker	schwarz/blau
9 (15)	wie Sicherung 8	Signalhorn Leerlauf-Abschaltventil Teillastkanalbeheizung (nur 1100/1300) Zusatzgemisch-Kanalbeheizung (nur 1500) Elektrisch beheizte Vergaser-Startautomatik über Thermoschalter (nur 1500/1600) Rückfahrscheinwerfer über Rückfahrlichtschalter Ganganzeige (nur bei Getriebeautomatik)	schwarz/gelb schwarz
10 (X)	bei eingeschalteter Zündung vom Entlastungsrelais Klemme X	Gebläse über Gebläseschalter	schwarz/rot
11 (X)	wie Sicherung 10	Scheibenwischer und -wascher über Wischerschalter Scheinwerfer-Reinigungsanlage	schwarz/grau
12 (58)	über Lichtschalter Klemme 58	Kennzeichenleuchten Instrumentenbeleuchtung Nebelscheinwerfer (Schaltstrom) Nebelschlußleuchte	grau/grün grau/blau grau/weiß
13 (58 R)	über Lichtschalter Klemme 58 R oder Parklichtschalter Klemme PR	Standlicht rechts Schlußleuchte rechts	grau/rot grau/rot
14 (58 L)	über Lichtschalter Klemme 58 L oder Parklichtschalter Klemme PL	Standlicht links Schlußlicht links	grau/schwarz grau/schwarz
15[1]) (30)	direkt von Batterie +	Kühlerventilator über Thermoschalter	rot/schwarz rot/schwarz

[1]) seit 8/81 nicht mehr belegt

Weitere Sicherungen

A (im Zusatz-sicherungs-kasten)	vom Nebelscheinwerfer-Relais	Nebelscheinwerfer-Arbeitsstrom	schwarz/gelb
B (am Kraftstoff-pumpenrelais)	direkt von Batterie +	Kraftstoffpumpe über Kraftstoffpumpenrelais Warmlaufregler Zusatzluftschieber	schwarz/grün – rot/gelb schwarz/grün – rot/weiß

Irrgarten

In einem modernen Auto ist weit mehr Elektrik hineingepackt als in früheren Jahren. Dadurch sind die seither üblichen elektrischen Schaltpläne, aus denen man auch die ungefähre Lage der einzelnen Kabel im Fahrzeug entnehmen konnte, zu einem kaum noch entwirrbaren Kabelsalat geworden. Das hat die Wolfsburger Techniker nicht ruhen lassen, weshalb man sich dort die sogenannten Stromlaufpläne ausdachte. Diese Pläne zeigen die einzelnen Stromkreise der elektrischen Anlage nebeneinander aufgezeichnet, so daß der funktionelle Zusammenhang der verschiedenen Teile der Autoelektrik leichter zu erfassen ist.

Aufbau der Stromlaufpläne

Die Stromlaufpläne sind in eine Vielzahl von Strompfaden aufgeteilt, die unten an der Fußleiste durchnumeriert sind. So lassen sich anhand der Stromlaufplan-Erläuterungen die einzelnen Teile leicht auffinden. Endet ein Strompfad mit einem quadratischen Kästchen, so gibt die Zahl im Kästchen an, wo der Strompfad weiterläuft.
Das in den oberen Teil der Stromlaufpläne eingezeichnete graue Feld kennzeichnet den Sicherungskasten mit der Relaisplatte. Die Buchstaben/Zahlen-Kombination an den Anschlüssen gibt die Belegung der Leitungen in den Steckverbindungen an. Beispiel: C 5 – Mehrfachstecker C an der Relaisplatte, Kontakt 5.
Die Fußleiste bezeichnet die Fahrzeug-»Masse« (das Blech der Autokarosserie), über die der Stromkreislauf geschlossen wird. Interne Verbindungen, die nicht als Leitungen vorhanden sind, wurden durch dünne schwarze Striche dargestellt. Interne Verbindungen sind z. B. Masseanschlüsse, die direkt durch ein Lampengehäuse hergestellt werden.

Die Leitungen

In den Stromlaufplänen sind die Kabelfarben abgekürzt angegeben. Es bedeuten: bl–blau; br–braun; ge–gelb; gn–grün; gr–grau; li–lila; ro bzw. rt–rot; sw–schwarz; ws–weiß.
Die Zahlen in den Leitungen kennzeichnen den jeweiligen Kabelquerschnitt in mm^2.

Für welche Modelle?

Wir haben stellvertretend für sämtliche Modelle die Stromlaufpläne des Vergaser-Jetta Modell 1981 und des Jetta Li/GLi Modell 1981 abgebildet, weshalb Schaltungsvariationen zu Ihrem eigenen Fahrzeug möglich sind. Auf der rechten Seite und Seite 178 finden Sie Zusatz-Stromlaufpläne für bestimmte Mehrausstattungen.

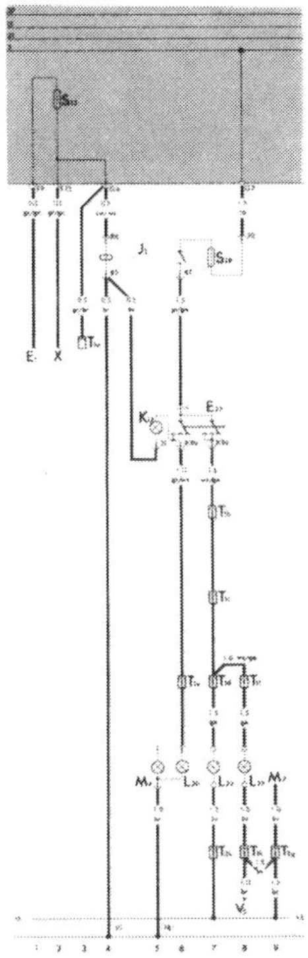

Zusatzstromlaufplan Nebelscheinwerfer und Nebelschlußleuchte

Bezeichnung der Teile		im Strompfad
E 1	– Vom Lichtschalter (Klemme 58)	1
E 23	– Schalter für Nebelscheinwerfer und -schlußleuchte	5–7
J 5	– Relais für Nebelscheinwerfer	4–8
K 17	– Kontrollampe für Nebelschlußleuchte	5
L 20	– Lampe für Nebelschlußleuchte	6
L 22	– Lampe für Nebelscheinwerfer links	7
L 23	– Lampe für Nebelscheinwerfer rechts	8
M 4	– Lampe für Schlußlicht links	5
M 7	– Zur Lampe für Blinklicht vorn rechts	9
S 12	– Sicherung im Sicherungshalter/Relaisplatte	
S 28	– Einzelsicherung für Nebelscheinwerfer, am Relais für Nebelscheinwerfer (8 A)	
T 1a, T 1b, T 1e	– Steckverbindungen hinter dem Armaturenbrett	
T 1c	– Steckverbindung beim Hauptbremszylinder	
T 1d	– Steckverbindung im Motorraum beim linken Scheinwerfer	
T 1f, T 1k, T 2g	– Steckverbindungen im Motorraum beim rechten Scheinwerfer	
T 2k	– Steckverbindung im Motorraum vorn links	
V 5	– Von Scheibenwaschpumpe	8
X	– Zur Kennzeichenleuchte	2
(10)	– Massepunkt am Sicherungshalter/Relaisplatte	
(15)	– Massepunkt im Isolierschlauch des Leitungsstrangs vorn	
(18)	– Massepunkt am Abschlußblech hinten links	

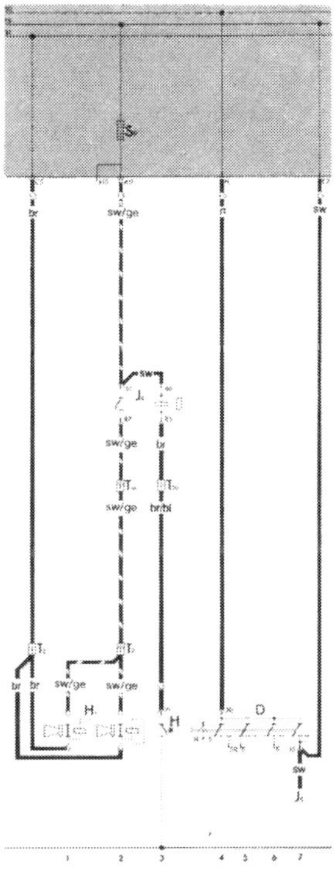

Zusatzstromlaufplan Zweiklanghörner

Bezeichnung der Teile		im Strompfad
D	– Zündschloß	4–7
H	– Signalhornbetätigung	3
H 1	– Signalhörner	1, 2
J 4	– Relais für Signalhörner	2, 3
J 6	– zum Spannungskonstanthalter	7
S 9	– Sicherung im Sicherungshalter/Relaisplatte	2
T 1a, T 1b	– Steckverbindungen hinter dem Armaturenbrett	
T 2	– Steckverbindung bei den Signalhörnern	

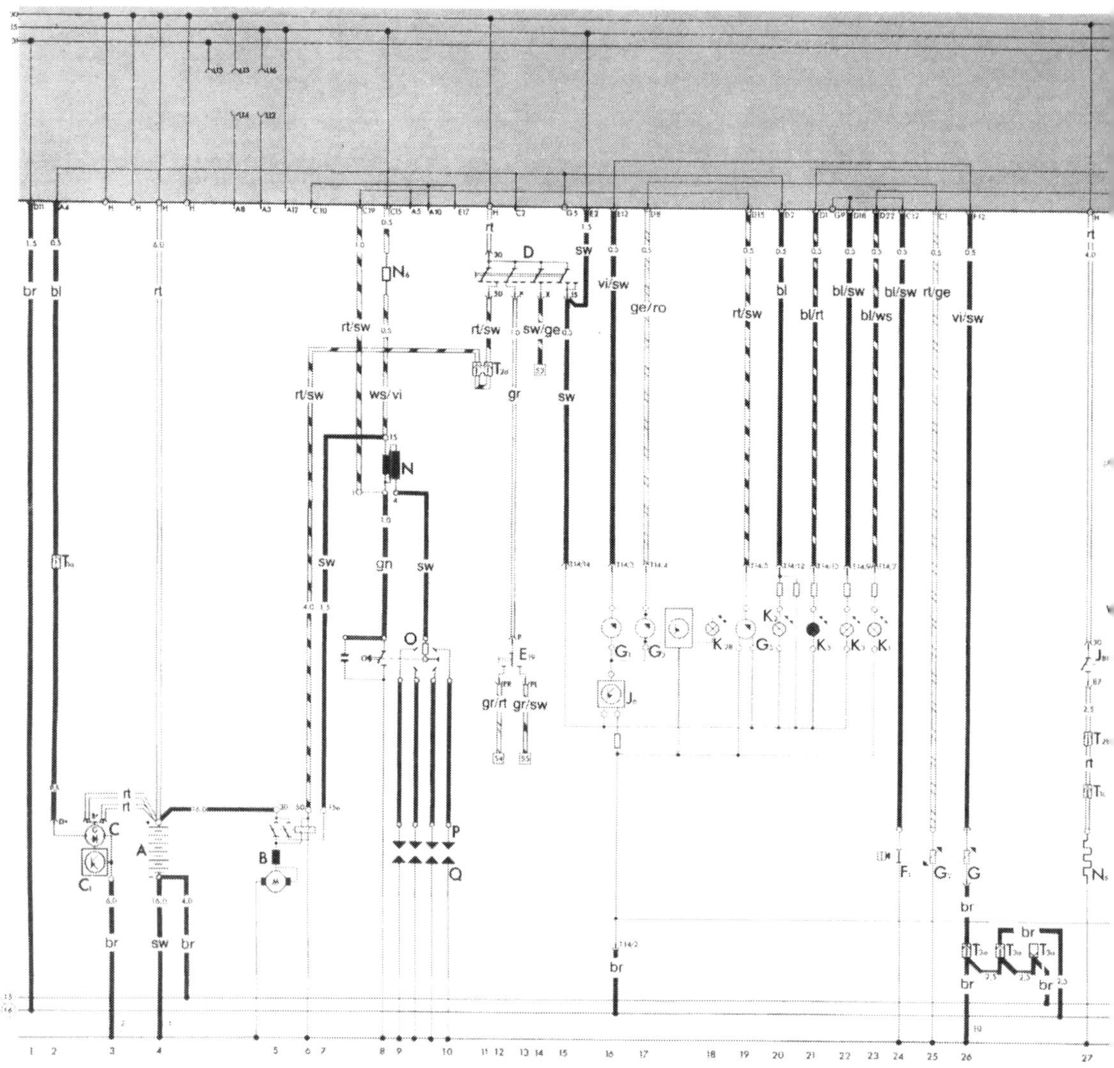

Stromlaufplan Teil I – VW Jetta Modell 1981

Bezeichnung der Teile		im Strompfad
A	– Batterie	4
B	– Anlasser	5–7
C	– Drehstromgenerator	2, 3
C 1	– Spannungsregler	2, 3
D	– Zündschloß	11–15
E 2	– Blinkerschalter	42
E 3	– Warnblinkschalter	40–45
E 19	– Schalter für Parklicht (im Blinkerschalter)	12, 13
F	– Bremslichtschalter	36
F 1	– Öldruckschalter	24
F 4	– Schalter für Rückfahrleuchten	32
F 26	– Thermoschalter für Startautomatik (nur 1500/1600)	29
F 35	– Thermoschalter für Ansaugrohrvorwärmung (nur 1500/1600)	28
G	– Geber für Tankanzeige	26
G 1	– Tankanzeige	16
G 2	– Geber für Kühlmitteltemperaturanzeige	25

Bezeichnung der Teile		im Strompfad
G 3	– Kühlmitteltemperaturanzeige	17
G 5	– Drehzahlmesser	19
H	– Signalhornbetätigung	35
H 1	– Signalhorn (Doppelhorn)	34
J 2	– Blinkrelais	41, 42
J 6	– Spannungskonstanthalter	16
J 81	– Relais für Ansaugrohrvorwärmung (nur 1500/1600)	27, 28
K 1	– Kontrollampe für Fernlicht	23
K 2	– Kontrollampe für Generator	20
K 3	– Kontrollampe für Öldruck	22
K 5	– Kontrollampe für Blinker	21
K 6	– Kontrollampe für Warnblinkanlage	44
K 28	– Kontrollampe für Kühlmitteltemperatur	18
M 5	– Lampe für Blinklicht vorn links	46
M 6	– Lampe für Blinklicht hinten links	47
M 7	– Lampe für Blinklicht vorn rechts	48
M 8	– Lampe für Blinklicht hinten rechts	49

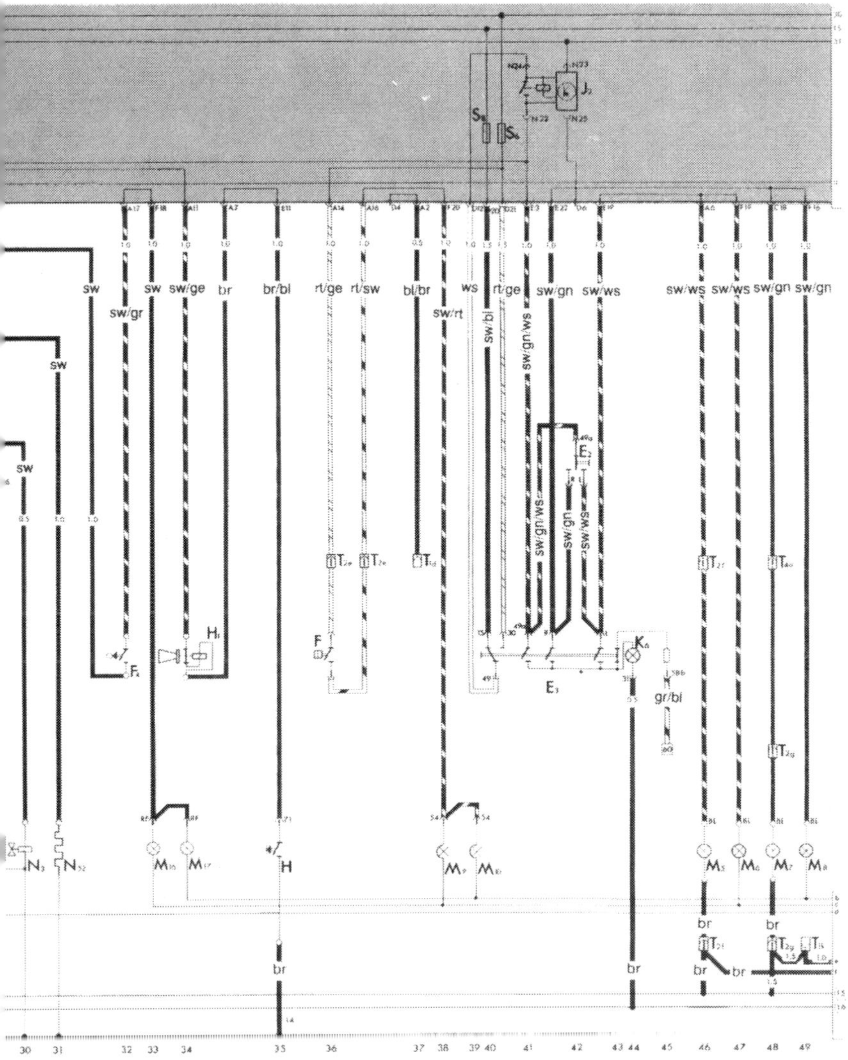

Bezeichnung der Teile — **im Strompfad**

M 9 – Lampe für Bremslicht links 38
M 10 – Lampe für Bremslicht rechts 39
M 16 – Lampe für Rückfahrleuchte links 33
M 17 – Lampe für Rückfahrleuchte rechts 34
N – Zündspule 8
N 1 – Startautomatik (nur 1500/1600) 29
N 3 – Leerlauf-Abschaltventil 30
N 6 – Vorwiderstandsleitung für Zündspule 8
N 51 – Ansaugrohrvorwärmung (nur 1500/1600) 27
N 52 – Teillastkanalbeheizung (nur 1100/1300) 31
O – Zündverteiler 9, 10
P – Zündkerzenstecker 9, 10
Q – Zündkerzen 9, 10
S 6, S 8, S 9 – Sicherungen im Sicherungshalter/Relaisplatte
T 1a – Steckverbindung im Motorraum links
T 1b, T 1c, T 1n – Steckverbindungen beim Vergaser
T 1d, T 2e – Steckverbindungen am Bremslichtschalter

Bezeichnung der Teile — **im Strompfad**

T 2a, T 2b, T 3a – Steckverbindungen hinter dem Armaturenbrett
T 2d – Steckverbindung beim Sicherungshalter/Relaisplatte
T 2f – Steckverbindung im Motorraum beim linken Scheinwerfer
T 2g, T 4a – Steckverbindungen im Motorraum beim rechten Scheinwerfer
T 14/ – Vielfachstecker am Kombiinstrument
(1) – Masseband von der Batterie über die Karosserie zum Getriebe
(2) – Masseleitung Drehstromgenerator – Motorblock
(10) – Massepunkt am Sicherungshalter/Relaisplatte
(14) – Masseleitung Lenkgetriebe
(15) – Massepunkt im Isolierschlauch des Leitungsstrangs vorn
(16) – Massepunkt, mit Isolierband umwickelt, im Leitungsstrang des Kombiinstruments

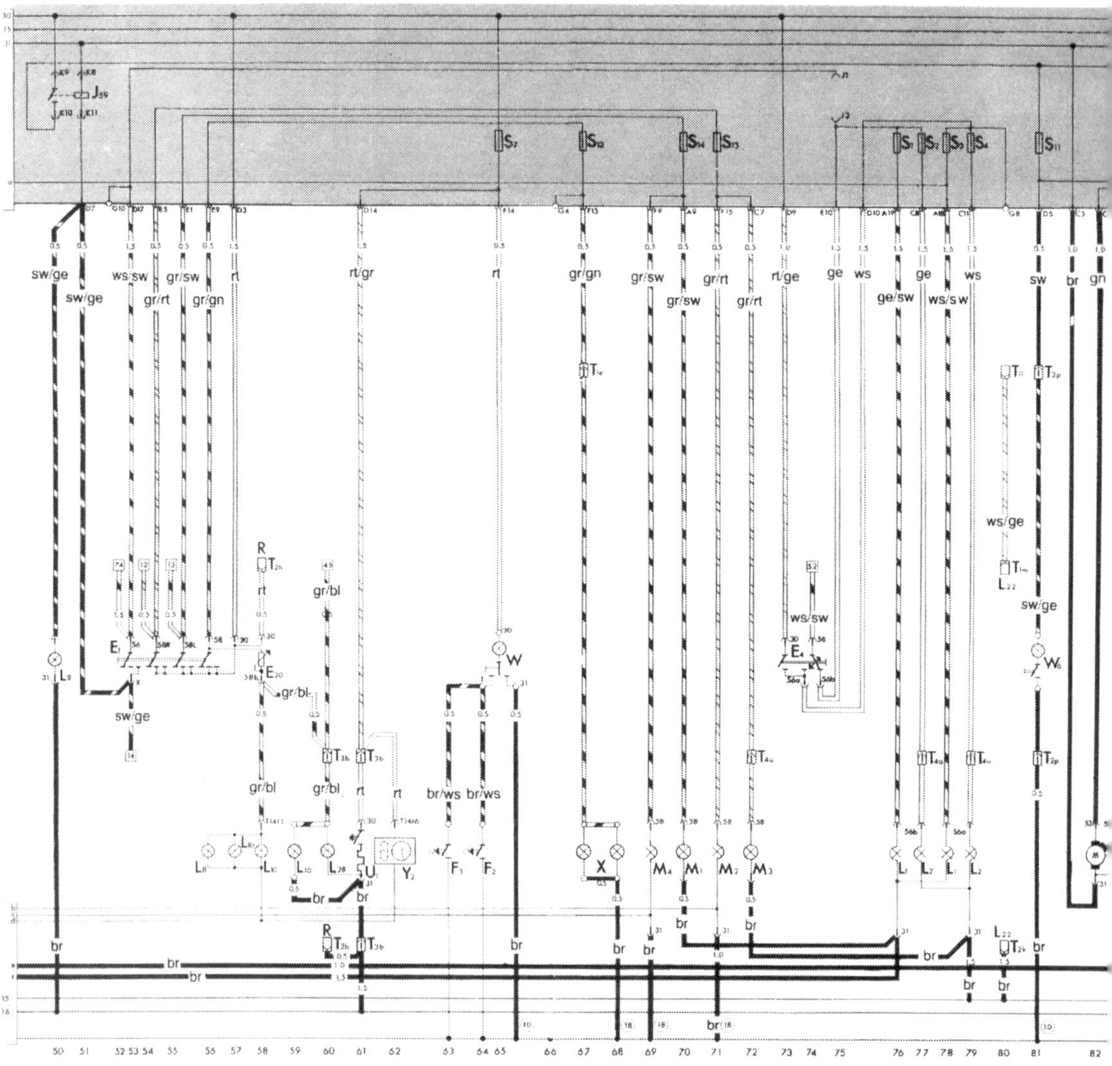

Stromlaufplan Teil II – VW Jetta Modell 1981

Bezeichnung der Teile		im Strompfad
E 1	– Lichtschalter	53 – 58
E 4	– Schalter für Abblendung und Lichthupe	73, 74
E 9	– Schalter für Luftgebläse	87, 88
E 15	– Schalter für heizbare Heckscheibe	91, 92
E 20	– Regler für Beleuchtung Instrumente	58
E 22	– Scheibenwischerschalter mit Intervallstufe	84, 85
F 2	– Türkontaktschalter vorn links	64
F 3	– Türkontaktschalter vorn rechts	63
F 5	– nicht eingebaut	
F 18	– Thermoschalter für Kühlerventilator	89
J 31	– Relais für Wasch-Wisch-Intervallschaltung	83, 84
J 59	– Entlastungsrelais für X-Kontakt	50, 51
K 10	– Kontrollampe für heizbare Heckscheibe	92
L 1	– Zweifadenlampe für Scheinwerfer links	76, 78

Bezeichnung der Teile		im Strompfad
L 2	– Zweifadenlampe für Scheinwerfer rechts	77, 79
L 8	– Lampe für Beleuchtung Zeituhr mit Digitalanzeige (bei Ausstattung mit Drehzahlmesser)	56
L 9	– Lampe für Beleuchtung Lichtschalter	50
L 10	– Lampe für Beleuchtung Instrumente	57, 58
L 16	– Lampe für Beleuchtung Luftregulierung	59
L 22	– Anschluß für Nebelscheinwerfer	80
L 28	– Lampe für Beleuchtung Zigarrenanzünder	60
M 1	– Lampe für Standlicht links	70
M 2	– Lampe für Schlußlicht rechts	71
M 3	– Lampe für Standlicht rechts	72
M 4	– Lampe für Schlußlicht links	69
N 23	– Vorwiderstand für Luftgebläse	87
R	– Anschluß für Radio (hinter dem Armaturenbrett)	58, 60

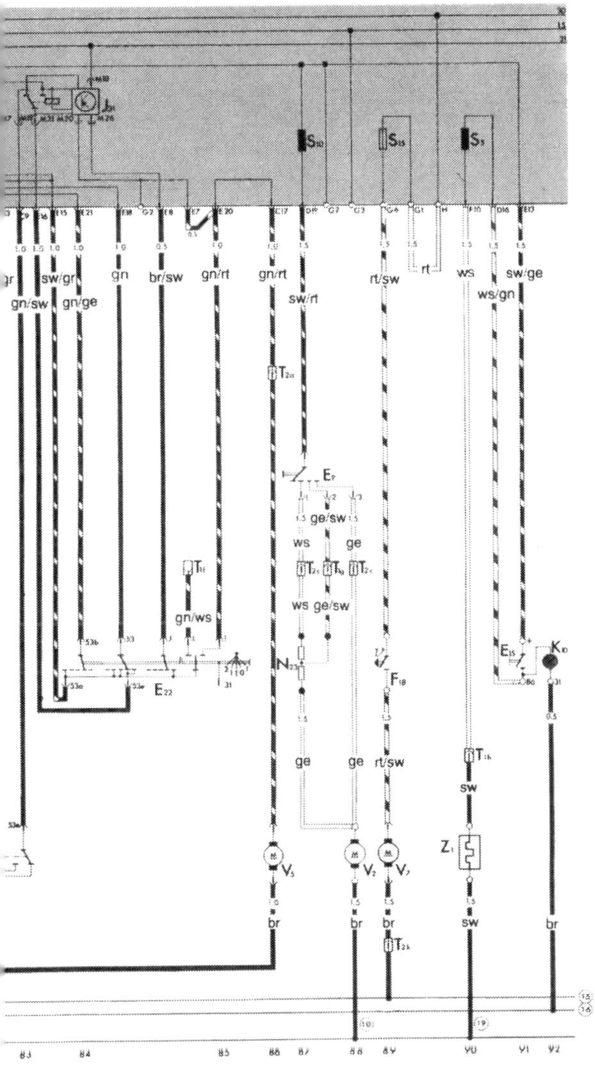

Bezeichnung der Teile — **im Strompfad**

S 1–S 5, S 7, S 10–S 15 – Sicherungen im Sicherungshalter/Relaisplatte
T 1e, T 1h – Steckverbindungen im Kofferraum hinten links
T 1f, T 1g, T 1l, T 2a, T 2c, T 2h, T 2p, T 3b – Steckverbindungen hinter dem Armaturenbrett
T 1m – Steckverbindung im Motorraum links
T 2k – Steckverbindung im Motorraum vorn links
T 4a – Steckverbindung im Motorraum beim rechten Scheinwerfer
T 14/ – Vielfachstecker am Kombiinstrument
U 1 – Zigarrenanzünder — 61
V – Scheibenwischermotor — 82, 83
V 2 – Luftgebläse — 88
V 5 – Scheibenwascherpumpe — 86

Bezeichnung der Teile — **im Strompfad**

V 7 – Kühlerventilatormotor — 89
W – Innenleuchte vorn — 65
W 3 – nicht eingebaut — 66
W 6 – Handschuhfachleuchte — 81
X – Kennzeichenleuchte — 67, 68
Y 2 – Zeituhr mit Digitalanzeige (bei Ausstattung mit Drehzahlmesser) — 62
Z 1 – Heizbare Heckscheibe — 90
⑩ – Massepunkt am Sicherungshalter/Relaisplatte
⑮ – Massepunkt im Isolierschlauch des Leitungsstrangs vorn
⑯ – Massepunkt mit Isolierband umwickelt, im Leitungsstrang des Kombiinstruments
⑱ – Massepunkt am Abschlußblech hinten links
⑲ – Massepunkt am Dachquerträger hinten Mitte

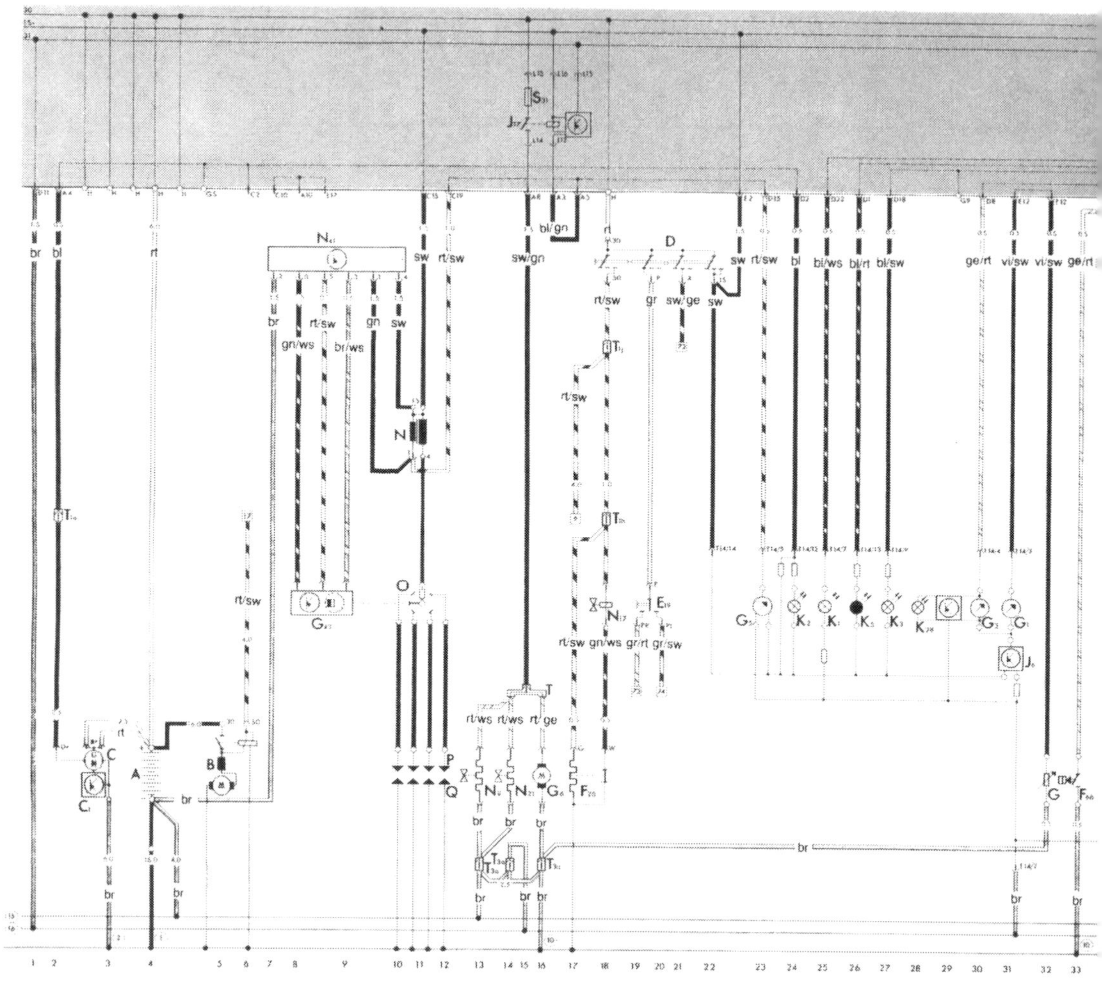

Stromlaufplan Teil I – VW Jetta mit Einspritzmotor Modell 1981

Bezeichnung der Teile		im Strompfad
A	– Batterie	4
B	– Anlasser	5, 6
C	– Drehstromgenerator	3
C 1	– Spannungsregler	3
D	– Zündschloß	18–22
E 15	– Schalter für heizbare Heckscheibe	57, 58
E 19	– Schalter für Parklicht (im Blinkerschalter)	19, 20
F	– Bremslichtschalter	53
F 1	– Öldruckschalter	35
F 2	– Türkontaktschalter vorn links	51
F 3	– Türkontaktschalter vorn rechts	50
F 4	– Schalter für Rückfahrleuchten	37
F 26	– Thermozeitschalter	17, 18
F 66	– nicht eingebaut	
G	– Geber für Tankanzeige	32
G1	– Tankanzeige	31
G 2	– Geber für Kühlmitteltemperaturanzeige	34
G 3	– Kühlmitteltemperaturanzeige	30

Bezeichnung der Teile		im Strompfad
G 5	– Drehzahlmesser	23
G 6	– Elektrische Kraftstoffpumpe	16
G 8	– nicht eingebaut	
G 9	– nicht eingebaut	
G 40	– Hallgeber	8, 9
H	– Signalhornbetätigung	42
H 1	– Doppelhorn	39, 40
J 4	– Relais für Doppeltonhorn	41, 42
J 6	– Spannungskonstanthalter	31
J 17	– Kraftstoffpumpenrelais	15–17
K 1	– Kontrollampe für Fernlicht	25
K 2	– Kontrollampe für Generator	24
K 3	– Kontrollampe für Öldruck	27
K 5	– Kontrollampe für Blinker	26
K 10	– Kontrollampe für heizbare Heckscheibe	58
K 28	– Kontrollampe für Kühlmitteltemperatur	28
L 16	– Lampe für Beleuchtung Luftregulierung	46
L 24	– nicht eingebaut	

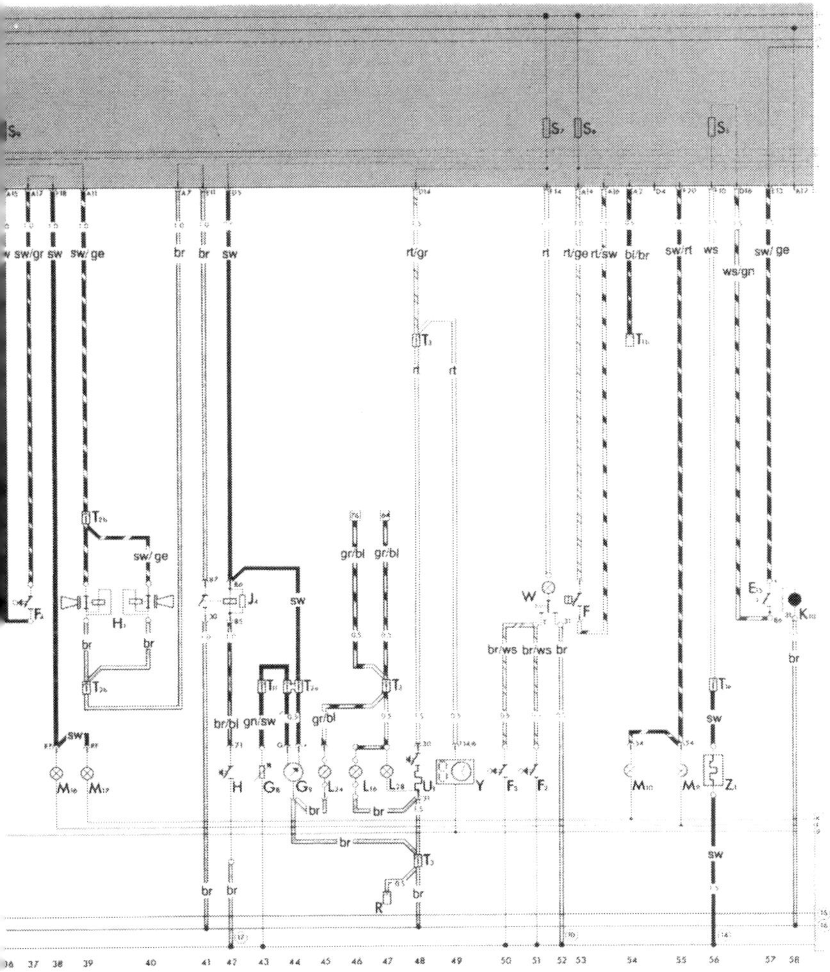

Bezeichnung der Teile — **im Strompfad**

L 28 – Lampe für Beleuchtung Zigarrenanzünder — 47
M 9 – Lampe für Bremslicht links — 55
M 10 – Lampe für Bremslicht rechts — 54
M 16 – Lampe für Rückfahrleuchte links — 38
M 17 – Lampe für Rückfahrleuchte rechts — 39
N – Zündspule — 11
N 9 – Warmlaufregler — 13
N 17 – Kaltstartventil — 18
N 21 – Zusatzluftschieber — 14
N 41 – TSZ-Schaltgerät — 7–10
O – Zündverteiler — 11
P – Zündkerzenstecker — 10–12
Q – Zündkerzen — 10–12
R – Radio (Massezuleitung) — 47
S 5–S 7, S 9 – Sicherungen im Sicherungshalter/Relaisplatte
S 31 – Einzelsicherung für K-Jetronic
T – Leitungsverteiler, hinter dem Armaturenbrett
T 1a – Steckverbindung im Motorraum vorn links

Bezeichnung der Teile — **im Strompfad**

T 1b, T 1j, T 2e, T 3, T 3a – Steckverbindungen hinter dem Armaturenbrett
T 1e – Steckverbindung im Kofferraum hinten links
T 1h, T 1l – Steckverbindungen beim Sicherungshalter/Relaisplatte
T 2b – Steckverbindung beim Doppeltonhorn
T14/ – Vielfachstecker am Kombiinstrument
U 1 – Zigarrenanzünder
W – Innenleuchte vorn
Y – Zeituhr
Z 1 – Heizbare Heckscheibe
(1) – Masseband von der Batterie über die Karosserie zum Getriebe
(2) – Masseleitung Drehstromgenerator – Motorblock
(10) – Massepunkt am Sicherungshalter/Relaisplatte
(14) – Massepunkt am Dachquerträger hinten mitte
(17) – Massepunkt am Lenkgetriebe

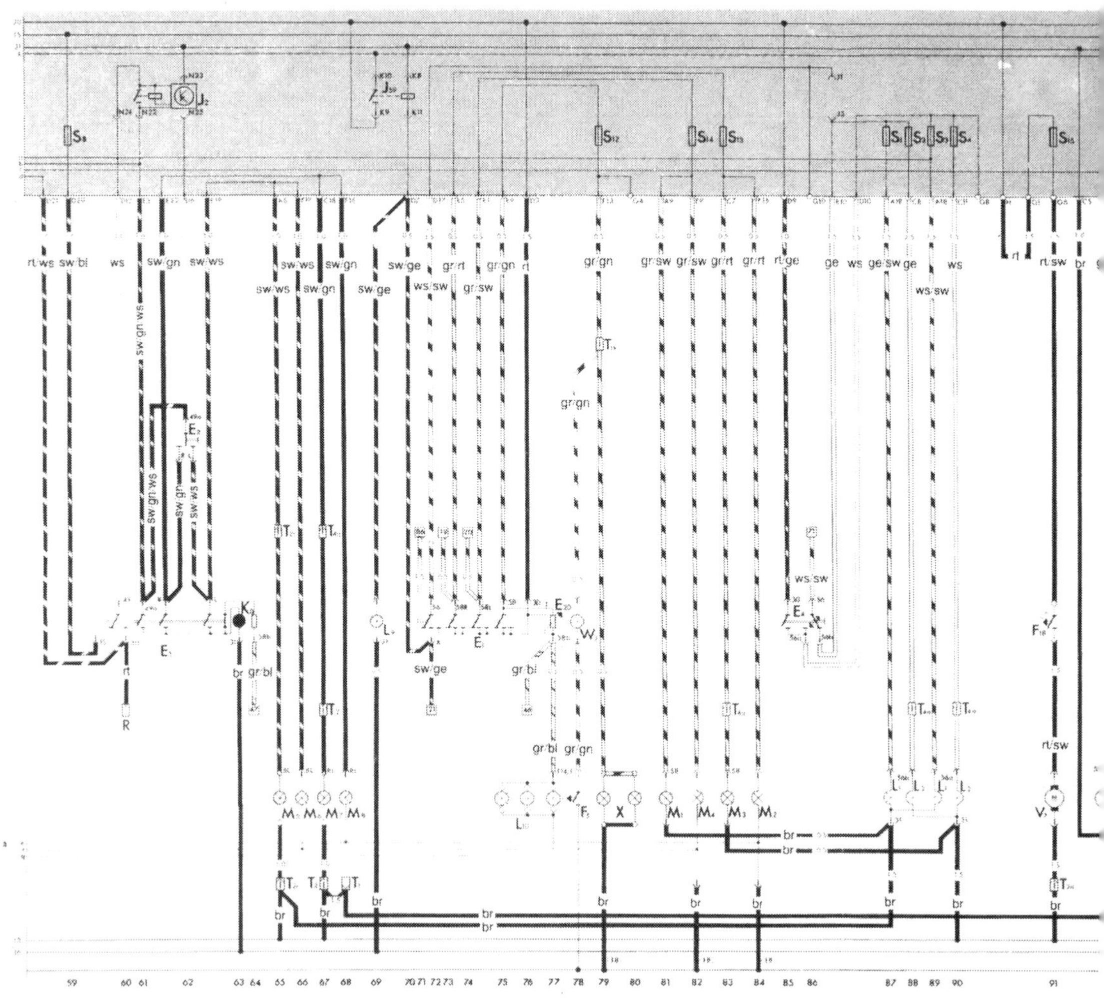

Stromlaufplan Teil II – VW Jetta mit Einspritzmotor Modell 1981

Bezeichnung der Teile	im Strompfad	Bezeichnung der Teile	im Strompfad
E 1 – Lichtschalter	70–77	K 6 – Kontrollampe für Warnblinkanlage	63
E 2 – Blinkerschalter	62	L 1 – Zweifadenlampe für Scheinwerfer links	87, 89
E 3 – Warnblinkschalter	59–64	L 2 – Zweifadenlampe für Scheinwerfer rechts	88, 90
E 4 – Schalter für Abblendung und Lichthupe	85, 86	L 9 – Lampe für Beleuchtung Lichtschalter	69
E 9 – Schalter für Luftgebläse	101, 102	L 10 – Lampe für Beleuchtung Instrumente	75–77
E 20 – Regler für Beleuchtung Instrumente	77	L 20 – Anschluß für Nebelschlußleuchte	97
E 22 – Scheibenwischerschalter mit Intervallstufe	94, 95	L 22 – Anschluß für Nebelscheinwerfer	96
F 5 – nicht eingebaut	78	M 1 – Lampe für Standlicht links	81
F 18 – Thermoschalter Kühlerventilator	91	M 2 – Lampe für Schlußlicht rechts	84
J 2 – Blinkrelais	60–62	M 3 – Lampe für Standlicht rechts	83
J 30 – nicht eingebaut	97, 98	M 4 – Lampe für Schlußlicht links	82
J 31 – Relais für Wasch-Wisch-Intervallschaltung	93–95	M 5 – Lampe für Blinklicht vorn links	65
J 59 – Entlastungsrelais für X-Kontakt	69, 70	M 6 – Lampe für Blinklicht hinten links	66

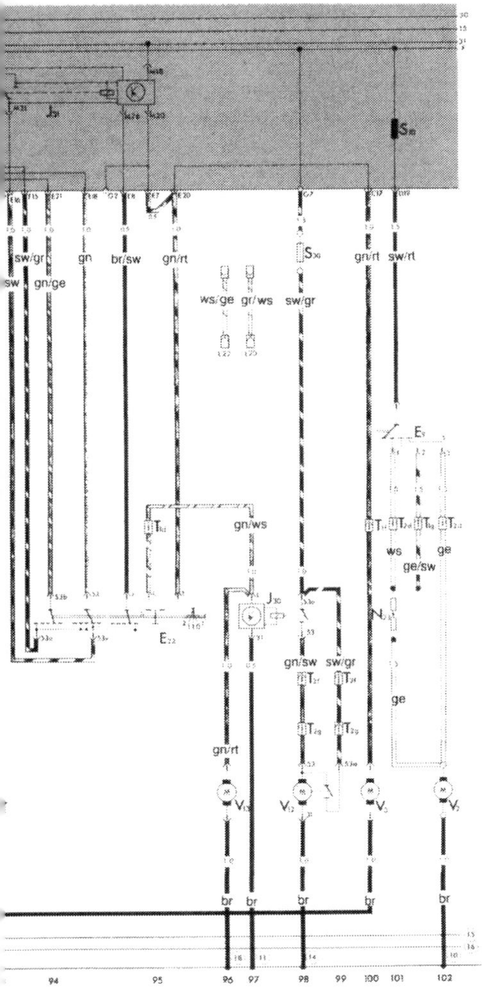

Bezeichnung der Teile	im Strompfad
M 7 – Lampe für Blinklicht vorn rechts	67
M 8 – Lampe für Blinklicht hinten rechts	68
N 23 – Vorwiderstand für Luftgebläse	101
R – Radio (»Plus«-Anschluß)	60
S 1–S 4, S 8, S 10–S 15 – Sicherungen im Sicherungshalter/Relaisplatte	
T 1, T 2, T 4a – Steckverbindungen im Motorraum beim rechten Scheinwerfer	
T 1d, T 1f, T 1g, T 2d, T 2f – Steckverbindungen hinter dem Armaturenbrett	
T 1k, T 2g – Steckverbindungen im Kofferraum hinten links	
T 2a – Steckverbindung im Motorraum vorn links	
T 2c – Steckverbindung im Motorraum beim linken Scheinwerfer	

Bezeichnung der Teile	im Strompfad
T 14/ – Vielfachstecker am Kombiinstrument	
V – Scheibenwischermotor	92, 93
V 2 – Luftgebläse	102
V 5 – Scheibenwascherpumpe	100
V 7 – Kühlerventilatormotor	91
V 12 – nicht eingebaut	
V 13 – nicht eingebaut	
W 3 – Kofferraumleuchte	78
X – Kennzeichenleuchte	79, 80
(10) – Massepunkt am Sicherungshalter/Relaisplatte	
(11) – Massepunkt hinter dem Amaturenbrett	
(14) – Massepunkt im Kofferraum hinten links	
(18) – Massepunkt am Abschlußblech hinten links	

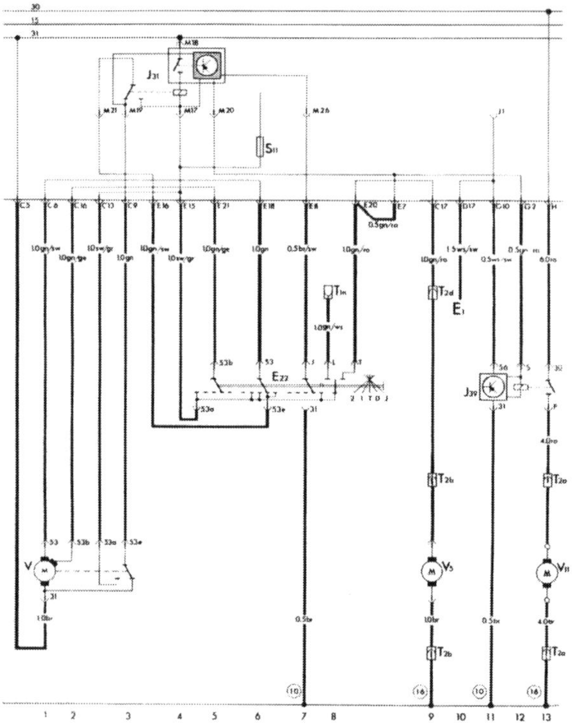

Zusatzstromlaufplan Scheinwerfer-Reinigungsanlage

Bezeichnung der Teile		im Strompfad
E 1	– zum Lichtschalter	10
E 22	– Scheibenwischerschalter mit Intervallstufe	5–8
J 31	– Relais für Wasch-Wisch-Intervallschaltung	3–7
J 39	– Relais für Scheinwerfer-Reinigungsanlage	11–13
S 11	– Sicherung im Sicherungshalter/Relaisplatte	6
T 1n	– Steckverbindung hinter dem Armaturenbrett	
T 2a	– Steckverbindung bei der Pumpe für Scheinwerfer-Reinigungsanlage	
T 2b	– Steckverbindung bei der Scheibenwascherpumpe	
T 2d	– Steckverbindung im Motorraum	
V	– Scheibenwischermotor	1–3
V 5	– Scheibenwaschpumpe	9
V 11	– Pumpe für Scheinwerfer-Reinigungsanlage	13
⑩	– Massepunkt an der Lenksäulenabstützung	
⑯	– Massepunkt im Motorraum vorn links (Vergasermotoren) bzw. vorn rechts (Einspritzmotor)	

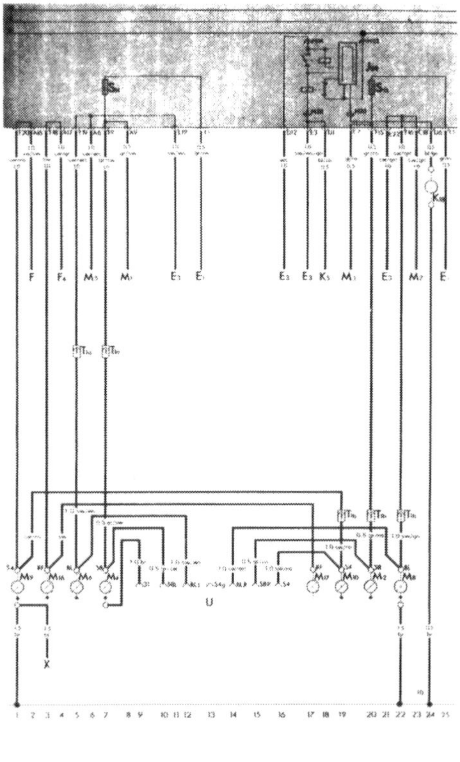

Zusatzstromlaufplan Anhängerkupplung

Bezeichnung der Teile		im Strompfad
E 3	– zum Warnblinkschalter	11, 16, 17, 21
F	– zum Bremslichtschalter	2
F 4	– zum Schalter für Rückfahrleuchten	4
J 20	– Blinkrelais für Anhängerbetrieb	17, 19
K 5	– zur Kontrollampe für Blinker	18
K 18	– Kontrollampe für Blinker bei Anhängerbetrieb	24
M 1	– zur Lampe für Standlicht links	8
M 2	– Lampe für Schlußlicht rechts	20
M 3	– zur Lampe für Standlicht rechts	19
M 4	– Lampe für Schlußlicht links	7
M 5	– zur Lampe für Blinklicht vorn links	8
M 6	– Lampe für Blinklicht hinten links	5
M 7	– zur Lampe für Blinklicht vorn rechts	23
M 8	– Lampe für Blinklicht hinten rechts	22
M 9	– Lampe für Bremslicht links	1
M 10	– Lampe für Bremslicht rechts	19
M 16	– Lampe für Rückfahrleuchte links	3
M 17	– Lampe für Rückfahrleuchte rechts	17
S 13, 14	– Sicherungen im Sicherungskasten	
T 1a	– Steckverbindung im Kofferraum hinten links	
T 1b	– Steckverbindung im Kofferraum hinten rechts	
U	– Steckdose für Anhänger	9, 10
X	– zu den Kennzeichenleuchten	3
⑩	– Massepunkt am Armaturenbrett	

Brandstiftung

Die Aufgabe der Zündanlage klingt zunächst recht einfach: Sie muß dafür sorgen, daß immer im richtigen Moment an den Zündkerzen in den Zylindern ein Funke überspringt. In der Wirklichkeit ist das freilich ein recht diffiziler Auftrag. Man bedenke: Damit am Kerzenkopf überhaupt ein Funke entstehen kann, muß dort zwischen der positiven und der negativen Elektrode eine Spannung von etwa 20000 Volt vorhanden sein. Die Batterie liefert aber nur eine Spannung von 12 Volt. Die Batteriespannung muß also gewaltig hochtransformiert werden. Ferner geht es beim Funkenüberschlag nicht um Zehntel- oder Hundertstel-, sondern um Tausendstelsekunden. Nur ein Minimales zu spät oder zu früh, und die Zündung und damit die Leistung des Motors ist mangelhaft. Nicht zu vergessen die Menge der Funken, die hier benötigt wird: Dreht ein Motor mit 3000 Touren pro Minute, dann verlangt jeder Zylinder 25 Funken pro Sekunde, das sind beim Vierzylindermotor zusammen 100 in der Sekunde. Und jeder dieser Funken muß kräftig sein und ganz präzise sitzen.

Verschiedene Zündanlagen

In den Jetta mit Einspritzmotor wird seit August 1980 eine kontaktlose Transistorzündanlage (kurz: TSZ) eingebaut, während die übrigen Modelle mit einer herkömmlichen Spulenzündung (Kurzbezeichnung SZ) ausgerüstet sind. Da nun beide Zündanlagen im Aufbau ziemlich verschieden sind, finden Sie auf den folgenden Seiten einen Zusatzvermerk an den Überschriften. »Nur SZ« steht für »nur Spulenzündung« und »nur TSZ« bedeutet, daß hier lediglich die Transistorzündung angesprochen ist. Dort wo keine Verwechslung möglich ist und an Abschnitten, die beide Zündanlagen behandeln, fehlt ein Zusatz.

Funktion der herkömmlichen Spulenzündung

Bei dieser Batteriezündung, wir alle wissen es, fließt Strom aus dem Autoakku (über das Zündschloß und diverse Kabel) in die sogenannte Primärwicklung der Zündspule. Sie besteht aus wenigen Windungen eines dicken Drahts. Unter der Wirkung des Stroms baut sich im Eisenkern der Zündspule ein kräftiges Magnetfeld auf. Nähert sich der Kolben in seinem Zylinder dem Punkt, da die angesaugte und verdichtete Ladung gezündet werden soll – dem »Zündzeitpunkt« –, so wird der Strom zur Primärwicklung der Zündspule unterbrochen. Und zwar von einem Kontakt, der Unterbrecher heißt, unten im Verteilergehäuse sitzt und vom Motor bewegt wird.
Mit dem Ausschalten des Stroms bricht das Magnetfeld aus dem Eisenkern der Zündspule zusammen. Dabei passiert etwas sehr Witziges: In der sogenannten Sekundärwicklung, die aus sehr vielen Windungen eines dünnen Drahts besteht, entsteht ein Hochspannungs-Stromstoß von einigen zigtausend Volt. Er wird über den Verteiler – der nichts weiter ist als ein rotierender Schalter – derjenigen Zündkerze zugeleitet, die in der Zündfolge des Motors gerade an der Reihe ist. Der Motor zündet, dreht sich weiter, der Unterbrecherkontakt schließt sich, und das Spiel läuft von neuem ab.

Bei der herkömmlichen Spulenzündung ist die **Hochspannung nicht gefährlich**, weil dabei nur geringe Stromstärken auftreten.

Funktion der Transistor-zündung

Die Transistorzündung verfügt ebenfalls über eine Zündspule, die für die Hochspannung sorgt. Es gibt den Verteiler, der diese Hochspannung reihum auf die Zündkerzen verteilt. Nur der Unterbrecher ist nicht mehr vorhanden – er war es ja, der die Leistung der herkömmlichen Anlage beschränkte.
Statt des Unterbrechers besitzt der Jetta Einspritzer seit 8/80 einen »Hallgeber«, bei dem der nach seinem amerikanischen Entdecker E. H. Hall so genannte Hall-Effekt nutzbar gemacht wird. Der Hallgeber haust wie der frühere Unterbrecherkontakt im Verteilergehäuse und besteht aus folgenden Teilen: einem Blendenrotor mit 4 Aussparungen, einem Dauermagneten und ihm gegenüberliegend dem eigentlichen Hall-IC. Das ganze funktioniert ähnlich wie eine Lichtschranke, nur daß hier anstelle von Licht mit magnetischen Wellen gearbeitet wird.
Ganz deutlich wird das, wenn wir uns eine automatische Aufzugstür vorstellen. Stehen Sie vor der Tür und unterbrechen den Lichtstrahl, bleibt die Aufzugstür offen. Sobald Sie den Lichtstrahl freigegeben haben, erhält der Türmechanismus den Schließbefehl. Zurück zur Zündung. Steht eine Rotorblende im Magnetfeld, so erhält ein kräftiger Transistor im Schaltgerät das Signal, Strom durch die Zündspule fließen zu lassen. Jetzt kann sich in der Spule ein Magnetfeld – unsere Zündenergie – aufbauen. Verläßt die Blende den Luftspalt zwischen Hall-IC und Dauermagnet, kommt ans Schaltgerät der Befehl, den Strom zur Zündspule zu unterbrechen, das Magnetfeld bricht dadurch zusammen, Damit passiert das gleiche, wie wenn bei der Spulenzündung der Unterbrecher abhebt und den Strom zur Zündspule abschaltet – der Zündfunke entsteht. Die hierbei entstehenden **Spannungen sind gefährlich hoch**.

Fingerzeige: *Arbeiten an der Transistor-Zündanlage bei eingeschalteter Zündung bzw. laufendem Motor sind lebensgefährlich. Vom Hallgeber im Zündverteiler können Spannungen bis zu 100 Volt mit hoher Stromstärke erzeugt werden. Auch die Zündspannungen sind mit 30 000 Volt wesentlich höher als bei der konventionellen Spulenzündung.*
Bei Wagen mit Transistor-Zündanlage darf eine Motorwäsche nie bei laufendem Motor oder eingeschalteter Zündung vorgenommen werden. Es besteht Elektrisierungsgefahr über den Wasserschlauch oder das Dampfstrahlgerät.
Damit die Transistorzündung keinen Schaden erleidet, müssen Sie einige Punkte beachten:

- *Sämtliche elektrischen Leitungen – auch Anschlüsse von Prüfgeräten – nur bei ausgeschalteter Zündung ab- bzw. anklemmen.*
- *An Klemme 1 niemals einen Kondensator anschließen.*
- *Starthilfe mit einem Schnellader ist nur bis zur Dauer von höchstens 1 Minute zulässig.*

Das Zündschloß

Nach Batterie und Lichtmaschine als Stromquelle für die Zündanlage kommt als nächste Station das Zündschloß. Es dient aber nicht nur dazu, die Zündung ein- und auszuschalten, sondern es blockiert bei abgestelltem Wagen zusätzlich die Lenkung. Man nennt es deshalb auch Lenk-/Zündschloß.

Zündschloß prüfen

Während das Schloßteil nur in seltenen Fällen seinen Geist aufgibt, kann der in einem Kunststoffteil eingegossene Schaltkontaktsatz (also der eigentliche Schalter) des Zündschlosses schon eher die Ursache einer Störung sein. Ob er

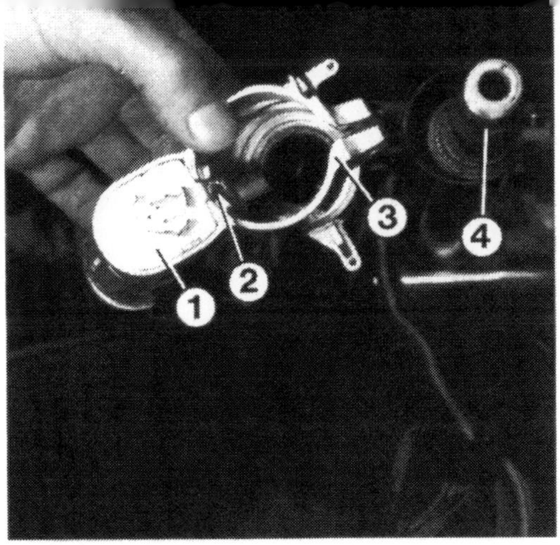

Die Lenkschloßaufnahme (3) wurde hier von der Lenksäule (4) abgebaut. Der Zündschalter (1) kann jetzt ausgebaut werden, wenn die kleine Kreuzschlitzschraube (2) losgedreht wird. Wie die Lenkschloßaufnahme abgenommen wird und was beim Auswechseln des Zündschalters zu beachten ist, beschreibt der Text unten.

defekt ist, können Sie nach Abschrauben der unteren Hälfte der Lenksäulenverkleidung prüfen. Gebraucht wird eine Prüflampe, am besten eine mit Nadelkontakt, wie sie die Autoelektriker haben. Während Sie das freie Kabelende der Lampe irgendwo an Masse anklemmen, können Sie mit der Nadel die Isolierung der einzelnen Kabel, die zum Zündschloß führen, durchstechen. Das Prüflämpchen erhält dann direkt mit dem Kabel elektrischen Kontakt.

- Klemme 30 (rotes Kabel) kommt von der Batterie und führt bei jeder Schlüsselstellung Strom.
- Klemme 50 (rot/schwarzes Kabel) führt zum Anlasser und steht nur in der Schlüsselstellung »Anlassen« unter Strom.
- Klemme 15 (schwarzes Kabel) führt in den Schalterstellungen »Fahrt« (1. Stufe) und »Anlassen« Strom.
- Klemme X (schwarz/gelbes Kabel) hat nur in der Schalterstellung »Fahrt« Spannung.
- Klemme P (graues Kabel) hat bei der Schlüsselstellung »Aus« Spannung.

Zündschloß ausbauen

Das Schloßteil des Zündschlosses auszubauen ist Werkstattarbeit, denn dazu muß an einer genau definierten Stelle an der Schalteraufnahme ein Loch gebohrt werden. Durch dieses Loch kann dann die Haltefeder des Schließzylinders zurückgedrückt werden. Eine ziemlich komplizierte Sache also.

Das Schalterteil unten am Schloß ist dagegen häufiger der Anlaß von Defekten, weshalb sein Ausbau nachstehend beschrieben werden soll. Der eigentliche Zündschalter – ein weißes Kunststoffteil mit Anschlußzungen – sitzt unterhalb des Schloßteils in der Lenkschloßaufnahme (Leichtmetall-Gußteil). Ausbau: Lenkrad abnehmen (siehe Seite 131), untere Lenksäulenverkleidung mit zwei Kreuzschlitzschrauben abbauen, drei Vielfachstecker an den Hebelschaltern und einen am Zündschloß abziehen. Hebelschalter ausbauen (siehe Seite 216). Kunststoffbuchse aus der Lenksäule mit einem Schraubenzieher abdrücken. Inbusschraube SW 8 am Klemmstück der Lenkschloßaufnahme herausdrehen und Lenkschloßaufnahme von der Lenksäule abziehen. An der Rückseite der Lenkschloßaufnahme ist das Zündschloß mit einer Kreuzschlitzschraube befestigt. Beim Einbau in die Lenkschloßaufnahme muß darauf geachtet werden, daß der Betätigungsstift des Schloßteils richtig in das Gegenstück am Schaltereinrastet. Achten Sie außerdem beim Aufstecken der Lenkschloßaufnahme darauf, daß die dünne Kunststoffhülse unterhalb des Rollenlagers wieder richtig im Lager sitzt. Hebelschalter wieder komplett einbauen und Mehrfachstecker aufstecken. Klemmschraube jetzt festziehen (5–10 Nm).

Zündung »kurzschließen«

Falls das Zündschloß bei eingestecktem Schlüssel streikt, aber das dicke rote Kabel Strom heranführt, können Sie sich so behelfen: Mehrfachstecker trennen und mit einem kurzen Kabelstück oder einer Büroklammer die Steckbuchsen der schwarzen und des dicken roten Kabels miteinander verbinden – Ladekontrolle und Öldrucklampe brennen jetzt –, Sie haben die Zündung »kurzgeschlossen«. Nun können Sie den Wagen anschieben lassen oder mit einem weiteren Kabelstück eine Kurzschlußbrücke zur Steckerbuchse des rot/schwarzen Kabels der Klemme 50 herstellen. Der Anlasser wird sich sofort drehen. Sobald der Motor angesprungen ist, Kabel wegziehen. Jetzt können Sie losfahren, der Mehrfachstecker bleibt abgezogen. Damit der Stecker während der Fahrt nicht gegen die Lenksäulenhalterung klappern kann, klebt man ihn kurzschlußsicher irgendwo unten am Armaturenbrett an.

Falls das rote Kabel keinen Strom an Klemme 30 liefert, können Sie auch ein Hilfskabel (mit mindestens 4 mm^2 Querschnitt) direkt vom Batterie-Pluspol ziehen. Bei der Batteriezündung muß das Kabel an den Kontakt C 15 der Sicherungsplatte gelegt werden. Dort ist das weiß/violette Widerstandskabel zur Zündspule Klemme 15 angeschlossen. Direkt an die Zündspule darf das Kabel nicht angeschlossen werden, die Zündspule verträgt nicht die volle Batteriespannung (siehe nächsten Abschnitt). Beim Jetta mit TSZ können Sie dagegen das Hilfskabel gleich an Klemme 15 der Zündspule anschrauben oder festklemmen. Nun wird der Wagen angeschoben. Zum Abstellen des Motors ziehen Sie das Hilfskabel an der Batterie wieder ab.

Die Zündspule

Die Zündspule muß sauber und trocken sein. Sonst können Kurzschlüsse oder »Kriechströme« (durch Schmutz und Feuchtigkeit abfließende Teilströme) auftreten und die volle Zündspannung wird nicht erreicht.

Wie die Zündspule prinzipiell funktioniert, ist zu Anfang dieses Kapitels beschrieben. Ihren Primärstrom erhält sie an Klemme 15. Der Strom wird nach Durchgang durch die Primärwicklung der Spule von der Klemme 1 über das dort angeschlossene schwarze Kabel zum Unterbrecher (im »Untergeschoß« des Zündverteilers) bzw. bei der elektronischen Zündanlage zum Schaltgerät weitergeleitet. An Klemme 1 der Zündspule ist übrigens auch das Kabel zum Drehzahlmesser (sofern eingebaut) angeschlossen. Die Zündspannung von etwa 20000 Volt bzw. 30000 Volt bei TSZ kommt aus der mittleren Klemme 4 der Zündspule und wird über das Hauptzündkabel zum »Obergeschoß« des Zündverteilers weitergeleitet.

Die Zündspulen für normale Batteriezündung und Transistorzündung sind völlig unterschiedlich in ihren technischen Daten – nicht verwechseln.

Die weißen Ziffern stehen für die Normklemmenbezeichnungen an der Zündspule (2): 15 – Batteriestrom vom Zündschloß bei eingeschalteter Zündung, der bei Spulenzündung vorher durch den Vorwiderstand laufen muß; 1 – Kabel von der »Ausgangsseite« der Zündspule zum Unterbrecher im »Untergeschoß« des Verteilergehäuses; 4 – Hochspannungszündstrom durch das dicke Hauptzündkabel zum Verteiler und weiter zu den Zündkerzen. In der Hand gehalten sehen Sie das vom Zündschloß über Kontakt C 15 kommende Kabel mit dem dazwischengeschalteten Zündspulen-Vorwiderstand (nur SZ).

Der Zündspulen-Vorwiderstand (nur SZ)

Bei Fahrzeugen mit Batteriezündung trägt die Zündspule die Bosch-Kennzeichnung »KW 12 V«, wobei das »W« auf den Widerstand hinweist, mit dem diese Zündspule betrieben werden muß. Sie ist nämlich nur auf eine Spannung von etwa 9 Volt ausgelegt, während die Bordnetzspannung zwischen 12 und 14 Volt liegt. Als Vorwiderstand dient ein 128 cm langes Kabel aus aufgedrilltem dünnem Draht, das von der Sicherungsplatte zur Zündspule führt. Dieser Widerstand ermöglicht, daß die Primärwicklung der Zündspule mit weniger Windungen gebaut werden kann. Dadurch steigt beim Betrieb der Zündspule in den Unterbrecher-Intervallen der Primärstrom schneller auf seine volle Höhe an, und dementsprechend kann die Zündspule auch bei hohen Drehzahlen (und entsprechend kurzen Unterbrecher-Intervallen) eine höhere Sekundärspannung für den Zündfunken abgeben.
Beim Anlassen des Motors, wobei die Bordspannung schon auf runde 9 Volt absinkt, wird mit dem Einschalten des Starters der Vorwiderstand überbrückt. Andernfalls würde die Spannung nicht mehr für einen kräftigen Zündfunken ausreichen. An Klemme 15 der Zündspule finden Sie ein schwarzes Kabel, das mit Klemme 16 des Anlassers verbunden ist. Diese Klemme 16 ist normalerweise stromlos. Wenn jedoch der Anlasser gestartet wird, verbindet dessen Magnetschalter diese Klemme 16 direkt mit der Klemme 30 am Anlasser, so daß die volle Batteriespannung über Klemme 16 direkt an Klemme 15 der Zündspule unter Umgehung des Vorwiderstands geleitet wird. Die Zündspule hat also zu einem kräftigen Zündfunken ihre normale Spannung. Im gleichen Augenblick, in dem der Anlasser abgeschaltet wird, weil der Motor läuft, wird auch Klemme 16 wieder stromlos.

Zündanlage mit Motortestgeräten prüfen

Bevor wir auf die zahlreichen Fehlermöglichkeiten in der Zündanlage eingehen und die bei Heimwerkerei zumeist recht zeitraubenden Fehlersuchen, Abhilfen und Einstellarbeiten beschreiben, ein Ratschlag für jene, die nicht eine plötzliche Störung fern der Werkstatt selbst beheben müssen: Jede gut ausgestattete Fachwerkstatt, ebenso die Bosch-Dienste und etliche besonders ausgesuchte Tankstellen verfügen über Motortestgeräte. Ein Fachmann erkennt in wenigen Minuten an den Meßgeräten und am Bildschirm des Oszilloskops, ob Zündspule, Unterbrecherkontakte bzw. Hallgeber und Steuergerät, Kondensator, Zündverteiler, Zündzeitpunkt, Zündkabel und Zünkkerzen einwandfrei sind oder wo eventuell ein Fehler steckt.
Auch einem engagierten Heimwerker kann man diese Werkstattinanspruchnahme (guten Fachmann erfragen!) nur anraten, denn sie erspart bei verhältnismäßig geringen Kosten eine schnell in die Irre führende Fehlersuche. In besonderer Weise gilt diese Empfehlung für die Transistor-Zündanlage, an der außer den auf Seite 185 beschriebenen Arbeiten keine Eigenleistungen möglich sind.

Zündspule und Vorwiderstandskabel prüfen (nur SZ)

Zuerst prüfen, ob aus der Zündspule überhaupt hochgespannter Zündstrom durch das dicke Hauptzündkabel »herauskommt«.

■ Hauptzündkabel aus Mittelbuchse des Zündverteilers ziehen. Motor (ohne Gasgeben) von Helfer starten lassen und blankes Hauptzündkabelende in eine Plastik- oder Holzwäscheklammer stecken und auf etwa 10 mm gegen Motorblockmetall halten. Springen kräftige Funken über, ist es wahrscheinlich nicht die Zündspule.

■ War diese Hochspannungsprüfung unbefriedigend, müssen Sie feststellen, ob an den Kontakten der Zündspule und des Vorwiderstands überhaupt Strom anliegt. Dazu eignet sich am besten eine aus einer alten Scheinwerferbirne selbstgebastelte Behelfsprüflampe (zwei ausreichend lange Kabel so andrillen oder festlöten, daß ein Lichtfaden brennt). Der Eigenverbrauch der Scheinwerferbirne (mindestens 40 Watt) gibt durch unterschiedlich helles Leuchten den Hinweis, ob der Widerstand der Zündspule und des Kabels noch groß genug ist oder ob sich ein Kurzschluß eingeschlichen hat. Noch genauer ist ein parallel zur Behelfsprüflampe geschaltetes Voltmeter. Weniger geeignet ist eine gewöhnliche Elektrik-Prüflampe, denn deren geringer Eigenverbrauch zeigt nur, ob überhaupt Spannung da ist, sagt aber nichts über die Widerstandswirkung.

■ Als Vorbereitung zur Prüfung an Klemme 1 der Zündspule das grüne Kabel zum Unterbrecher lösen, damit der Stromweg über die Unterbrecherkontakte unterbrochen ist und durch die Behelfsprüflampe fließen muß.

■ Zündung einschalten: Öldruck- und Ladekontrolle müssen brennen.

■ Ein Ende des Prüflampenkabels und Plus-Klemme des Voltmeters an den Kontakt des weiß/violetten Widerstandskabels an der Sicherungsplatte drükken, das andere Kabelende und Minus-Klemme des Voltmeters an Masse: Die Lampe muß hell brennen, das Voltmeter zeigt etwa 11,5 V. Gleiche Prüfung an Klemme 15 der Zündspule: Die Lampe brennt trüber, das Voltmeter zeigt etwa 8,5 V. Zeigt sich nichts, ist das Widerstandskabel unterbrochen. Sind die Ergebnisse dagegen gleich wie am Steckkontakt der Sicherungsplatte, so ist das Kabel durch Kurzschluß überbrückt.

■ Bei derselben Prüfung an Klemme 1 der Zündspule muß die Behelfsprüflampe sehr trübe brennen, das Voltmeter zeigt etwa 5 Volt. Brennt nichts, ist die Primärwicklung der Zündspule unterbrochen. Brennt sie recht hell, herrscht Kurzschlußüberbrückung in der Zündspule. In beiden Fällen Spule ersetzen.

■ Sind die Leucht- und Meßergebnisse gut, gibt es aber trotzdem keinen ausreichenden Zündfunken, kann die Sekundär-(Hochspannungs-)Wicklung der Zündspule defekt sein. Oder es liegt am Kondensator.

Scheinwerferlampe als Vorwiderstands-Ersatz

Falls das Vorwiderstandskabel defekt ist, dürfen Sie der Zündspule nicht einfach die volle Bordspannung zuführen. Die mit Überspannung betriebene Spule kann nach kurzer Zeit regelrecht explodieren! Aber es gibt noch einen Notbehelf: Mit einer intakten Zweifaden-Scheinwerferlampe haben Sie einen brauchbaren Ersatz für das Widerstandskabel. Ein Hilfskabel vom Steckanschluß des weiß/violetten Kabels an der Sicherungsplatte mit der Masse-Kontaktzunge (Klemme 31) der Glühlampe, ein weiteres Kabel mit beiden (nicht nur einer!) Kontaktzungen für Fern- und Abblendlicht verbinden. Die damit »parallel geschalteten« Leuchtfäden haben zwar einen etwas höheren Widerstand als das Widerstandskabel (1,6 Ω bei normaler, 1,2 Ω bei H4-Glühlampe statt 0,9 Ω), aber es funktioniert.

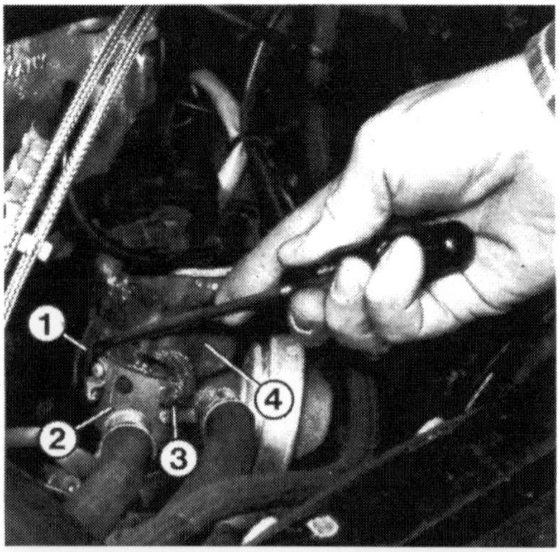

Der Verteilerdeckel (4) wird von zwei Haltespangen (1) auf dem Verteiler-Unterteil (2) gehalten, die Spangen mit einem Schraubenzieher abhebeln. Verteilerdeckel abnehmen. Evtl. eingestecktes Massekabel (3) abziehen. Verteilerfinger abziehen. Der daruntergelegte Staubschutzdeckel liegt nur lose auf. Beim 1100/1300 muß noch die Metallabdeckung abgeschraubt werden.
Beim Zusammenbau wird erst der Staubschutzdeckel aufgelegt. Er hat an seinem Umfang eine Nase eingearbeitet, die in die entsprechende Aussparung am Verteilerrand gesteckt werden muß. Der Verteilerfinger hat in der Bohrung, mit der er auf die Verteilerwelle aufgesteckt wird, ebenfalls einen vorstehenden Anguß, der in die Aussparung auf der Verteilerwelle passen muß. Zum Aufsetzen drückt man den Verteilerfinger bei gleichzeitigem Drehen nach unten auf die Verteilerwelle. Sie spüren dann gleich, in welcher Stellung er einrastet. Auch der Verteilerdeckel kann nur in einer Stellung richtig eingebaut werden. Er muß in die gleiche Aussparung am Verteilerrand einrasten wie der Staubschutzdeckel. Blechspangen aufdrücken.

Ein Blick in den geöffneten Zündverteiler des 1100/1300: 1 – Verteilerdeckel; 2 – Kondensator außen am Verteilergehäuse; 3 und 9 – Halteklammern des Verteilerdeckels; 4 – Verteilerwelle; 5 – Unterbrecherhammer; 6 – Unterdruckdose für die Zündungs-Frühverstellung; 7 – Unterbrecherkontakte; 8 – Kabel der Normklemme 1 von der Zündspule; 10 – Lagerdeckel, er muß zum Einstellen des Schließwinkels bzw. des Unterbrecher-Kontaktabstands unbedingt montiert sein; 11 – Verteilerläufer; 12 – Kondenswasserschutzkappe.

Der Kondensator
(nur SZ)

Nicht nur die Zündspule kann die Ursache für einen schwachen Zündfunken sein, es kann bei der Batteriezündung auch am Kondensator liegen, der durch ein Kabel mit Klemme 1 der Zündspule verbunden ist. Eine genaue Prüfung des Kondensators ist nur auf einem Werkstatt-Prüfstand möglich.

Ein total ausgefallener Kondensator läßt sich eventuell bei abgenommenem Verteilerdeckel an überspringenden starken Funken zwischen den Unterbrecherkontakten erkennen. Von einem Helfer den Motor starten lassen.

Auch bei stark verschmorten Unterbrecherkontakten, die noch nicht lange in Betrieb sind, besteht der Verdacht, daß der Kondensator defekt ist. Aber langes Prüfen des Kondensators rentiert sich zumeist nicht. Wenn er verdächtig ist: austauschen.

Der Kondensator ist aber wahrscheinlich in Ordnung und die Unterbrecherkontakte heben ordnungsgemäß ab, wenn sie folgende Prüfung bestehen: Prüflampe zwischen das von Klemme 1 an der Zündspule abgezogene grüne Kabel und diese Klemme 1 schalten. Von Helfer (ohne Gaspedalberührung) Anlasser drehen lassen. Wenn die Prüflampe in gleichmäßigem Rhythmus an und aus blinzelt, sind Kondensator und Unterbrecherkontakte wahrscheinlich in Ordnung.

Fehlersuche an der Transistor-Zündanlage

Wegen der gefährlich hohen Spannungen (siehe Fingerzeige Seite 180) ist zu Arbeiten an der elektronischen Zündanlage besondere Vorsicht vonnöten.

■ Eine Zündkerze herausschrauben, das Zündkabel mit Stecker auf die herausgeschraubte Kerze stecken und diese auf dem Motorblock so ablegen, daß

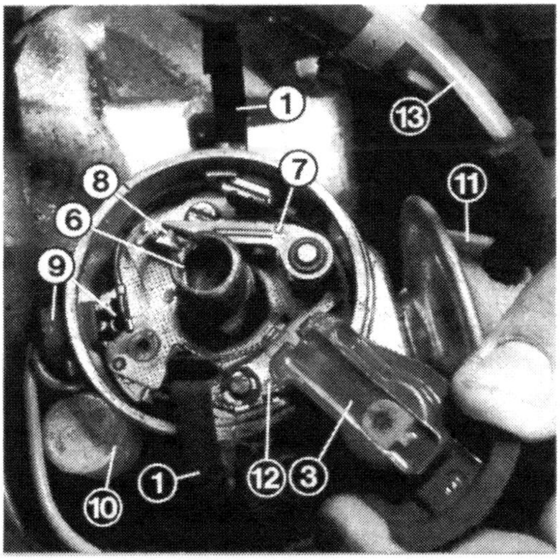

So sieht der geöffnete Zündverteiler beim 1500/1600 aus: 1 – Halteklammern des Verteilerdeckels ; 3 – Verteilerfinger; 6 – Verteilerwelle; 7 – Unterbrecherhammer; 8 – Unterbrecherkontakte; 9 – Steckanschluß für das Kabel der Normklemme 1 von der Zündspule; 10 – Kondensator; 11 – Unterdruckdose für die Zündzeitpunktverstellung; 12 – Zugstange der Unterdruckverstellung; 13 – Unterdruckschlauch vom Vergaser zur Unterdruckdose.

So sieht der geöffnete Verteiler bei einem Jetta mit Transistorzündung aus. Sie können darin die wesentlichen Teile der TSZ-Ansteuerung erkennen: 1 – Blendenrotor; 2 – Dreifachstecker; 3 – Hallgeber.

sie Massekontakt hat. Jetzt betätigt ein Helfer den Anlasser (Schalthebel in Leerlaufstellung). Während dieser Prüfung unter keinen Umständen Zündkerze oder Zündkabel berühren (siehe Fingerzeige Seite 180). Springen kräftige Funken über, ist die Zündung in Ordnung – sie kann allenfalls verstellt sein. Gibt es an der Zündkerze keinen Funken, können Sie es probehalber mit einer anderen Zündkerze versuchen.

■ Springen keine Funken über, liegt der Fehler in jedem Fall an der Zündanlage. Bei abgestelltem Motor und ausgeschalteter Zündung können Sie nun folgende Prüfungen vornehmen: Alle elektrischen Steckverbindungen an der Zündanlage (Steuergerät, Zündspule, Verteiler, Zuleitung) auf festen Sitz und guten Kontakt prüfen.

■ Bringt das keinen Erfolg, können Sie nur mit Meßgeräten weiter prüfen. Für die Zündspulenüberprüfung benötigen Sie ein Ohmmeter. Alle Leitungen bei ausgeschalteter Zündung an der Spule abziehen. Meßgerät zwischen Klemme 1 (–) und Klemme 15 (+) schalten. Der richtige Meßwert muß 0,55–0,75 Ω betragen. Der Widerstand zwischen Klemme 1 und Klemme 4 (Steckbuchse des dikken Hauptzündkabels) muß zwischen 3–5 kΩ liegen.

■ Ein Windungsschluß in der Zündspule läßt sich auf diese Weise allerdings nicht feststellen. Fehlt es an der Zündspannung, obwohl das Schaltgerät und der Hallgeber in Ordnung sind (siehe nachfolgende Prüfpunkte), muß die Zündspule ersetzt werden.

■ Für die Hallgeberprüfung benötigen Sie eine auf 4–24 Volt ausgelegte Prüflampe. Zuerst Lampe an Zündspulenklemme 15 und Masse anklemmen, Zün-

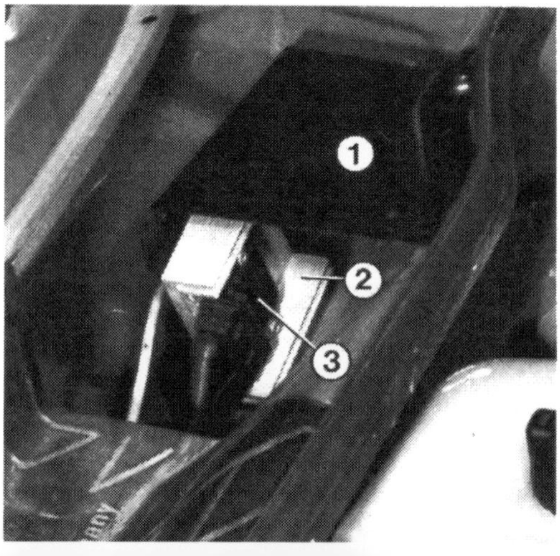

Links im sogenannten Wasserfangkasten versteckt sich das Schaltgerät (3) der Transistorzündung unter einem Abschirmblech (1). Da das Gehäuse des Schaltgeräts eine relativ kleine Oberfläche hat, ist es auf einem Kühlkörper (2) montiert, um eine bessere Wärmeabfuhr zu erzielen.

dung einschalten: Die Prüflampe muß brennen. Zündung wieder ausschalten. Dickes Hauptzündkabel aus der Mitte des Zündverteilerdeckels ziehen und mit Fahrzeugmasse (Motorblock o.ä.) verbinden. Prüflampe an Klemme 15 und Klemme 1 der Zündspule anschließen. Motor von Helfer etwa 5 Sekunden lang starten lassen. Dabei muß die Prüflampe an und aus blinzeln, sonst ist der Hallgeber defekt. In diesem Fall müßte der komplette Zündverteiler ersetzt werden. Prüflampe bei ausgeschalteter Zündung abklemmen.

■ Wenn das Schaltgerät geprüft werden soll, wird ein Voltmeter gebraucht. Behelfsmäßig geht es auch mit einer Elektrikprüflampe. Kontrollieren Sie dann, wie im vorangegangenen Absatz erläutert, ob an Klemme 15 Spannung anliegt, und legen Sie dann das Hauptzündkabel an Masse. Mehrfachstecker am Zündverteiler abziehen. Plusklemme des Voltmeters an Zündspulenklemme 1, Minusklemme an Masse anschließen bzw. Prüflampe anklemmen. Wenn Sie nun die Zündung einschalten lassen, muß das Voltmeter etwa 12 Volt anzeigen bzw. die Lampe hell brennen. Liegt die gemessene Spannung länger als eine Sekunde deutlich unter 12 Volt oder brennt die Lampe sichtlich trübe, ist das Schaltgerät defekt. Zündung sofort ausschalten. Als nächstes in den mittleren Anschluß (dazu gehört das grün/weiße Kabel) des Mehrfachsteckers ein Hilfskabel stekken und dieses an Masse anschließen. Nun müßten bei eingeschalteter Zündung am Voltmeter 12 Volt abzulesen sein, die Prüflampe brennt hell. Hilfskabel von Masse abziehen, dabei Voltmeter beobachten. Die Spannung muß kurzzeitig auf etwa 6 Volt zurückfallen bzw. die Lampe brennt wesentlich trüber. Geschieht nichts, ist das Schaltgerät defekt.

■ Haben Sie bei allen Prüfungen keinen Defekt feststellen können oder brachte auch der Austausch der Zündspule keinen Erfolg, sollte das Schaltgerät versuchsweise ersetzt werden.

Der Unterbrecher
(nur SZ)

Wenn Sie den Unterbrecher sehen wollen, müssen Sie den Verteilerdeckel, den Verteilerfinger und den darunterliegenden Staubschutzdeckel abnehmen. Beim 1100/1300 muß auch noch der Lagerdeckel (Nr. 10 im Bild Seite 185 oben) abgeschraubt werden. Der Unterbrecher löst bei seinem Abheben den Zündfunken aus.

Der Zündfunke muß im richtigen Augenblick überspringen – davon ist die volle Leistung des Motors abhängig. Die beste Leistung hat der Motor, wenn der Druck des brennenden Kraftstoff/Luft-Gemisches unmittelbar bei Beginn der Abwärtsbewegung des Kolbens am größten ist. Da nun aber das Kraftstoff/Luft-Gemisch stets eine gleichbleibende Zeit zum vollen Entflammen braucht (rund 1/3000 Sekunde), muß mit steigender Drehzahl der Zündzeitpunkt immer früher gelegt werden. Wird er allerdings zu früh gelegt, schlägt das bereits entflammte Gemisch dem noch aufwärts strebenden Kolben entgegen. Gibt man zu wenig Frühzündung, wird die Energie des Kraftstoffs nicht vollständig ausgenutzt, und der Motor kommt nicht auf seine volle Leistung.

Automatische Zündzeitpunkt-Verstellung

Mit steigender Motordrehzahl muß der Zündfunke früher überspringen, denn – wir haben das im letzten Abschnitt schon angesprochen – das Kraftstoff/Luftgemisch braucht ja immer die gleiche Zeit zur Entzündung. Nur so erfolgt die Verbrennung wieder genau zur richtigen Zeit, nämlich dann, wenn der Kolben gerade wieder beginnt abwärts zu laufen.

Das Verbrennen des Kraftstoff/Luft-Gemisches hängt aber auch von dessen Zusammensetzung ab. Bei nur gering durchgetretenem Gaspedal (bei »Teillast«) ist das Gemisch in den Brennräumen weniger zündfähig; es verbrennt daher langsamer und muß auch aus diesem Grund früher gezündet werden.

Diese Zündverstellung in Richtung »früh« übernehmen in unseren Jetta-Modellen zwei Einrichtungen im Verteiler: Der Fliehkraftversteller unten im Verteiler und die Frühzündungs-Unterdruckverstellung, die von der Unterdruck-Blechdose seitlich am Verteiler ausgeht.
Nun zur Spätverstellung: Um die Bestimmungen bezüglich der Entgiftung der Abgase einhalten zu können, besitzen die 1,6-Liter-Vergaser- und Einspritzmotoren eine Unterdruckverstellung in Richtung »spät«.

Frühzündungs-Unterdruck-verstellung

Zur Unterdruckverstellung in Richtung »Frühzündung« dient eine seitlich am Verteiler angebrachte Blechdose, deren eine Hälfte durch eine dünne Saugleitung mit dem Drosselklappenteil des Vergasers bzw. dem Drosselklappenstutzen beim Einspritzmotor verbunden ist. Oberhalb der Drosselklappe herrscht ein Unterdruck, der hauptsächlich von der Drosselklappenstellung abhängig ist. Bei geschlossener Drosselklappe ist der Unterdruck gleich Null, er steigt mit zunehmender Öffnung und steigender Drehzahl unter Teillast auf einen Höchstwert, um bei voll geöffneter Drosselklappe wieder auf etwa $1/5$ des Höchstwerts abzufallen. Wenn nun bei nur teilweise durchgetretenem Gaspedal ein kräftiger Unterdruck entsteht, zieht dieser über die Saugleitung in der Unterdruckdose eine Membrane an, von der eine kleine Zugstange in den Verteiler hineinreicht und dort die drehbare Unterbrecherplatte bzw. die Grundplatte des Hallgebers anzieht. Hierbei wird die Unterbrecherplatte bzw. die Hallgeberplatte entgegen der Drehrichtung der Verteilerwelle gezogen und die Zündung erfolgt so entsprechend früher. Die Unterdruckverstellung bewirkt je nach Motortyp 6–15 Grad Frühzündung zusätzlich zur Fliehkraftverstellung (siehe rechte Seite).

Sonderversionen der Frühzündungs-Unterdruckverstellung

Einige Bauserien der 1500er-Motoren mit automatischem Getriebe und der 1600er mit Schaltgetriebe wurden mit einer Unterdruck-Steuerung für die Zündungs-Frühverstellung ausgestattet, um das Kaltleerlauf- bzw. Kaltanfahrverhalten zu verbessern. Die Steuerung besteht aus einem Rückschlagventil und einem Thermoventil, das von der Kühlwassertemperatur gesteuert wird.
Ist das Kühlwasser kalt, ist das Thermoventil geschlossen. Der Unterdruck vom Vergaser gelangt schon bei leichtem Gasgeben durch das Rückschlagventil zum Verteiler und sorgt dort für Frühverstellung. Beim Loslassen des Gaspedals bleibt aber jetzt der Unterdruck erhalten, denn das Rückschlagventil verhindert den Abbau des Vakuums im Verteiler. Erst wenn das Kühlwasser wärmer geworden ist, gibt das Thermoventil einen Umweg um das Rückschlagventil frei. Der Unterdruck in der Frühverstellungs-Unterdruckdose, der bisher eine Drehzahlanhebung bewirkt hatte, wird jetzt abgebaut – die Leerlaufdrehzahl ist wieder normal.
Beim 1600 Automatik kann ein ähnliches Steuersystem eingebaut sein, das allerdings etwas anders funktioniert: Bis zur Öffnungstemperatur des Thermoventils gelangt Unterdruck aus nur einem Vergaseranschluß auf die Frühzündungs-Unterdruckdose, nach dem Öffnen des Ventils ist der Unterdruck aus zwei Anschlüssen gemeinsam wirksam.

Spätzündungs-Unterdruck-verstellung

Die 1600er besitzen eine doppelt wirkende Unterdruckdose mit zwei angeschlossenen Schläuchen. Der Teil mit dem schwarzen Schlauch sorgt an der zweifach wirkenden Unterdruckdose für die bereits beschriebene Zündungs-Frühverstellung. Der andere Teil an dieser dicken Unterdruckdose bewirkt das Gegenteil: Er zieht bei geschlossener Drosselklappe (also bei Leerlauf und bei Schiebebetrieb des Motors) die Unterbrecherplatte bzw. die Hallgeberplatte in Richtung Spätzündung, um den Ausstoß von Giftgasen zu verringern.

Unterdruck-verstellung prüfen

Ob die Unterdruckverstellung funktioniert, läßt sich – allerdings ohne genaue Meßwerte – selbst prüfen. Beginnen wir mit der Frühzündungs-Verstellung: Schwarzen Schlauch von der Unterdruckdose abziehen und mit der Fingerspitze verschließen. Von Helfer Motor starten und in erhöhter Drehzahl (etwa 3000/min) halten lassen. Wenn Drehzahl gleichmäßig ist, dünnen Schlauch schnell auf das Röhrchen der Unterdruckdose schieben. Da nun vom Saugrohr her Luft durch den Schlauch angesaugt wird, muß die Unterdruckverstellung in diesem Teillast-Bereich in Aktion treten, wodurch die Motordrehzahl ohne Gaspedalveränderung sofort merklich erhöht wird. Falls der Motor nicht etwas schneller dreht, ist wahrscheinlich die Unterdruckverstellung gestört.
Nun zur Spätverstellung: Betriebswarmen Motor im Leerlauf drehen lassen und dabei den weißen Schlauch an dem zum Verteiler hin zeigenden Teil der Unterdruckdose abziehen und mit dem Finger zuhalten. Der Motor muß jetzt schneller laufen. Tut er das nicht, ist höchstwahrscheinlich die Spätverstellung defekt.

Thermoventil prüfen

Welche Aufgaben das Thermoventil hat, finden Sie auf der Vorseite beschrieben. Geprüft werden kann es auf einfache Weise: Angeschlossene Schläuche abziehen, einen Ersatzschlauch aufstecken und in diesen mit dem Mund hineinblasen: Durchblasen darf nicht möglich sein beim

- 1500 Automatik bis 30°C Kühlwassertemperatur,
- 1600 Schaltgetriebe und Automatik bis 52°C Kühlwassertemperatur.

Durchblasen muß möglich sein beim

- 1500 Automatik ab 46°C Kühlwassertemperatur,
- 1600 Schaltgetriebe und Automatik ab 68°C Kühlwassertemperatur.

Damit sich die Temperaturen exakt messen lassen, baut man das Ventil zur Messung aus und legt es in ein entsprechend temperiertes Wasserbad.

Frühzündungs-Fliehkraft-verstellung

Der Fliehkraftregler wirkt »innerlich« auf die Verteilerwelle. Diese besteht nicht etwa aus einem Stück, sondern ist in Antriebs- und Verteilerwelle geteilt und beweglich ineinander gesteckt.
Die Trägerplatte des Fliehkraftverstellers sitzt nun im Verteilergehäuse unter der Unterbrecherplatte bzw. dem Blendenrotor fest auf der Verteiler-Antriebswelle. Je schneller sich diese dreht, um so intensiver drücken die Fliehgewichte auf ihrer Trägerplatte gegen einen Mitnehmer, der seinerseits die eigentliche Verteilerwelle mit den Nocken zusätzlich in ihrer Drehrichtung bewegt. Dadurch werden mit zunehmender Drehzahl die Unterbrecherkontakte früher geöffnet bzw. das Magnetfeld früher unterbrochen und zunehmende Frühzündung erreicht. Bei abnehmender Drehzahl machen dies kleine Spiralfedern wieder rückgängig. Insgesamt bewirkt die Fliehkraftverstellung bei Drehzahlen bis 5000/min bis zu 30° Frühzündung (je nach Motor). Entsprechend der Motorbelastung und Drehzahlen wirken Fliehkraft- und Unterdruckverstellung teilweise gemeinsam.
Die Fliehgewichte und deren Rückholfedern sind genau aufeinander abgestimmt, Störungen lassen sich nur mit speziellen Prüfgeräten feststellen. Wenn der Motor trotz einwandfreier Zündanlage und richtig eingestelltem Zündzeitpunkt in höheren Drehzahlen nicht auf Leistung kommt, kann der Fliehkraftregler schuld sein. Das läßt man am besten bei einem Bosch-Dienst kontrollieren.

Zündverteiler kontrollieren

Wartungspunkt Nr. 35

Wie der Zündverteiler geschmiert wird, finden Sie auf Seite 38 beschrieben. Doch mit der Schmierung allein ist es nicht getan.

- Die Verteilerkappe muß innen und außen sauber sein, damit keine Strombrücke über Schmutz, Abrieb oder Feuchtigkeit den Zündstrom ableitet. Entdecken Sie innen im Verteilerdeckel bleistiftartige Striche, so muß er ausgetauscht werden, denn diese »Striche« sind die Brandspuren von Kriechströmen, die sich dort über Schmutz oder Feuchtigkeit einen Weg gebahnt und eingebrannt haben. Solche Kriechströme setzen die Spannung des Zündstroms natürlich stark herab. Steht jedoch keine neue Verteilerkappe zur Verfügung, können Sie als Behelf die »Bleistiftstriche« mit einem Schraubenzieher oder Messer tief auskratzen und mit Alleskleber, Lippenstift oder Nagellack die Kratzspuren kriechstromsicher überstreichen.

■ Die Kontaktkohle muß innen in der Mitte des Verteilerdeckels glatt und glänzend sein, sich leicht einfedern lassen und ohne zu klemmen wieder zurückfedern, denn sie hat den Hochspannungs-Zündstrom vom Hauptzündkabel zum Mittelkontakt des Verteilerfingers weiterzuleiten.

■ Der Verteilerfinger darf an seiner Zunge über der Abdeckung des Entstörwiderstands zwischen seinem Mittelkontakt und der Zunge nicht verschmort sein.

Die Unterbrecherkontakte
(nur SZ)

Das ständige Öffnen und Schließen des Stromkreises bewirkt an den Kontakten des Unterbrechers (Hammer und Amboß) unvermeidbaren Verschleiß durch Abbrand, Verschmoren oder Metallwanderung. Am Hammer bilden sich durch den Gleichstrom ein kleiner Krater und am Amboß ein Höcker, der sich in den Krater einfügt. Das schadet nicht, macht aber bei älteren Kontakten das Messen mit der Fühlerblattlehre schwierig.

Unterbrecherkontakte prüfen
(nur SZ)
Wartungspunkt Nr. 36

Laut Wartungsplan sollen die Unterbrecherkontakte alle 15000 km ersetzt werden. Wenn die Zündanlage aber einwandfrei in Ordnung ist, können sie auch mehr als 20000 km aushalten. Deshalb wird man als sparsamer Heimwerker die Kontakte erst einmal prüfend mustern. Verteilerdeckel abheben, Verteilerfinger abziehen und Kunststoffkappe abnehmen. Beim 1100/1300 muß noch die Metallabdeckung losgeschraubt werden. Das Aussehen der Kontakte bedeutet:

■ Kontakte silberartig, wie hell poliert: Zündanlage in Ordnung.

■ Kontakte sauber, aber starke Höcker- und Kraterbildung: Kontakte normal abgenutzt – ersetzen.

■ Grauer Überzug auf den Kontaktflächen: Oxidation durch zu geringen Kontaktabstand, zu schwache Feder oder klemmenden Unterbrecherhebel.

■ Kontaktflächen blau angelaufen: Zündspule oder Kondensator nicht einwandfrei.

■ Materialablagerungen oder schwarze Verkrustungen auf den Kontakten: Öl, Fett oder Schmutz auf die Kontakte geraten.

Sind die Kontakte verkrustet oder verschmutzt, mit einem scharfkantigen Schraubenzieher oder Taschenmesser den Schmutz abschaben (keine Feile oder Schmirgelleinen dazu verwenden). Anschließend ein Läppchen um einen dünnen Holzstab wickeln und mit Tetrachlorkohlenstoff (als Reinigungsmittel in der Drogerie erhältlich) tränken. Damit die Kontakte abwischen.

Unterbrecherkontakte auswechseln

Verbrauchte Unterbrecherkontakte müssen durch neue ersetzt werden. Sind die alten Kontakte blau angelaufen oder verschmort, genügt der Austausch allein nicht, es muß auch nach dem Fehler in der Zündanlage gesucht werden (Kondensator oder Zündspule).

Zum Auswechseln der Kontakte den Kabelschuh des Verbindungskabels zum Unterbrecherhebel innen am Verteilergehäuse abziehen und Halteschraube auf der Unterbrecherplatte lösen, Kontakte herausnehmen. Beim Einsetzen des neuen Kontaktsatzes müssen Sie unbedingt darauf achten, daß der Zapfen unten an den Kontakten in die entsprechende Bohrung in der Verteilergrundplatte einrastet.

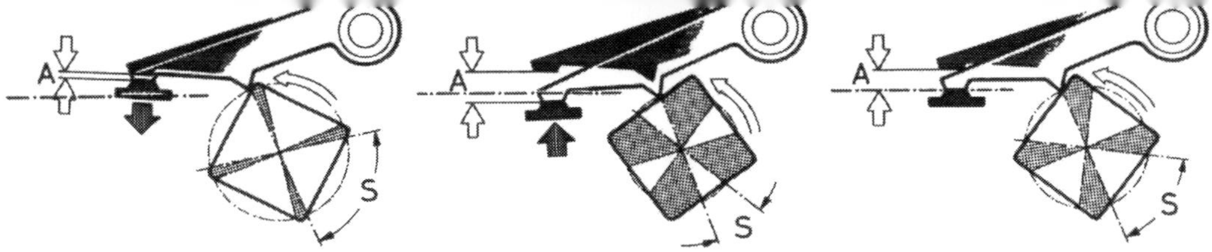

Diese Zeichnungen zeigen den Einfluß des Unterbrecher-Kontaktabstands (A) auf den Schließwinkel (S): links ist der Kontaktabstand zu klein und der Schließwinkel entsprechend zu groß, in der Mitte zu großer Kontaktabstand und zu kleiner Schließwinkel, rechts stimmen Kontaktabstand und Schließwinkel.

Vor dem Einbau der neuen Kontakte die Lagerwelle des Unterbrecherhammers mit einem Tropfen Öl und die Nockenbahn der Verteilerwelle sowie das Gleitstück des Unterbrecherhammers mit etwas Heißlagerfett (z.B. Bosch-Fett Ft 1v4) oder Mehrzweckfett sparsam einreiben.

Unterbrecher-Schließwinkel messen

(nur SZ)

Wartungspunkt Nr. 38

Wenn Sie bei »freigelegtem« Verteiler den Motor von einem Helfer mit dem Anlasser durchdrehen lassen, können Sie genau beobachten, wie die Nocken der Verteilerwelle den Unterbrecherhammer jedesmal vom Amboß abheben. Wie lange die beiden Unterbrecherkontakte bei jeder Viertelumdrehung der Unterbrecherwelle, also jeweils zwischen den einzelnen Nocken, geöffnet und geschlossen sind, hängt vom Abstand der beiden Unterbrecherkontakte ab; siehe Zeichnung oben. Den Winkel, um den sich die Unterbrecherwelle vom Beginn bis zum Ende der »Schließzeit« weiter dreht, nennt man den Schließwinkel.

Der Unterbrecher-Schließwinkel wird bei Leerlaufdrehzahl und bei rund 2000/min mit dem Schließwinkeltester gemessen. Da sich der Kontaktabstand und damit der Schließwinkel theoretisch über den gesamten Drehzahlbereich des Motors nicht ändern kann, deuten verschiedene Meßergebnisse bei diesen Drehzahlen auf eine verschlissene Verteilerwelle hin – austauschen. Beträgt der Schließwinkel in beiden Fällen **44–50°** oder **50–56%** (für Geräte mit Prozentmessung), so ist alles in Ordnung. Wenn der Schließwinkel korrigiert werden muß: Verteilerkappe, Verteilerfinger und Staubschutzdeckel abnehmen; der Lagerdeckel (Nr. 10 im Bild Seite 185) beim 1100/1300 darf dagegen nicht abgenommen werden. Halteschraube des Unterbrecher-Kontaktsatzes etwas lokkern, Schraubenzieher zwischen die beiden Einstellwarzen und die Einstellkerbe (siehe Bild unten) stecken, Motor von Helfer mit dem Anlasser durchdrehen lassen. Grundplatte der Unterbrecherkontakte so lange verdrehen, bis der Schließwinkel stimmt.

Sind neue Kontakte eingebaut worden, stellt man den Schließwinkel auf den unteren Toleranzwert ein, denn durch unvermeidlichen Verschleiß wird der Schließwinkel mit der Zeit etwas größer. Halteschraube wieder festziehen, Staubkappe, Verteilerfinger und -deckel aufsetzen, Motor starten und nochmals im Leerlauf und bei 2000/min messen.

Beim Drehen der Verteilerwelle heben die Nocken (auf einen der vier Nocken zeigt der weiße Pfeil) jeweils das Gleitstück (1) und damit den Unterbrecherhammer (2) vom Kontakt (3) des Unterbrecher-»Amboß« ab. Zum Verstellen des Unterbrecher-Schließwinkels wird die Amboß-Halteschraube (4) gelockert und mit einem Schraubenzieher zwischen den kleinen Verstellwarzen (die Schraubenzieherklinge deutet darauf) und der davor liegenden Amboßplattenkerbe der Abstand reguliert. Grundsätzlich muß beim 1100/1300 zum Einstellen des Schließwinkels (und beim behelfsmäßigen Kontakteinstellen) der Lagerdeckel der Verteilerwelle (Nr. 10 im Bild Seite 185 oben) montiert sein.

Kontaktabstand behelfsmäßig einstellen

Dazu muß das Gleitstück des Unterbrechers genau auf dem Gipfelpunkt eines Verteilerwellennockens stehen. Dann muß der Kontaktabstand **0,4 mm** betragen (Fühlerblattlehre). Grundsätzlich ist diese Messung auch nur bei neuen Kontakten genau, da diese noch eben und glatt sind. Durch den Höcker und Krater nach längerer Betriebszeit der Kontakte wird die Messung immer ungenauer, dann hält man die Lehre besser nur am Rand zwischen die Kontakte.
Bei offenem Zündverteiler Wagen mit eingelegtem 4. Gang vorwärts rucken, bis eine Nocke den Unterbrecherhammer voll abgehoben hat. Bei einem Wagen mit Automatik den Motor an der Halteschraube der Kurbelwellen-Keilriemenscheibe mit einem 19er-Schlüssel drehen, keinesfalls an der Schraube am Nockenwellenrad drehen! Mit Schraubenzieher Klemmschraube des Ambosses lockern, Kontaktabstand mit der Hand etwas erweitern, Fühlerblatt 0,4 mm zwischen Kontakte halten und diese mit der Hand fest zusammenpressen, so daß der Amboß-Kontakt auf 0,4 mm an den Hammer-Kontakt herangerückt wird. Klemmschraube wieder festziehen und Fühlerblattlehre herausziehen.

Der Zündzeitpunkt

(nur SZ)
Wartungspunkt
Nr. 39

Die volle Motorleistung und ein günstiger Benzinverbrauch hängen vom richtig eingestellten Zündzeitpunkt ab. Deshalb ist bei der herkömmlichen Batteriezündung die Kontrolle der Zündeinstellung eine besonders wichtige Wartungsmaßnahme. Veränderungen des Unterbrecher-Schließwinkels verändern auch den Zündzeitpunkt, daher wird vor der Zündeinstellung erst der Schließwinkel gemessen und berichtigt. Umgekehrt muß nach jedem Verstellen des Unterbrecher-Schließwinkels oder nach dem Einbau neuer Kontakte die Zündung neu eingestellt werden.

Zündzeitpunkt prüfen

Zur fachgerechten Einstellung bei laufendem Motor wird eine Blitz- oder Stroboskoplampe und ein exakter Drehzahlmesser (der im Armaturenbrett genügt nicht!) benötigt. Vor der Einstellung wird der Motor warmgefahren. Der richtige Zündzeitpunkt liegt bei den verschiedenen Motoren unterschiedlich:

Hubraum	1100	1300	1500	1600	1600 Einspritzer
Kennbuchstabe	GG	GF	JB	FR	EG
Zündzeitpunkt	10° vor OT	5° vor OT	9° vor OT	OT	OT
bei Drehzahl	900–1000/min	900–1000/min	900–1000/min	900–1000/min	900–1000/min

Einstellen mit der Stroboskoplampe

Bei einem Zündverteiler mit **einfacher Unterdruckdose** ziehen Sie den dort aufgesteckten **Schlauch ab**, bei **doppelter Unterdruckdose** bleiben **beide Schläuche aufgesteckt**. Der Zündzeitpunkt wird mit Hilfe des 1. Zylinders (der in Fahrtrichtung ganz rechts stehende) eingestellt. In dessen Zündkabel muß die Stroboskoplampe geschaltet werden. Motor starten und auf die Zündmarkierung halten:

■ Beim **1100/1300** dient zur Zündeinstellung ein Markierungsblech an der in Fahrtrichtung rechten Motorseite (siehe Zeichnungen unten). Unter diesem Blech läuft die Kurbelwellen-Keilriemenscheibe vorbei.

Für die Zündeinstellung sitzt beim 1100/1300 vorn rechts in Fahrtrichtung an der Motor-Stirnseite ein Markierungsblech. Darin sind die Buchstaben »Z« für die Zündmarkierung und »O« für den oberen Totpunkt eingeprägt. Eine Kerbe auf der Kurbelwellen-Keilriemenscheibe dient zum Einstellen des Zündzeitpunkts. Beim dynamischen Einstellen mit der Stroboskoplampe muß die Kerbe beim 1100 an der Vorderkante (1 = 10° vor OT) der »Z«-Marke (linke Abbildung) als »stehendes Bild« zu erkennen sein. Beim 1300 muß die Kerbe an der Hinterkante (1 = 5° vor OT) der Zündmarke (rechte Zeichnung) »stehen«.

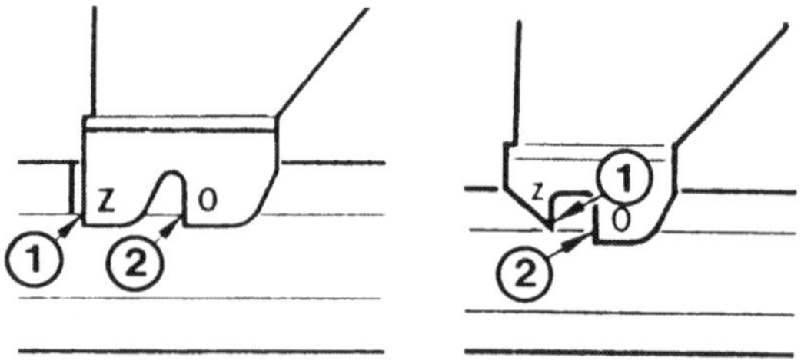

Zum behelfsmäßigen Verstellen des Kontaktabstands (hier beim 1500/1600) zuerst den Motor so weit drehen, bis ein Unterbrechernocken (Pfeil) den Unterbrecherhammer (4) voll vom Unterbrecher-»Amboß« (2) abgehoben hat. Dann Halteschraube (3) der Amboßplatte etwas lockern, mit einem Schraubenzieher zwischen den kleinen Verstellwarzen (1) und der gegenüberliegenden Amboßplattenkerbe durch leichtes Drehen des Schraubenziehers nach rechts oder links den Unterbrecherabstand auf 0,4 mm einstellen. Abstand mit zwischengeschobener 0,4-mm-Fühlerblattlehre nachprüfen. Wird mit einem Schließwinkeltester eingestellt, halten Sie den Schraubenzieher bei leicht gelockerter Halteschraube zwischen die Verstellwarzen, lassen den Motor von einem Helfer mit dem Anlasser drehen und stellen den Schließwinkel durch entsprechendes Verdrehen der Unterbrecherkontakt-Grundplatte ein.

■ Beim **1500/1600** muß erst der Verschlußstopfen aus dem Schauloch (siehe Bild Seite 56 und Zeichnungen unten) oben am Ende des Motorblocks in der Kupplungs-»Glocke« herausgedreht werden. Für die Zündeinstellung sitzt darunter in Fahrtrichtung rechts eine Spitze. Unter ihr läuft die Schwungscheibe des Motors vorbei.

■ In die Keilriemenscheibe bzw. die Schwungscheibe ist eine Kerbe eingeschlagen. »Steht« beim kurzen Aufblitzen der Lampe die Kerbe auf der Keilriemen- bzw. Schwungscheibe direkt unter der entsprechenden Kante des Markierungsblechs oder der Spitze, so ist der Zündzeitpunkt richtig eingestellt. Andernfalls wird das Zündverteilergehäuse gelockert – beim 1100/1300 sind das 3 Schrauben SW 10 an der Grundplatte links am Motor, beim 1500/1600 eine Schraube SW 13 unten am Verteiler. Zündverteiler behutsam drehen, bis die Einstellung stimmt. Der Motor sollte nun im Leerlauf mit 900–1000/min drehen.

Behelfsmäßige Zündeinstellung bei stehendem Motor
(nur SZ)

Eine Zündeinstellung bei stehendem Motor ist vom Werk nicht vorgesehen. Aber im Notfall hilft die »statische« Einstellung doch weiter. Dazu müssen Sie eine eigene Zündmarkierung an der Keilriemen- bzw. Schwungscheibe anbringen, nachdem zuvor die Zündung mit Stroboskoplampe und geeichtem Drehzahlmesser exakt eingestellt wurde:
Verteilerdeckel, -finger und Kondenswasserschutz abnehmen, Verteilerfinger wieder aufstecken. Motor so weit drehen (siehe Seite 53), bis der Verteilerfinger kurz vor der Kennmarke für den 1. Zylinder steht (im Verteiler-Gehäuserand). Zündung einschalten. Prüflampe mit einem Kabelende an Klemme 1 der Zündspule (grünes Kabel) anschließen, das andere Ende fest gegen Masse drücken. Da in dieser Verteilerwellenstellung normalerweise die Unterbrecherkontakte geschlossen sind, brennt die Prüflampe nicht, weil der Strom den Weg des geringeren Widerstands über die geschlossenen Kontakte nimmt. Motor weiterdrehen, bis die Prüflampe gerade aufleuchtet. Das ist der Zeitpunkt, in dem die

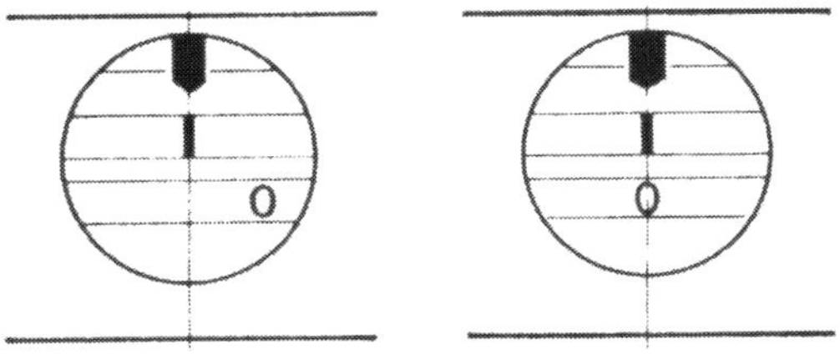

Zur Zündzeitpunkteinstellung am 1500/1600 wird die Stroboskoplampe auf die angegossene Spitze im Schauloch der Kupplungsglocke gerichtet, siehe die Abbildung auf Seite 56 unten. Der Motor muß im Leerlauf drehen. Im Schauloch läuft die Schwungscheibe des Motors mit den verschiedenen Markierungen vorbei. Für die Zündeinstellung »9° vor OT« muß die zum »O« versetzte Kerbe auf dem Schwungrad der Pfeilspitze gegenüber »stehen« (linke Zeichnung). Bei Einstellung auf den Oberen Totpunkt stehen Pfeil, Kerbe und »O« in einer Linie, wie rechts gezeigt.

Die Mitte des Verteilerfingers (unterer Pfeil) steht im geöffneten Zündverteiler (Kondenswasserschutzdeckel hier zur besseren Sicht weggenommen) genau über einer kleinen Kerbe (oberer Pfeil) im Verteilergehäuserand. Es ist die »Zylinder-1-Marke«, denn bei dieser Verteilerfingerstellung steht zugleich der Kolben im 1. Zylinder etwa in seinem höchsten Punkt, dem »Oberen Totpunkt«.

Unterbrecherkontakte zu öffnen beginnen und der Zündfunke in der Zündspule entstehen würde. Jetzt die Stelle auf der Keilriemen- bzw. Schwungscheibe markieren, die gerade unter der entsprechenden Kante des Markierungsblechs bzw. unter der Spitze steht. Dieses Aufleuchten der Prüflampe durch Rückwärts- und danach Vorwärtsdrehen des Motors (nicht nur Rückwärtsdrehen, das gibt durch Toleranzen in den Motorteilen Einstellfehler) dreimal wiederholen und jedesmal mit Bleistift markieren. Liegen die Markierungspunkte ganz dicht beieinander, in der Mitte die eigene Zündzeitpunktmarkierung entweder mit einem Körner in die Keilriemenscheibe oder das Schwungrad einschlagen oder mit einem auffallenden Farbpunkt markieren.
Motor drehen, bis »Ihre« Einstellmarke am Markierungsblech oder im Schauloch vor der Markierungsspitze erscheint. Motor wieder etwas zurückdrehen, bis die Marke um einige Zentimeter verschwindet. Zündung einschalten und Prüflampe an Klemme 1 der Zündspule anschließen, anderen Lampenpol gegen Masse drücken. Motor behutsam drehen, bis »Ihre« Einstellmarke unter dem Markierungsblech oder der -spitze vorbeiwandert. Genau in diesem Augenblick muß die Prüflampe aufleuchten, wenn die Zündung richtig eingestellt ist. Leuchtet die Lampe früher oder später auf, so wird der Motor so weit zurückgedreht, bis die Einstellmarke genau unter der entsprechenden Kante des Markierungsblechs oder der Spitze steht. Verteilerklemmschraube(n) etwas lockern und das Verteilergehäuse ein wenig im Gegenuhrzeigersinn (1100/1300) bzw. im Uhrzeigersinn (1500/1600) verdrehen, bis die Prüflampe verlöscht. Dann sind die Unterbrecherkontakte geschlossen und der Strom nimmt den widerstandsärmeren Weg über die Kontakte. Verteiler wieder ganz langsam zurückdrehen, bis die Prüflampe gerade aufzuleuchten beginnt. Nicht weiterdrehen, dies ist der Zündzeitpunkt. Verteiler festschrauben.

Einstellung der Transistorzündung prüfen

Wartungspunkt Nr. 75

Bei der TSZ bestimmt die Breite der Rotorblenden den Schließwinkel, d. h. daß er sich überhaupt nicht verändern kann. Dadurch bleibt auch der Zündzeitpunkt praktisch für die gesamte Motorlebensdauer konstant. Als einzige Quelle von Verschleißerscheinungen kommt nur der Verteilerantrieb in Frage, weshalb alle 45000 km doch einmal die Zündeinstellung kontrolliert werden sollte.
Das können Sie mit Stroboskoplampe und geeichtem Drehzahlmesser auch selbst machen, wenn Sie die auf Seite 180 aufgeführten Sicherheitsmaßnahmen beachten. Die Vorbereitungen und Einstellung sind gleich wie bei der Spulenzündung. Die **Unterdruckschläuche** bleiben an der Verteilerdoppeldose **aufgesteckt**.

Beim 1100/1300 dreht der Verteilerfinger links herum (siehe den Richtungspfeil), und die Zündkabel müssen in der Zündreihenfolge 1-3-4-2 aufgesteckt sein, wobei die Zündstellung des 1. Zylinders ja an der Kerbe im Verteiler zu erkennen ist (siehe Bild links).
Wurde das Radio bereits im Werk eingebaut, besitzt der Jetta keine Kabel aus Kupferlitze, sondern Widerstandszündkabel aus gedrilltem dünnem Draht. Dadurch konnte das Werk einige Entstörmaßnahmen sparen. Falls Sie Probleme mit der Zündanlage haben, kann es daran liegen, daß der Widerstand eines solchen Kabels durch einen Bruch oder Knick erhöht wurde. Ein derartiges schadhaftes Kabel sollten Sie durch die funktionssicheren Kupferlitzen-Zündkabel ersetzen. Sie brauchen dann allerdings auch je einen Entstörstecker am Kabelende zu jeder Zündkerze.

Zündkerzen kontrollieren
Wartungspunkt Nr. 6

Statt des regelmäßigen Zündkerzentausches alle 15000 km haben wir eine Kontrolle alle 7500 km vorgesehen. Nach Ansicht der Zündkerzenhersteller ist eine Lebensdauer von 15000 bis 20000 km bei durchschnittlichen Betriebsbedingungen realistisch. Wir meinen, daß die Kerzen bei regelmäßiger Kontrolle auch mehr Kilometer verkraften, wenn vor allem der Elektrodenabstand regelmäßig kontrolliert und gegebenenfalls nachgestellt wurde.
Luftfiltergehäuse abnehmen (siehe Seite 91). Beim Ausbau der Zündkerzen nicht an den Zündkabeln zerren, sondern die Zündkerzenstecker fassen und mit leichten Ruckelbewegungen von den Zündkerzenstiften ziehen. Die ausgebauten Zündkerzen sollten Sie in der Reihenfolge der Zylinder ablegen, da das »Zündkerzengesicht« Rückschlüsse auf den betreffenden Zylinder zuläßt (siehe nächsten Abschnitt).
Der Elektrodenabstand wird während der Betriebszeit durch natürlichen Abbrand weiter. **0,6–0,7 mm Abstand** sind vorgeschrieben – falls notwendig, biegt man die Stirnelektrode etwas nach. Sind die Elektroden dagegen schon stark abgebrannt, sollten Sie die Kerzen ersetzen. Eine zu dünne Stirnelektrode kann abbrechen und im Motor Schaden stiften.
Auf einer gut funktionierenden Kerze darf sich nicht viel Schmutz abgesetzt haben. Mit einer Zündkerzenbürste oder einer alten Zahnbürste und Reinigungsbenzin können Sie das »Kerzengesicht« säubern. Die früher übliche Zündkerzenreinigung mit einem Sandstrahlgerät lohnt sich wegen der hohen Arbeitslöhne kaum noch, ein Satz vielleicht ohnehin bald fälliger neuer Zündkerzen ist in diesem Fall oft billiger. Auch stark verrrußte Zündkerzen austauschen.

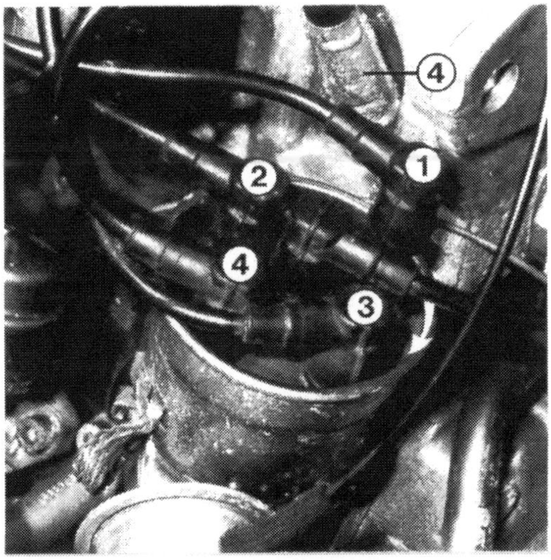

Im 1500/1600 sind bei rechts drehendem Verteilerfinger (siehe Richtungspfeil) die Zündkabel wie hier numeriert im Verteilerdeckel angeordnet.
Bei Motorstottern empfiehlt es sich, zuerst einmal für alle Fälle, die Kabelstecker nacheinander mit dem Daumen fest in ihre Buchsen zu drücken, denn sie können sich durch Erwärmung der eingeschlossenen Luft etwas aus den Buchsen herausgehoben haben.
Wenn Zündkabel alt und brüchig geworden sind, wodurch natürlich Feuchtigkeit eindringen und den Zündstrom abwandern lassen kann, sollte man gar nicht lange nach dem Fehler suchen, sondern sie durch neue ersetzen, die man sich ohne weiteres selbst aus Meterware (Kupferlitzen-Zündkabel) passend schneiden kann.

Der Wärmewert

Je nach Verdichtung und Leistungsausbeute entwickeln Benzinmotoren recht unterschiedliche Temperaturen in ihren Verbrennungsräumen. Darauf müssen die Zündkerzen abgestimmt sein. Diese Eigenschaft wird durch den sogenannten Wärmewert gekennzeichnet. Bekannt sind die älteren Wärmewertangaben von Beru und Bosch, wie 175 oder 225, während andere Kerzenhersteller schon früher den Wärmewert auf andere Art verschlüsselten. Doch auch Beru und Bosch sind zwischenzeitlich zu einer neuen Kennzeichnung übergegangen. Die Kennzahl 7 steht für Wärmewert 175 und 5 für 225. Eine hohe Wärmewert- oder niedrige Kennzahl besagt, daß diese Zündkerze viel Hitze ertragen, d. h. ableiten kann, ohne selbst heiß zu werden. Leitet die Kerze zu viel Wärme ab, erreicht sie nicht ihre »Selbstreinigungstemperatur«. Die liegt bei etwa 500° C und besagt, daß sich die heißen Zündkerzenelektroden selbst vom Rußansatz freibrennen können.

Das »Zündkerzengesicht«

Ob Sie für Ihre Fahrweise den günstigsten Wärmewert gewählt haben, können Sie aus dem Aussehen und der Färbung der Zündkerzenelektroden erkennen. Des weiteren gibt dieses »Zündkerzengesicht« auch Aufschluß über den Zustand des Motors sowie die richtige Vergaser- und Zündeinstellung:

- Mittelbraun bis mittelgrau: Gute Vergasereinstellung, Motor und Zündkerzen arbeiten richtig.
- Schwarz: Vergaser zu fett eingestellt oder Zündkerze durch überwiegenden Kurzstreckenbetrieb zu kalt. Evtl. »Mehrbereichswärmewert«-Zündkerzen probieren, wenn Vergasereinstellung stimmt. Falls nur bei einem Zylinder: mangelhafte Kompression.
- Silbrig: Zündkerze wird zu heiß durch zu viel Frühzündung oder scharfe Langstreckenfahrten. Evtl. Zündkerzen mit breiterem Wärmewertbereich nehmen.
- Hellgrau: Vergaser zu mager eingestellt.
- Verölt: Zündkerze setzt aus, evtl. Kolbenringe undicht. Wenn bei allen Zündkerzen: Fehler in der Zündanlage.

Zündkerzengewinde

Das Einschraubgewinde muß für unsere Motoren 19 mm lang sein. Das ist die größte handelsübliche Gewindelänge, weshalb auch das Heraus- und Hineinschrauben so lange dauert. Der Gewindedurchmesser beträgt 14 mm.

Welche Zündkerze nehmen?

Verbesserte Zündwilligkeit der Kerzen ist nicht mit anderen Elektrodenformen zu erwarten, sondern eher durch eine Erweiterung des Wärmewertbereichs. So gibt es neben den Standard-Zündkerzen (Beru ohne besondere Bezeichnung, Bosch thermo-elastic) »Mehrbereichs«-Zündkerzen. Hierzu zählen die »Beru ultra« und die »Bosch thermo-elastic Super«. Eine noch höhere Qualitätsstufe stellt die »Beru RS dynaflex« mit Silber-Mittelelektrode dar.

Welche Zündkerzen nun laut Werkserprobung geeignet sind, können Sie der nachfolgenden Tabelle entnehmen:

Motor	1100	1300	1500	1600	1600 Einspritzer
Zündkerzenfabrikat					
Beru	–	14-7 D	14-8 D	14-7 D	14-5 D
Bosch thermo-elastic	W 7 D	W 7 D	W 8 D	W 7 D	W 5 D
Champion	–	N-8 Y	N-10 Y	N-8 Y	N-6 Y
Beru ultra	–	14-7 DU	–	14-7 DU	–
Bosch thermo-elastic Super	–	W 7 DC	W 8 DC	W 7 DC	W 5 DC
Beru RS dynaflex	–	–	–	RS 35	RS 39

Auge um Auge

Im Auto haben die Glühlampen eine wesentlich kürzere Lebensdauer als etwa im Haushalt. Daran sind nicht nur die ständigen Erschütterungen schuld, sondern auch die hohen Temperaturen in den relativ kleinen Glaskolben. Diese große Hitze läßt das Glühwendelmaterial verdampfen. Der Metallnebel schlägt sich dann bei den herkömmlichen Glühbirnen innen auf dem Glas nieder.
Bei Halogenlampen ist es anders: Durch die spezielle Gasfüllung dieser Birne kehren die verdampften Metallteilchen zur Glühwendel zurück und setzen sich dort in kristalliner Form nieder. Gealterte Halogenglühlampen erkennt man daher an einem gewissen Glitzereffekt am Glühfaden. Die Wendel wird hierdurch spröder und bricht besonders leicht ab. Halogenlampen leben deshalb nicht länger als herkömmliche, aber sie brennen bis zur letzten Leuchtstunde mit voller Kraft.

Beleuchtungsanlage prüfen

Wartungspunkt Nr. 24

Der Gesetzgeber schreibt vor, daß Sie sich vor Antritt jeder Fahrt vergewissern müssen, ob auch alle Lampen am Auto brennen. So häufig wird wohl kaum jemand die Beleuchtung prüfen, aber einmal in der Woche ist andererseits auch nicht zu viel verlangt. Bei Dunkelheit geht die Kontrolle am einfachsten vor sich. In einer Kolonne reflektieren Vordermänner das Licht beider Abblendscheinwerfer oft durch die Stoßstange oder die Lackierung. Sie können natürlich auch vor eine helle Wand fahren oder in der Garage beobachten, ob zwei Lichtpunkte zu sehen sind. Ebenso prüft man die vorderen Blinker. Zur Kontrolle der hinteren Leuchten beobachten Sie deren Reflexionen in einem anderen Wagen oder wieder an der hellen Wand.

Ersatzlampen

Als wichtigste Ersatzlampen brauchen Sie für Ihren Jetta:
■ Zweifadenlampe, 45/40 Watt, Sockel P 45 t, DIN-Form A (nur Modelle mit 1,1- und 1,3-Liter-Motor bis 7/81).
■ Halogen-Zweifadenlampe H4, 60/55 Watt, Sockel P43 t, DIN-Form H4 (bei H4-Scheinwerfern; erkennbar am Schriftzug »H 4« in der Mitte des Lampenglases).
■ Kugellampe, 21 Watt, Sockel BA 15s, DIN-Form RL (Blinker vorn und hinten, Bremslicht, Rückfahrscheinwerfer, bei Ausstattung ab Werk: Nebelschlußleuchte);
■ Kugellampe, 5 Watt, Sockel BA 15s, DIN-Form G (Schlußlicht);
■ Röhrenlampe, 4 Watt, Sockel BA 9s, DIN-Formel-HL (Standlicht, Kennzeichenleuchten).

Scheinwerferlampen auswechseln

Zum Lampentausch Motorhaube öffnen, Dreifachkabelstecker an der Scheinwerferrückseite mit hebelnden Bewegungen abziehen. Gummiabdeckkappe abnehmen, Klemmring für die Glühlampe gegen den Reflektor drücken, nach links drehen und abnehmen, Lampe herausziehen. Achten Sie beim Einsetzen

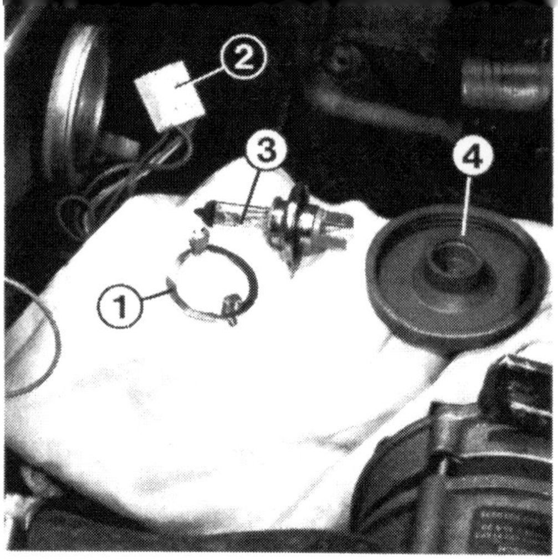

Ausbau der Scheinwerferlampe beim H4-Scheinwerfer: Dreifachstecker (2) hinten an der Lampe abziehen, Gummiabdeckung (4) abnehmen, Klemmring (1) in Richtung Scheinwerfer drücken, nach links drehen und abnehmen. Glühlampe (3) herausziehen. Achten Sie beim Einsetzen der neuen Lampe darauf, daß die Fahnen am Blechsockel der Birne in die entsprechenden Aussparungen in der Fassung am Scheinwerferspiegel passen. Die Steckerfahnen an der Lampe müssen bei richtigem Einsetzen ein nach unten geöffnetes U bilden. Klemmring ansetzen und festdrehen, Gummiabdeckung und Stecker aufstecken.

der neuen Zweifadenlampe darauf, daß die Haltenase an der Lampenfassung in der entsprechenden Aussparung unten im Reflektor sitzt. Das U, das die drei Lampen-Kontaktzungen bilden, ist nach unten offen. Klemmring andrücken und nach rechts drehen, Abdeckkappe und Kabelstecker aufdrücken.
Für den Fall, daß Sie die Stromzuführung an die Lampe prüfen wollen, hier die Kabelbelegung:
Der Fernlichtfaden der Zweifadenlampe – Klemme 56 a – erhält rechts Strom durch ein weißes und links durch ein weiß/schwarzes Kabel. Für das Abblendlicht mit der Normklemme 56 b wird der Strom rechts in einem gelben und links in einem gelb/schwarzen Kabel zugeführt.

Standlichtlampe ersetzen

Zum Lampenwechsel erst die Motorhaube öffnen. Standlicht-Lampenfassung (sie sitzt seitlich unter der Zweifadenlampe) etwas nach links drehen und herausnehmen. Röhrenlampe etwas in die Fassung drücken und drehen, dann kann man sie abnehmen. Neue Birne einsetzen, Fassung in den Reflektor stecken und noch etwas nach rechts drehen, damit die Standlichtlampe mit ihrer Fassung richtig einrastet.
Die Standlichtfassungen besitzen grau/rote bzw. grau/schwarze Pluskabel und eine braune Masseleitung. Diese Kabel dürfen nicht verwechselt werden – die Plusleitung muß an der Fassung an deren Seite mit der Haltenase sitzen.

Scheinwerfer ausbauen

Wurde eine Scheinwerfer-Streuscheibe (ihr Name sagt, daß sie das gebündelte Licht des Reflektors fahrgerecht »streut«) durch Steinschlag oder einen Ramm-

Zum Auswechseln der Standlichtlampe (3) wird die Fassung (2), die normalerweise unterhalb der Hauptscheinwerfer-Lampe in den Reflektor eingedreht ist, mit ihrem Zweifachstecker (1) um etwa eine halbe Umdrehung linksgedreht und herausgezogen. Lampe auswechseln (Bajonettverschluß) und Fassung anschließend mit einer halben Rechtsdrehung wieder in den Reflektor stecken.

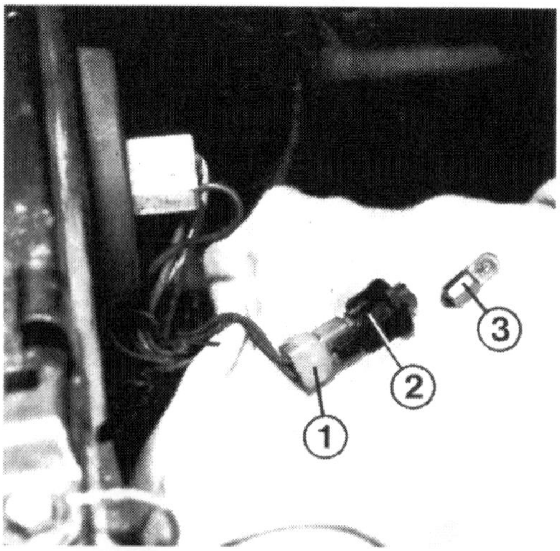

Zum Ausbau der vorderen Scheinwerfer/Blinker-Einheit (2 und 3) nach Abnehmen des äußeren Grillteils (siehe Bild Seite 224 unten) die vier Halteschrauben (4) des Scheinwerfertragrings (1) herausdrehen. Die Pfeile deuten auf die Schraubenlöcher im Frontblech. Kabelstecker, Standlichtfassung und Blinklichtfassung abnehmen, Scheinwerfer herausnehmen. Die Abnahme des Scheinwerfers zeigt das Bild unten.

stoß beschädigt, kann man sie nicht allein ersetzen. Man muß leider einen kompletten Scheinwerfereinsatz kaufen, da Streuscheibe und Reflektor miteinander verklebt sind. Ein Scheinwerfertausch wird auch notwendig, wenn Kondenswasser Rostansatz am Reflektor verursacht hat.
Zum Ausbau eines Scheinwerfers muß erst das betreffende Kühlergrilleck abgenommen werden (siehe Bild Seite 224 unten). Dreifachstecker am Scheinwerfer sowie Gummikappe und Lampenfassung an der danebenliegenden Blinkleuchte (siehe Bild nächste Seite) abziehen. Nach Lösen der 4 Kreuzschlitzschrauben (siehe Bild oben) kann die komplette Scheinwerfer-/Blinkgehäuse-Einheit abgenommen werden. Wie der Scheinwerfereinsatz vom Halterahmen abgenommen wird, zeigt das Bild unten.
Falls Ihr Jetta noch kein H 4-Licht hat, bietet sich beim Ersatz eines defekten Scheinwerfers eine günstige Gelegenheit zum Wechseln. Die Scheinwerfereinsätze hierfür erhalten Sie am günstigsten im Zubehörhandel.

Scheinwerfereinstellung kontrollieren

Wartungspunkt
Nr. 64

Von selbst wird sich ein Scheinwerfer kaum verstellen, aber wenn eine Glühlampe oder ein Scheinwerfereinsatz ausgewechselt oder neue Stoßdämpfer oder Federn eingesetzt wurden, muß die Einstellung des Scheinwerferstrahls kontrolliert werden. Damit man unterwegs mit einem neu bestückten Scheinwerfer den Gegenverkehr nicht unnötig blendet, hilft man sich folgendermaßen: Den Wagen rund 10 oder 20 Meter vor eine möglichst helle Wand stellen und den erneuerten Scheinwerfer in der Höhe dem unveränderten Scheinwerfer gleichstellen.

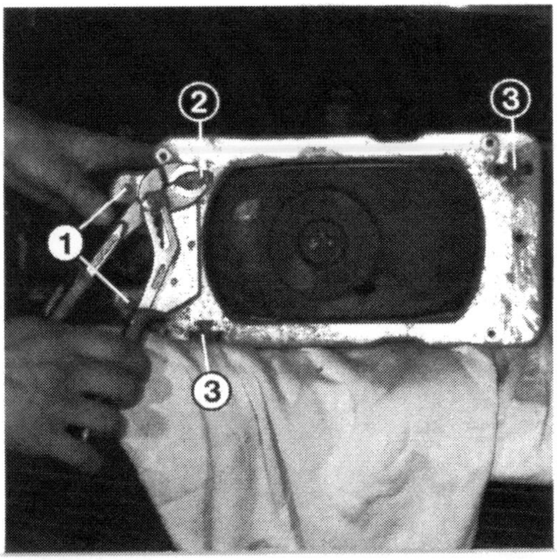

Die Rückseite des Scheinwerfertragrings zeigt die beiden Halteschrauben (1) des Blinkergehäuses und die Kunststoffhalteböcke (2 und 3) des Scheinwerfers. Zur Abnahme des Scheinwerfers diese Halteböcke mit einer Zange um 90° drehen. Halteböcke am alten Scheinwerfer aushängen und in den neuen einsetzen.

Beim Justieren der Jetta-Scheinwerfer wird oben (1) die Seitenrichtung eingestellt und unten (2) die Höhe, und zwar jeweils mit einem Kreuzschlitzschraubenzieher. Beim Scheinwerfereinstellen korrigiert man zweckmäßigerweise erst die Höhe und dann die Seitenrichtung, weil sich bei umgekehrter Reihenfolge die Seitenrichtung beim Höherstellen eher verändert.

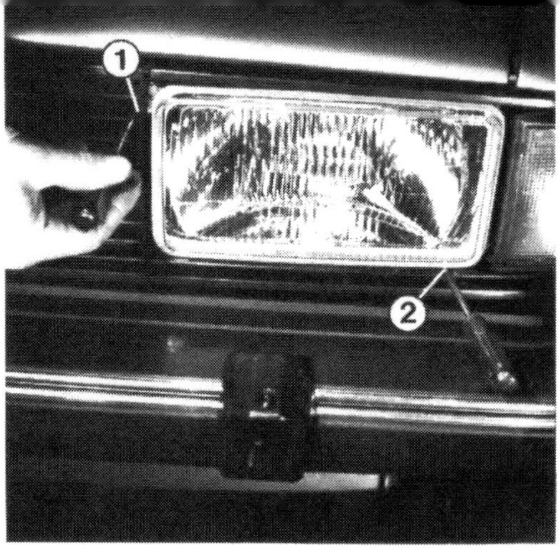

Die Seiteneinstellung können Sie sich bis zur fachgerechten Justierung mit dem Einstellgerät sparen. Solch ein Gerät haben manchmal Tankstellen, auf jeden Fall aber eine Autoelektrik- oder die V.A.G.-Werkstatt.

Lampenwechsel

Blinkleuchten vorn

Eine ausgefallene Blinker-Glühlampe ist die Ursache, wenn die Blinker-Kontroll-Lampe in schnellem Rhythmus aufblitzt (weitere Blinkerstörungen finden Sie auf Seite 204 beschrieben). Bevor eine neue Glühbirne eingesetzt wird, sollten Sie kontrollieren, ob nicht Korrosion oder mangelnder Massekontakt den Stromweg hemmt; das kommt bisweilen vor. Als Ersatz für eine defekte Birne darf nichts anderes als eine 21-Watt-Lampe (mit gleichem Sockel gibt es auch welche mit 10 und 15 Watt) verwendet werden, sonst gerät das Blinkrelais aus dem Takt.
Den Austausch einer vorderen Blinkleuchte zeigt das Bild unten.
Für die Blinker ist die Kabelfarbe der Stromzuführung links schwarz/weiß und rechts schwarz/grün.

Heckleuchte

Wenn eine defekte Birne in der Heckleuchte ersetzt werden soll, so geht dies, wie im Bild rechts unten beschrieben.
Nur für das Schlußlicht wird eine 5-Watt-Kugellampe gebraucht, alle anderen Leuchten haben 21-Watt-Einfadenbirnen. Falls unterwegs eine der verkehrswichtigen Blink- oder Bremsleuchten ausfällt und haben Sie keinen Ersatz an Bord, so sollten Sie ersatzweise sofort eine Rückfahrscheinwerfer-Glühlampe einsetzen.

Eine defekte vordere Blinker-Glühlampe wird vom Motorraum aus ersetzt. Dazu die Gummikappe (3) hinten am Blinkergehäuse abstreifen, Halteklammer (2) nach unten drücken und Fassung (4) mit der eingesteckten Glühlampe (5) herausziehen. Wenn die Fassung wieder in das Blinkergehäuse eingesetzt wird, muß die entsprechende Aussparung in den Nocken (1) im Gehäuse einrasten und die Halteklammer senkrecht oben stehen.

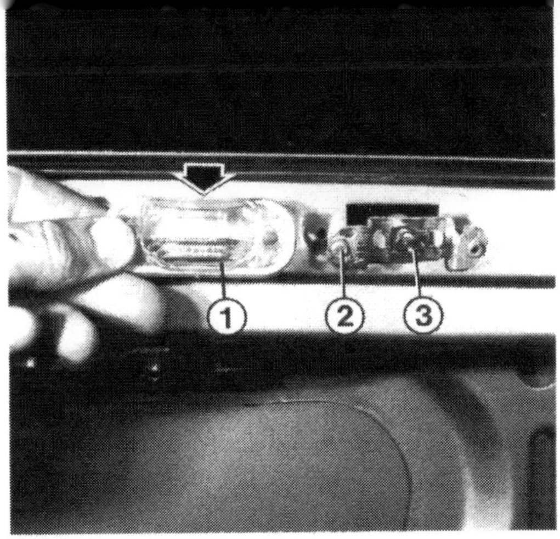

Die beiden Kennzeichenleuchten sitzen in der Kofferraumhaube. Um ein defektes Lämpchen (3) auszutauschen, die beiden Kreuzschlitzschrauben rechts und links im Deckglas (1) herausschrauben und das Deckglas mit dem Lampensockel (2) herausziehen. Das Lämpchen selbst läßt sich durch leichten Druck bei Linksdrehung herausnehmen. Beim Zusammenbau darauf achten, daß die größere silbern hinterlegte Fläche am Deckglas (Pfeil) nach hinten zeigt. Beim Auswechseln des Lämpchens sollte das Licht ausgeschaltet bleiben, da sonst die blanken Kabelstecker mit dem Karosserieblech in Berührung kommen könnten. Kurzschluß und eine durchgebrannte Sicherung wären die Folgen.

Die auf Wunsch lieferbare Nebelschlußleuchte erscheint uns mit der 21-Watt-Glühbirne recht schwach bestückt; Sie können auch eine etwas lichtstärkere 25-Watt-Lampe einbauen, die allerdings mehr Wärme verbreitet.
In den Rückleuchten erhalten die Blinker ihre Stromzuführung in derselben Kabelfarbe wie die vorderen Blinkleuchten, für die Bremslichter sind es rot/schwarze Kabel. Das linke Schlußlicht wird durch ein grau/schwarzes Kabel, das rechte durch ein grau/rotes und die Nebelschlußleuchte durch ein grau/weißes Kabel versorgt. Die Rückfahrscheinwerfer haben schwarze Kabel.
Ein einzelnes, zerbrochenes Leuchtfeld kann nicht ersetzt werden. Sie brauchen ein komplettes Abdeckglas. Es ist im Kofferraum am Heckblech mit Sechskantmuttern befestigt. Vor dem Losschrauben muß der Lampenträger, wie im Bild unten gezeigt, abgenommen werden.

Kennzeichenleuchten

Wie eine defekte Glühbirne ausgetauscht wird, ist im Bildtext oben beschrieben. Strom erhält die Nummernschildbeleuchtung vom Lichtschalter Klemme 58 über Sicherung 12 durch ein grau/grünes Kabel bei eingeschalteter Beleuchtung.

Sonstige Leuchten

Innenleuchte

Die 10-Watt-Soffittenlampe muß bei geöffneter Fahrertür und mit rechtem Türkontaktschalter auch bei geöffneter Beifahrertür und entsprechender Schalterstellung brennen. Sie erhält dauernd Strom von Sicherung 7 über ein grün/rotes Kabel. Eingeschaltet wird die Innenleuchte von den Türkontaktschaltern (braun/weiße Kabel) oder dem Schalter in der Leuchte – dann wird der Strom-

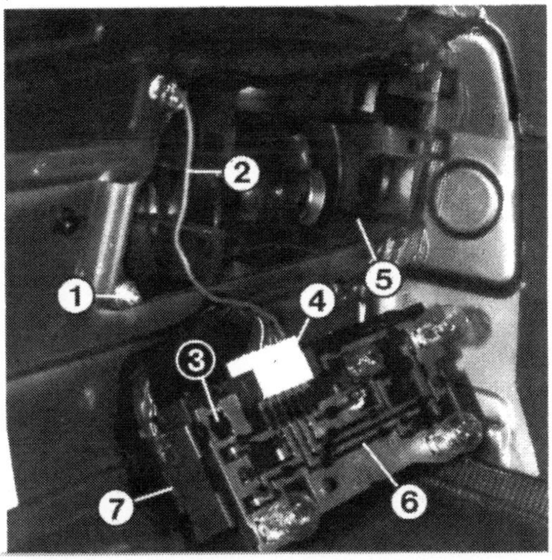

An die Glühlampen der Heckleuchte kommt man vom Kofferraum aus heran. Halteklammern rechts und links (Position 7 zeigt eine davon) zusammendrücken, Lampenträger (6) abnehmen. In diesem Träger sehen Sie eine freie Fassung (3) für die auf Wunsch eingebaute Nebelschlußleuchte, den Mehrfachstecker (4), der Kabelverwechslungen ausschließt, und das mit dem Karosserieblech verschraubte Massekabel (2). Es darf auf keinen Fall fehlen, sonst gibt es Beleuchtungs-Fehlfunktionen.
Zum Ausbau des mit seinen Reflektoren kombinierten Heckleuchtenglases (5) vier Haltemuttern (Position 1 zeigt eine davon) losdrehen.

Zum Ausbau der Innenleuchte brauchen Sie entweder kräftige Fingernägel, einen breitflächigen Schraubenzieher oder einen flachen Löffelstiel, um die Dachbespannung nicht zu beschädigen. Damit die ganze Leuchte an der Gehäusekante, wo sich eine kleine Metallzunge (1) befindet, heraushebeln. Vorsicht beim Herausziehen der Leuchte; da sie ständig unter Strom steht, kann es leicht Kurzschluß (und eine durchgebrannte Sicherung) geben – besser vorher das Batterie-Massekabel lösen. Das grün/rote (manchmal auch rote) Kabel (2) bringt auch bei ausgeschalteter Zündung von Sicherung 7 Strom. Zum Aufleuchten des Lämpchens (3) muß der Stromkreis je nach Stellung des Schalters (4) entweder über das braune Kabel (6) direkt zur Masse oder über die braun/weißen Kabel (5) und einen Türkontaktschalter geschlossen werden.

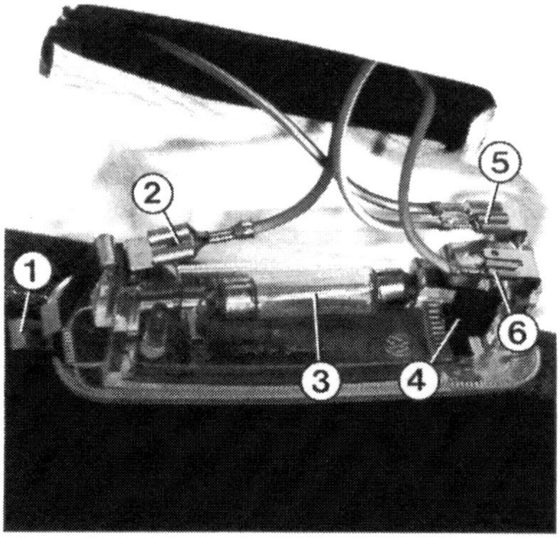

kreis über ein braunes Kabel zur Masse geschlossen. Wie die Innenleuchte ausgebaut wird, ist im Bild oben beschrieben.

Heizhebelbeleuchtung

Die Beleuchtung für die Heizhebel sitzt rechts in der Heizhebelblende und brennt bei eingeschaltetem Stand- und Hauptlicht. Ein 1,2-Watt-Glassockellämpchen ist mit seiner Fassung in die Blende eingesteckt. Den Ausbau beschreibt das Bild rechts.

Ascher- und Anzünderbeleuchtung

Das 1,2-Watt-Glassockelbirnchen ist mit der Fassung in der Mitte zwischen Aschenbecher und Anzünder eingesteckt, es brennt ebenfalls bei eingeschalteter Fahrzeugbeleuchtung. Zum Lampenwechsel muß erst der Handschuhkasten ausgebaut werden, wie auf Seite 231 beschrieben. Dann können Sie von der Rückseite des Aschenbechers her die Fassung mit dem Birnchen herausziehen und austauschen.

Handschuhfachleuchte

Damit die Batterie nicht über Nacht »leergelutscht« wird, brennt diese Leuchte nur bei eingeschalteter Zündung. Das Lampengehäuse ist oben im Handschuhkasten eingeklemmt. Zum Ausbau ziehen Sie es an der rechten Seite heraus,

Nach Losdrehen der hier auf dem Türhalteband abgestellten Kreuzschlitzschraube (4 – der Pfeil zeigt auf die Bohrung im Türholm) kann der Türkontaktschalter ausgebaut werden. Beim Öffnen der Tür wird der Druckstift (3) des Türkontaktschalters freigegeben, so daß der Stift von seiner Feder (2) ganz herausgeschoben wird. Dadurch wird der Stromkreis zur Masse über das angeschlossene Kabel (1) geschlossen, und die Innenleuchte brennt. Falls die Leuchte trotz richtiger Schalterstellung dunkel bleibt, wird der Türkontaktschalter kontrolliert.
Sitzt der Kabelstecker fest? Ist der Schaltkontakt blank, so daß er beim Herausfedern des Kontaktstifts den Stromkreis zur Masse schließen kann? Alle Teile reinigen, korrodierte Stellen blankschaben. Ein Farbvergleich der angeschlossenen Kabel mit jenen an der Innenleuchte zeigt, welches Kabel von dort kommt und welches zum anderen Türkontaktschalter führt.

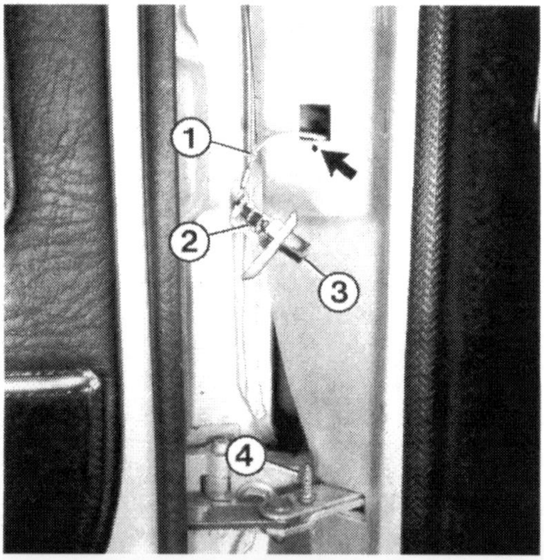

Für die Beleuchtung des Gebläsedrehschalters und der Heizhebel dient eine Glassockellampe (2), die mit ihrer Fassung (3) in eine entsprechende Öffnung (1) der Heizhebelblende eingesteckt ist. Zum Auswechseln der Glühlampe Drehknopf des Gebläses und Heizhebelknöpfe abziehen. Die Heizhebelblende ist im Armaturenbrett eingeklemmt und muß vorsichtig von Hand herausgezogen werden; mit einem Schraubenzieher beschädigt man leicht den Kunststoff.

dann läßt es sich abnehmen. Als Lichtquelle dient eine 3-Watt-Soffittenlampe (28 mm lang, Sockel SV 7–8).

Kofferraumleuchte

Sie erleuchtet das Gepäckabteil nur bei eingeschalteter Fahrzeugbeleuchtung. Das Lampengehäuse ist im Blech eingeklemmt und kann seitlich herausgedrückt werden. Die Glühbirne ist ebenfalls eine Soffittenlampe mit 3 Watt, 28 mm lang, Sockel SV 7–8.

Nebelscheinwerfer einbauen

Nebelscheinwerfer sollten möglichst unter die Stoßstange montiert werden, dann können sie den meist nicht ganz auf dem Boden aufliegenden Nebel »unterstrahlen«. Achten Sie darauf, daß die von Ihnen gekauften Scheinwerfer für »hängenden Anbau« vorgesehen sind, sonst sitzen die Wasserablauflöcher auf der falschen Seite und lassen Wasser eindringen statt ablaufen. Besorgen Sie sich den Nebelscheinwerferschalter (mit gelber Kontrolleuchte) aus dem V.A.G.-Ersatzteillager. Für diesen Schalter ist bereits eine Aussparung vorgesehen. Der entsprechende Blinddeckel läßt sich, wie im Bildtext auf Seite 208 beschrieben, ausbauen.
Das Relais für die Nebelscheinwerfer wird mit einem passenden Adapter (ebenfalls aus dem Ersatzteillager) oben an der Sicherungsplatte befestigt. Nach der Montage der Scheinwerfer kann der elektrische Anschluß (bei abgenommenem Batterie-Massekabel) erfolgen, wie im Stromlaufplan auf Seite 169 dargestellt. Batterie wieder anklemmen und Funktion prüfen. Bei eingeschalteter Zündung und Abblendlicht müssen bei gedrücktem Schalter die Nebelscheinwerfer brennen.
Nebelscheinwerfer einstellen: Bei 5 m Abstand vor der Einstellwand müssen sich die breiten Scheinwerferlinien 10 cm unter der entsprechenden Höhenlinie abzeichnen.

Von Haus zu Haus

Gesten oder Zurufe im Straßenverkehr können bei anderen Autofahrern höchstens Unverständnis oder Heiterkeit hervorrufen. Wir sind also gezwungen, unsere Absichten den automobilen Mitmenschen, auf eine andere, eine allgemein verständliche Art kundzutun. Zu diesem Zweck verfügen unsere Fahrzeuge über eine Anzahl von Signaleinrichtungen, mit deren Instandhaltung bzw. Reparatur sich das folgende Kapitel beschäftigt.

Blink- und Warnblinkanlage

Wartungspunkt Nr. 25

Die Warnblinkanlage wird ständig mit Strom versorgt. Drücken Sie bei ausgeschalteter Zündung auf den roten Kippschalter: alle vier Blinkerlampen und der transparente Schalterknopf leuchten in gleichem Rhythmus auf. Wenn Sie jetzt die Zündung einschalten, blinkt zusätzlich die grüne Blinkerkontrolle im Gegentakt mit (aufgrund einer geänderten Stromschaltung, siehe Seite 210). Zur Kontrolle der Richtungsblinker muß die Zündung eingeschaltet, aber die Warnblinkanlage ausgeschaltet sein, denn die Warnblinker überlagern die Richtungsblinker. Bei gedrücktem Blinkerhebel müssen eine Blinkerseite und im Gegentakt die grüne Kontrolleuchte brennen.

Störungen

■ Blitzt die Blinkerkontrolle nur kurz auf, ist meist eine Blinkerlampe ausgefallen. Wie sie ausgetauscht wird, steht auf den Seiten 200 und 201.

■ Brennen bei eingeschalteten Blinkern oder Warnblinkern die Blinkleuchten dauernd, ist das Blinkrelais (siehe Bild Seite 217) der Störenfried.

■ Leuchten die Blinker mal in langsamer Folge, mal schnell (z. B. nach dem Ein- und Ausschalten von Scheibenwischer, heizbarer Heckscheibe oder Beleuchtung), zunächst die Leitungen, die sich in unmittelbarer Nähe des Blinkrelais (siehe Bild Seite 217) befinden, vom Relais wegdrücken. Hilft das nicht und sind alle Steckverbindungen einschließlich der Massekabel der Heckleuchten in Ordnung, muß das Relais erneuert werden.

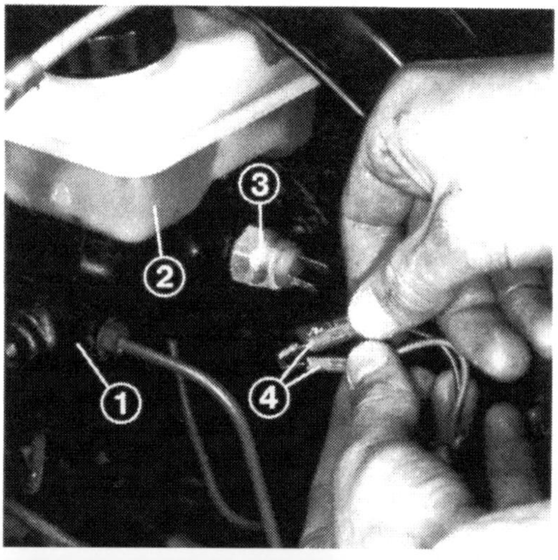

Unterhalb des Bremsflüssigkeitsbehälters (2) sitzt seitlich am Hauptbremszylinder (1) der Bremslichtschalter (3). Es handelt sich um einen einfachen Druckschalter, der beim Betätigen des Bremspedals durch den Bremsflüssigkeitsdruck seine Kontakte schließt und damit die Bremslichter zum Aufleuchten bringt. Fahrzeuge mit Bremskontrolleuchte haben einen zweiten Bremslichtschalter vorne gegenüber. Eine Druckdifferenz im Bremssystem bringt bei dieser Ausstattung die Bremswarnlampe im Armaturenbrett zum Aufleuchten.
In diesem Fall haben die Bremslichtschalter 3 Kontaktzungen statt der hier erkennbaren 2.
Wenn Sie den Verdacht haben, daß der Bremslichtschalter defekt ist, können Sie, wie hier gezeigt, prüfen: Kabelstecker (4) am Schalter abziehen und z. B. mit einem Verbindungsstekker zusammenklemmen. Wenn die Bremsleuchten nun brennen, liegt es am funktionslosen Bremslichtschalter. Weitere Fehlerquellen beschreibt der Text rechts.

■ Leuchten die Warnblinker auf, während die Richtungsblinker bei eingeschalteter Zündung dunkel bleiben, ist die Sicherung 8 defekt. Im umgekehrten Fall – kein Warnblinken, dafür aber Richtungsblinken – kommt die Sicherung 6 in Betracht. Es kann in beiden Fällen aber auch der betreffende Schalter defekt oder der Stromweg zum Schalter unterbrochen sein; Schalterausbau siehe Seite 214 und 216.

■ Wenn weder Warn- noch Richtungsblinken funktioniert, ist das Blinkrelais schuld. Die ganze Blinkerei ist etwas kompliziert, weil vorschriftsmäßig die Warnblinkanlage ständig funktionieren muß – der Warnblinkschalter bezieht den Strom durch ein rot/weißes Kabel über Sicherung 6 direkt von der Batterie. Die Richtungsblinker erhalten dagegen nur bei eingeschalteter Zündung Strom durch ein schwarz/blaues Kabel über Sicherung 8 von Klemme 15.

Fingerzeig: *Mit einem ausgefallenen Blinkrelais ist die Weiterfahrt nicht ganz ungefährlich, denn im dichten Verkehr und vor allem bei Dunkelheit bleibt anderen Autofahrern Ihre Abbiegeabsicht trotz heftigem Winken zum Autofenster hinaus wahrscheinlich unsichtbar. Sie können sich jedoch selbst helfen: Blinkrelais (»N« im Bild Seite 217) leicht ruckelnd aus der Sicherungsplatte ziehen. Jetzt muß eine Kurzschlußbrücke zwischen den Klemmen 49 und 49a (am Relais eingeprägt) hergestellt werden. Dazu in die Sicherungsplatte in die Steckanschlüsse, die den Kontaktzungen 49 und 49a gegenüberliegen, ein kurzes Drahtstück oder eine Büroklammer einstecken und das Blinkrelais wieder einsetzen. Bei gedrücktem Blinkerhebel leuchtet eine Blinkerseite jetzt dauernd auf. Durch Ein- und Ausschalten mit dem Blinkerhebel erhalten Sie einen Blinker-Rhythmus.*

Bremsleuchten prüfen

Wartungspunkt Nr. 26

Es macht keine Probleme, die Bremslichter zu kontrollieren, und zur eigenen Sicherheit sollte man es auch täglich tun – die Garagenwand hinter dem Wagen muß hell rot aufleuchten, wenn Sie auf das Bremspedal treten. Oder an der roten Ampel kontrollieren Sie im Rückspiegel, ob sich in den Scheinwerferreflektoren des Hintermanns beide Bremslichter spiegeln. Ist eine Glühbirne ausgefallen, sollte sie umgehend ersetzt werden (siehe Bild Seite 201). Wenn beide Bremsleuchten nicht brennen, liegt es entweder an der Sicherung 6 oder am Bremslichtschalter (siehe Bild links). Falls die Sicherung nicht die Fehlerursache ist, muß der Bremslichtschalter überprüft werden. Beide Kabel abziehen und die Klemmen mit Büroklammer überbrücken – die Bremslichter müssen nun brennen (sonst Kabel unterbrochen oder evtl. beide Glühbirnen defekt).

Bei Ausstattung mit Bremskontrolleuchte kombiniert mit Handbremskontrolle sitzen am Hauptbremszylinder zwei Bremslichtschalter mit je drei Kontaktzungen und Dreifach-Kabelsteckern.

Hupe prüfen

Wartungspunkt Nr. 27

Ein Druck auf die Hupplatte im Lenkrad und das Horn muß tönen. Das geht allerdings nur bei eingeschalteter Zündung, denn die Hupanlage erhält Strom von Klemme 15 über Sicherung 9. Die Hupe (im Motorraum vorn am unteren Querträger) steht über ein schwarz/gelbes Kabel bei eingeschalteter Zündung ständig unter Strom. Das braun/blaue Kabel am Horn führt zum Hupkontakt im Lenkrad. Durch den Druck auf die Hupplatte wird der Stromkreis zur Masse geschlossen, und es hupt.

Beim Jetta GL seit 8/81 kommt Musik aus zwei Hörnern. Deren höherer Stromverbrauch macht ein zwischengeschaltetes Relais unerläßlich, sonst werden die Hupkontakte zu stark beansprucht. Der Hupenstrom kommt von Klemme X über Sicherung 9. Im Hupenrelais (auf einem separaten Halter an der Sicherungsplat-

Durch Drehen an der mit einer Kunststoffkappe abgedeckten Einstellschraube (4; dazu die Hupe vom Halter – 1 – abbauen) läßt sich ein krächzendes Horn wieder stimmen, manchmal belebt die Drehung dieser Schraube sogar eine schon totgeglaubte Hupe. Weit öfter haben jedoch Störungen an der Hupe ihre Ursache in korrodierten Anschlußkontakten (2 und 3).

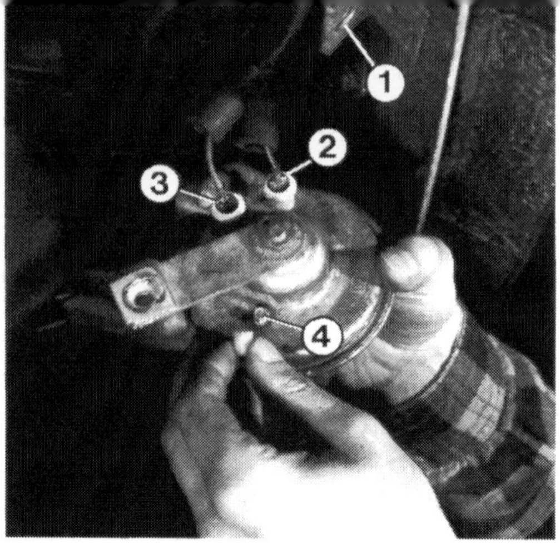

te) teilt sich gewissermaßen der Strom: Er fließt einerseits in schwarz/gelben Kabeln als »Arbeitsstrom« (Erklärung siehe Seite 217) zu den Hupen und über diese durch braune Kabel zur Masse; andererseits gelangt er vom Hupenrelais in einem braun/blauen Kabel als »Schaltstrom« zur Hupplatte bzw. den Hupknöpfen im Lenkrad. Die Platte bzw. die Knöpfe sind ebenfalls durch Kabel mit Masse verbunden. Beim Druck auf Platte oder Knopf wird der Schaltstromkreis geschlossen, wodurch im Relais ein Kontakt angezogen wird, der seinerseits den Arbeitsstromkreis zu den Signalhörnern schließt – nun hupt es.

Störungen
Einzelhupe

Das Signalhorn kann während der Fahrt plötzlich lostuten, obwohl Sie die Hupplatte nicht berührt haben. Dann hat das braun/blaue Kabel an der Hupe oder diese selbst Kurzschluß zur Masse. Wenn Sie die Zündung ausschalten, hat der Lärm ein Ende.

■ Erste Kontrolle, ob es am braun/blauen Hupenkabel liegt: dieses am Horn abziehen und Zündung einschalten: bleibt alles ruhig, hat das Kabel Masseschluß. Kabel erneuern.

■ Hupt es dagegen weiter, hat das Horn selbst (über feuchten Schmutz?) Kurzschluß zur Masse. In diesem Fall das schwarz/gelbe Kabel am Signalhorn abziehen und (im Notfall mit Heftpflaster aus dem Verbandskasten) isolieren. Wenn es draußen regnet und stürmt, können Sie auch die Sicherung 9 herausnehmen. So erreichen Sie ohne Getute die trockene Garage für die Fehlersuche – allerdings ohne die eventuell serienmäßig eingebauten und ebenfalls an Sicherung 9 angeschlossenen Rückfahrscheinwerfer.

An der Rückseite der hier abgezogenen Hupplatte (1) sitzen drei Druckkontakte (4), die über Kabel (5) miteinander verbunden sind und über den Steckkontakt (6 nach 3) am braun/blauen Kabel zur Hupe hängen. Beim Druck auf die Platte geben die Spiralfedern (3) nach, so daß die Druckkontakte ihre Gegenkontakte (7) im Lenkrad berühren können. Sie sind mit Masse verbunden und schließen so den Stromkreis, das Signalhorn ertönt.

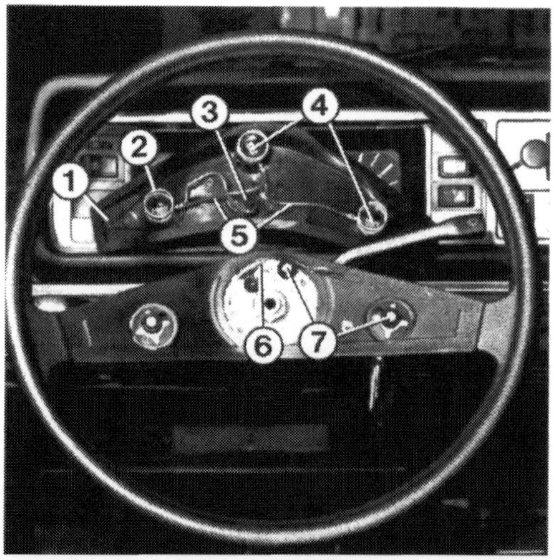

Natürlich kann auch der andere Fall eintreten, daß die Hupe gar keinen Ton von sich gibt.

■ Zuerst die Sicherung 9 kontrollieren.

■ Ist die Sicherung in Ordnung, kontrolliert man mit einer Prüflampe, ob das schwarz/gelbe Kabel an der Hupe bei eingeschalteter Zündung Strom liefert. Kommt kein Strom, liegt es an diesem Kabel.

■ Brennt jedoch die Prüflampe (ist also Strom vorhanden), liegt es an der Hupe selbst. Kontrolle: Zündung einschalten und den Anschluß des braun/blauen Kabels an der Hupe mit einem Kabelstück direkt mit der Fahrzeugmasse verbinden – es bleibt ruhig.

■ Tönt das Horn dagegen bei der eben beschriebenen Prüfung, liegt der Fehler zwischen Hupkontakt und dessen Kabel zur Hupe.

Zweiklanghörner

Wenn die Musik bei eingeschalteter Zündung und Druck auf die Hupplatte bzw. die Hupknöpfe nicht spielt:

■ Kontrollieren Sie zuerst die Sicherung 9.

■ Ist die Sicherung in Ordnung, stellen Sie mit einer Prüflampe an einem der Hörner fest, ob das schwarz/gelbe Kabel Strom liefert, wenn ein Helfer auf die Hupplatte bzw. nacheinander auf die vier Hupknöpfe drückt.

■ Brennt die Prüflampe, liegt es an den Hupen selbst oder an ihrem Massekabelanschluß.

■ Liegt überhaupt kein Strom an, muß das Hupenrelais nach der Prüfanleitung auf der Seite 217 kontrolliert werden.

Fingerzeige: *Ein krächzendes Horn läßt sich unter Umständen wieder »stimmen«, wenn Sie die unter einer Plastikabdeckung an der Hupenrückseite sitzende Schraube verdrehen.*

Ist das Horn defekt, helfen Reparaturversuche kaum weiter, denn Wasser und Streusalz machen ihm in der Regel den Garaus. Kaufen Sie besser gleich ein neues oder suchen Sie ein brauchbares bei einer Autoverwertung.

Falls Ihnen die serienmäßige Hupe des Jetta nicht laut genug erscheint oder defekt ist, dann stehen zwei grundsätzlich verschiedene Hupentypen zur Auswahl: Sogenannte Aufschlaghörner und Fanfaren. Die Fanfaren erwecken dabei den Eindruck, als seien sie viel lauter als die Aufschlaghörner. Das ist jedoch eine akustische Täuschung, denn die tellerförmigen Aufschlaghörner (speziell die Starktonhörner) haben einen scheinwerferartig gerichteten Tonstrahl, der den in Schallrichtung befindlichen Verkehrslärm viel stärker durchdringt als die laut erscheinenden Fanfaren. Deren Eigenheit besteht darin, daß sie rundum gleichmäßig einen dadurch in Fahrtrichtung schwächeren Ton abstrahlen.

Fanfaren und Starktonhörner sollten Sie nur mit einem zwischengeschalteten Relais montieren. Sonst gibt es Spannungsverlust, und die Hupen geben nicht ihre volle Lautstärke ab.

Lichthupe kontrollieren

Wartungspunkt Nr. 28

Gleichgültig, ob die Zündung oder die Scheinwerfer eingeschaltet sind oder nicht, das Fernlicht und die Fernlichtkontrolle leuchten immer auf, wenn Sie den Blinkerhebel zum Lenkrad hin ziehen. Dazu wird von der ständig stromführenden Klemme 30 (rot/gelbes Kabel) am Kombischalter der Strom an Klemme 56a über Sicherung 3 und 4 zu den Fernlichtfäden der Scheinwerfer weitergeleitet. Falls die Lichthupe nicht funktioniert, obwohl die Scheinwerfer bei eingeschalteter Beleuchtung richtig brennen, liegt die Ursache entweder an fehlender Stromzufuhr (rot/gelbes Kabel kontrollieren) oder im Kombihebel. Den Schalterausbau finden Sie auf Seite 216 beschrieben.

Hilfstruppen

Der Platz hinter dem Lenkrad soll nicht mit einem Flugzeug-Cockpit verwechselt werden. Deshalb beschränkte man im Jetta wohlweislich die Anzahl der Anzeigeinstrumente. Erfahrungsgemäß beobachtet man nämlich sowieso meist nur den Tachometer und allenfalls gelegentlich die Benzinanzeige, das Kühlwasserthermometer und die Zeituhr. Gewisse Instrumente wurden dagegen durch Warnleuchten ersetzt bzw. ergänzt, die dem Fahrer nur dann etwas anzeigen, wenn es für ihn wichtig zu wissen ist.

Kontrollinstrumente und -leuchten prüfen

Wartungspunkt Nr. 29

Setzen Sie sich an Ihren »Kommandostand«. Läuft die Zeiger- bzw. Digitaluhr? Zündung einschalten – jetzt müssen aufleuchten: Ladekontrolle und Öldruckwarnleuchte, Handbrems- und Bremsdruckkontrolle (sofern vorhanden). Blinkt die Temperaturwarnleuchte etwa 1 Sekunde lang? Außerdem müssen die Kippschalter für Licht und Warnblinker schwach beleuchtet sein. Mit etwas Verzögerung wandert die Tankanzeigenadel über die Skala. Linken Hebelschalter betätigen – leuchtet die grüne Blinkerkontrolle bzw. die Fernlichtkontrolle? Prüfen Sie weiter die Funktion der Kontrolleuchten in den Schaltern von heizbarer Heckscheibe, Nebellampen und -schlußleuchte sowie Warnblinkanlage. Licht abschalten. Motor starten: Arbeitet der Drehzahlmesser? Bei einer Probefahrt prüfen Sie nun noch die Funktion von Tachometer und Temperaturanzeige.

Kombiinstrument ausbauen

Wenn Sie die Kombination der Anzeigeinstrumente und Kontrolleuchten ausbauen wollen, muß zuerst die alles abdeckende Blende abgenommen werden. Ablagefach in der Mitte zusammendrücken und herausziehen. Radioausbau siehe Seite 221. Knöpfe am Gebläseschalter und den Heizhebeln abziehen. Heizhebelblende vorsichtig von der Radioeinbauöffnung her herausdrücken. Nicht mit einem Werkzeug die Blende heraushebeln, der Kunststoff bricht leicht aus. 6 Halteschrauben der Blende losdrehen (siehe Bild unten). Armaturen-

Zum Ausbau des Armaturenbretts muß nach Ausbau des Radios und der Heizhebelblende die große Instrumentenblende abgeschraubt werden. Die Pfeile zeigen auf die entsprechenden Schrauben. Ganz links unten muß zuvor noch eine kleine Abdeckkappe mit einer Nadel o. ä. herausgehebelt werden. Soll ein weiterer Schalter rechts eingebaut werden, lassen sich die Blinddeckel (1) einfach zum Innenraum hin aus dem Ausschnitt (2) drükken.

brettblende ein Stück herausziehen, Mehrfachstecker an den Schalterrückseiten abziehen. Blende mit den Schaltern abnehmen. Letztere werden mit Blechklammern in der Blende gehalten, sie müssen nach vorn herausgezogen werden. Das Kombiinstrument wird noch von zwei Kreuzschlitzschrauben gehalten. Hinter das Kombiinstrument fassen. Rändelmutter der Tachowelle am Tachometer abschrauben, falls sie sehr fest sitzt, Mutter mit einer Kombizange losdrehen. Instrumentenkombination herausnehmen, Mehrfachstecker abziehen.

Glühlampen der Kontrolleuchten auswechseln

Zum Lampenwechsel in der Starterzugkontrolle, der Handbremskontrolle, der Fernlichtkontrolle bis 7/80 oder (bei Einbau ab Werk) der Anhänger-Blinkerkontrolle muß die Blende des Kombiinstruments abgenommen werden. Starterzug- und Handbremskontrolle: Federklammergehäuse an der Blendenrückseite abziehen, nun die Halteklammern des eigentlichen Lampengehäuses ausrasten, Gehäuse abnehmen und die entsprechende Glassockellampe (1,2 Watt, Sockel W 2 × 4,6d, DIN-Form W) austauschen. Anhänger-Blinkerkontrolle: Fassung an der Rückseite der Blende nach links drehen und abziehen, Glassockelbirnchen (1,2 Watt wie oben) ersetzen. Fernlichtkontrolle bis 7/80: Die kleine Lampenfassung in der Mitte des Kombiinstruments um 90° nach links drehen und Fassung herausziehen. In der Fassung steckt ebenfalls ein Glassockellämpchen, das herausgezogen werden muß.

Instrumentenbeleuchtung ersetzen

Zum Wechsel einer Lampe der Instrumentenbeleuchtung muß erst das Kombiinstrument ausgebaut werden. Die 1,2-Watt-Glassockellämpchen (W 2 × 4,6d; DIN-Form W) sitzen in Kunststoffhülsen. Strom erhalten sie über die Folie, auf der die Leitungen »aufgedruckt« sind (statt eines wirren Kabelsalats). Lampenhülse nach einer Vierteldrehung abziehen, Lämpchen aus der Fassung nehmen.

Leuchtdioden austauschen

Für die Kontrolleuchten in der Mitte des Kombiinstruments mit Ausnahme der Fernlichtkontrolle bis 7/80 verwendet VW Leuchtdioden. Wenn diesen Strom zugeführt wird, sendet der Halbleiterkristall im Innern der Leuchtdiode aufgrund seines speziellen atomaren Aufbaus Licht aus. Solche Leuchtdioden haben praktisch unbegrenzte Lebensdauer, wenn sie nicht zu hoher Spannung ausgesetzt wurden. Zum Schutz gegen Überspannungen ist ihnen jeweils ein eigener Widerstand vorgeschaltet. Die Leuchtdiode der Ladekontrolle besitzt noch einen zusätzlichen Widerstand von 150 Ω zur Vorerregung der Lichtmaschine (siehe auch Seite 160).
Zum Austausch einer Leuchtdiode legen Sie das ausgebaute Kombiinstrument mit dem »Gesicht« auf einen Lappen. 4 Sechskantschrauben oben und unten in

Das Kombiinstrument im Jetta kann nach Abnahme der großen Blende, wie im Bild links gezeigt, losgeschraubt werden. Dazu die beiden Kreuzschlitzschrauben (Pfeile) herausdrehen, die Instrumentenkombination nach vorn klappen und die unteren Kunststoffbolzen aus den Halteblechen aushängen.

der Mitte zwischen Tachometer und Zeigeruhr bzw. Drehzahlmesser losdrehen – keinesfalls die in der Umgebung sitzenden Muttern! Spannungskonstanthalter (oberhalb des Tachometers) abschrauben; darüber sitzende Fassung der Instrumentenbeleuchtung abnehmen. Leiterfolie ganz vorsichtig und behutsam nach links klappen, dabei die große weiße Diodenplatte nicht von der Leiterfolie abziehen. Achten Sie bei Wagen mit Digitaluhr darauf, daß die kleinen Zeitstellerknöpfe für Stunden und Minuten nicht verloren gehen! Sie fallen leicht aus ihrer Führung heraus.
In der Mitte der Platte die schwarze Diodenhalterung vorsichtig abhebeln. Dioden wechseln, dabei die Anschlüsse nicht verwechseln.

Spannungskonstanthalter

An der Instrumenten-Rückseite ist ein kleines Kästchen angeschraubt. Das ist der Spannungskonstanthalter, der die Tankanzeige und die Temperaturanzeige im Kombiinstrument mit absolut gleichmäßiger Spannung beliefern muß, damit diese Geräte auch bei unterschiedlicher Bordnetzspannung genau anzeigen.
Falls beide Anzeigegeräte »verrückt spielen«, ist oft ein defekter Konstanthalter schuld. Das ist ganz sicher der Fall, wenn zu wenig Kraftstoffstand und zu hohe Temperatur signalisiert werden oder aber beide Geräte gar nichts anzeigen.

Blinkerkontrolle

Die Blinkerkontrolle ist einerseits an Klemme 49a des Blinkrelais angeschlossen und erhält von dort die Blinkimpulse. Auf der anderen Seite hängt sie über den Zentralstecker an Klemme 15, die aber nur bei eingeschalteter Zündung Strom liefert. Ist diese Klemme abgeschaltet, reagiert die Blinkerkontrolle nicht auf die Impulse der Warnblinkschaltung. Kommt dagegen bei eingeschalteter Zündung Strom von Klemme 15, ist in der Pause zwischen den Blinkimpulsen der Stromkreis über den »toten« (= Minus-)Relaiskontakt geschlossen, die Kontrolleuchte blinkt im Gegentakt auf.

Bremskontrolle

Mit der »Kontrolleuchte für Zweikreisbremssystem kombiniert mit Handbremskontrolleuchte« läßt sich feststellen, ob ein Bremskreis ausgefallen ist, und Vergeßliche werden an die noch angezogene Handbremse erinnert.

Schalter der Bremswarnleuchte prüfen

Wartungspunkt Nr. 72

Die Kontrolle der Kontakte für die Warnleuchte ist nur fortgeschrittenen Selbsthelfern zu empfehlen, da hierzu am hydraulischen System der Bremse gearbeitet werden muß. Zuerst Zündung einschalten, die Kontrollampe muß aufleuchten und beim Anlassen des Motors verlöschen (Handbremse gelöst, Wagen mit Steinen gegen Wegrollen sichern). Bei laufendem Motor das Entlüfterventil (siehe Bilder ab Seite 136) an der linken vorderen Bremse öffnen, Bremspedal von Hel-

Die Rückseite des Kombiinstruments zeigt folgende Teile: 1 – untere Haltebolzen; 2 – Haltelaschen, mit denen das Kombiinstrument oben angeschraubt ist; 3 – Fassungen der Instrumentenbeleuchtung; 4 – Drehzahlmesser; 5 – Spannungskonstanthalter; 6 – Tachometer; 7 – Fassung mit Glühlampe der Fernlichtkontrolle bis 7/80; 8 – zwei der Halteschrauben der Leiterfolie bzw. des Drehzahlmessers oder des Tachometers; 9 – Steckanschluß für den Mehrfachstecker.

fer treten lassen, die Warnlampe muß aufleuchten. Gleiche Kontrolle an der rechten Vorderbremse. Achtung, das Bremspedal erst loslassen, wenn das Entlüfterventil wieder geschlossen ist, sonst gerät Luft ins Bremssystem. Zum Schluß evtl. Stand der Bremsflüssigkeit korrigieren.

Fernlichtkontrolle

Nur bei eingeschaltetem Fernlicht oder beim Lichthupen erhält die Fernlichtkontrolle Strom. Ob die Fernlichtfäden auch brennen, kann sie aber nicht anzeigen, das muß man selbst kontrollieren.

Kraftstoffanzeige

Das Anzeigegerät erhält bei eingeschalteter Zündung Strom über den Spannungskonstanthalter. Die Verbindung zur Masse stellt der Tankgeber her (siehe Seite 85). In ihm ist ein veränderlicher Widerstand eingebaut, der je nach Stellung des Schwimmers im Tank den Stromdurchfluß mehr oder weniger »bremst« und so einen entsprechenden Zeigerausschlag im Instrument bewirkt.
Prüfungsmöglichkeiten bei einer Störung:

- Tankgeber freilegen (siehe Seite 85), Kabelstecker abziehen. Hilfskabel in den Steckanschluß des violett/schwarzen Kabels stecken und direkt an Masse halten. Zündung ganz kurz einschalten – schlägt der Zeiger auf »Voll« aus, ist der Tankgeber defekt.
- Kombiinstrument ausbauen, Zentralstecker abziehen. Steckkontakt 14 (schwarzes Kabel im Zentralstecker) mit dem Pluspol einer 12-Volt-Batterie verbinden, Kontakt 5 (violett/schwarzes Kabel) mit dem Minuspol. Rührt sich der Zeiger nicht, ist das Anzeigegerät defekt. Schlägt die Anzeige jedoch auf »Voll« aus, liegt der Fehler in der Kabelzuleitung.

Ladekontrolle

Bei laufendem Motor darf die Ladekontrolle weder schwach noch hell leuchten. Das deutet auf einen Fehler, siehe den Störungsbeistand auf Seite 161. Brennt das rote Licht nicht beim Einschalten der Zündung, ist vermutlich die Leuchtdiode durchgebrannt und muß ersetzt werden, damit die Vorerregung der Lichtmaschine aus tiefen Drehzahlen heraus wieder funktioniert.
Verlöscht die Leuchtdiode nach dem Motorstart erst bei höheren Drehzahlen als üblich, ist vermutlich der Widerstand zur Vorerregung der Lichtmaschine defekt (siehe Seite 160).

Öldruckkontrolle

Bei eingeschalteter Zündung liegt an der Öldruckkontrolle Spannung an. Solange kein Öldruck aufgebaut wird, ist ihr Stromkreis durch den Öldruckschalter geschlossen – sie brennt. Bei steigendem Öldruck im Motor öffnet der Öldruckschalterkontakt, der Stromkreis wird unterbrochen und die Kontrolle verlöscht.

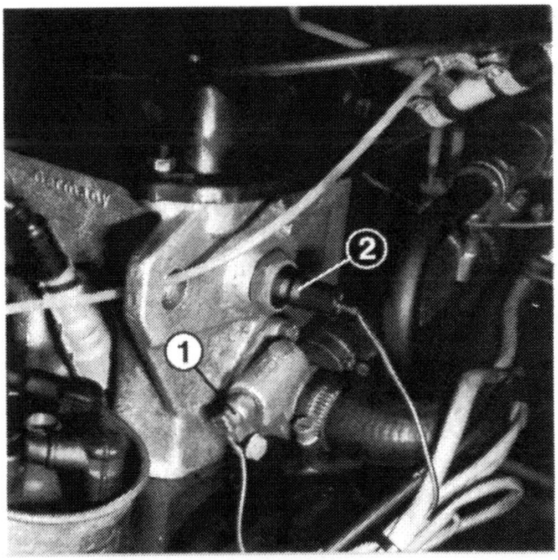

An der in Fahrtrichtung linken Stirnseite des 1500/1600 sitzen übereinander der Öldruckschalter (2) und der Thermofühler (1) des Kühlsystems. Eine einfache Funktionsprobe bei gestörter Anzeige im Armaturenbrett: Angeschlossenes Kabel am Öldruckschalter bzw. Thermofühler abziehen und bei eingeschalteter Zündung gegen das blanke Metall des Motorblocks drücken. Funktioniert jetzt die Anzeige, ist der betreffende Schalter (Öldruck bzw. Thermofühler) defekt.
Wichtig beim Auswechseln: Der Temperaturfühler ist mit einem untergelegten Dichtring in den Schlauchstutzen eingeschraubt.

Kaltes Motoröl ist ziemlich zähflüssig. Das ergibt hohen Öldruck, der die Kontrolle schon beim oder gleich nach dem Anlassen des Motors verlöschen läßt. Im heißgefahrenen Motor im Hochsommer ist das Öl dünnflüssiger, und bei dem entsprechend niedrigeren Öldruck verlöscht die Kontrolle erst bei höheren Drehzahlen.

Störungen

Leuchtet die Öldrucklampe plötzlich während der Fahrt auf, ist dies grundsätzlich ein Alarmzeichen.

■ Brennt sie nur kurz bei starkem Beschleunigen oder scharfer Kurvenfahrt, dürfte der Ölstand unter die Minimalmarke abgesunken sein – Ölstand prüfen und, wenn nötig, Öl nachfüllen.

■ **Leuchtet die Lampe dauernd, müssen Sie sofort anhalten!**

Zuerst die Kontrolle, ob das blau/schwarze Kabel vom Öldruckschalter zur Warnlampe Kurzschluß zur Masse hat: Zündung einschalten, Kabel am Schalter (Bild auf der Vorseite) abziehen – die Lampe muß bei stehendem Motor verlöschen, das beobachtet am besten ein Helfer. Brennt sie dagegen weiter, hat das Kabel irgendwo Massekontakt. Das ist harmlos für den Motor – Sie können weiterfahren.

Normalerweise zeigt aber das Aufleuchten der Kontrolle, daß der notwendige Öldruck im Motor nicht aufgebaut wird und manche Teile ohne Schmierung laufen. Vielleicht war die Ölablaßschraube nicht richtig angezogen und hat sich während der Fahrt gelockert; dann läuft das Öl auf den letzten Kilometern Straße herum, anstatt Ihren Motor zu schmieren. Ungewöhnlich wäre eine defekte Schmierstelle oder ein Schaden an der Ölpumpe. Stellt sich der Fehler unterwegs nicht als ungefährlich heraus, muß der Wagen zur nächsten Werkstatt geschleppt werden.

■ Bleibt die Öldruckkontrolle beim Zündschlüsseldreh dunkel? Zündung einschalten, blau/schwarzes Kabel am Öldruckschalter abziehen und an blankes Metall halten: Brennt nun das Warnlicht, liegt es am Öldruckschalter. Öldruckschalter austauschen; er muß mit Dichtmittel eingesetzt werden. Leuchtet nichts, ist die Zuleitung zur Leuchtdiode oder letztere selbst defekt.

Schaltanzeige

Ein Pfeil mit gelber Leuchtdiode leuchtet beim Formel-E-Jetta dann auf, wenn der Motor die geforderte Leistung nicht mit dem günstigsten Verbrauch abgibt. Die Zündspule gibt dazu die Information, daß der Motor mindestens mit 1900/min dreht und der Unterdruck im Ansaugrohr über 0,3 bar liegt. Dann wird von einem Steuergerät der Stromkreis zur Leuchtdiode geschlossen, sie brennt und fordert den Fahrer zum Hochschalten auf. Totgestellt ist die Schaltanzeige bei kaltem Motor, bei losgelassenem Gaspedal (Bergabfahrt) und im höchsten Gang; dies besorgen entsprechende Fühler.

Starterzugkontrolle

Die Glühlampe der Chokezugkontrolle wird bei eingeschalteter Zündung und gezogenem Starterzug mit Strom versorgt. Leuchtet sie beim Ziehen des Chokezugs nicht auf, liegt es entweder am Schalter des Starterzugs (Ausbau siehe Seite 105) oder am Lämpchen.

Temperaturanzeige

Die Temperaturanzeige des Kühlsystems funktioniert ähnlich wie die Tankanzeige. Plusstrom erhält sie bei eingeschalteter Zündung, »Minus« liefert der Temperaturfühler (Bild auf der Vorseite), der je nach Wassertemperatur als mehr oder weniger starker Widerstand wirkt und so den Zeigerausschlag steuert.

Bei einer Störung prüfen Sie folgendermaßen:

■ Kabel am Temperaturfühler abziehen und fest mit Masse verbinden, Zündung kurz einschalten. Wandert die Temperaturanzeigenadel ins rote Feld, ist der Temperaturfühler defekt.

■ Kombiinstrument ausbauen, Zentralstecker abziehen. Kontakt 7 (schwarzes Kabel) an Batterie-Plus anschließen, Kontakt 9 (gelb/rotes Kabel) an Minus. Schlägt die Anzeigenadel nicht aus, ist das Gerät defekt. Bei vollem Zigerausschlag muß der Fehler in der Kabelzuleitung gesucht werden.

Temperaturwarnleuchte

Alle Modelle haben eine rot blinkende Überhitzungs-Warnleuchte. Sie blinkt auch beim Einschalten der Zündung zur Kontrolle ihrer Funktionsfähigkeit. Falls die Leuchtdiode nicht brennen will, können Sie folgende einfache Prüfung vornehmen: Kabel am Temperaturfühler abziehen (gelb/rotes Kabel) und gegen Masse halten. Zündung kurz einschalten – die Leuchtdiode muß blinken. In diesem Fall ist der Temperaturfühler fällig zum Austausch. Bleibt bei der Prüfung alles dunkel, liegt die Ursache wohl in der Leiterfolie oder in der Leuchtdiode. Das läßt sich mit Heimwerkermitteln leider nicht prüfen; die V.A.G.-Werkstatt hat hierzu spezielle Prüfgeräte.

Wenn die Leuchtdiode in der Temperaturanzeige defekt ist, muß das komplette Anzeigegerät ersetzt werden, die Leuchtdiode läßt sich nicht einzeln austauschen.

Drehzahlmesser

Wie oft die Kurbelwelle im Motor in der Minute rotiert, zeigt der Drehzahlmesser (je nach Modell oder Kundenwunsch) an. Er erhält von der Zündanlage die Zündimpulse übermittelt (beim Vierzylindermotor sind es 2 Impulse je Kurbelwellenumdrehung). Summiert und aufbereitet wird das auf das Zeigerwerk im Instrument übertragen.

Der nachträgliche Einbau ist an sich nicht problematisch. Am besten sieht natürlich der Original-Drehzahlmesser aus, der rechts neben dem Tachometer sitzt. Dann müßte allerdings das Kombiinstrument umgebaut werden, und das ist wohl zu aufwendig. Bei Fahrzeugen mit Mittelkonsole ist dort ein Drehzahlmesser denkbar (Blende von der Rückseite abdrücken; darunter kommen 3 Einbauöffnungen zum Vorschein). Allerdings ist der Tourenzähler dort schlecht sichtbar. Die einfachste Lösung ist ein auf dem Armaturenbrett montierter Drehzahlmesser. Den elektrischen Anschluß zeigt der Stromlaufplan auf Seite 170.

Tachometer

Dieser Geschwindigkeitsmesser zeigt die Fahrgeschwindigkeit gewissermaßen auf elektrischem Weg an, nämlich durch Erzeugung von Wirbelströmen, die eine Aluminiumtrommel rund um die Zeigerachse gegen den Widerstand einer Spiralfeder verdrehen.

Der Tachometer kann nicht die genaue Entfernung oder Geschwindigkeit messen, sondern er mißt die Umdrehungen des Tachowellenantriebs am Getriebegehäuse und setzt sie dann in Kilometerangaben um. Nach wieviel Tachowellenumdrehungen ein Kilometer auf der Straße zurückgelegt wurde, hängt von der Reifengröße und Achsübersetzung ab. Die entsprechende Tachometerantriebs-Anpassung wird mit der »Weg-Drehzahl« gekennzeichnet. Das Tachometer trägt beim Jetta die Kennzahl 0,950 oder 950.

»Tachoeichung«

Sie brauchen dazu eine zufällig nur mäßig befahrene, ebene Autobahnstrecke, Beifahrer mit Stoppuhr oder Uhr mit Sekundenanzeige. Rechts am Autobahnrand stehen alle 500 m kleine Täfelchen mit Kilometerangaben. Die Tachoprüfung geht dann so: »Anlauf« nehmen, bis die Tachonadel ruhig und stetig auf die zu messende Geschwindigkeit zeigt. Beim Passieren der nächsten km-Tafel, die z. B. haargenau über einen Fenstersteg angepeilt wird, drückt der Beifahrer die

Stoppuhr. Nach einem Kilometer Fahrt (die Tachonadel darf sich während der Messung nicht bewegen) bei gleicher Anpeilung der km-Tafel wieder die Stoppuhr drücken. Ergebnis notieren. Messung mindestens zweimal, besser dreimal wiederholen, da kleine Ungenauigkeiten bei der km-Tafel-Aufstellung oder Tachonadelschwankungen möglich sind. Durchschnittswert aus den Messungen ermitteln.

Die echte Geschwindigkeit in Kilometer pro Stunde (= 3600 Sekunden) ergibt sich, wenn Sie 3600 durch die gestoppte Zeit (in Sekunden) teilen. Beispiel: Tachonadel zeigte auf 130; 1 Kilometer wurde in 28,4 Sekunden zurückgelegt. 3600 : 28,4 = 126,76. Ergebnis: Bei Tachoanzeige 130 wurden knapp echte 127 km/h gefahren. Auf dieselbe Weise können Sie auch die tatsächliche Höchstgeschwindigkeit Ihres Wagens ermitteln. Doch je nach Luftfeuchtigkeit, Einfahrzustand und Reifen (Rollwiderstand) kann die Höchstgeschwindigkeit je nach Modell um 2 bis 5 km/h tolerieren.

Tachowelle auswechseln

Eine zitternde Tachonadel weist gewöhnlich darauf hin, daß die Tachowelle einen Knick hat und bald brechen wird. Bei einem Fahrzeug mit hoher Laufleistung kann auch der Tachoantrieb im Getriebe verschlissen sein.

Am Tachometer ist die Welle mit einer Rändelmutter festgeschraubt, zum Lösen eignet sich am besten eine Kombizange. Das untere Ende der Tachowelle sitzt beim 1100/1300 in Fahrtrichtung links oberhalb des inneren Gelenks der Antriebswelle und beim 1500/1600 – von vorn gesehen – leicht nach rechts versetzt hinter dem Kupplungszug oben im Getriebe. Die untere Überwurfmutter wird ebenfalls mit der Kombizange losgedreht oder, falls oben Kerben eingeschnitten sind, steckt man einen kräftigen Schraubenzieher in diese Kerben und dreht die Mutter los.

Die neue Welle darf beim Einbau nicht stark gebogen oder gar geknickt werden, sonst ist sie bald wieder hin. Durch die Gummitüllen darf sie nicht mit Gewalt gedrückt werden. Damit die Tachowelle den Kupplungsseilzug nicht berühren kann, muß sie am Lagerbock der Lenksäule (bei abgenommener unterer Armaturenbrettabdeckung von unten sichtbar) mit einem Streifen Klebeband befestigt werden. Am Anschluß zum Tachometer kein Fett auftragen, denn es kann dessen Anzeigesystem verkleben.

Zeituhr

Die quarzgesteuerte Uhr geht ausgesprochen exakt, die Abweichungen liegen unter 10 Sekunden pro Tag. Allerdings vertragen die Zeigeruhren Verdrehen gegen den Uhrzeigersinn nicht so gut. Wenn nach dem Wiederanklemmen der Batterie die Uhr nachgestellt werden muß, dann nur im Uhrzeigersinn drehen.

Läuft die Digital- oder Zeigeruhr überhaupt nicht mehr, beschränkt sich die Fehlersuche auf die zuständige Sicherung 7 oder das stromzuführende Kabel. Eine Reparatur ist bei der Digitaluhr überhaupt nicht und bei der Zeigeruhr nur in der Spezialwerkstatt oder bei Moto Meter (siehe Seite 13) möglich.

Die Zeigeruhr im Kombiinstrument ist an der Instrumentenblende festgeschraubt. Zum Ausbau der Digitaluhr wird die Diodenplatte abgeschraubt, wie unter »Leuchtdioden austauschen« auf Seite 209 beschrieben. 2 Schlitzschrauben an der Anzeigeeinheit der Uhr herausdrehen und die komplette Digitaluhr ersetzen.

Die Schalter

Die Wippschalter

Die transparente rote Schaltertaste im Warnblinkschalter glimmt bei eingeschaltetem Stand- und Hauptlicht. Dazu erhält das 1,2-Watt-Lämpchen Strom von Klemme 58b vom Lichtschalter über einen kleinen Widerstand. Durch diesen Widerstand brennt das Lämpchen nur schwach. Erst wenn der Warnblinkschal-

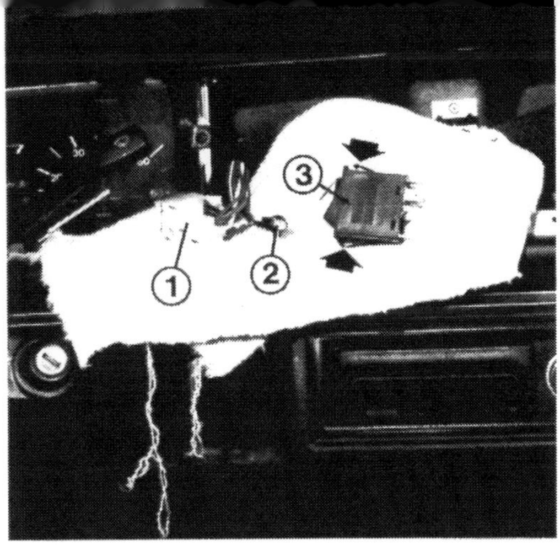

Zum Ausbau eines Schalters aus der Kombiinstrumentenblende – hier ist es der Warnblinkschalter (3) – erst von der Rückseite den Mehrfachstekker (1) abziehen. Dann ebenfalls von der Blendenrückseite her die Halteklammern (Pfeile) zusammendrücken und den Schalter zum Innenraum hin herausnehmen. Im Schalter sitzt eine Fassung mit Glassokkellampe (2). Lampenwechsel: Fassung nach links drehen und abziehen, Lampe ersetzen.

ter gedrückt wird, erhält das Birnchen volle Spannung und brennt hell im Blinkertakt.
Im Lichtschalter glimmt das Scheinwerfersymbol beim Einschalten der Zündung. Dazu wird ein Glassockel-1,2-Watt-Lämpchen vom Entlastungsrelais für den X-Kontakt mit Strom versorgt.
Die Kontrolleuchten im Heckscheibenheizungs- und Nebelscheinwerferschalter brennen nur, wenn der entsprechende Schalter gedrückt wurde (ob allerdings der jeweilige Verbraucher auch funktioniert, ist damit noch nicht bewiesen). Als Lichtquellen dienen hier ebenfalls 1,2-Watt-Lämpchen.
Falls eines dieser Birnchen (Glassockel W 2 × 4,6d; DIN-Form W) nicht mehr brennen will, liegt es entweder an der Stromzuführung oder das Lämpchen ist durchgebrannt. In beiden Fällen muß der betreffende Schalter ausgebaut werden. Dazu erst das Ablagefach bzw. das Radio ausbauen (siehe Seite 221). Dann kann man mit gelenkiger Hand die Schalterrückseite fassen. Mehrfachstecker abziehen. Die Schalter werden jeweils nur von zwei Klammern in der Kombiinstrumentenblende gehalten. Diese Klammern zusammendrücken und dann den Schalter zum Innenraum hin herausdrücken.
Für die Schalterbeleuchtung bzw. die Kontrollanzeige sitzt jeweils ein Glassokkellämpchen im betreffenden Schalter. Fassung nach links drehen, abnehmen, defektes Birnchen herausziehen und austauschen.
Wenn der Lichtschalter ausgebaut werden soll und wenn Sie die anderen Schalter nicht von der Rückseite her fassen können, muß die Kombiinstrumentenblende demontiert werden (siehe Seite 208).

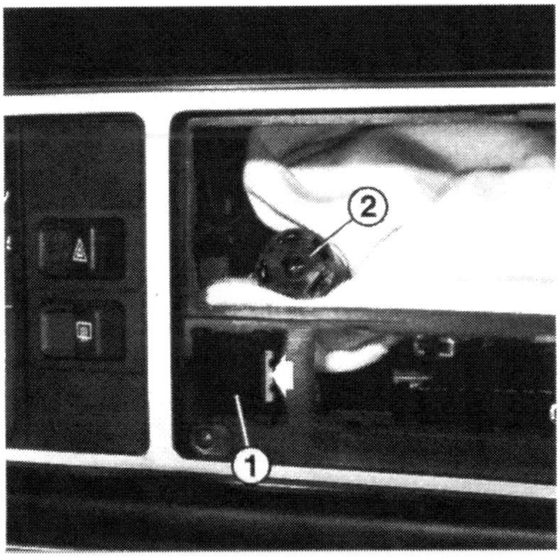

Nachdem die Heizhebelblende demontiert wurde (siehe Bild Seite 203), können Sie auch den eigentlichen Schalterteil (1) des Gebläseschalters ausbauen. Vorher muß allerdings der hinten eingesteckte Mehrfachstecker (2) abgezogen werden. Der Schalterteil wird rechts von einer Federklammer (Pfeil) gehalten – diese zusammendrücken und Schalterteil herausziehen.

Wollen Sie bei einer Störung den ausgebauten Schalter prüfen, bleibt der entsprechende Mehrfachstecker aufgesteckt. Die je nach Schalterstellung stromführenden Kabel können Sie aus den Stromlaufplänen ab Seite 170 ersehen.

Der Drehschalter

Der Schalter des Luftgebläses wird folgendermaßen ausgebaut: Schalterknopf abziehen, ebenso die Knöpfe der Heizhebel. Kunststoffblende wie unter »Kombiinstrument ausbauen« beschrieben abnehmen. An der Gebläseschalterrückseite den Mehrfachstecker abziehen, dann das eigentliche Schalterteil von hinten aus dem Armaturenbrett drücken.

Die Hebelschalter

Für die Störungssuche genügt es, die Verkleidung unter der Lenksäule abzunehmen (2 Kreuzschlitzschrauben). Zum Ausbau der Schalter ist erst die Abnahme des Lenkrads erforderlich (siehe Seite 131). 3 Querschlitzschrauben in der Schalterkombination herausdrehen (Bild unten). Mehrfachstecker an den Schaltern abziehen. Zuerst den Blinkerschalter nach oben ziehen und leicht verkanten, damit seine Schaltnase aus dem Schalter für Lichtumschaltung und Lichthupe ausrastet. Danach können Sie den Scheibenwischerschalter abnehmen. Durch Drehen und Verkanten läßt sich allerdings auch die gesamte Schalterkombination abnehmen.

Obwohl die Lichtumschaltung und Lichthupe mit dem Blinkerschalter links vom Lenkrad betätigt werden, sitzt der eigentliche Schalter in der Scheibenwischerschaltereinheit ebenfalls links unter dem Lenkrad. Bei einem Defekt muß der komplette Scheibenwischerschalter ersetzt werden, der Umschalter kann nicht abgebaut werden.

Bei einer Störung sollten Sie zuerst kontrollieren, ob der jeweilige Schalter überhaupt mit Strom versorgt wird und ob er ihn richtig weiterleitet. Die entsprechenden Stromwege können Sie aus den Stromlaufplänen ab Seite 170 herauslesen.

Beim Einbau wird die Hebelschalterkombination so eingestellt, daß von den Schaltern bis zum Lenkrad ein Spalt von 2–4 mm bleibt.

Anzünder

Der elektrische Anzünder erhält Dauerstrom über Sicherung 7. Wenn er trotz intakter Sicherung streikt, ist meist der Heizwendeleinsatz locker oder durchgebrannt.

Die Schaltrelais

In der Sicherungsplatte links unter dem Armaturenbrett können bis zu 3 Schaltrelais eingesteckt sein (in Klammern die entsprechende Kennzeichnung in den Stromlaufplänen): Blinkrelais (J2), Relais für heizbare Heckscheibe (J9), Relais

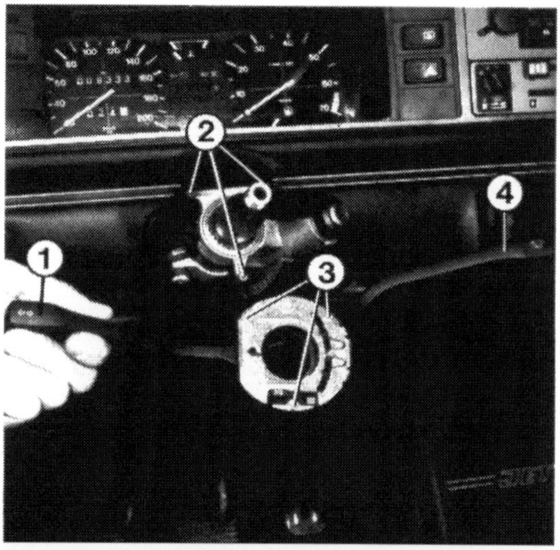

Hier haben wir den Blink-/Abblendschalter (1) und den Scheibenwischerschalter (2) ausgebaut. Dazu müssen nach Abnahme des Lenkrads 3 Querschlitzschrauben im Blinkerschalter losgedreht werden (3 zeigt auf die entsprechenden Schrauben), oben sehen Sie die dazugehörigen Gewindebohrungen (2). Mehrfachstecker an den Schaltern abziehen, Schalterkombination durch gefühlvolles Drehen und Verkanten abnehmen. Andere Ausbaumethode: Zuerst den Blinkerschalter nach oben ziehen und leicht verkanten, damit seine Schaltnase aus dem Schalter für Lichtumschaltung und Lichthupe ausrastet. Danach können Sie den Scheibenwischerschalter abnehmen. Obwohl die Lichtumschaltung und Lichthupe mit dem Blinkerschalter links betätigt werden, sitzt das Schalterteil im rechten Scheibenwischerschalter. Dieser mechanische Schalter besorgt die Schaltung anstelle des früher hierfür zuständigen Abblendrelais. Bei einer Störung muß der komplette Scheibenwischerschalter ersetzt werden, der Umschalter kann nicht abgebaut werden.

für Wisch-Wasch-Intervallschaltung (J31) und Entlastungsrelais für X-Kontakt (J59). Auf Adaptern oben an der Sicherungsplatte können bis zu 4 weitere Relais sitzen: Hupenrelais bei Zweiklanghörnern (J4), Nebelscheinwerfer-Relais (J5), Relais für Scheinwerfer-Reinigungsanlage (J39) und Relais für Ansaugrohr-Vorwärmung (J81). Hier die Erklärung der weniger spezialisierten Relais:
Ein Schaltrelais wird für leistungsstarke Stromverbraucher verwendet. Leitet man den Strom auf langen Kabelwegen über den dazugehörigen Schalter, gibt es Spannungsverlust und die Schalterkontakte werden durch den hohen Stromfluß stark beansprucht. Deshalb benutzt man den Schalter nur für den geringen »Schaltstrom«, womit nicht der Verbraucher direkt, sondern dessen Relais eingeschaltet wird.

Funktionsweise

Beim Einschalten des betreffenden Verbrauchers wird im Relais durch den an Klemme 86 ankommenden »Schaltstrom« der Schaltstromkreis zu Klemme 85 geschlossen. Dadurch zieht eine Magnetspule einen kräftigen Kontakt gegen Federdruck an und schließt so den Stromkreis für den »Arbeitsstrom«. Dieser Arbeitsstrom wird zur Vermeidung von Spannungsabfall auf kurzem Weg direkt von der Batterie an Klemme 30 des Relais herangeführt und von dort weiter – bei geschlossenen Schalterkontakten – über Klemme 87 an den Stromverbraucher weitergeleitet.

Relais-Störungssuche

■ Klemme 30 muß immer Strom führen. Zur Kontrolle Relais ein Stück aus dem Sicherungskasten herausziehen und mit einer Prüflampe Klemme 30 antippen.
■ Relais abziehen, Klemme 86 mit Batterie-Plus und Klemme 85 mit Masse verbinden, hierbei muß die Magnetspule den Relaiskontakt deutlich hörbar anziehen, sonst ist das Relais defekt.
■ Behelf unterwegs bei defektem Relais: Mit Büroklammer oder kurzem Drahtstück Klemme 30 und 87 überbrücken. So hat der Verbraucher Dauerstrom, man kann ihn nur nicht mehr mit dem Schalter ausschalten, sondern muß die Kurzschlußbrücke abnehmen.

Heizbare Heckscheibe kontrollieren

Wartungspunkt Nr. 65

Der Stromweg zur Heizscheibe wird direkt über den Schalter geschlossen. Bei eingeschalteter Zündung liefert ein schwarz/gelbes Kabel dauernd Arbeitsstrom von Klemme 87 (VW-Bezeichnung hier K 10) des Entlastungsrelais. Dieser wird bei gedrücktem Schalter durch ein weiß/grünes Kabel zur Sicherung 5 und von dort weiter in einem weißen und nachfolgend schwarzen Kabel zu den Heizfäden geleitet. Falls die heizbare Heckscheibe kalt bleibt.
■ Sicherung 5 und festen Sitz der Kabelstecker an der Scheibe kontrollieren.

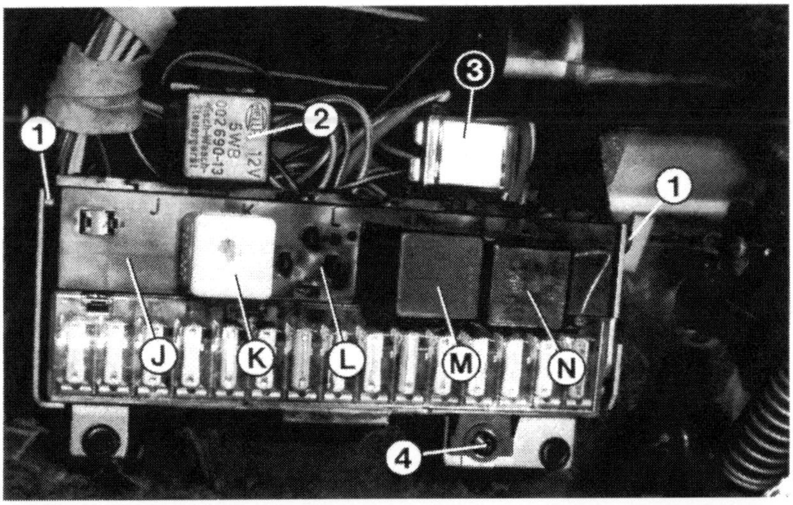

Der Sicherungskasten mit den oben eingesteckten Relais ist unten festgeschraubt (4), während er oben mit Bolzen (1) in die entsprechenden Haltebleche eingehängt ist. Die einzelnen Steckfelder beherbergen: J – Leerfeld; K – Entlastungsrelais für den X-Kontakt; L – Leerfeld; M – Relais für Wisch-Wasch-Intervallschaltung; N – Blink-/Warnblinkrelais. Bei einem Modell mit Sonderausstattungen ist das entsprechende Relais (2) oben an der Relaisplatte angeklemmt, rechts daneben sitzt dann manchmal auch ein Zusatz-Sicherungskasten (3).

- Heizscheibenschalter ausbauen (siehe Seite 214) und mit Prüflampe feststellen, ob das schwarz/gelbe Kabel Strom liefert und bei gedrücktem Schalter durch das weiß/grüne Kabel weiterleitet (Zündung eingeschaltet!).
- Kommt kein Strom an, Kabelverlauf und das Entlastungsrelais für den X-Kontakt prüfen, wie auf der Vorseite beschrieben.
- Letzte elektrische Überprüfung an den Kabeln zur Heckscheibe.
- Die Heizfäden können aber auch beschädigt und dadurch unterbrochen sein (Beweis: Scheibe heizt nur teilweise). Hier hilft der Leitsilberlack der Firma Doduco, Postfach 480, 7530 Pforzheim, der auch im Zubehörhandel erhältlich ist.

Scheibenwaschwasser auffüllen
Wartungspunkt Nr. 30

Mit dem Scheibenwischerschalter lassen sich die Wischerblätter in zwei verschiedenen Geschwindigkeiten in Gang setzen. Ein Zug am Hebel veranlaßt die Wascherpumpe, Wasser zu fördern. Bei Wisch-Wasch-Intervallschaltung laufen hierbei die Wischer einige Male über die Scheibe, und bei Nieselregen oder Nebel setzen sie sich nur alle paar Sekunden in Bewegung.

Scheibenwischer und -wascher prüfen
Wartungspunkt Nr. 2

Mit Leitungswasser allein wird die Windschutzscheibe allenfalls durchsichtiger, keinesfalls aber sauber. Abgasrückstände, Öldunst und Silikon aus Lackpflegemitteln setzen sich hartnäckig auf das Glas. Als Waschwasserzusatz empfehlen sich etwa »Caramba Scheibenklar« im Sommer und »Sonax Antifrost« (besonders preisgünstig in der 1-Liter-Plastikflasche) für den Winter. Damit sich Zusatzmittel und Wasser gut durchmischen, erst Reinigungsmittel und dann Wasser in den Behälter gießen. Bei tiefem Frost nützt der Gefrierschutz bisweilen doch nicht viel. Dann mischen wir dem Waschwasser noch etwa 1/3 Brennspiritus hinzu. Das schützt sicher vor Eisklumpen im Wasserbehälter, riecht allerdings ziemlich aufdringlich.
Wenn die Waschanlage nicht mehr funktioniert, sollten Sie zuerst versuchen, die Spritzdüsen mit einer dünnen Nadel zu reinigen. Hilft das nichts, müssen die Wasserschläuche und die Scheibenwascherpumpe überprüft werden.

Fingerzeig: *Wenn das Sichtfeld auf der Windschutzscheibe trotz Reinigungszusatz im Waschwasser schlierig bleibt, hilft das altbekannte Messingputzmittel Sidol (nicht Sidol Spezial!) weiter. Es wird mit einem Lappen aufgetragen, muß antrocknen, ehe der weiße Staub mit einem sauberen Lappen abgerieben wird. Damit werden Öl-, Lackkonservierer- und sonstige Rückstände zuverlässig entfernt.*

Spritzstrahl einstellen

Das Scheibenwaschwasser wird von einer Doppeldüse auf die Frontscheibe gespritzt. Diese Wasserstrahlen sollen links in Fahrtrichtung 305–355 mm unterhalb der Windschutzscheiben-Oberkante und 230–330 mm seitlich von der mittleren Scheibenhöhe aufs Glas treffen. Auf der rechten Seite lauten die entsprechenden Maße 275–325 mm von oben und 170–270 mm von der Seite.

Scheibenwischer wechseln

Die Gummis der Scheibenwischer halten höchstens ein halbes Jahr. Zum Wechsel bei hochgeklapptem Wischerarm die Klemmfeder anheben und das Wischerblatt vom Arm abziehen (siehe Bild rechts). Als Ersatz genügt es, wenn Sie sich lediglich Wischergummis besorgen. Sie sind in der Werkstatt und im Zubehörhandel selten vorrätig, sie müssen meist erst bestellt werden.
Zum Zerlegen eines Wischerblatts an einem Ende die Halteklammer aufbiegen. Metallstreifen an einer und dann an der anderen Seite herausziehen, altes Gummi aus- und neues einhängen. Metallstreifen beidseits wieder einschieben, Halteklammer zusammendrücken.

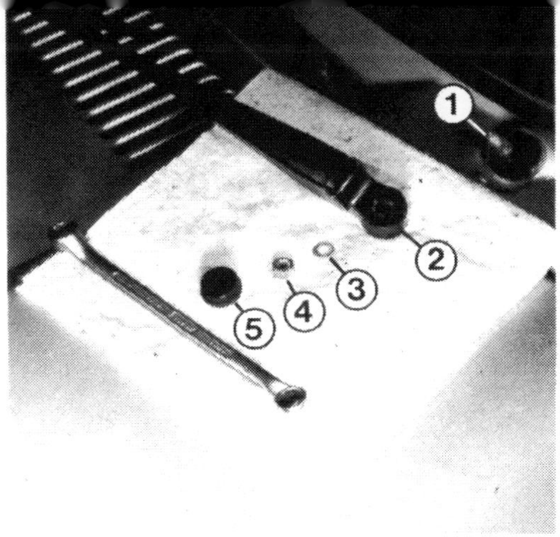

Der Scheibenwischerarm (2) sitzt auf der kerbverzahnten Scheibenwischerwelle (1). Dadurch wird der Arm auf der Welle nicht verdreht, auch wenn die Befestigungsmutter (4) sich gelockert haben sollte. Zum Ausbau des Wischerarms die Schutzkappe (5) mit einem Schraubenzieher abhebeln, die Befestigungsmutter lösen und mit der Unterlegscheibe (3) abnehmen. Sehr oft wird sich jedoch der Wischerarm danach nicht ohne weiteres von der Wischerwelle ziehen lassen, weil die Kerbverzahnung korrodiert und »festbackt«. In diesem Fall beidseitig dicht neben die Wischerwelle Lappenballen (zum Schutz des Karosserielacks) drücken und mit 2 gleichzeitig beidseitig angesetzten breiten Schraubenziehern den Wischerarm behutsam abhebeln.

Besonders Sparsame montieren lediglich auf der Fahrerseite einen neuen Scheibenwischer, der Beifahrer erhält den bisherigen linken Wischer. Beim nächsten Mal bauen sie wieder links einen neuen Scheibenwischer an und rechts den früheren linken; der alte Beifahrerwischer kommt nun auf den Müll.

Scheibenwischermotor

Die Kabelklemmen am Wischermotor haben folgende Bedeutung: Über Klemme 53 kommt bei eingeschalteter Zündung Spannung für die erste Wischergeschwindigkeit, Klemme 53b führt Strom für die zweite Geschwindigkeitsstufe. Klemme 53a liefert Plusstrom für die Wischer-Endabstellung und über Klemme 53e wird der Wischermotor beim Ausschalten abgebremst, damit die Wischerblätter nicht über ihre Parkstellung hinaus laufen. Wenn beim Ausschalten der Scheibenwischer die Wischerarme noch nicht in Parkstellung stehen, wird dem Scheibenwischermotor unabhängig vom Wischerschalter über Klemme 53a so lange Plusstrom zugeführt, bis die Wischer in Ruhestellung gelaufen sind.
Das kann sich im Winter bei starkem Schneetreiben oder Eisregen aber zum Nachteil auswirken, wenn die Wischerblätter durch den dicken Schnee ihre Endstellung beim Ausschalten nicht erreichen. Klemme 53a führt dann weiterhin Strom, und da der Wischermotor sich nicht drehen kann, brennt er durch (die Sicherung brennt in solchen Fällen meist erst zu spät durch). Deshalb bei steckengebliebenen Wischerblättern anhalten, aussteigen und die Wischerarme von der Scheibe abheben, damit sie in ihre Endstellung laufen können. Bleiben die Wischerblätter dagegen beim Ausschalten der Zündung stehen, droht keine Gefahr, dann erhält auch Klemme 53a keinen Strom mehr.

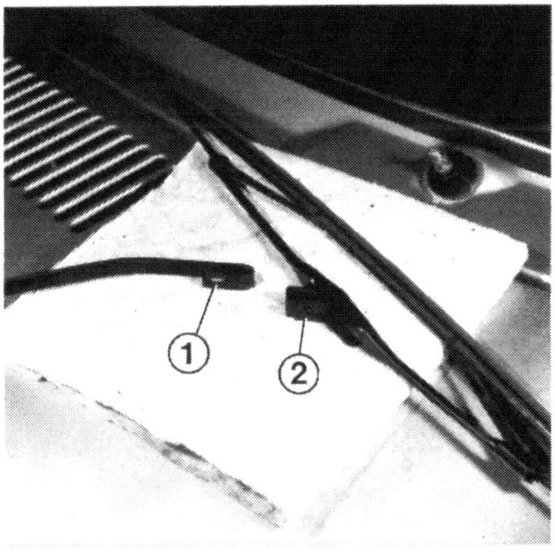

Zum Auswechseln der Scheibenwischerblätter den Wischerarm von der Windschutzscheibe abklappen, die Arretierungsfeder des Wischerblatts (2) zusammendrükken, bis ihre Nocke aus der Aussparung (1) des Wischerarms austritt und das Wischerblatt aus dem Wischerarm ziehen.

Der Pfeil zeigt auf die Gummitülle, unter der sich der Mehrfachstecker für die Stromversorgung des Wischermotors (5) versteckt. Die Positionen 2, 3 und 4 bezeichnen die Befestigungsschrauben; 1 zeigt auf den Kurbelhebel des Scheibenwischermotors.

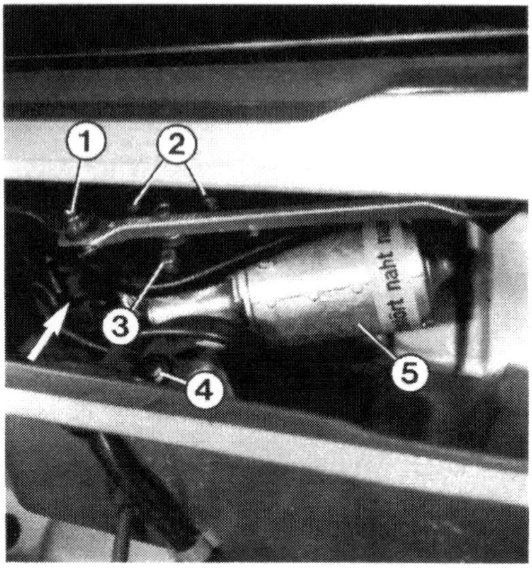

Streikt der Scheibenwischermotor und funktioniert auch das Gebläse nicht, liegt es vermutlich am Entlastungsrelais. Die Störungssuche ist auf Seite 214 beschrieben.

Wischermotor ausbauen

Für den Fall, daß der Wischermotor doch durchgebrannt ist, geht der Ausbau folgendermaßen (die Wischerarme brauchen hierbei nicht demontiert zu werden): Mehrfachkabelstecker am Motor abziehen. Wischerantriebsstangen von der Kurbel am Wischermotor abhebeln. 3 Halteschrauben am Wischermotor lösen, Motor abnehmen. Einen neuen Motor schließt man vor dem Einbau am Mehrfachstecker an und läßt ihn mehrere Minuten laufen. Wenn der Motor dann abgeschaltet wird, bleibt er in der Wischerparkstellung stehen. Kurbelhebel, wie in der Zeichnung unten gezeigt, aufsetzen.

Radio

Die ab Werk eingebauten Radios lassen sich recht einfach ausbauen: Knöpfe abziehen, Umschalter bzw. Distanzstück abnehmen. Die Radioblende wird von kleinen Blechklammern auf den Gewindegängen unter den Knöpfen gehalten. Diese Klammern mit einem kleinen Schraubenzieher o. ä. zur Seite schieben, dann läßt sich die Blende abheben (beim Einbau Markierung »oben« beachten).

Falls ein neuer Scheibenwischermotor (5 im Bild oben) eingebaut werden soll, läßt man ihn einige Minuten mit angestecktem Mehrfachstecker laufen. Wird nun am Scheibenwischerschalter abgeschaltet, bleibt der Motor in Parkstellung stehen. Die Kurbel wird nun so aufgesetzt, daß der Winkel α etwa 20° beträgt. Motor einsetzen und festschrauben. Beim Einbau werden die Gelenke der Wischeranlage gut mit Mehrzweckfett geschmiert.

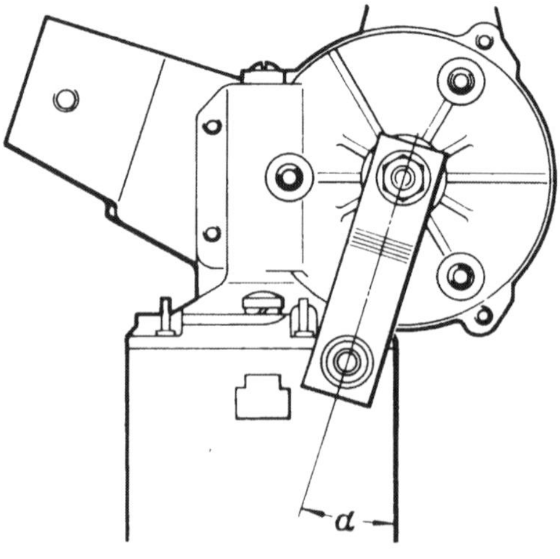

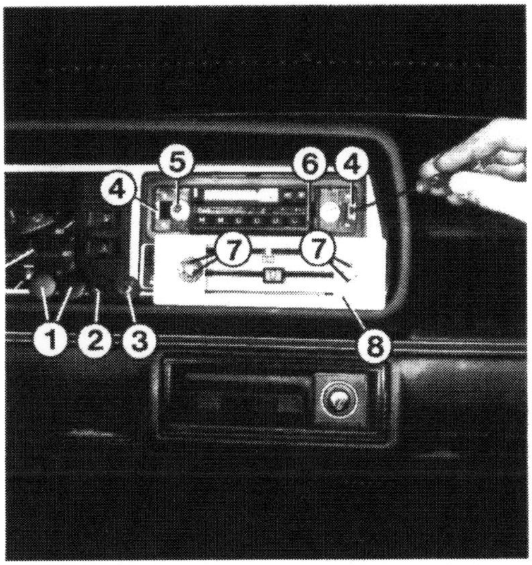

Die Radioblende (8) wird jeweils von 2 kleinen Blechklammern (7) auf dem Gewinde (5) unter den Radioknöpfen gehalten. Diese Klammern müssen mit einer Nadel o. ä. etwas zur Seite geschoben werden.
Zuvor Radioknöpfe, Umschalter und Distanzring (1, 2 und 3) abziehen, dann läßt sich die Blende abnehmen. Das Radio wird jetzt nur noch von den unter Federdruck stehenden Klammern (4) rechts und links gehalten. Diese Klammern mit einem Schraubenzieher zum jeweiligen Radioknopf ziehen und das Radio ein Stück herausziehen, Kabel abnehmen. Rechts am Radio sehen Sie die Antennentrimmschraube (6).

Rechts und links am Radio die Halteklammern nach innen ziehen, wie im Bild oben gezeigt, und das Radio herausheben. Kabel abziehen.
Wollen Sie nachträglich ein Radio einbauen, wird das Ablagefach im Armaturenbrett herausgenommen (in der Mitte oben und unten zusammendrücken). Sie sollten sich einen auf den Jetta abgestimmten Einbausatz besorgen, bei sogenannten Universalradios kann es mit der Befestigung Probleme geben. Zum Motorraum hin sitzt das Radio mit einem Dorn in einer Haltenase, im Armaturenbrett wird es von zwei Blechklammern gehalten. Wenn Sie vor dem Einbau das Radio und den Haltedorn mit Schaumstoffstreifen umkleben, vermeiden Sie eventuelle Klappergeräusche.
Massekabel der Batterie abnehmen. Für den elektrischen Radioanschluß sind bei vielen Modellen bereits ein ständig stromführendes rotes und ein braunes Massekabel vorverlegt, sie hängen frei hinter dem Armaturenbrett. Bei Standardausstattung müssen die entsprechenden Kabel meist erst noch verlegt werden.
Für den Einbau des Mono-Lautsprechers gibt es für den Jetta eine spezielle Lautsprecherblende, die in Armaturenbrettmitte vor dem Ablagefach angeschraubt wird. Die Stereo-Lautsprecher finden in den »Boxen« vor den Tür-Ablagefächern Platz. Zum Öffnen der Abdeckungen je eine Kreuzschlitzschraube vorn an der »Box« herausdrehen. Hinten ist das Kunststoffteil nur eingesteckt.
Antenne einbauen, dabei auf guten Massekontakt achten. Entstörmittel nach Radio-Einbauanweisung einbauen. Sämtliche Kabel am Radio anschließen, Massekabel der Batterie festklemmen.
Radio zur Probe einschalten und mit der Antennentrimmschraube auf die Antenne anpassen. Das geschieht mit Mittelwelle und einem schwachen Sender im Bereich zwischen 1200 und 1500 kHz. Trimmschraube vorsichtig so lange drehen, bis der Sender am lautesten und klarsten empfangen wird. Radio einbauen, Blende und Knöpfe aufstecken.

Kleider machen Leute

Die Karosserie macht eine Fahrmaschine zum Auto. Ohne sie wäre das Fahren eine unbehagliche Sache. Aber die Karosserie hat nicht nur Schutzfunktion. Wir betrachten sie zu einem gewissen Ausmaß auch als Kleidungsstück – nicht etwa als Arbeitshose, sonst hätten wir wohl einen Last- oder Kombiwagen gekauft, sondern mehr als Freizeit- oder elegante Berufskleidung.

Demontierbare Teile

Mit einiger Geschicklichkeit kann man die Stoßfänger und Kotflügel vorn alleine ausbauen. Wollen Sie aber Motorhaube, Kofferraumklappe oder Türen demontieren, brauchen Sie unbedingt einen Helfer, der diese großen und schweren Teile hält, während Sie schrauben, sonst wird schnell irgendwo der Lack zerkratzt.
Übrigens: Eine neue Motorhaube, Kofferklappe, Tür oder einen neuen Kotflügel können Sie bereits vor der Montage lackieren lassen, dann sparen Sie sich das umständliche Abdecken der umliegenden Karosserieteile.

Die Motorhaube

Bei geschlossener Motorhaube muß der Abstand zu beiden Kotflügeln und zum Windlauf rundum annähernd gleich sein. Sitzt die Haube schief, müssen die Sechskantschrauben an den Haubenscharnieren rechts und links hinten an der Motorhaube etwas gelockert werden, so daß sich der Haubendeckel entsprechend verschieben läßt (damit kein Lack zerkratzt wird, Lappen unterlegen). Anschließend die Schrauben an den Scharnieren wieder festziehen.
Unter der Haubenvorderkante sitzt beidseitig je ein Gummipuffer, der bei geschlossener Haube fest gegen den Karosseriesteg drücken muß, damit die Motorhaube nicht klappert. Steht die Haube vorn höher oder tiefer als die Kotflügel, kann man durch Hinein- oder Herausdrehen der Puffer flächenglatten Anschluß einstellen.
Zum Motorhaubenausbau sind die Haltemuttern an den Scharnieren zu lösen.

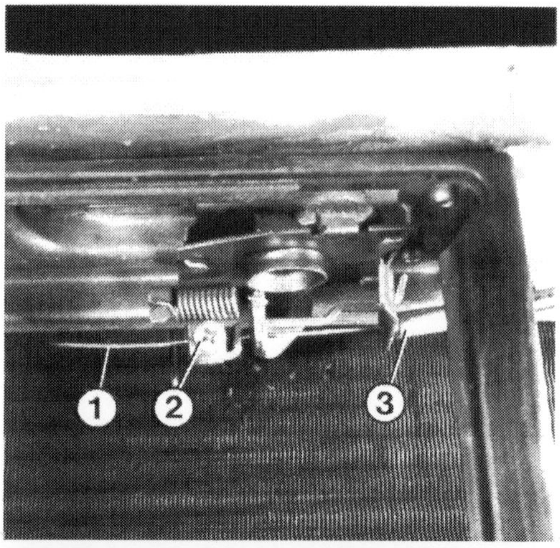

Wenn der Seilzug zum Motorhaubenschloß eingestellt werden soll (Kühlergrill vorher ausbauen), darf der Zug nicht unter Spannung verlegt sein. Den aus der Zughülle (3) austretenden Haubenseilzug schieben Sie hinter der Klemmschraube (2) durch. Der Zug muß dann so angeklemmt werden, daß das Schloßunterteil ebenfalls nicht unter Spannung steht, sonst funktioniert die Verriegelung nicht einwandfrei. Nachdem der Schloßzug festgeschraubt wurde, soll das Zugende (1) umgebogen werden.

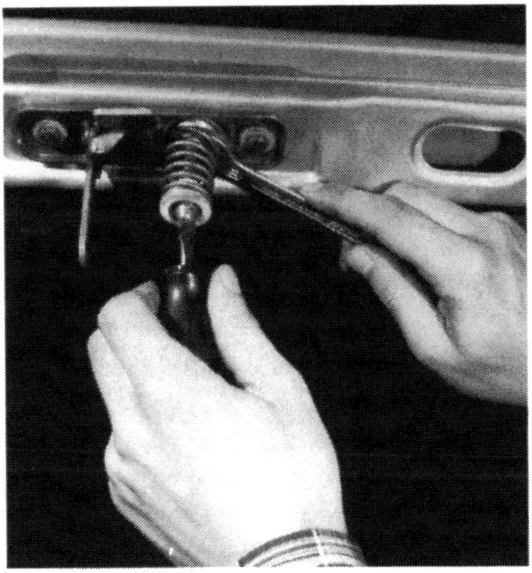

Der Schloßträger des Motorhaubenschlosses wird von zwei Schrauben SW 10 gehalten. Durch Verschieben des Schloßträgers läßt sich einwandfreies Schließen der Haube erreichen. Außerdem kann man noch, wie hier gezeigt, den Schloßzapfen hinein- oder herausdrehen. Dazu die Kontermutter SW 13 gegenhalten und den Zapfen mit einem Schraubenzieher verdrehen.

Gerissener Haubenseilzug

Eines Tages kann der Seilzug zum Entriegeln der Motorhaube reißen. Was tun? Nehmen Sie eine Taschenlampe zu Hilfe und leuchten Sie durch das VW-Zeichen im Kühlergrill. Wenn Sie mit einem Schraubenzieher das dort sichtbare Schließteil zur Fahrerseite hin drücken, springt das Schloß auf.
Der Haubenseilzug ist unter der Innenkante des linken Vorderkotflügels montiert und führt knapp unter der Auflagekante der Motorhaube in den Fahrerfußraum. Was beim Einstellen des Seilzugs für das Motorhaubenschloß zu beachten ist, finden Sie im Bildtext links beschrieben.

Die Kofferraumhaube

Für den sauberen Sitz der Kofferraumklappe gilt sinngemäß dasselbe wie für die Motorhaube. Wenn der Kofferraumdeckel klappert oder schlecht schließt, läßt sich das durch Lockern und Verstellen des Schließbolzens im hinteren Abschlußblech beheben (siehe Bild nächste Seite oben). Zum Ausbau der Klappe die elektrischen Kabelverbindungen lösen, Schrauben der Scharniere losdrehen und die Klappe abnehmen.
Wenn in den Kofferraum Staub oder Regenfeuchtigkeit eindringt, obgleich die Kofferraumklappe rundum flächenglatt in ihrem Ausschnitt sitzt, müssen Sie einmal die Gummiumrandung dieses Ausschnitts genau unter die Lupe nehmen: Der Gummi kann mit den Jahren spröde geworden sein und schließt nicht mehr

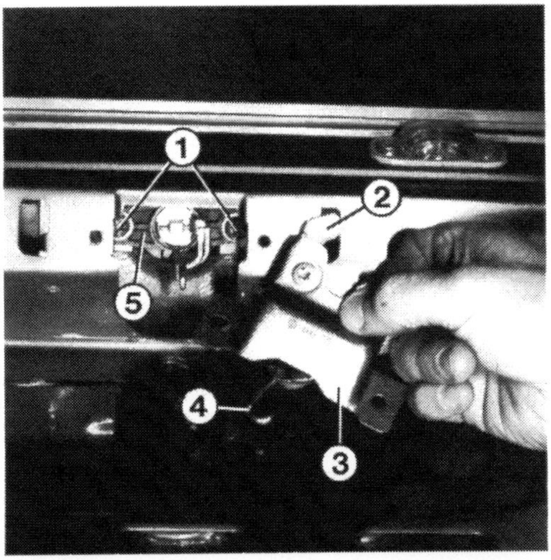

Der Schließzylinder der Kofferraumhaube ist auf seiner Grundplatte (5) mit zwei Kreuzschlitzschrauben (1) an der Haube festgeschraubt. Soll er ausgebaut werden, muß zuerst das Schließteil (3) mit der Schloßfalle (2) abgeschraubt und die Betätigungsstange (4) ausgehängt werden.

Wenn die geschlossene Kofferraumhaube nicht einwandfrei abdichtet (Klappergeräusche, Staub und Feuchtigkeit im Kofferraum) oder sich nur mit kräftigem Druck schließen läßt, kann durch leichtes Verstellen des Heckklappenschlosses in den Langlöchern des Heckblechs Abhilfe geschaffen werden. Dazu die beiden Halteschrauben (2) etwas lockern, den Schließbolzen (1) entsprechend verschieben und wieder festschrauben.

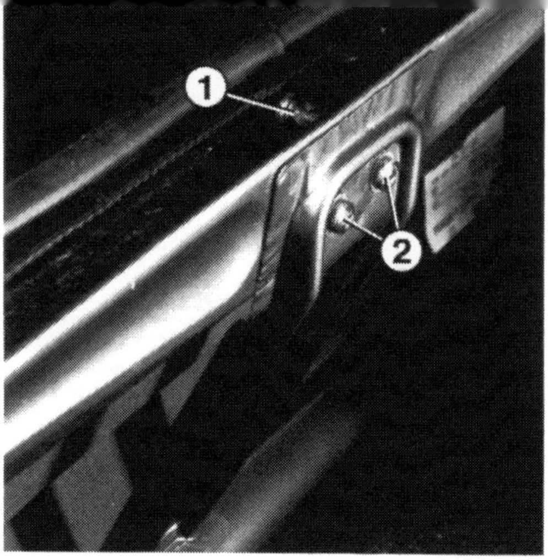

elastisch. Oder die Gummiumrandung ist eingerissen, weil im Winter die zugefrorene Klappe mit Gewalt aufgezerrt werden mußte. Vorbeugend hilft hier regelmäßiges Einreiben mit Glyzerin oder einem Spezialpflegemittel, wie z. B. »1z-Gummipfleger« oder »Türgummi-Winterschutz« von Pingo. Die schadhafte Gummiumrandung abhebeln, Klebereste entfernen und neue Umrandung mit einem Gummihammer aufschlagen. Darauf achten, daß die Gummiumrandung rundum gleichmäßig hoch sitzt.

Stoßfänger

In Fahrtrichtung rechts liegen die beiden Halteschrauben des vorderen Stoßfängers gut zugänglich im Motorraum am vorderen Ende des Längsholms. Links ist dagegen das Batteriestandblech etwas im Weg, hier arbeitet es sich leichter von unten her. An den Ecken sind die Stoßfänger in Halteclips eingeschoben. Stoßfänger einfach wegziehen. Der hintere Stoßfänger wird rechts und links im Kofferraum von je 2 Schrauben und seitlich wieder von Clips gehalten.
Die Stoßfänger werden jeweils mitsamt ihren Haltern abgenommen und können dann, wenn erforderlich, von den Haltern abgeschraubt werden.
Wenn lediglich die Kunststoffabdeckung beschädigt ist, kann sie alleine ersetzt werden. Ist dagegen auch der eigentliche Stahlstoßfänger deformiert, gibt es als Ersatz nur eine komplette Stoßstange. Während sich die alte Abdeckung relativ einfach mit einem Schraubenzieher abhebeln läßt, macht die Montage der Kunststoffhülle doch einige Probleme. Zuerst müssen seitlich die Klemmstücke befestigt werden. Dazu werden sie etwa 5 Minuten in ein Seifenwasser gelegt. Dann die Halteschraube 3 bis 4 Gewindegänge in das Klemmstück drehen,

Die beiden äußeren Grillteile um Blinker und Scheinwerfer sind beim Jetta mit drei Blechschrauben (2, 3 und 4) und einem Kunststoffdübel (1 – siehe auch Bild rechts) befestigt. Die Grillteile lassen sich auch ohne Abbau des Mittelgrills abnehmen, was z. B. beim Auswechseln eines Scheinwerfer-Einsatzes recht praktisch ist.

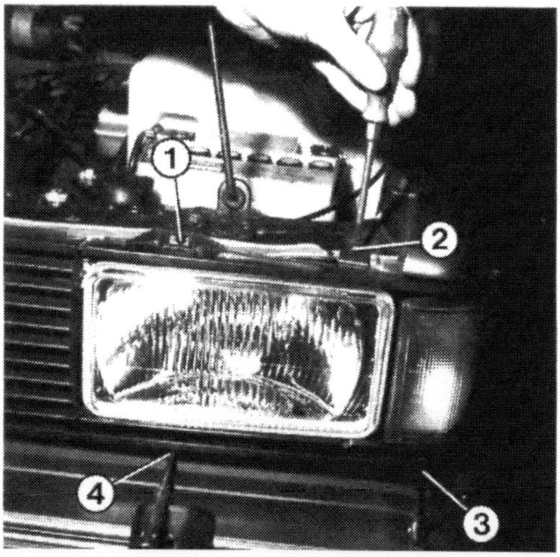

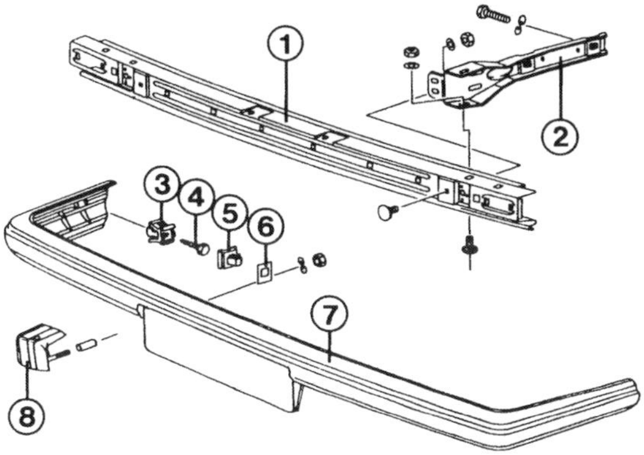

Die Einzelteile der Stoßfänger: 1 – Stoßfänger; 2 – Stoßfängerträger; 3 – Klemmstück; 4 – Spezialsechskantschraube; 5 – Clip; 6 – Dichtung; 7 – Kunststoffabdeckung; 8 – Stoßfängerhorn mit Spritzdüse für Scheinwerferreinigungsanlage.

Klemmstück nun mit einem Kunststoffhammer bis auf die Verstärkungsrippen innen in der Kunststoffabdeckung schlagen (nicht auf die Schraube klopfen). Klemmstück mit einer Zange festhalten und gleichzeitig die Halteschraube mit 5 Nm anziehen, dadurch spreizt sich das Klemmstück wie ein Dübel und sitzt fest. Zum Aufpressen der Kunststoffabdeckung auf den Stahlträger benutzt die Werkstatt ein Sonderwerkzeug. Behelfsmäßig geht es bei vorher erwärmtem Kunststoff (mit Haarfön oder Heizlüfter). Sämtliche Haltenasen der Abdeckung müssen in die entsprechenden Öffnungen im Stahlträger einrasten. Zweckmäßigerweise beginnt man von der Stoßfängermitte her.

Kotflügel vorn

Als Vorarbeiten sind der vordere Stoßfänger, das entsprechende Grill-Seitenteil und das Rad abzunehmen. Zierleiste unten am Türeinstieg mit einem breiten Schraubenzieher abhebeln. Unterbodenschutz an den Trennfugen erwärmen und mit einem scharfen Messer durchtrennen. Rund um den vorderen Kotflügel bei geöffneter Motorhaube 8 Sechskant-Blechschrauben SW 10 herausschrauben (am besten mit einem Steckschlüssel); Schraubenköpfe vorher vom Unterbodenschutz freilegen. Davon sitzen 4 auf der Motorhauben-Ablagekante, 3 innen im Kotflügel zum Türpfosten hin und eine unten am Schwellerblech. Unterhalb des Stoßfängers sitzt außen noch eine Kreuzschlitzschraube, die ebenfalls losgedreht werden muß. Kotflügel abziehen. Vor dem Anbau die Verschraubungs- und Stoßkanten des Kotflügels sauber entrosten. Auf die gesäuberten Flächen soll nach VW-Empfehlung Korrosionsschutz-Grundierung ALN 717 003 aufgestrichen werden (Luftrocknungszeit ca. 40 min, keinen Heizlüfter o. ä. ver-

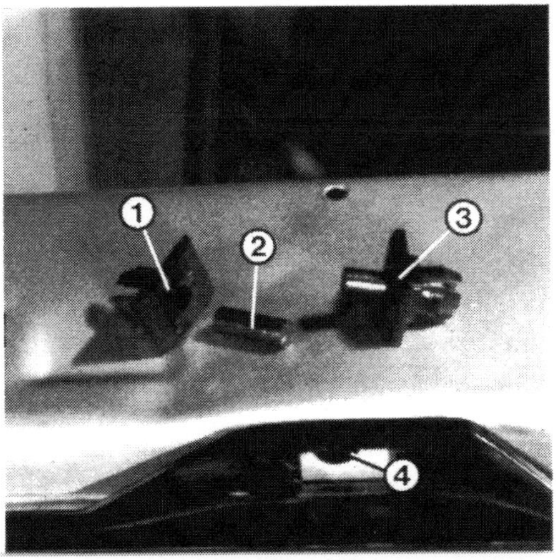

Den Kühlergrill des Jetta halten Kunststoffdübel in den entsprechenden Karosserielöchern (4). Der komplette Dübel (3) besteht aus einem Außenteil (1) und einem Dorn (2), der beim Hineindrücken das Außenteil spreizt, so daß es sich nicht mehr aus dem Karosserieloch ziehen läßt. Zum Ausbau des Grills drückt man bei den von der Motorraumseite her erreichbaren Dübeln den Dorn von hinten ein Stück heraus. Der Dübel kann dann herausgezogen werden. Das geht aber nicht bei allen Befestigungselementen. Bei den übrigen muß der Dorn von vorn nach hinten ganz durchgedrückt werden. Dabei besteht allerdings die Gefahr, daß der Dorn auf Nimmerwiedersehen in einem Loch des vorderen Querträgers verschwindet. Das ist jedoch nicht weiter schlimm, die Dübel sind nicht teuer.

Mit einem Schraubenzieher (Lappen zum Schutz gegen Kratzer unterlegen, wie hier gezeigt) lassen sich die seitlichen Zierleisten von ihren Halteclips hebeln. Noch besser ist ein flacher Brieföffner aus bruchfestem Kunststoff, da man mit diesem noch besser Lackkratzer vermeiden kann. Diese Arbeit muß behutsam ausgeführt werden, sonst knicken die Zierleisten um. Deshalb drückt man, wenn ein Stück Zierleiste gelöst ist, mit der anderen Hand gegen das abstehende Ende zur Karosserie hin, damit dieses Ende nicht vom Schraubenzieher noch weiter abgebogen wird, sondern der nächste Clip nachgibt.

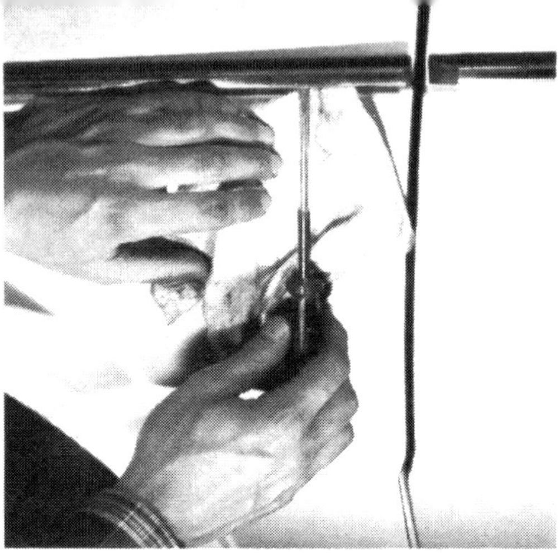

wenden!). Anschließend kann Decklack aufgetragen werden. Zwischen Karosserie und Kotflügel sitzen an der Motorhauben-Ablagekante und zur Tür hin Zinkplättchen unter den Schrauben. Falls diese Plättchen teilweise fehlen, muß an deren Stelle ein kurzes Stück Dichtband D 19 aufgedrückt werden. Für die jeweilige Schraube ein entsprechend großes Loch durch das Dichtband stechen. Kotflügel einpassen und festschrauben. In die Fugen zwischen Kotflügel und Karosserie muß Acryldichtmasse AKD 511 001 aufgetragen und sauber mit dem Pinsel verstrichen werden. Die Spalte zwischen Kotflügel und Motorhauben-Abdeckkante werden mit Konservierungswachs satt eingesprüht.

Türen

Wenn Sie eine Tür ausbauen wollen, muß zuerst deren Innenverkleidung abgenommen werden (siehe übernächsten Abschnitt). Halteniet des Türfeststellers mit einem feinen Dorn oder evtl. mit einem stärkeren Nagel von unten nach oben heraustreiben. Durch die Montageausschnitte oben und unten vorn im Türkasten kommen Sie an die Scharnierschrauben heran, die am besten mit einem Steckschlüssel (SW 13) gelöst werden. Tür von den Scharnieren abziehen.

Beim Einbau einer Tür muß der Wagen mit den Rädern auf dem Boden stehen. An einem aufgebockten Wagen kann sich dagegen die Karosserie etwas verwinden, so daß die Justierung der Tür nachher nicht stimmt.

Wird eine neue Tür eingebaut, muß vorher der runde Schließbolzen des Türschlosses am hinteren Türpfosten gelockert werden, damit die Tür gut eingepaßt werden kann. Beim Wiedereinbau der alten Tür ist das nicht notwendig, wenn die Tür an der Hinterkante einwandfrei im Türausschnitt saß.

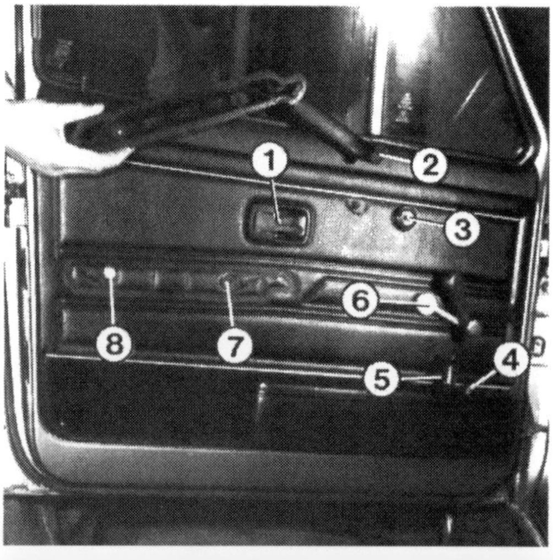

Türverkleidung abnehmen: Zwei Kreuzschlitzschrauben unten in den Armlehnen aus den Kunststoffdübeln (7 und 8) herausdrehen. Armlehne zum Abnehmen um 90° nach oben schwenken und Stift der Lehne (2) aus der oberen Befestigung ziehen. Halteschraube (1) der Türöffnergriffschale herausdrehen (vorher Kunststoffabdeckung – 5 – abhebeln). Bei der Halteschraube der Fensterkurbel (6) muß erst mit einem feinen Schraubenzieher die Kunststoffabdeckung über dem Kurbelarm abgehebelt und beiseitegedrückt werden, wie hier bereits geschehen. Oben sehen Sie den Griffhebel (3) des von innen verstellbaren Außenspiegels und darunter abgelegt die vom Hebel abgezogene Kappe (4).

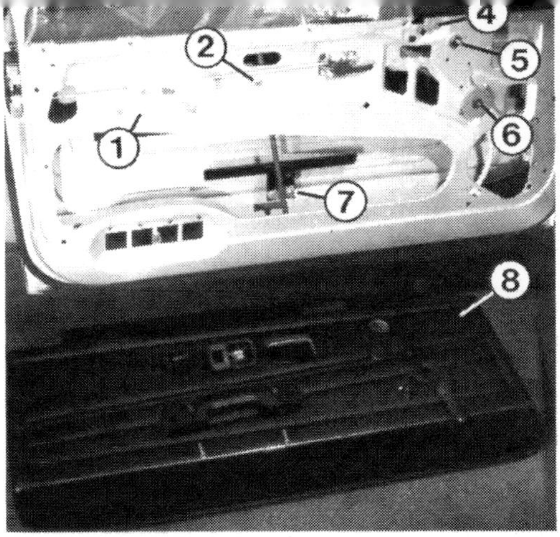

Die Tür mit der davor abgelegten Türverkleidung (8). Es bedeuten: 1 – Schaumstoffabdeckung unter dem Türöffnerhebel (hier zurückgeschoben); 2 – Halteschraube des Fensterhebers; 3 – Plastikfolie, die normalerweise auf die Tür-Innenseite geklebt ist zum Schutz vor Feuchtigkeit. Sie darf nicht vergessen werden, sonst quillt die Papp-Rückseite der Türverkleidung; 4 – Halteschraube der vorderen Fensterführungsschiene (zum Ausbau des vorderen Dreieckfensters); 5 – Betätigungsknopf für den verstellbaren Außenspiegel; 6 – Welle für die Fensterkurbel; 7 – Halteschraube der Fensterheberschiene.

Zuerst die Tür an ihren Scharnieren leicht festschrauben – mit neuen selbstsichernden Schrauben –, daß man sie noch nach allen Seiten verschieben kann. Tür in den Türausschnitt drücken und so justieren, daß das Türblech flächenglatt mit dem benachbarten Karosserieblech abschließt und mit rundum gleichmäßig breitem Spalt im Türausschnitt liegt. Sie muß dabei auch gleichmäßig an der Gummidichtung anliegen (vom Wageninnern aus prüfen). Bei richtigem Sitz die Scharnierschrauben an der Türvorderkante festziehen. Öffnertaste am Türgriff außen anziehen und die Tür leicht angehoben in den Schließbolzen im hinteren Türpfosten einrasten lassen; Öffnertaste loslassen, wieder anziehen und Tür leicht angehoben öffnen. Schließbolzen fest anziehen (siehe nächste Seite). Rundum einwandfreien Sitz der Tür nochmals nachprüfen.

Arbeiten an den Türen

Türverkleidung ausbauen

Welche Vorarbeiten zum Ausbau der Türverkleidung notwendig sind, zeigt das Bild links unten. Nachdem alle Anbauteile abgenommen wurden, ziehen Sie vorsichtig die Verkleidung unten an einer Ecke ein Stück heraus, damit sich die Halteclips aus dem Türblech lösen. Mit der Hand hinter die Verkleidung fassen und mit den restlichen Clips abziehen. Unter der Verkleidung ist auf den Türkasten eine Kunststoffolie geklebt. Sie muß zu Arbeiten an der Tür innen vorsichtig abgezogen und vor dem Wiedereinbau der Türverkleidung wieder sorgfältig angeklebt werden. Wird das versäumt, weicht Tropfwasser, das durch den Fensterspalt in den Türkasten eindringt, die Verkleidungsrückseite auf. Ist die bisherige Folie zerrissen, kann man aus Meterware ein neues passendes Stück zuschneiden und mit jedem beliebigen Klebstoff einkleben. Bevor Sie die Kunststoffclips

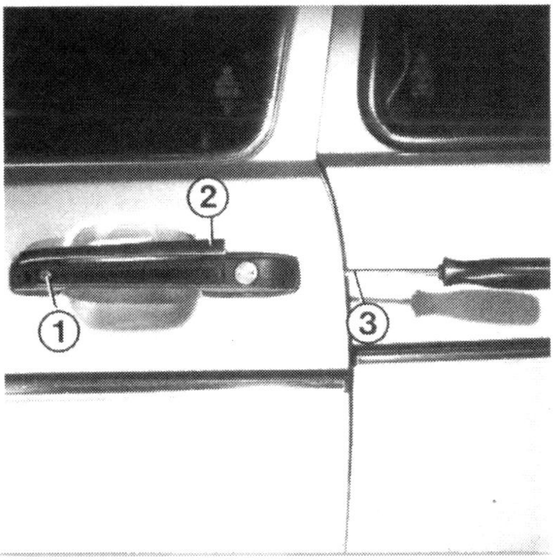

Ausbau des Türaußengriffs: Zierabdeckung (2) mit einem feinen Schraubenzieher abheben, Kreuzschlitzschraube (1) vorn im Türgriff lösen und eine weitere Kreuzschlitzschraube am Türkastenrand – der Schraubenzieher (3) ist darauf angesetzt – herausdrehen. Türgriff abnehmen.

der Türverkleidung mit leichten Handballenschlägen in die entsprechenden Löcher eintreiben, sollten Sie kontrollieren, ob die Klammern richtig angesetzt sind, sonst werden sie zerquetscht und unbrauchbar.

Türschloß ausbauen

Das Türschloß besteht einerseits aus dem Türgriff außen mit dem Schließzylinder und zum andern aus dem eigentlichen Schloß am Türkasten mit dem Sicherungsknopf auf der Türbrüstung und dem Öffnerhebel innen.
Wie das eigentliche Schloß ausgebaut wird, beschreibt der Bildtext unten. Soll der Schließzylinder aus dem Türgriff ausgebaut werden, muß der Schlüssel in den Schließzylinder eingesteckt werden (wenn er nicht schon abgebrochen drin steckt und dies der Ausbauanlaß ist) damit beim Herausziehen des Zylinders nicht die Schließplatten und Federn herausfallen. Zum Ausbau lediglich die Schlitzschraube am hinteren Ende des Schließzylinders herausdrehen und nach Abnahme der darunter gehaltenen Wellscheibe, Exzenter und Drehfeder (auf deren Lage für den Wiedereinbau genau zu achten ist) den Schließzylinder nach der Türgriffvorderseite herausziehen. Beim Zusammenbau müssen die gleitenden Teile des Schlosses mit einem weichen Fett eingerieben oder einem Fettspray behandelt werden.

Türschloß justieren

Klappergeräusche an den Türen können sehr verschiedene Ursachen haben. Vielleicht ist ein Teil des Fensterkurbeltriebs lose – das läßt sich zumeist durch verschiedene Fensterstellungen während der Fahrt genauer ermitteln. Manchmal ist aber auch das Türschloß an den Klappergeräuschen schuld, weil sich der Schließbolzen auf dem hinteren Türpfosten gelockert hat oder verschlissen ist. Er muß dann, wie auf der Vorseite beschrieben, mit einem Schraubenschlüssel SW 15 etwas gelockert werden, damit er sich in seinem Langloch entsprechend verschieben läßt. Tür in den leicht festgezogenen, aber noch bewegbaren Schließbolzen eindrücken, durch Drücken, Ziehen oder Heben des Türaußengriffs in die richtige Lage bringen und die Tür vorsichtig aus dem Schließbolzen »herausheben« und diesen daraufhin fest anziehen. Zuletzt Sitz der Tür nochmals nachprüfen.

Türfenster ausbauen

Zum Ausbau einer Türfensterscheibe muß erst die Türverkleidung abgenommen werden (siehe Vorseite). Fensterscheibe herunterkurbeln und die Fensterschacht-Abdichtung innen mit einem lappenumwickelten Schraubenzieher (zum Schutz vor Kratzern im Lack) aus dem Türblech hebeln. Oben beim Dreiecksfenster das senkrechte und das obere Fensterführungsgummi etwa 10 cm weit herausziehen und die obere Befestigungsschraube der Führungsschiene

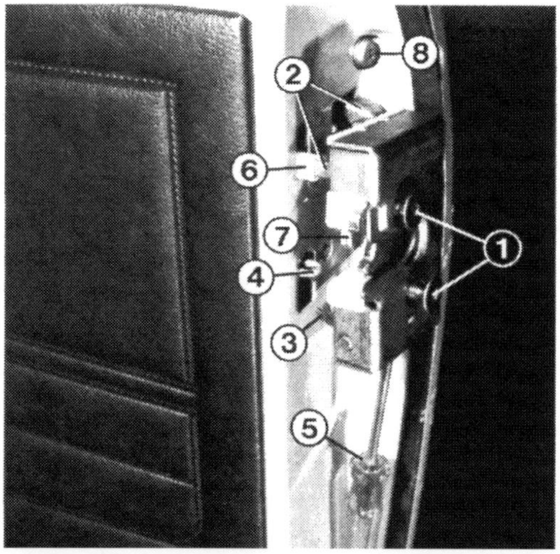

Zum Ausbau eines Türschlosses werden erst die beiden Inbusschrauben SW 6 (1) gelöst, dann läßt sich das Schloß in verriegeltem Zustand ein Stück herausziehen. Oben sehen Sie die Sicherungshebel (2), unten den sogenannten Fernbetätigungshebel (3), der durch die Verbindungsstange (4) mit dem inneren Türgriff verbunden ist. Zum Aus- und Einhängen dieser Verbindungsstange muß die Welle des Fernbetätigungshebels mit einem Querschlitzschraubenzieher (5) blockiert werden, wie im Bild gezeigt, unten besitzt das Türschloß eine entsprechende Öffnung. Zuletzt wird der Sicherungshebel oben aus der Hülse (6) gezogen. Zum Wiedereinbau in sinngemäß umgekehrter Reihenfolge muß die Schloßfalle (7) geschlossen sein (im Bild ist sie geöffnet gezeigt). Außerdem sehen Sie ganz oben die innere Halteschraube (8) des Türaußengriffs.

lösen, ebenso deren Schrauben im Türkasten. Schiene schräg nach unten in den Türkasten schieben. Fensterscheibe am Fensterheber (Nr. 7 im Bild Seite 227 oben) abschrauben, hochschieben und oben aus dem Türkasten ziehen. Eingebaut wird die Scheibe sinngemäß umgekehrt.
Soll nur der Fensterheber ausgebaut werden, brauchen Sie die Fensterscheibe nicht herauszunehmen; sie wird heruntergekurbelt, vom Fensterheber losgeschraubt, ein Stück hochgeschoben und auf zwei entsprechende Holzklötze gesetzt.
Fensterheber am Kurbeltrieb (Nr. 6 im Bild Seite 227 oben) und an zwei Haltelaschen abschrauben, das Rohr oben ist nur in der Türbrüstung festgeklemmt. Fensterheber zum unteren Ausschnitt in der Tür herausnehmen.
Schwergängige Fensterheber können geschmiert werden: Die beflockte Spirale darf nur geölt werden, während die nicht beflockte Spirale gefettet werden muß.

Außenspiegel abnehmen

Die Rückspiegel auf den Türen sind von außen festgeschraubt. Hat Ihr Jetta einen von innen verstellbaren Spiegel, wird erst an der Türinnenseite der Betätigungsknopf abgezogen. Dann den Spiegel abschrauben und das Gestänge herausziehen.

Fenster austauschen

Der Aus- und Einbau einer neuen Windschutz-, Heck- oder festen Seitenscheibe ist nach unseren Erfahrungen nicht unproblematisch. Vielfach ist der Jetta mit einer Verbundglas-Windschutzscheibe (Hersteller »Sigla«, »Nordlamex« oder Kennzeichnung auf der Scheibe »Laminated«) ausgerüstet, die bei Verspannung schnell reißt. Weniger gefährdet durch unsachgemäße Behandlung ist dagegen die Einschichtenglas-Scheibe (»Sekurit«, »Delodur« oder »Sicursiv«).
Vor dem Ausbau der Windschutzscheibe klappt man die Scheibenwischerarme ab oder schraubt sie besser gleich los. Dann setzen Sie sich in den Innenraum und drücken mit den Füßen gegen die Scheibe – dabei kraftvoll drücken, aber nicht ruckartig gegen das Glas treten. Man beginnt an einer der oberen Ecken, während außen ein Helfer bereit steht, um die Scheibe aufzufangen, wenn sie sich mit ihrer Dichtung aus dem Fensterausschnitt löst.
Bei einer Verbundglas-Windschutzscheibe muß, will man den Ausbau selbst wagen, mit einer Holzspachtel o. ä. die möglicherweise am Rahmen angeklebte Scheibendichtung rundum vorsichtig abgehoben werden. Dann von innen an der gesamten Oberkante und mindestens zu zweit mit den Füßen gleichmäßig drücken.
Die Scheibendichtung kann wieder verwendet werden, wenn sie nicht rissig oder ausgefranst ist. Man zieht sie rundum ab. Die Reste der alten Dichtungsmasse waschen Sie mit Spiritus oder Verdünnung vom Fensterrahmen ab.
Beim Wiedereinbau wird erst die Gummidichtung über die Scheibe gezogen. Ein 2–3 mm starkes Autoelektrikkabel in den äußeren Schlitz der Dichtung einlegen. Die Kabelenden müssen sich oben in Scheibenmitte überschneiden. Den Fensterrahmen sollten Sie vor dem Einsetzen der Scheibe mit Silikondichtmasse bestreichen. Von außen die Scheibe an den Rahmen ansetzen und einpassen. Dann wird von innen durch Herausziehen des Kabels die Gummilippe der Dichtung über die Rahmenkante gestülpt. Ein Helfer schlägt dabei jeweils dort, wo gerade gezogen wird, mit der flachen Hand von außen gegen die Scheibe, damit die Gummidichtung vollends in den Fensterauschnitt rutscht.
Die Einschichtenglas-Scheibe ist ziemlich unempfindlich gegen Stoß- und Schlagbeanspruchung beim Einsetzen, nicht aber die Verbundglasscheibe – bei dieser muß man mit beiden Handflächen unter gleichmäßigem Druck die Scheibe hineinpressen, keinesfalls schlagen oder kräftig klopfen!

Die hintere Rücksitzlehne ist oben an der Trennwand zum Kofferraum mit Haltespangen befestigt. Zuerst muß die obere Spange rechts und links (1) mit einem flachen Schraubenzieher aus der Haltenocke (2) herausgehebelt werden, dann die Sitzlehne im Innenraum anheben und die unteren Spangen (3) aus den Öffnungen in der Trennwand zum Kofferraum aushängen.

Unfallschäden

Zeigt sich etwa nach dem Ausbau einer beschädigten Tür, daß auch die Scharniersäule in Mitleidenschaft gezogen wurde, helfen Do-it-yourself-Arbeiten nicht mehr weiter.
Eine gestauchte Türsäule muß fachgerecht ersetzt werden. Sie können allenfalls durch weitestgehende Demontage der angrenzenden Verkleidungsteile usw. dem Karosserieflaschner die Arbeit erleichtern und anschließend den Jetta wieder selbst zusammenbauen. Auf diese Weise läßt sich einiges Geld sparen. Auch eine verschobene Vorderfront wird nicht gerichtet, sondern komplett ersetzt. Ob sich ein hinterer Kotflügel billiger ausbeulen oder neu einschweißen läßt, muß man möglichst durch Kostenvoranschläge mehrerer Werkstätten in Erfahrung bringen.

Arbeiten im Innenraum

Sitze ausbauen

Zum Ausbau der Rücksitzbank diese aus den Haltenocken an der Sitzvorderkante herausziehen und Sitzpolster herausnehmen. Die Rücksitzlehne ist mit Haltespangen im Kofferraum befestigt (Bild oben), die oben aus einem Haltenocken herausgedrückt werden müssen. Dann läßt sich die Lehne nach oben ziehen und herausnehmen.
Die Vordersitze lassen sich nicht einfach aus den Schienen schieben, sondern man muß erst vorn am Haltebock in Sitzmitte die Sicherungsschraube lösen (siehe Bild unten).

Kopfstützen ausbauen

Die verstellbaren Kopfstützen lassen sich komplett abnehmen. Die Metallstäbe der Stützen laufen in Kunststofführungen. Die verschiedenen Höheneinstellun-

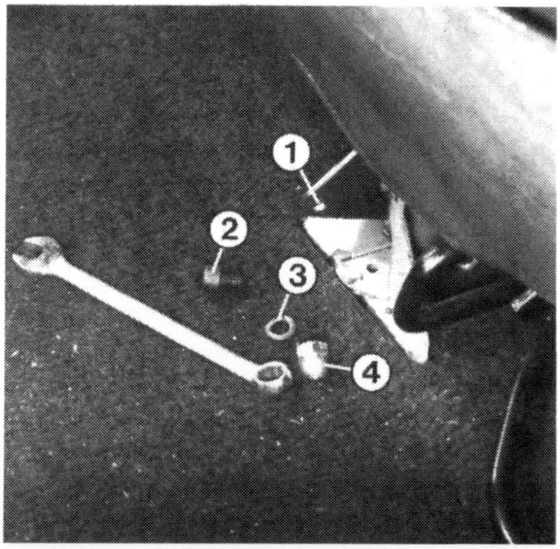

Zum Ausbau eines Vordersitzes muß vorn an der mittleren Sitzschiene (1) die Hutmutter (4) von der Innensechskantschraube (2) losgedreht werden (beim Zusammenbau die Unterlagscheibe – 3 – nicht vergessen). Nun läßt sich der Sitz nach hinten aus den seitlichen Sitzschienen schieben, wenn gleichzeitig der Verriegelungshebel angehoben wird.

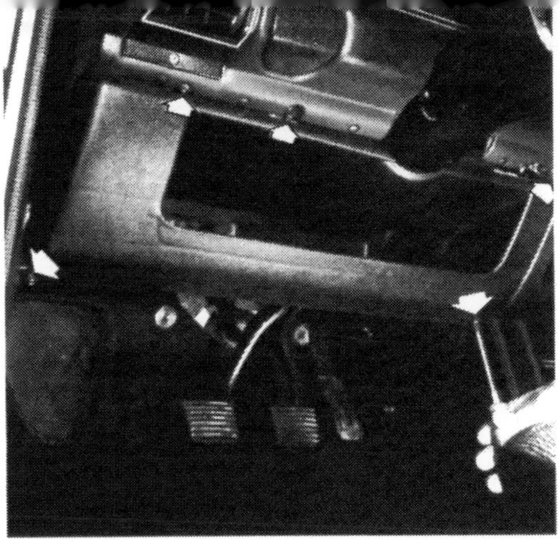

Wer sich an der Unterseite des Armaturenbretts zu schaffen machen will, muß die untere Armaturenbrett-Verkleidung ausbauen. Dazu müssen zuerst die hier mit Pfeilen bezeichneten Kreuzschlitzschrauben herausgedreht werden. Wie es dann weitergeht, beschreibt der Text unten.

gen bewirken Federklammern, die in entsprechende Einfräsungen in den Metallstäben einrasten. Diese Klammern sitzen direkt unter den Abdeckrosetten und können mit einem kleinen Schraubenzieher herausgedrückt oder -gezogen werden. Zum Wiedereinbau Kopfstütze einstecken und Federklammern so einschieben, daß ihre gerade Seite zur Verzahnung auf dem Metallstab hin zeigt.

Hintere Seitenverkleidungen

Die hinteren Seitenverkleidungen beim Zweitürer werden in gleicher Weise ausgebaut wie die Türverkleidungen (siehe Seite 227).

Ablagefach links ausbauen

Dieses Fach wird an der Oberkante von 2 Kreuzschlitzschrauben gehalten. An der unteren Seite sitzt links zum Türpfosten hin eine Schraube und bei Fahrzeugen mit Mittelkonsole eine weitere rechts (siehe Bild oben). Ablage nun mit der richtigen Mischung aus Gefühl und Gewalt oben etwas zurückdrücken und aus dem Armaturenbrett herausziehen. Ablagefach ein wenig nach links drücken, damit es aus der Haltenase an der rechten Seite ausrasten kann und dann nach vorn herausziehen. Beim Einbau darauf achten, daß der Haltefuß an der Rückseite der Ablage in die Blechlasche neben dem Sicherungskasten eingeführt ist.

Handschuhkasten ausbauen

Linkes Ablagefach und, wenn eingebaut, Mittelkonsole demontieren. An der Oberkante 4 Kreuzschlitzschrauben lösen. Rechts zum Türpfosten hin und links am Heizungskasten sitzt unten je eine weitere Schraube (siehe Bild unten).

Mittelkonsole

Die Mittelkonsole wird an ihrer Oberkante zum Armaturenbrett hin von 2 Kreuz-

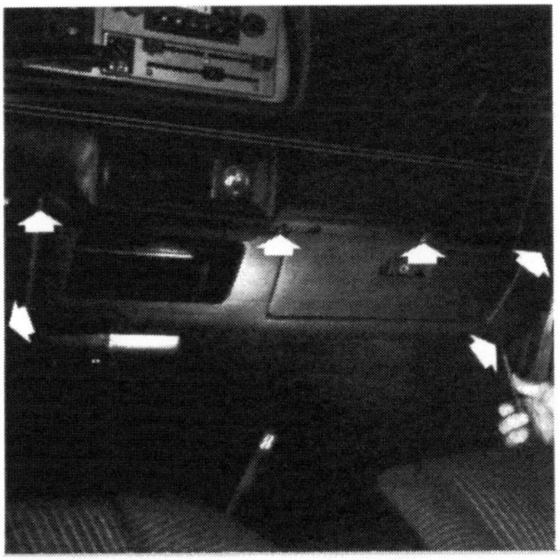

Die hier mit Pfeilen bezeichneten Kreuzschlitzschrauben müssen herausgedreht werden, wenn das Handschuhfach ausgebaut werden soll. Zuvor muß allerdings das linke Ablagefach und die Mittelkonsole demontiert werden.

schlitzschrauben rechts und links der Konsole gehalten. Ferner sitzt eine Kreuzschlitzschraube rechts vom Gaspedal sowie eine weitere in Höhe des Handbremshebelgriffes. Schalthebelknopf losdrehen, Schalthebelhülle hochziehen und Konsole nach oben herausnehmen.

Sicherheitsgurte

Die Hersteller von Sicherheitsgurten vertreten die Ansicht, daß ihre Produkte ein ganzes Autoleben überstehen, wenn die Gurte nicht bei einem Unfall gedehnt wurden. Trotzdem empfiehlt sich eine regelmäßige Kontrolle.

Ist das Gurtband wellig, zeigen sich ausgefranste Kanten, aufgeriebenes Gewebe oder angerissene Nähte, dann sollten Sie den betreffenden Gurt unbedingt auswechseln. Auch wenn bei einem »lahmen« Automatikgurt das Gurtband öfter zwischen Tür und Rahmen eingeklemmt wurde, verliert der Gurt mit der Zeit an Festigkeit. Auch in diesem Fall ist Ersatz anzuraten. Schmutzige Gurte werden mit Seife und lauwarmem Wasser gesäubert, keinesfalls Benzin oder chemische Reinigungsmittel verwenden.

Die Befestigungspunkte der Sicherheitsgurte am Türholm sind nicht für sämtliche Körpergrößen angenehm. Wenn Ihnen der angelegte Sicherheitsgurt zu hoch oder zu tief über den Oberkörper läuft, können Sie einen Umlenkbeschlag einbauen lassen. Damit läßt sich der Gurtbefestigungspunkt 30 oder 50 mm tiefer bzw. 50 mm höher legen. Der Einbausatz wird im V.A.G.-Ersatzteillager unter der Nummer 171 857 800 geführt und sollte auch von der Werkstatt eingebaut werden. Anschließend ist noch eine TÜV-Abnahme erforderlich.

Rostschutzmaßnahmen

Bei einer selbsttragenden Karosserie, wie sie unser Jetta hat, kann sich in den geschlossenen, unzugänglichen Blechprofilen Schwitzwasser bilden, welches das Blech von innen nach außen durchrosten läßt. Vorbeugend erhielten alle Jetta einen PVC-Schutz für den Wagenboden und eine Konservierung der Karosseriehohlräume.

Für das neu ausgelieferte Fahrzeug leistet das Volkswagenwerk 6 Jahre lang Gewähr dafür, daß an der Karosserie keine Durchrostungen auftreten. Falls dies doch geschehen sollte, erfolgt die Instandsetzung ohne Berechnung der Lohn- und Materialkosten durch jede V.A.G.-Werkstatt innerhalb Europas (ausgenommen Portugal und Ostblockstaaten). Nicht unter die Garantie fallen Schäden durch Steinschlag o. ä. und angerostete Bremsleitungen. Und wenn bei Unfallreparaturen der Rostschutz der neu eingesetzten Teile nicht sachgemäß ausgeführt wurde, haftet dafür das Volkswagenwerk auch nicht.

Weggefallen sind die früher vorgeschriebenen und extra zu bezahlenden Kontrollen. Die sind heute im Regel-Service alle 15000 km enthalten. Etwa notwendige Nachbehandlungen des Unterbodenschutzes stellt die V.A.G.-Werkstatt dann natürlich in Rechnung.

Wenn Sie den Wagen auf längere Zeit behalten wollen, ist es nach wie vor durchaus angebracht, wenn die Karosserie des Neuwagens in einer Spezialwerkstatt (meist ausgewählte Karosseriebetriebe) eine Nachbehandlung der Hohlräume erhält.

Unterbodenschutz kontrollieren

Wartungspunkt Nr. 58

Die Schutzschicht der Wagenunterseite muß sorgsam überprüft und gegebenenfalls nachgearbeitet werden. Diese Arbeit können Sie selbst machen, wenn Sie eine sichere Aufbockmöglichkeit für den Jetta haben (Hebebühne, Auffahrrampe).

Nach einer gründlichen Unterbodenwäsche (siehe rechts) werden alle schadhaften Stellen mit Spachtel, Schaber und Drahtbürste bis aufs blanke Blech freigelegt. Alle Rostansätze so weit wie möglich blankschleifen und den letzten Po-

Rechts und links entlang der unteren Karosseriekanten sitzen Wasserablauflöcher, die nicht von Schmutz verstopft sein dürfen, sonst bildet sich ein Rostnest, und nach einiger Zeit lassen Lackblasen den traurigen Tatbestand der Durchrostung erkennen. Die Ablauflöcher sollen regelmäßig mit einem Draht durchstoßen werden.

renrost mit einem Roststopper »einbalsamieren«. Bewährt hat sich dazu »Terotex Rostprimer« von Teroson, der zugleich die Haftfestigkeit des nachfolgenden Unterbodenschutzmaterials verbessert.
Zum eigentlichen Ausbessern benötigen Sie für die größeren Flächen und dort, wo Sie mit dem Pinsel hinkommen, streichbares Material. Es läßt sich dickschichtig auftragen. Für schwer zugängliche Fugen und Ecken braucht man eine Sprühdose mit Unterbodenschutz. Es dürfen nur Mittel auf Kautschuk- und Dispersionsbasis verwendet werden, Bitumenwachs greift den serienmäßigen PVC-Schutz an. Zur Nachbehandlung empfiehlt das Werk neben den eigenen Produkten die entsprechenden Spraydosen und Streichpasten von Teroson. Beim Sprühen von Unterbodenschutz müssen die Bremsen mit Papierbogen gegen den schmierigen Nebel abgedeckt werden.

Wagenunterseite regelmäßig waschen lassen

Die Rückstände, die die winterliche Salzlawine an der Karosserie hinterläßt, müssen so schnell wie möglich abgewaschen werden. Das ist eine Arbeit für die Tankstelle, wo mit hohem Wasserdruck und Kaltreiniger oder – noch besser – mit Dampfstrahlgerat auch die schwer zugänglichen Stellen ausgespritzt werden müssen. Solch eine Unterwagenwäsche empfiehlt sich nicht erst im lauen Frühjahr, sondern auch zwischendurch im Winter. Salzrückstände sind bei Temperaturen über dem Gefrierpunkt – also auch zu Hause in der Garage – besonders aggressiv.

Wasserablauflöcher reinigen

Wartungspunkt Nr. 57

Keine Schweißnaht ist so dicht, daß nicht Wasser eindringen kann. Aus diesem Grund sind an allen Hohlprofilen im Wagen Wasserablauflöcher angebracht. Sind diese durch Schmutz oder Unterbodenschutz verstopft, kann eindringendes Wasser nicht mehr ablaufen, sondern fördert den Rostfraß von innen heraus. Besonders gefährdet sind die Längsversteifungen der Karosserie (Schweller unter den Türen). Regelmäßig die Löcher mit einem kräftigen Draht durchstoßen. Bei einem Jetta mit Schiebedach sollten Sie zusätzlich die Wasserabläufe der Dachöffnung kontrollieren. Die Wasserablaufschläuche enden vorn über den oberen Scharnieren der Vordertüren; hinten sind die Schläuche kurz vor dem hinteren Radauschnitt aus dem Schweller herausgeführt. Besser als Draht ist hier zum Reinigen etwa eine alte Tachometerwelle.

Ein Zahlenbeispiel

Die Technischen Daten des Autos sind nichts anderes als Zahlen. Und Zahlen sind eine äußerst trockene Literatur. Sie erwachen erst dann zum Leben, wenn der Jetta beispielsweise auf eine Fähre verladen wird, auf der sich der Fahrtpreis nach der genauen Fahrzeuglänge richtet. Oder wenn das Verschleißmaß eines Zylinders darüber entscheidet, ob eine kostspielige Motorrevision den Haushaltsplan für die kommenden Monate durcheinanderbringt. Deshalb: So trocken die Zahlen auch sind – irgendwann werden sie für den Autofahrer interessant. Und deshalb besteht dieses Kapitel vornehmlich aus Zahlen.

Die Fahrgestellnummer

Da die Fahrgestellnummer – sie sitzt am oberen Befestigungspunkt des rechten Federbeins – nicht nur für die Zulassungsbehörde von Interesse, sondern auch bei der Ersatzteilbeschaffung wichtig ist, wollen wir sie hier kurz aufschlüsseln.
Bis Juli 1980 war diese Zahl zehnstellig, seit August ist sie international einheitlich für alle Kfz-Hersteller auf 17 Stellen erweitert. Die Zahlen-/Buchstaben-Kombination bedeutet:

16	A	0	133 455		WVW	ZZZ	16	Z	B	W	076 894
③	④	②	⑥		①	②	③	②	④	⑤	⑥

① – Welt-Herstellerzeichen: WVW = VW AG Pkw
② – Füllzeichen
③ – Zweistellige Typenkurzbezeichnung: 16 = Jetta
④ – Modelljahr (gewöhnlich vom 1. 8. bis 31. 7. des darauffolgenden Jahres): 9 = 1979, A = 1980, B = 1981, C = 1982 usw.
⑤ – Produktionsstätten innerhalb des VW-Konzerns: W = Wolfsburg
⑥ – Laufende Numerierung, jedes Modelljahr mit 000 001 beginnend

Motor

Typ		1100 (Formel E)	1300	1500	1600	1600 E
Kennbuchstabe		GG	GF	JB	FR	EG
Bauart		Querliegender wassergekühlter Vierzylinder-Viertakt-Reihenmotor				
Bohrung	mm	69,5	75	79,5	79,5	79,5
Hub	mm	72	72	73,5	80	80
Hubraum effektiv	cm³	1093	1272	1457	1588	1588
Hubraum nach deutscher Steuerformel	cm³	1085	1263	1439	1577	1577
Verdichtung		9,7 : 1	8,2 : 1	8,2 : 1	8,2 : 1	9,5 : 1
Höchstleistung nach DIN	kW/PS	37/50	44/60	51/70	63/85	81/110
bei	1/min	5600	5600	5600	5600	6100
Literleistung	kW/PS je l	33,9/45,7	34,6/47,2	35/48	39,7/53,5	51/69,3
Höchstes Drehmoment	Nm	82	95	110	123	140
bei	1/min	3300	3400	2500	3800	5000
Mittlere Kolbengeschwindigkeit	m/s	13,4	13,4	13,7	14,9	16,26
bei	1/min	5600	5600	5600	5600	6100
Ventilsteuerung		Durch eine obenliegende Nockenwelle über				
		Kipphebel	Kipphebel	Tassenstößel	Tassenstößel	Tassenstößel
		auf im Zylinderkopf hängende Ventile				
Ventilspiel bei warmem Motor						
Einlaß	mm	0,2	0,2	0,2–0,3	0,2–0,3	0,2–0,3
Auslaß	mm	0,3	0,3	0,4–0,5	0,4–0,5	0,4–0,5
Steuerzeiten						
Einlaß öffnet		3° vor OT	3° vor OT	4° vor OT	4° vor OT	6° vor OT
Einlaß schließt		28° nach UT	46° nach UT	46° nach UT	46° nach UT	49° nach UT
Auslaß öffnet		31° vor UT	47° vor UT	44° vor UT	44° vor UT	45° vor UT
Auslaß schließt		3° vor OT	7° nach OT	6° nach OT	6° nach OT	8° nach OT
Kompressionsdruck	bar	9–11	8–10	10–13	10–13	10–13
Mindestwert		6	6	7,5	7,5	7,5
Schmiersystem		Druckumlaufschmierung mit Wechselfilter im Ölhauptstrom				
Ölpumpe		Sichelpumpe	Sichelpumpe	Zahnradpumpe	Zahnradpumpe	Zahnradpumpe
Öldruck bei 2000/min mindestens	bar	2	2	2	2	2
Kontrollampe verlöscht bei	bar	0,15–0,45	0,15–0,45	0,15–0,45	0,15–0,45	0,15–0,45

Kühlsystem

Art		Wasserumlaufkühlung mit Flügelradpumpe und Thermostat, Leichtmetallkühler, temperaturgeschalteter Elektroventilator				
Thermostat öffnet bei ca.	°C	92	92	87	87	87
völlig geöffnet bei ca.	°C	108	108	102	102	102
Kühlerverschlußdeckel						
Überdruckventil öffnet bei	bar	1,2–1,35	1,2–1,35	1,2–1,35	1,2–1,35	1,2–1,35
Unterdruckventil öffnet bei	bar	0,06–0,1	0,06–0,1	0,06–0,1	0,06–0,1	0,06–0,1
Thermoschalter des						
Elektroventilators schaltet ein bei	°C	93–98	93–98	93–98	93–98	93–98
(bei zweistufigem Schalter: 1. Stufe)						
2. Stufe schaltet ein bei	°C	103–108	103–108	103–108	103–108	103–108
schaltet aus bei	°C	88–93	88–93	88–93	88–93	88–93

Kraftstoffanlage

Motor		1100 (Formel E) bis 7/81	1100 (Formel E) ab 8/81	1300 bis 7/81	1300 ab 8/81	1500	1600
Gemischaufbereitung		Einfach-Vergaser	Einfach-Vergaser	Einfach-Vergaser	Einfach-Vergaser	Einfach-Vergaser	Register-Vergaser
Typ		31 PIC-6	31 PIC-7	34 PIC-5	34 PIC-6	36 1 B 3	32/32 2 B 5
Lufttrichter		23	23	24,5	24,5	26	24/28
Hauptdüse		×115	×115	×120	×120	×122,5[1])	×117,5/×125
Luftkorrekturdüse		120z	120z	85z	85z	100	135/92,5
Leerlaufdüse/Leerlaufluftdüse Stufe I		40/100	40/100	52,5/130	52,5/130	50/130	52,5/135
Leerlaufdüse/Leerlaufluftdüse Stufe II		–	–	–	–	–	40/125
Zusatzkraftstoffdüse		30	35	40	40	37,5	42,5
Zusatzluftdüse		130	150	100	100	130	130
Schwimmernadelventil		1,5	1,5	1,5	1,5	2,0	2,0/2,0
Dichtring unter SNV		2,0	2,0	0,5	0,5	–	–
Einspritzmenge	cm³/Hub	0,75–1,05	0,75–1,05	0,55–0,85	0,55–0,85	0,75–1,05	0,85–1,15
Luftklappenspaltmaß	mm	2,0–2,4	2,0–2,4	1,8–2,2	1,8–2,2	4,15–4,45	3,75–4,05
Kaltleerlaufdrehzahl	1/min	2400–2600	2400–2600	2500–2700	2500–2700	3700–4100[2])	3350–3450
Leerlaufdrehzahl	1/min	900–1000	900–1000	900–1000	900–1000	900–1000	900–1000
CO-Wert	Vol.%	0,5–1,5	0,5–1,5	0,5–1,5	0,5–1,5	0,5–1,5	0,5–1,5

[1]) bei Getriebeautomatik: ×120
[2]) bei Getriebeautomatik: 3500–3900

Benzineinspritzung

		1600 E
Art		Bosch-K-Jetronic-Einspritzung
Kraftstoffpumpe		Elektrische Rollenzellenpumpe
Systemdruck	bar	4,5–5,2
Haltedruck	bar	1,8 mindestens nach 10 Minuten
Leerlaufdrehzahl	1/min	900–1000
CO-Wert	Vol.%	1–2

Kraftübertragung

Kupplung	Einscheiben-Trockenkupplung mit Membranfeder
Mitnehmerscheiben-Durchmesser	180 mm bei Getriebe GT, UZ, QP und QS 190 mm bei Getriebe FF, GC und GR 200 mm bei Getriebe FD, FH und FM

Vierganggetriebe				
Motorvariante	1100 Formel E	1300	1500	1600
Getriebekennzeichen	QS	QP, UZ oder GT	GC	GC oder GR
Aggregate-Nummer	084.7	084.1 oder 084.6	020.1	020.1 oder 020.3
Zähnezahlen/Übersetzungen				
1. Gang	38 : 11 = 3,454	38 : 11 = 3,454	38 : 11 = 3,454	38 : 11 = 3,454
2. Gang	39 : 22 = 1,773	41 : 20 = 2,050	35 : 18 = 1,944	35 : 18 = 1,944
3. Gang	55 : 53 = 1,038	62 : 46 = 1,348	36 : 28 = 1,286	36 : 28 = 1,286
4. Gang	48 : 60 = 0,800	53 : 55 = 0,964	30 : 33 = 0,909[1])	30 : 33 = 0,909
Rückwärtsgang	44 : 13 = 3,385	44 : 13 = 3,385	38 : 12 = 3,167	38 : 12 = 3,167
Achsantrieb	65 : 16 = 4,06	64 : 15 = 4,27	74 : 19 = 3,895	74 : 19 = 3,895
Tachoantrieb	12 : 20 = 0,60	12 : 20 = 0,60	16 : 7 = 2,286	16 : 7 = 2,286

[1]) bis 7/80: 31 : 32 = 0,069

Fünfganggetriebe		
Motorvariante	1600 E Sportgetriebe	1500, 1600, 1600 E, 4+E-Getriebe (Schonganggetriebe)
Getriebekennzeichen	FM oder FD	FF oder FH
Aggregate-Nummer	020 M	020 F oder 020 H
Zähnezahlen/Übersetzungen		
1. Gang	38 : 11 = 3,454	38 : 11 = 3,454
2. Gang	36 : 17 = 2,118	35 : 18 = 1,944
3. Gang	39 : 27 = 1,444	36 : 28 = 1,286
4. Gang	35 : 31 = 1,129	30 : 33 = 0,909[1])
5. Gang	31 : 34 = 0,912	27 : 38 = 0,711[2])
Rückwärtsgang	38 : 12 = 3,167	38 : 12 = 3,167
Achsantrieb	74 : 19 = 3,895	74 : 19 = 3,895
Tachoantrieb	16 : 7 = 2,286	16 : 7 = 2,286

[1]) bis 7/80: 31 : 32 = 0,969
[2]) bis 7/80: 44 : 58 = 0,759

Automatisches Getriebe	Hydraulisch gesteuertes Dreigang-Getriebe mit hydrodynamischem Drehmomentwandler und angebautem Achsantrieb
Getriebekennzeichen	EQ
Aggregate-Nummer	010
Zähnezahlen/Übersetzungen	
1. Gang	2,552
2. Gang	1,448
3. Gang	1,000
Rückwärtsgang	2,462
Achsantrieb	79 : 21 = 3,762

Fahrwerk

Vorderachse	Einzelradaufhängung mit Dreieckslenkern und Federbeinen
Lenkung	Zahnstangenlenkung mit stoßnachgiebiger Lenksäule
Vorderachseinstellung	
Gesamtspur (ungedrückt)	$-15'\,^{+10'}_{-15'}$
Sturz in Geradeausstellung	+ 20′ ± 30′
Unterschied zwischen beiden Seiten maximal	1°
Spurdifferenzwinkel bei 20°	
Lenkeinschlag nach links bzw. rechts	–1°30′ ± 30′
Nachlauf	1°50′ ± 30′
Übersetzung des Lenkgetriebes	20,8

Lenkradumdrehungen von Anschlag zu Anschlag	3,75
Hinterachseinstellung (nicht korrigierbar)	
Sturz	–1°15′ ± 35′
Unterschied zwischen beiden Seiten maximal	40′
Spur	+ 20′ ± 30′
Abweichung von der Laufrichtung maximal	30′

Hinterachse	Verbundlenkerachse mit zwei Längslenkern und Federbeinen
Felgen	1100 (Formel E) und 1300: 5J × 13 1500, 1600 und 1600 E: 5½ J × 13
Reifengrößen	1100 (Formel E) und 1300: 155 SR 13 (155 R 13 78 S) 1500 und 1600: 175/70 SR 13 (175/70 R 13 80 S) 1600 E: 175/70 HR 13 (175/70 R 13 80 H)

Bremsanlage

Fußbremse vorn	1500, 1600, 1600 E: Faustsattel-Scheibenbremse Typ VW II mit automatischer Nachstellung; ein Bremskolben je Scheibe
Bremsscheiben-Durchmesser	239 mm
Scheibenstärke neu/mindestens	1500, 1600: 12 mm / 10 mm; 1600 E: 20 mm / 18 mm
Belagstärke	
ohne Trägerplatte neu/mindestens	1500, 1600: 14 mm / 2 mm; 1600 E: 10 mm / 2 mm
mit Trägerplatte neu/mindestens	1500, 1600: 19 mm / 7 mm; 1600 E: 15 mm / 7 mm
Fußbremse vorn	1100 (Formel E) und 1300: Ate-Schwimmsattel-Scheibenbremse mit automatischer Nachstellung, ein Bremskolben je Scheibe
Bremsscheiben-Durchmesser	239 mm
Scheibenstärke neu/mindestens	10 mm / 8 mm
Belagstärke	
ohne Trägerplatte neu/mindestens	10 mm / 2 mm
mit Trägerplatte neu/mindestens	14,5 mm / 6,5 mm
Fußbremse hinten	Simplex-Innenbacken-Trommelbremse mit automatischer Nachstellung
Bremstrommel-Durchmesser neu/höchstens	180 mm / 181 mm
Belagstärke	
mit Bremsbacke neu/mindestens	7,5 mm / 5 mm
ohne Bremsbacke neu/mindestens	5 mm / 2,5 mm

Elektrische Anlage

Bordspannung	12 Volt
Batterie	36 Ah/175 A, 45 Ah/220 A, 54 Ah/265 A oder 63 Ah/300 A
Lichtmaschine	45 A/630 W, 55 A/770 W oder 65 A/910 W
Keilriemen	Siehe Tabelle Seite 159
Anlasser	0,8 kW / 1,1 PS
Zündzeitpunkt-Verstellung	Siehe Seite 187
Unterbrecher-Schließwinkel	44–50° bzw. 50–56%
Unterbrecher-Kontaktabstand	0,4 mm
Zündeinstellung	Siehe Tabelle Seite 192
Zündkerzen	Siehe Tabelle Seite 196
Zündkerzen-Elektrodenabstand	0,6–0,7 mm
Glühlampen	Siehe Seite 197

Maße und Gewichte

		1100/1300	1500/1600	1600 E
Länge mit/ohne Scheinwerfer-Waschanlage	mm	4220/4195	4220/4195	4220/4195
Breite	mm	1610	1630	1630
Höhe unbeladen	mm	1410	1410	1395
Spurweite vorn	mm	1390	1400	1404
Spurweite hinten	mm	1358	1372	1372
Radstand	mm	2398	2398	2398
Bodenfreiheit voll beladen	mm	125	125	117
Leergewicht zwei-/viertürig	kg	805/830	825/850	865/890
zul. Gesamtgewicht zwei-/viertürig	kg	1260/1260	1300/1300	1300/1300
Nutzlast zwei-/viertürig	kg	455/430	475/450	435/410
Zulässige Dachlast	kg	75	75	75
Zulässige Anhänger-deichselstützlast höchstens	kg	50	50	50
Zulässige Anhängelasten				
Anhänger ohne Bremse	kg	400	400	400
Anhänger mit Bremse				
bis 10% Steigung	kg	1000[1])	1200	1200
bis 12% Steigung	kg	800[2])	1000	1200

[1]) Formel E: 800
[2]) Formel E: 650

Füllmengen

Kraftstofftank	l	ca. 40
Kurbelgehäuse		
ohne Ölfilterwechsel	l	3,0
mit Ölfilterwechsel	l	3,5
Differenz zwischen oberer und unterer Peilstabmarkierung	l	ca. 1,0
Schaltgetriebe		
1100/1300	l	2,2
1500/1600	l	1,5
1600 E	l	2,0
Getriebeautomatik		
Neubefüllung	l	6
Wechsel	l	ca. 3
Achsantrieb der Getriebeautomatik	l	0,75
Kühlsystem	l	4,5
Bremsanlage	l	0,39
Scheibenwascher	l	1,7
bei Scheinwerfer-Waschanlage	l	8

Fahrwerte

Modell	Höchstgeschwindigkeit km/h	Beschleunigung 0–100 km/h s	Benzinverbrauch nach DIN 70030 Stadt/90 km/h/120 km/h l/100 km
1100 (Formel E)	142	17,2	7,8/5,3/7,4
1300	148	15,0	9,9/6,6/8,7
1500			
mit Seriengetriebe	156	13,3	10,3/6,8/9,6
mit 4+E-Getriebe	156	13,3	10,3/5,9/8,3
mit Automatikgetriebe	151	15,3	10,3/7,3/10,3
1600			
mit Seriengetriebe	166	12,0	10,3/6,5/9,2
mit 4+E-Getriebe	166	12,0	10,3/5,8/8,0
mit Automatikgetriebe	161	14,0	10,3/7,0/9,9
1600 E			
mit 4+E-Getriebe	178	9,8	11,0/6,3/7,9
mit Sportgetriebe	178	9,6	11,2/6,8/8,6

Fortbildung

Unter der internen Arbeitsbezeichnung »Hummel« entstand auf der Basis des VW Golf eine traditionelle Limousine nach dem sogenannten Drei-Schachtel-Prinzip, d. h. eine »Schachtel« für den Motor, eine für die Fahrgäste und eine fürs Gepäck. Durch den harmonisch angefügten Hecküberhang und Breitbandscheinwerfer wurde ein völlig neuer Fahrzeugcharakter erzielt, den einige »Kunstgriffe« noch unterstreichen: Sämtliche Zierleisten sind in jeder Ausstattungsvariante grundsätzlich schwarz gehalten (im Gegensatz zu blankem Zierrat bei den aufwendigeren Golf-Versionen) und die Fenstereinfassungen kommen gänzlich ohne Zierrat aus. Ab L- bzw. CL-Ausstattung unterstreicht ein doppelter Dekorstreifen in Stoßstangenhöhe die Karosserieseiten und die stärkeren Modelle ab 1,5 Liter Hubraum erhalten Kotflügelverbreiterungen und breitere Räder.
Bei der endgültigen Namensgebung entschied man sich im Volkswagenwerk für die Phantasie-Bezeichnung »Jetta«. Hier klingt der über dem Atlantik wehende »Jetstream« ebenso an wie der Komfort und die Leistungsfähigkeit der modernen Reisejets. Im Grunde galt es aber, einen Namen zu wählen, der international verständlich ist und in keiner Sprache negative Gedankenverbindungen hervorruft. Dennoch heißt der Jetta in Mexiko abweichend von allen anderen Märkten »Atlantic«.
Gebaut wird der Jetta im Werk Wolfsburg. Weiterhin werden zerlegte Montagesätze nach Sarajewo in Jugoslawien geliefert. Die dort montierten Fahrzeuge sind für den jugoslawischen Markt bestimmt, sie tragen im Schriftzug hinter der Modellbezeichnung Jetta ein »J« als Hinweis auf ihre Herkunft.

1979

Juli: Vorstellung des VW Jetta als eigenständige Modellreihe in 3 Ausstattungsvariationen – als Grund-, L- sowie GL-Modell.

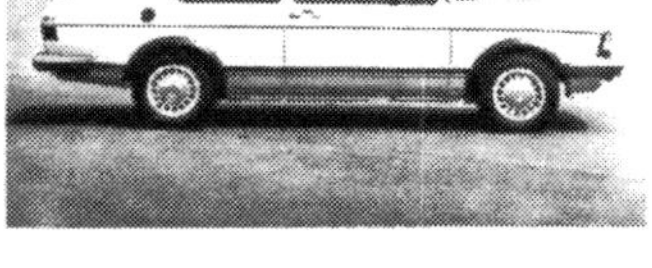

Als Motorisierung stehen ein 1,3-Liter mit 44 kW/60 PS, ein 1,5-Liter mit 51 kW/70 PS und ein 1,6-Liter Einspritzer mit 81 kW/110 PS zur Auswahl, wobei letzterer serienmäßig mit einem Fünfganggetriebe kombiniert ist. Auf der technischen Seite sind einige Neuerungen eingeführt worden, von denen auch andere Modellreihen profitieren. Der 1,3-Liter-Motor besitzt einen sogenannten Thermo-Choke, im 1,5-Liter setzt eine völlig neue Vergaser-Generation ein. Die Ansaugrohrvorwärmung erfolgt beim 1300er nun durch die Abgase und bei der 1,5-Liter-Version zusätzlich zum Kühlwasser durch ein elektrisches Heizelement. Die Jetta-Versionen ab 1,5 Liter erhalten an den Vorderrädern Faustsattelbremsen mit vergrößerter Belagfläche.

1980

Februar: Ausstattungsvarianten, die bisher eine 55-A-Lichtmaschine eingebaut hatten, erhalten jetzt einen 65-A-Generator.
Mai: Bei Modellen mit 1,5-Liter-Motor zusätzlicher Vorratsbehälter in der Benzinleitung zwischen Kraftstoffpumpe und Vergaser zur Vermeidung von Dampfblasenbildung. Vergaser 1 B 3 mit elektrisch anstelle wasserbeheiztem Zusatzgemischkanal.
Juni: Schwimmerkammerbelüftung beim 1500 mit 1 B 3-Vergaser geändert. Kolbenbolzen des 1,6-Liter-Motors von 63 auf 55 mm verkürzt.
Juli: Ausstellfenster vorn auf Wunsch lieferbar (nicht bei GL-Ausstattung).
August: Geänderte Schaltbetätigung beim 1300er. 1,5-Liter mit geänderter Übersetzung des 4. Gangs; gegen Aufpreis 4+E-Getriebe lieferbar. Schaltpunkte des automatischen Getriebes optimiert. Neu gestaltete Leichtmetallfelgen (auf Wunsch).
Fernlichtkontrolle nicht mehr blau mit Glühlampe, sondern gelb mit Leuchtdiode. Bei Ausstattung mit Drehzahlmesser ersetzt eine Digital- die Zeigeruhr. Wartungsfreie Batterie. Der Einspritzmotor erhält eine Transistorzündung. Dünnere Vordersitzlehnen, dadurch mehr Raum vor den Rücksitzen. Bei Viertürern Kindersicherung an den hinteren Türen mit Symbol.

1981

Januar: Einführung der Formel-E-Modellpalette. Der Jetta Formel E basiert auf der L-Ausstattung und besitzt zusätzlich einen hochverdichteten 1,1-Liter-Motor mit 37 kW/50 PS Leistung, ein 3+E-Spargetriebe, verkleidete vordere Fensterpfosten, eine Schalt- und Verbrauchsanzeige, einen Spoiler auf dem Kofferdeckel sowie den Schriftzug »Formel E«. Die mögliche Kraftstoffeinsparung liegt bei 15–21 %.
Kühlerbefestigung geändert.
April: Formel-E-Paket auch für GL-Ausstattung lieferbar.
Mai: Beim 1500/1600 überarbeitete, langlebigere Ventile.
Sondermodell Jetta SL in alpinweiß, regattablaumetallic oder sandmetallic mit 1,5-Liter- oder neu in der Jetta-Palette 1,6-Liter-Vergasermotor. Zur Ausstattung zählen u. a. Drehzahlmesser, abblendbarer Innenspiegel, Parklichtschaltung, Sportlenkrad, Radio und Leichtmetallfelgen.

August: Aufwertung der Modellausstattungen. Die Grundversion mit der Modellbezeichnung Jetta C enthält z. B. H 4-Scheinwerfer, Parklichtschaltung, Heizhebelbeleuchtung und regelbare Instrumentenbeleuchtung, abblendbaren Innenspiegel, Haltegriffe und Armlehnen, Handschuhkasten und eine Verbundglas-Windschutzscheibe. Jetta CL mit Wisch-Intervallschaltung, Tageskilometerzähler und Bremskontrolleuchte. Jetta GL mit aufwendigerer Innenausstattung, gepolstertem Armaturenbrett, Zweiklanghörnern und Scheinwerfer-Reinigungsanlage.

Alle Modelle mit besser ausgeformten Vorder- und Rücksitzen.
Überarbeitete, langlebigere Ventile auch für 1100/1300, 1,1-Liter-Formel-E-Motor mit neuem Vergaser PIC-7, 1300er mit geändertem Vergaser PIC-6. 1,1- und 1,3-Liter-Motoren mit größerer Lichtmaschinen-Keilriemenscheibe, dadurch längerer Keilriemen erforderlich.
4+E-Getriebe ersetzt das Fünfganggetriebe beim 81 kW/110 PS-Motor, das aber auf Wunsch weiterhin erhältlich ist. Formel-E-Ausstattung bereits in der C-Version lieferbar. Bei Ausstattung ab Werk mit Anhängerkupplung oder Klimaanlage ist der Thermoschalter des Kühlerventilators zweistufig.

Stichwortverzeichnis

FSC
www.fsc.org
MIX
Papier | Fördert gute Waldnutzung
FSC® C083411

Kolibri 360 GmbH
Ferdinand-Jühlke-Straße 7
99095 Erfurt, Deutschland
produktsicherheit@kolibri360.de